北京农业职业学院教材出版基金资助

U0821220

基因操作技术

田锦　主编

中国农业大学出版社
·北京·

内容简介

本教材以目的基因的克隆与表达为主线，以情境教学为内容的组织模式。全书内容围绕抑制素α-亚基基因的克隆与表达这一具体工作任务依次展开，分别介绍了核酸提取，目的基因获取与鉴定，重组克隆载体的构建、筛选与鉴定，重组表达载体的构建、筛选与鉴定，目的基因表达以及表达产物活性鉴定等内容，最后一个学习情境为主体内容的延伸，包括了基因信息分析技术、分子标记技术、基因芯片技术等目前被广泛应用的基因操作新技术。

图书在版编目(CIP)数据

基因操作技术/田锦主编. —北京:中国农业大学出版社,2013.8

ISBN 978-7-5655-0753-3

Ⅰ.①基… Ⅱ.①田… Ⅲ.①基因工程-教材 Ⅳ.①Q78

中国版本图书馆 CIP 数据核字(2013)第 137709 号

书　　名 基因操作技术

作　　者 田　锦　主编

责任编辑 姚慧敏　伍　斌　　**责任校对** 王晓凤　陈　莹

封面设计 郑　川

出版发行 中国农业大学出版社

社　　址 北京市海淀区圆明园西路 2 号　　**邮政编码** 100193

电　　话 发行部 010-62818525,8625　　读者服务部 010-62732336

编辑部 010-62732617,2618　　出　版　部 010-62733440

网　　址 http://www.cau.edu.cn/caup　　**e-mail**: cbsszs @ cau.edu.cn

经　　销 新华书店

印　　刷 北京时代华都印刷有限公司

版　　次 2013 年 8 月第 1 版　2013 年 8 月第 1 次印刷

规　　格 787×1 092　16 开本　20 印张　490 千字

定　　价 38.00 元

图书如有质量问题本社发行部负责调换

编审人员

主　编　田　锦（北京农业职业学院）

副主编　郭　彤（北京农业职业学院）

参　编　王建霞（北欧生物科技（北京）有限责任公司）
王伟青（北京农业职业学院）
刘慧玲（北京科技经营管理学院）
李凌燕（北京农业职业学院）
陈　怡（中美泰和生物技术（北京）有限公司）

主　审　张　莉（北京农林科学院）

前　言

生物技术产业属于高新技术产业，是正在快速发展的战略性信息产业，对解决人类社会面临的资源、环境、健康、食品等重大问题具有战略意义。基因工程作为生物技术的核心工程技术，已普遍应用于农业、畜牧业、医学等众多领域，并带动现代发酵工程、酶工程、蛋白工程等的快速发展。随着生物技术产业的不断发展壮大，生物技术高等职业教育应势而生，作为生物学最前沿的基础技能，基因操作技术是生物类专业通向生物高新技术的必修课程，为生物技术行业培养专业知识与专业技能并重的应用型人才服务。

本书在知识结构体系方面进行了大胆突破，不受章节的局限，以具体的工作任务为主线，强调核心能力和关键能力。在内容上与生物化学技术、遗传与分子生物学技术等专业基础课程衔接自然。结合高职高专生物技术类学生的学习特点，在知识内容上不要求面面俱到，以实用、易懂、够用为原则。引入现代先进的职业教育教学理念，重视学生专业能力、自主学习能力与综合能力的培养。

本书内容以北京鸭抑制素 α-亚基基因的克隆与表达为主线，以情境教学为组织模式，全书共设四个教学情境，每一情境下又分设了子情境，而每一个子情境均由引言→问题→工作任务→信息获取→工作实施→检查与评价→分析与思考→拓展与链接几部分构成。保证了学生在学习过程中有明确的学习主线，凝练的学习内容。本书图文并茂，浅显易懂，理论知识与实践技能结合紧密，符合高职学生的学习特点，适用性比较高。

本书的编写得到了许多同行业工作者的大力支持，具体有：北欧生物科技（北京）有限责任公司的王建霞经理；中美泰和生物技术（北京）有限公司的陈怡技术骨干；北京科技经营管理学院的刘慧玲老师；北京农业职业学院的郭彤老师、王伟青老师和李凌燕老师。具体的编写分工如下，田锦、王伟青负责编写学习情境一核酸提取与鉴定，王建霞、李凌燕负责编写学习情境二基因克隆，郭彤、陈怡负责编写学习情境三基因表达，刘慧玲、田锦负责编写学习情境四基因操作相关应用。北京农林科学院的张莉博士对本书进行了系统的审阅与修订，在此对他们致以最诚挚的谢意！

在成书过程中，各位编写人员本着对读者高度负责的态度，充分发挥了自身专业优势，但由于水平有限，经验不足，错误及疏漏之处在所难免，恳请广大读者多提宝贵意见，批评指正，以便于本书再版时能更完善。

主　编

2013 年 4 月

目　录

学习情境一　核酸提取与鉴定 …… 1
子情境一　基因组 DNA 提取技术 …… 2
引言 …… 2
工作任务 …… 2
信息获取 …… 2
一、基因组 DNA 提取方法 …… 2
二、基因组 DNA 提取常见问题及处理方案 …… 14
工作实施 …… 16
检查与评价 …… 16
分析与思考 …… 16
拓展与链接 …… 17
子情境二　总 RNA 提取技术 …… 17
引言 …… 17
工作任务 …… 19
信息获取 …… 19
一、RNA 提取方法 …… 20
二、生物材料的获取 …… 21
三、仪器设备的使用 …… 22
四、应用举例——华美生物工程公司的总 RNA 提取系统（Ⅰ） …… 23
五、RNA 提取常见问题及处理方案 …… 26
工作实施 …… 27
检查与评价 …… 27
分析与思考 …… 27
拓展与链接 …… 28
子情境三　DNA/RNA 浓度测定与纯度检测 …… 28
引言 …… 28
工作任务 …… 29
信息获取 …… 30
一、核酸检测的常用方法 …… 30
二、仪器设备的使用 …… 30
三、应用举例 …… 31
四、通过 OD_{260}/OD_{280} 比值判定样品纯度常见问题及处理方案 …… 34

工作实施 …… 34
检查与评价 …… 35
分析与思考 …… 35
拓展与链接 …… 35
学习情境二　基因克隆 …… 36
子情境一　引物的设计与合成 …… 37
引言 …… 37
工作任务 …… 37
信息获取 …… 37
一、待扩增序列核苷酸信息的获取 …… 37
二、资料解读 …… 43
三、引物设计遵循的原则 …… 46
四、引物设计 …… 47
五、应用举例——引物稀释 …… 58
工作实施 …… 59
检查与评价 …… 61
分析与思考 …… 62
拓展与链接 …… 62
子情境二　基因扩增、检测与纯化 …… 63
引言 …… 63
工作任务 …… 64
信息获取 …… 64
一、PCR 技术 …… 64
二、PCR 结果检测 …… 72
工作实施 …… 78
检查与评价 …… 78
分析与思考 …… 78
拓展与链接 …… 80
子情境三　连接技术 …… 82
引言 …… 82
工作任务 …… 85
信息获取 …… 85
一、载体 …… 85
二、限制性核酸内切酶 …… 91
三、连接酶 …… 110
四、目的基因与载体的体外连接 …… 112
工作实施 …… 117
检查与评价 …… 118
分析与思考 …… 118

拓展与链接…… 124

子情境四 外源基因导入受体细胞…… 125

引言…… 125

工作任务…… 125

信息获取…… 126

一、受体细胞 …… 126

二、重组DNA导入受体细胞的方法 …… 127

三、应用举例 …… 132

工作实施…… 136

检查与评价…… 137

分析与思考…… 137

拓展与链接…… 140

子情境五 转化体的筛选与鉴定…… 142

引言…… 142

工作任务…… 143

信息获取…… 143

一、转化体筛选和鉴定方法 …… 143

二、应用举例 …… 147

三、转化体筛选与鉴定中出现的常见问题及处理方案 …… 150

工作实施…… 150

检查与评价…… 151

分析与思考…… 151

拓展与链接…… 151

学习情境三 基因表达…… 152

子情境一 重组表达体系的构建…… 152

引言…… 152

工作任务…… 153

信息获取…… 153

一、外源基因在大肠杆菌中表达的调控元件 …… 154

二、原核表达载体的类型 …… 157

三、宿主菌对表达产物的影响 …… 160

工作实施…… 161

检查与评价…… 162

分析与思考…… 162

拓展与链接…… 164

子情境二 目的基因的表达与表达产物的检测…… 165

引言…… 165

工作任务…… 165

信息获取…… 166

一、提高外源基因表达的措施 …… 166
二、蛋白质的分离纯化和活性鉴定 …… 166
三、应用举例——聚丙烯酰胺凝胶电泳 …… 173
工作实施 …… 176
检查与评价 …… 176
分析与思考 …… 176
拓展与链接 …… 177
学习情境四 基因操作相关应用 …… 179
子情境一 基因信息分析技术 …… 179
引言 …… 179
工作任务 …… 180
信息获取 …… 180
一、生物信息数据库与查询 …… 182
二、序列比对和数据库搜索 …… 184
三、核酸与蛋白质结构和功能的预测分析 …… 187
四、实际应用——DNAman 软件的使用 …… 189
工作实施 …… 193
分析与思考 …… 193
拓展与链接 …… 193
子情境二 分子标记技术 …… 194
引言 …… 194
工作任务 …… 195
信息获取 …… 195
一、以分子杂交为基础的分子标记技术(hibridisation-based markers) …… 195
二、以 PCR 反应为基础的分子标记技术(PCR-based markers) …… 197
三、以核苷酸序列为基础的分子标记技术(sequencing-based markers) …… 201
四、应用举例——随机扩增多态性 DNA …… 202
工作实施 …… 204
检查与评价 …… 204
分析与思考 …… 204
拓展与链接 …… 205
子情境三 基因芯片技术 …… 206
引言 …… 206
工作任务 …… 208
信息获取 …… 209
一、基因芯片概述 …… 209
二、微阵列芯片的制备 …… 209
三、应用举例——大肠杆菌(*Escherichia coli*)和野油菜黄单胞菌(*Xanthomonas campestris*, *Xcc*)的鉴别 …… 214

工作实施 …… 220
分析与思考 …… 220
拓展与链接 …… 222
附录 …… 224
附录一　基因组 DNA 提取技术 …… 224
附录二　总 RNA 提取技术 …… 233
附录三　DNA/RNA 浓度测定与纯度检测 …… 241
附录四　引物的设计与合成 …… 249
附录五　基因扩增、检测与纯化 …… 255
附录六　连接技术 …… 263
附录七　外源基因导入受体细胞 …… 271
附录八　转化体的筛选与鉴定 …… 279
附录九　重组表达体系的构建 …… 287
附录十　目的基因的表达与表达产物的检测 …… 293
附录十一　分子标记技术 …… 299
参考文献 …… 305

学习情境一　核酸提取与鉴定

学习目标

1. 能表述清楚核酸提取的方法、工作思路；
2. 能清楚解释核酸提取的工作原理；
3. 能就 DNA 提取、RNA 提取的异同点进行归纳比较；
4. 会正确、规范使用移液器、高速冷冻离心机、紫外分光光度计、摇床、高压灭菌器、干燥箱等仪器设备；
5. 能够以小组合作形式完成试剂的配制、分装与保存；
6. 能正确解读试剂盒使用说明书，并能如实按照操作要求完成实验；
7. 能根据浓度、纯度检测结果，制订后续处理方案；
8. 能将实验室安全意识贯穿于整个实验操作过程中；
9. 清场工作认真、主动、科学。

学习内容

1. 基因结构特征；
2. 核酸提取方法、所用材料、分离思路；
3. DNA、RNA 提取过程；
4. 核酸浓度、纯度检测；
5. 核酸浓度及纯度计算；
6. 核酸保存；
7. 仪器使用与维护；
8. 试剂配制、分装、保存与处理；
9. 实验耗材的准备及规范使用。

具体见下图：

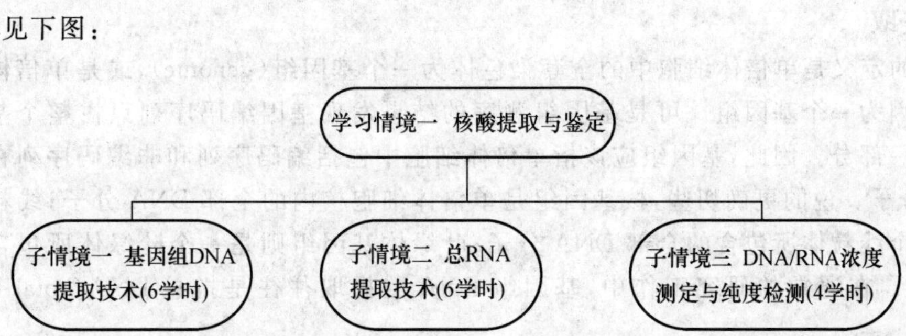

建议学时数

16 学时

子情境一　基因组 DNA 提取技术

◈引言

1990 年 10 月，人类最伟大的计划——人类基因组计划（human genome project，HGP）在美国正式启动。该计划旨在通过测定人类基因组 DNA 约 3×10^9 对核苷酸的序列，探寻所有人类基因并确定它们在染色体上的位置，明确所有基因的结构和功能，解读人类的全部遗传信息。该计划和曼哈顿原子弹计划、阿波罗登月计划一起被誉为自然科学史上的“三大计划”，这是人类继洞开微观世界和宏观世界之后，首次对自身进行诠释。美国、英国、日本、法国、德国和中国科学家共同参与了这一预算达 30 亿美元、由多国政府支持的国际项目。经上千名各国科学家历经 10 年的艰辛努力，2000 年 6 月 26 日，人类基因组草图完成，标志着人类在解读自身“生命之书”的路上迈出了重要一步。2003 年 4 月 14 日，国际人类基因组测序组宣布人类基因组序列图绘制成功，人类基因组计划的所有目标全部实现。人类基因组计划的完成对生命科学的研究和生物产业的发展具有非常重要的意义，它为人类社会带来的巨大影响是不可估量的。事实上，从 20 世纪 70 年代开始，人类就着手进行生物基因组的研究。截止到 2009 年 1 月，已经完成了 815 个生物基因组的测序。这些成果不仅有助于在分子水平上进行疾病的诊断和治疗，对新药的开发和生产也有着重大意义，同时还能大大加快动植物的遗传育种进程。

问题

1. 既然对基因组的研究如此重要，那么什么是基因组呢？
2. 在实际工作中，怎样才能获得生物的基因组？

◈工作任务

请根据实验室现有条件，分别为北京鸭、草莓、大肠杆菌这三种不同生物制订适宜的基因组 DNA 提取方案。要求提取到的基因组 DNA 能用于 PCR 技术或酶切等后续实验。

◈信息获取

一般的定义是单倍体细胞中的全套染色体为一个基因组（genome），或是单倍体细胞中的全部基因为一个基因组。可是基因组测序的结果发现基因编码序列只占整个基因组序列的很小一部分。因此，基因组应该指单倍体细胞中包括编码序列和非编码序列在内的全部 DNA 分子。说的更确切些，核基因组是单倍体细胞核内的全部 DNA 分子；线粒体基因组则是一个线粒体所包含的全部 DNA 分子；叶绿体基因组则是一个叶绿体所包含的全部 DNA 分子。在通常的研究工作中，基因组 DNA 的提取往往是指总 DNA（total DNA）的提取。

一、基因组 DNA 提取方法

基因组 DNA 提取是分子生物学研究的基础技术。目前已经发展了多种方法，成功地从微生物、动植物的细胞及组织中提取基因组 DNA。这些方法大致可分为两大类:传统的 DNA 提取方法和 DNA 提取新方法。

(一)传统的 DNA 提取方法

1. 提取原理解析

传统的 DNA 提取与纯化,如 CTAB 法(hexadyl trimethyl ammomum bromide,十六烷基三甲基溴化铵)、SDS 法(sodium dodecyl sulfate,十二烷基硫酸钠),是在裂解细胞的基础上,多次苯酚、氯仿等有机溶剂抽提使蛋白质变性沉淀于有机相,而核酸保留在水相,达到分离核酸的目的;加入 RNase(RNA 酶)除去核酸中的 RNA;然后加入异丙醇、乙醇等沉淀 DNA;用 70%乙醇漂洗沉淀,除去分离过程中残留的有机溶剂和盐离子,以免影响核酸溶解和抑制后续步骤的酶促反应;最后用 TE 或无菌双蒸水溶解 DNA 备用。

CTAB 法中的 CTAB 是一种阳离子去污剂,能与核酸形成复合物,此复合物在高盐(>0.7 mol/L NaCl)浓度下可溶,并稳定存在,但在低盐浓度(0.1~0.5 mol/L NaCl)下 CTAB-核酸复合物就因溶解度降低而沉淀,而大部分的蛋白质及多糖等仍溶解于溶液中。通过有机溶剂抽提,去除蛋白、多糖、酚类等杂质后加入乙醇即可使核酸沉淀分离出来。经离心弃上清液后,CTAB-核酸复合物再用 70%酒精浸泡可洗脱掉 CTAB。

SDS 法即常用的碱变性法,SDS 是一种阴离子去垢剂,在高温(55~65℃)条件下能裂解细胞,使染色体离析、蛋白变性,同时 SDS 与蛋白质和多糖结合成复合物,释放出核酸;提高盐(KAc 或 NaAc)浓度并降低温度(冰浴),使 SDS-蛋白质复合物转变为溶解度更小的钾盐形式,使蛋白质及多糖杂质沉淀更加完全,离心后除去沉淀;上清液中的 DNA 用酚/氯仿反复抽提后用乙醇沉淀水相中的 DNA。SDS 法操作简单、温和,也可提取到高分子质量的 DNA,但所得到的产物含糖类杂质较多。

传统 DNA 提取方法由于无需昂贵仪器和药品,提取到的 DNA 纯度能够满足一般分子生物学的需要,一直作为 DNA 提取的常规方法。但这些方法操作步骤复杂,耗时长,易交叉污染,残留在 DNA 溶液中的有机物质对 DNA 聚合酶有抑制作用。另外,酚、氯仿等有机溶剂易造成环境污染,有损操作者健康,因此其应用有一定的局限性。

2. 生物材料的获取

(1)生物组织

进行大分子 DNA 提取最好选用新鲜组织,用剪刀清除掉组织中的筋膜等结缔组织,吸干血液;若不能马上进行提取,可将材料冻存于液氮或超低温冰箱中。选取组织材料时应遵循经济原则、动物保护原则,一般可选用鼠尾、鸡冠等相对次要部位。从植物组织中提取 DNA,常选用幼嫩叶片。

(2)培养细胞

悬浮培养的细胞可以直接经 1 500 g 4℃离心 10 min 收集细胞,对贴壁培养的细胞,用胰酶消化后再离心收集,细胞数应在 5×10^7 左右。

(3)血液样品

如果血液样品直接用于提取,则不需要做任何处理;若不立即提取,必须在血样中加入抗凝剂。常用的抗凝剂有 ACD 抗凝液(酸性柠檬酸葡萄糖溶液 B)和 EDTA(乙二胺四乙酸)溶液,对于高分子质量 DNA 的分离,用 ACD 抗凝液保存血液的效果优于 EDTA。加入抗凝剂的血样可在 0℃保存数天或−70℃长期冻存。

ACD 抗凝液的配方：

柠檬酸(citric acid)	0.48 g
柠檬酸钠(sodium citrate)	1.32 g
右旋葡萄糖(α-*D*-glucose)	1.47 g

加水至 100 mL。使用时每 6 mL 新鲜血液加 1 mL ACD 抗凝液。

如果用 EDTA 溶液做抗凝剂，可直接购买已商品化的血常规试验管(图 1-1)，安全方便。该试管内壁均匀喷涂了 EDTA，能与血液最大限度接触，可有效防止血液凝固。

3. 仪器设备的使用

(1)高速冷冻离心机(以 TGL-16G 离心机为例，图 1-2)

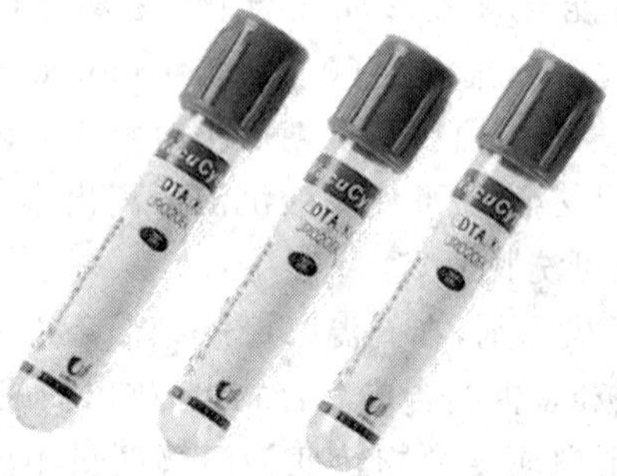

图 1-1　血常规试验管

图 1-2　高速冷冻离心机

①使用方法

Ⅰ. 接通电源。首先，检查离心机是否放置在坚固的实验台面上。然后，将三芯插头插入电源插座，将仪器背面左下角的电源开关置“开”的位置，此时仪表出现数字显示，表示设备进入工作状态。

Ⅱ. 参数设置。离心机的参数设置主要是指转速、离心时间和温度的设置。

转速设置。在微电脑控制界面按“选择”键，使光标移动到“转速”下的“设置”处，然后按左右移位键，使设定区灯光呈闪烁状，通过上下移位键，进行设定，最后按“参数确认”按钮，将设定值保存下来。

时间设置。在微电脑控制界面按“选择”键，使光标移动到“时间”下的“设置”处，然后按左右移位键，使设定区灯光呈闪烁状，通过上下移位键，进行设定，最后按“参数确认”按钮，将设定值保存下来。

温度设置。按控制界面右下角“制冷”键，通过移动“温度设定”键使光标分别移动到“温度”的“上限”和“下限”处，然后移动左右移位键，使设定区灯光呈闪烁状，通过上下移位键，进行设定，最后按“参数确认”按钮，将设定值保存下来。

②使用注意事项

Ⅰ. 在离心机中放置离心管时，最好养成总是用同一种方式放置的习惯。如按一定顺序将离心管的塑料柄朝外，这样沉淀总是聚焦在离转头中心最远的离心管内壁。

Ⅱ. 放置离心管时，一定要注意对称的放入，同时一定要将离心管的管盖盖紧，以防管内液体溅出。

Ⅲ. 离心结束后，不要人为强制离心机的转头停止。

(2)移液器

移液器主要用于吸取、移动液体或滴加样本(图 1-3)。可根据需要调节量的大小，吸量准确、使用方便。尤以微量加样器，可保证实验样品(或试剂)含量精确，重复性良好。

图 1-3　移液器

①常用移液器的规格

常用移液器的规格：
- 5 000 μL ⟶ 吸头：白色、大、长
- 1 000 μL ⟶ 吸头：蓝色、大
- 200 μL ⟶ 吸头：黄色、中
- 100 μL ⟶ 吸头：黄色、中
- 10 μL ⟶ 吸头：白色、小

②使用注意事项

Ⅰ. 改变移液量程时应自大调到小。由小值调大时应先多调 1/3 圈再反调至设定值。

Ⅱ. 更换的新枪尖应进行预洗，用于有机溶液时最好预洗 2～3 次。

Ⅲ. 操作移液器要平稳、缓慢，释放按钮时不可过快，以免液体吸入吸液杆内。

Ⅳ. 吸嘴内尚存液体时切勿将移液器平放或倒置，防止液体流进吸液杆内。

Ⅴ. 使用了强酸或其他腐蚀性溶液后，应将移液器拆开，用蒸馏水清洗活塞和密封圈，完全干燥后再组装。

Ⅵ. 若刻度与实际取液量相差甚大，可以用精密天平检测其精度，若精度差别很大，则应送专业维修点进行维修。

Ⅶ. 微量移液器有不同的移液范围，超过其量程易损坏其精度，而且不能再回到原来位置，这点应特别注意。

Ⅷ. 漏液可能因为微量移液器内部润滑油已耗尽，或吸液杆头部破损所致，可自行修复。

4. 应用举例

(1)植物基因组 DNA 提取

【实验材料】

植物幼苗、叶片

【实验器材】

移液器，高速冷冻离心机，台式高速离心机，水浴锅，高压灭菌锅，涡漩振荡器，电子天平，烧杯，玻璃棒，量筒，容量瓶，陶瓷研钵，角匙，50 mL/5 mL/1.5 mL 离心管，Tip 头，酸度计

【实验试剂】

①提取缓冲液Ⅰ(DNA extraction buffer)

350 mmol/L 葡萄糖，100 mmol/L Tris-Cl(pH 8.0)，5 mmol/L EDTA，2%(*m*/*V*)聚乙烯

吡咯烷酮(polyvinylpyrrolidone,PVP)

Ⅰ.配制方法。葡萄糖 31.5 g,1 mol/L Tris-Cl(pH 8.0)50 mL,0.5 mol/L EDTA 5 mL,PVP 10 g,先用 200 mL dd H_2O 溶解,再定容至 500 mL,高压蒸汽灭菌。使用前,每 100 mL 提取缓冲液Ⅰ中加入 1 mL β-巯基乙醇。

Ⅱ.作用。使细胞裂解。PVP 是酚的络合物,能与多酚形成一种不溶的络合物质,有效去除多酚,减少 DNA 中酚的污染,同时它也能和多糖结合,有效去除多糖。

②提取缓冲液Ⅱ(nuclei lysis buffer)

100 mmol/L Tris-Cl(pH 8.0),1.4 mol/L NaCl,20 mmol/L EDTA,2% CTAB,2% PVP

Ⅰ.配制方法。NaCl 32.76 g,CTAB 8 g,PVP 8 g,1 mol/L Tris-Cl(pH 8.0)40 mL,0.5 mol/L EDTA 16 mL,先用 200 mL ddH_2O 溶解,再定容至400 mL,高压蒸汽灭菌。

Ⅱ.作用。使细胞核裂解,释放 DNA。

注:1 mol/L Tris-Cl(pH 8.0)和 0.5 mol/L EDTA 的配制过程请参考 TE 缓冲溶液中 Tris-Cl 和 EDTA-Na的配制。

③1×TE 缓冲液

本实验所用的 TE 缓冲溶液是终浓度分别为 10 mmol/L Tris-Cl(pH 8.0)和 1 mmol/L pH 8.0 EDTA 的混合液。通常先分别配制这两种溶液的母液,再将其按比例混合即可。

Ⅰ.100 mmol/L Tris-Cl(pH 8.0)的配制。取 12.11 g Tris 碱加入 800 mL 水中,用 HCl 调 pH 至 8.0,定容至 1 L。

Ⅱ.10 mmol/L EDTA(pH 8.0)的配制。在 800 mL 水中加入 3.72 g 二水乙二胺四乙酸二钠(EDTA-2Na·$2H_2O$),在磁力搅拌器上剧烈搅拌,用 NaOH 调 pH 至 8.0,然后定容至 1 L,高压灭菌,室温贮存。

Ⅲ.配制体积为 200 mL 的 TE 缓冲溶液的计算过程为:设需要 100 mmol/L Tris-Cl(pH 8.0)x mL,需要 10 mmol/L EDTA(pH 8.0)y mL,则:

$$200\ \text{mL} \times 10\ \text{mmol/L} = 100\ \text{mmol/L} \times x$$
$$x = 20\ \text{mL}$$
$$200\ \text{mL} \times 1\ \text{mmol/L} = 10\ \text{mmol/L} \times y$$
$$y = 20\ \text{mL}$$
$$x + y = 40\ \text{mL}$$

再在混合体系中加入 160 mL 超纯水,混匀,高压灭菌封口备用。

或:

Tris-Cl(pH 8.0)和 EDTA(pH 8.0)的母液浓度均配制为使用浓度的 10 倍,分别取 TE 缓冲溶液总体积 1/10 的两种母液混合,最后用超纯水补足至终体积即可。

Ⅳ.TE 缓冲溶液的作用。TE 缓冲溶液中的 EDTA 是 Mg^{2+}、Ca^{2+} 的螯合剂,而 Mg^{2+}、Ca^{2+} 是 DNase 的辅酶,故 EDTA 可抑制 DNase(DNA 酶)的活性,防止 DNA 被酶降解。Tris 碱可与盐酸形成强的缓冲对,pH 8.0 可减少 DNA 的脱氨作用。

④氯仿:异戊醇(24:1)

按体积比 24:1 混合于无菌的试剂瓶中,置于 4℃保存备用。

⑤异丙醇

Ⅰ. 分装。在无菌条件下分装于无菌的试剂瓶中，保存备用。

Ⅱ. 作用。从水相中沉淀 DNA 样品。

⑥70％乙醇

Ⅰ. 配制过程。在无菌条件下，吸取 70 mL 无水乙醇，再加入无菌超纯水 30 mL，混匀备用。

Ⅱ. 作用。洗去残留于 DNA 沉淀中的无机离子和有机溶剂。

⑦无水乙醇

⑧RNase A

Ⅰ. 配制过程。将 RNase A 溶于 10 mmol/L Tris-Cl(pH 7.5)中，使其终浓度为 10 mg/mL，100℃加热 15 min 后缓慢冷却至室温，分装后置于－20℃保存。

Ⅱ. 作用。RNase 包括 RNase A 和 RNase H，其中 RNase H 是一种核糖核酸内切酶，它能够特异性地水解杂交到 DNA 链上的 RNA 核苷酸之间的磷酸二酯键，故能分解 RNA/DNA 杂交体系中的 RNA 链。该酶不能消化单链或双链 DNA。

RNase A 是一种被详细研究和具有广泛应用的核酸内切酶。RNase A 对 RNA 有水解作用，但对 DNA 则不起作用。RNase A 在 C 端和 U 端残基处专一地催化 RNA 的核糖部分 $3'$-与 $5'$-磷酸二酯键的裂开，形成具有 $2'$，$3'$-环磷酸衍生物寡聚核苷酸。可以用来去除 DNA 制品中的污染 RNA。

⑨3 mol/L NaAc

Ⅰ. 配制过程。在 800 mL 水中溶解 408.1 g 三水乙酸钠，用冰醋酸调节 pH 至 5.2，加水定容至 1 000 mL，分装后高压灭菌。

Ⅱ. 作用。乙酸钠的主要作用是沉淀 DNA，最常用的沉淀核酸的试剂有两倍体积的无水乙醇、异丙醇和 pH 5.2 的乙酸钠(NaAc)。一般 NaAc 的工作浓度为 0.3 mol/L，作用机理是 NaAc 可与核酸形成盐复合物，该复合物在有机溶剂中不溶解，因而使核酸发生沉淀。但对于含 SDS 的样品，最好用终浓度为 0.2 mol/L 的氯化钠使 SDS 在乙醇溶剂中保持溶解，不与 DNA 共沉淀，避免 SDS 对后续酶促反应的影响。此外如果吸取上清液量大时，可用等体积的异丙醇沉淀。

⑩无菌双蒸水

【实验步骤】

温馨提示

A. 为防止 DNase 的降解作用，提取过程中使用的离心管、移液器吸头要高压灭菌，所需溶液用无菌水配制。

B. 为避免机械剪切力对 DNA 的损伤，提取过程中操作应温和，避免剧烈振荡，移液器吸头的尖要用剪刀剪去，吸取过程中避免产生气泡，不可用反复吸打的方法助溶 DNA。

C. 操作中需戴手套，防止污染，同时避免所用试剂损伤皮肤。

①植物幼苗或叶片 5～10 g，剪碎，在研钵中加液氮磨成粉状后立即倒入预冷的离心管中，加冰冷的提取缓冲液Ⅰ，摇动混匀，置于冰上 5 min。

温馨提示

A. 应尽量使用新鲜材料，避免反复冻融导致内源核酸酶对DNA的降解。

B. 研钵、研杵、离心管、角匙应在液氮中预冷。

C. 液氮冷冻前，植物材料表面的水分要用吸水纸吸干，以防加入液氮后形成冰晶妨碍研磨。

D. 研磨过程中要保持材料的冷冻状态，可补加液氮，反复研磨，使材料呈细粉末状。补加液氮时要轻缓操作，否则会导致材料被冲散出研钵。

②4℃，8 000 r/min离心10 min。

③除去上面残渣，保留沉淀。加入预热的提取缓冲液Ⅱ（步骤1中每使用1 mL提取缓冲液Ⅰ，则需加0.8 mL提取缓冲液Ⅱ）。

温馨提示

CTAB溶液在低于15℃时会形成沉淀析出，因此，在将其加入冰冷的植物材料之前必须预热，且离心时温度不要低于15℃。

④涡漩重悬沉淀，使溶液均一，然后置于65℃水浴保温60 min，水浴期间不时摇动离心管。

⑤室温，8 000 r/min离心10 min。

⑥移取上清液至另一50 mL离心管中，加入等体积氯仿：异戊醇（24：1），轻轻颠倒混匀。

⑦室温，10 000 r/min离心10 min。

⑧移取上清液至另一离心管中，加入2/3体积异丙醇，混匀。－20℃放置40 min，即出现絮状DNA沉淀。

⑨4℃，8 000 r/min离心5 min。弃上清液，用70％乙醇洗涤沉淀。

⑩室温，2 000 r/min离心1 min，弃上清液。吹干沉淀（透明无酒精味即可，过度干燥不利于DNA溶解）。

⑪沉淀溶于1 mL无菌双蒸水，加RNase A，37℃水浴30 min。

⑫室温冷却，加入等体积氯仿：异戊醇（24：1），轻轻混匀，10 000 r/min离心10 min。

⑬移取上清液至另一离心管中，加入1/10体积3 mol/L NaAc及2倍体积的冰冷无水乙醇，轻轻混匀，－20℃放置2 h。

⑭室温，8 000 r/min离心5 min。弃上清液，用70％乙醇洗涤沉淀。

⑮除去70％乙醇，吹干沉淀。将DNA溶解于1 mL TE（若难溶，可于65℃水浴保温10 min助溶）。

⑯DNA溶液置于－20℃贮存。

温馨提示

DNA溶液应分装保存，避免反复冻融。

(2)SDS法动物基因组DNA提取

【实验材料】

新鲜或冷冻的动物组织块

【实验器材】

高速冷冻离心机，台式高速离心机，水浴锅，冰箱，高压灭菌锅，移液器，手术剪刀，镊子，1.5 mL离心管，离心管架，一次性手套，记号笔，Tip头，容量瓶，试剂瓶，酸度计，烧杯，电子天平，称量纸，标签纸，废液杯

【实验试剂】

①生理盐水(0.85% NaCl)

②10% SDS

Ⅰ.配制过程。100 g SDS溶于900 mL水中，加热至68℃助溶，用HCl调pH至7.2，定容至1 000 mL，无需灭菌保存备用。

Ⅱ.作用。SDS:溶解细胞膜蛋白和细胞内蛋白，并结合成“蛋白-SDS”复合物，使蛋白质(包括DNase)变性沉淀。

Ⅲ.注意事项。SDS的微细晶粒易于扩散，因此称量时要戴面罩，称量完毕后要清除残留在称量工作区和天平上的SDS晶粒。混匀SDS溶液时容易产生泡沫，影响准确定容，故在定容前可适当静置片刻，待泡沫减少时再进行定容。

③TES缓冲液(100 mmol/L Tris-Cl，20 mmol/L NaCl，500 mmol/L EDTA，pH 8.0)

与TE缓冲溶液的配制过程类似，可参考。

④酚∶氯仿∶异戊醇(25∶24∶1)

Ⅰ.配制过程。按体积比25∶24∶1混合饱和酚、氯仿和异戊醇。

Ⅱ.作用。苯酚是很强的蛋白质变性剂，通过使蛋白质变性，能使核蛋白中的核酸解离出来。另外苯酚形成的有机相也可破坏蛋白质的胶体稳定性，从而使蛋白质不会分布到水相中，避免了对核酸的污染；氯仿也有使蛋白质变性的作用，但在该混合液中，它的主要作用是去除溶液中残留的酚，加速水相和有机相的分离，去除蔗糖等；异戊醇可减少蛋白质变性过程中产生的大量气泡。

Ⅲ.注意事项。暴露在空气中的苯酚会被氧化成粉红色，氧化产物可破坏核酸的磷酸二酯键，因此不能再用。为防止苯酚的氧化，通常要加入8-羟基喹啉还原剂，该还原剂显黄色，如黄色消失，则说明苯酚已被氧化。

苯酚能溶解10%～15%的水，所以需要饱和，一般用0.5 mol/L的Tris-Cl(pH 8.0)来饱和。为阻断苯酚和空气的接触，通常在苯酚溶液上面覆盖一层Tris-Cl水溶液，因此在吸取苯酚时，要透过上面的保护层深入苯酚溶液内部方可。

⑤无水乙醇

⑥70%乙醇

⑦20 mg/mL蛋白酶K

Ⅰ.配制过程。1 mg蛋白酶K溶于50 μL灭菌双蒸水中，配成20 mg/mL贮存液，−20℃保存备用。

Ⅱ.作用。蛋白酶K是一种具有高活性的蛋白水解酶，它能使许多微生物和哺乳动物细胞中的核酸酶失活。此酶在很宽的pH范围内(pH 7.5～12)均具有活性，对热稳定，在高浓度

的 SDS、EDTA 和尿素环境下仍具酶活性，所以它对于 RNA 和高分子质量 DNA 的提取纯化非常有用。

⑧RNase A

⑨TE 缓冲液(pH 8.0)

【实验步骤】

温馨提示

抽提的每一步用力都要柔和，防止机械剪切力对 DNA 造成损伤。

①取新鲜或解冻组织块，用生理盐水洗去血污，剪取约 0.5 g 组织，尽量剪碎，转入 1.5 mL离心管中。

②加入 0.45 mL TES 混匀，再加入 50 μL SDS，5 μL 蛋白酶 K，充分混匀后，于 56℃保温 4～6 h，每 2 h 摇 1 次。

③放置于室温，加入等体积饱和酚(约 500 μL)，颠倒混匀，10 000 r/min 离心 10 min，分离水相和有机相，小心吸取上层含核酸的水相到一个新的 1.5 mL 离心管。

温馨提示

A. 取上清液时，注意不要吸起中间的蛋白质层。

B. 离心分离水相和有机相后，不要晃动离心管，要使离心管平稳，斜面朝外。

④加入等体积酚：氯仿：异戊醇(25：24：1)混合液，颠倒混匀，10 000 r/min 离心 10 min，取上层转移到新的 1.5 mL 离心管中。

⑤加入等体积氯仿：异戊醇(24：1)，颠倒混匀，10 000 r/min 离心 10 min，取上清液到一个新的 1.5 mL 离心管。

⑥加入 2.5 倍体积的－20°C 预冷的无水乙醇沉淀 DNA。

⑦12 000 r/min 离心 10 min，弃乙醇。

⑧用－20°C 保存的 70％乙醇洗涤，10 000 r/min 离心 5 min，弃乙醇，干燥 DNA。

⑨加入适量 TE 溶解 DNA(具体依 DNA 的多少而定)，－20℃保存备用。

(3)SDS 法细菌基因组 DNA 提取

【实验材料】

细菌培养物

【实验器材】

超净工作台，移液器，高速冷冻离心机，台式离心机，水浴锅，离心管，Tip 头，离心管架，酒精灯，5 mL 离心管

【实验试剂】

①10％ SDS

②2 mol/L NaCl

准确称取 NaCl 11.7 g，用 50 mL ddH_2O 溶解，再定容至 100 mL，高压蒸汽灭菌备用。

③溶菌酶(50 mg/mL)

用 10 mmol/L Tris-Cl(pH 8.0)溶液配制成 50 mg/mL，并分装成小份(如 1.5 mL)保存于－20℃，每一小份一经使用后便予以丢弃。

④蛋白酶 K(20 mg/mL)

⑤酚：氯仿：异戊醇(25：24：1)

⑥异丙醇

⑦70％乙醇

⑧TE 缓冲液

【实验步骤】

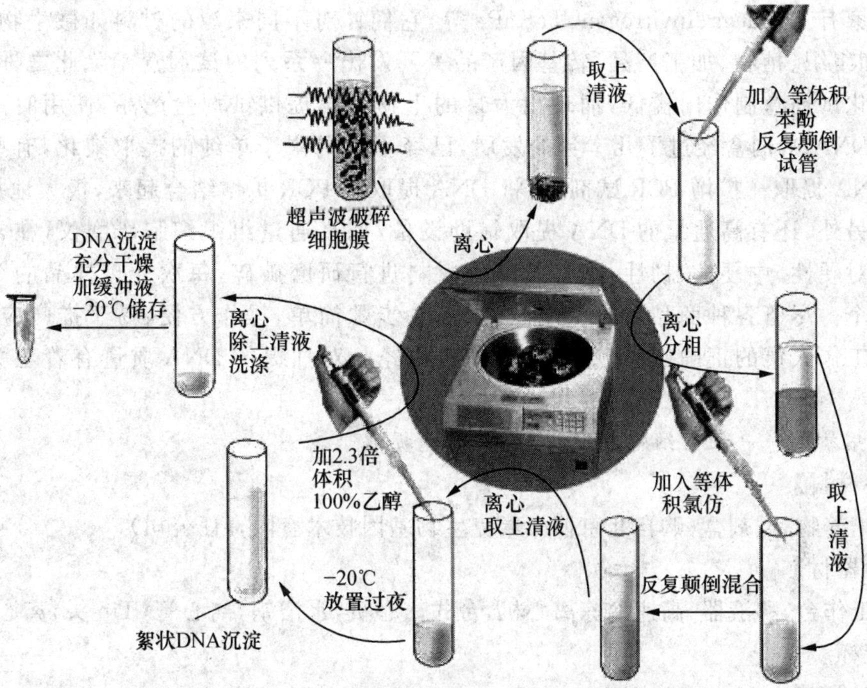

图 1-4　细菌基因组 DNA 提取示意图

①细菌培养：细菌接种于 5 mL 液体培养基中，37℃摇床(300 r/min)培养过液。

②细菌收集：取 2 mL 培养物于 5 mL 离心管中，室温 8 000 r/min 离心 5 min，弃上清液，沉淀重新悬浮于 2 mL TE(pH 8.0)中。

③菌体裂解：加入 12 μL 50 mg/mL 的溶菌酶，37℃作用 2 h。再加入 2 mol/L NaCl 100 μL，10％ SDS 220 μL，20 mg/mL 的蛋白酶 K 6 μL，50℃作用 3 h 或 37℃过夜(此时菌液应为透明黏稠液体)。

④抽提：菌液均分到两个 5 mL 离心管，加等体积的酚：氯仿：异戊醇，混匀，室温放置 5～10 min，12 000 r/min 离心 10 min。抽提两次(上清液很黏稠，吸取时应小心，枪头尖应剪去)。

⑤沉淀：加 2/3 倍体积的异丙醇，混匀，室温放置 10 min，12 000 r/min 离心 10 min。

⑥洗涤：沉淀用 70％的乙醇洗涤 2 次。

⑦DNA 晾干后，溶于 100 μL TE 或 ddH_2O 中保存备用。

(二)DNA 提取新方法

1. 概述

近年来出现了以螯合树脂、特异性 DNA 吸附膜、离子交换纯化柱及磁珠或玻璃粉吸附等为基础的 DNA 提取新方法。这些方法主要应用于提取病毒、微生物、人和动物细胞、包埋组织样品、古生物标本及土壤环境样品 DNA。目前国内外开发了多种商品化的 DNA 提取纯化试剂盒，其分离原理有的利用核酸的分子质量差异，有的利用特异性膜与 DNA 结合达到分离、回收的目的，如离子交换柱、磁珠等。这些试剂盒针对不同的材料来源设计了不同的提取方法，操作简单、高效，DNA 质量较高，但价格昂贵，提取量少。国外著名的试剂盒生产厂家有 Promega、Invitrogen、TaKaRa 等，它们针对不同来源的材料如微生物、动物体液、血液和组织、植物、加工产品、转基因产品等开发出一系列的试剂盒。除此之外，由于核酸提取纯化试剂盒制作门槛低，涌现出大量的生物公司提供试剂盒产品，使用时一定要慎重选择。DNA 试剂盒经过了几十年的发展，已经不再局限于单纯的提取纯化，有些厂家还推出了 DNA 提取—扩增 PCR 试剂盒，将 DNA 提取和 PCR 扩增结合起来，极大地提高了工作效率。另外，还有高通量的 DNA 提取辅助设备，如高通量组织细胞研磨仪，在常温和冷冻条件下对硬性、中硬性、韧性、脆性及纤维材料进行研磨破碎，每次处理样品的个数可以多达 192 个。尽管各种商品化 DNA 抽提试剂盒步骤简单、操作方便、易于推广应用，但抽提过程中工作人员的正确操作、专业知识和实践经验对抽提的 DNA 质量有着至关重要的影响。

2. 应用举例——细菌细胞基因组 DNA 快速提取

【实验材料】

细菌培养物，试剂盒(购自北京博大泰克生物基因技术有限责任公司)

【实验器材】

超净工作台，移液器，高速冷冻离心机，台式离心机，水浴锅，离心管，Tip 头，离心管架，酒精灯，废液杯

【实验试剂】

(1)试剂盒组成及包装

组成	50 次用量	保存条件
细菌细胞悬浮液	5 mL	短期使用 4℃保存，长期使用 −20℃保存
裂解液	5 mL	4℃，使用前稍加热
2 mg/mL RNase A/蛋白酶 K 液	1 000 μL	短期使用 4℃保存，长期使用 −20℃保存
3 mol/L NaAc(pH 4.8)	500 μL	室温保存
结合缓冲液	62.5 mL	室温保存
浓缩缓冲液	10 mL	室温保存，可一次性配好
洗脱缓冲液	5 mL	室温保存
离心吸附柱	50 个	室温保存
废液收集管	50 个	室温保存

(2)需自己准备试剂

①无菌超纯水

②无菌 TE 缓冲溶液

③无水乙醇

【操作步骤】

①细菌细胞的裂解(最大起始量:10^7)。将 1.5 mL 过夜培养的细菌细胞移入 1.5 mL 离心管中,12 000 r/min 高速离心 20 s 后,彻底弃上清液,加入 90 μL 细菌细胞悬浮液,振荡或用枪头悬浮细胞,室温放置 3 min,再加入 100 μL 裂解液和 20 μL RNase A/蛋白酶 K 液,迅速振荡混匀,置于 55℃温浴 15～45 min,期间来回颠倒离心管数次。

温馨提示

如果提取的组织是血凝块,在提取前请用牙签或小木棍充分将血凝块捣碎后,取 100 μL 血液,再加入 100 μL 裂解液。

②加入 10 μL 3 mol/L NaAc(pH 4.8),随后加入 1 250 μL 结合缓冲液,充分振荡混匀(重要!),离心后将上清液直接加入到离心吸附柱中去(切勿取到沉淀杂质),放置 1 min,12 000 r/min 离心 30 s。

③倒掉收集管中的废液,再加入 600 μL 洗涤缓冲液,12 000 离心 30 s。

温馨提示

A. 特别注意:浓缩洗涤液在使用前请按照 1∶5 的比例一次性加入无水乙醇,如 10 mL 浓缩洗涤液需加入 50 mL 无水乙醇,混匀后才可使用。

B. 洗涤时一定要通过离心充分去除洗涤液,否则洗涤液中的乙醇会抑制后续的各种酶促反应。因此必要时,离心的时间可以适当延长,另外可用 Tip 头吸干净,甚或再离心一次。

C. 浓缩洗涤液配制成工作浓度时,一定要使用无水乙醇,否则被吸附在硅基质材料上的 DNA 会被洗脱下来,影响回收的效率。

D. 洗脱缓冲液一定要加入离心吸附柱中硅基质材料的正中央,以确保被吸附在硅基质材料中的 DNA 都能被洗脱下来,为提高回收效率,可适当加大洗脱体积。

④重复步骤③ 1～2 次,此步骤中,最后一次洗涤应于 12 000 r/min 离心 3 min 以充分除去洗涤缓冲液。

温馨提示

A. 此步骤非常重要,对于全血而言,应洗涤至离心下来的洗涤液至无色或淡黄色。

B. 如果基因组 DNA 中含有较多的蛋白质、盐类等杂质,可以多洗涤几次,但务必除尽洗涤液。

⑤小心取出离心吸附柱(别沾上洗涤缓冲液,因为其中有乙醇,会影响后续的反应),将其套入一个干净的 1.5 mL 离心管,并加入 500 μL 洗脱缓冲液。放置 1 min,于 12 000 r/min 离

心 30 s，取出离心管，其中便是所提取细菌细胞基因组 DNA，如有残余 RNA，可适当加入少量 RNase A。

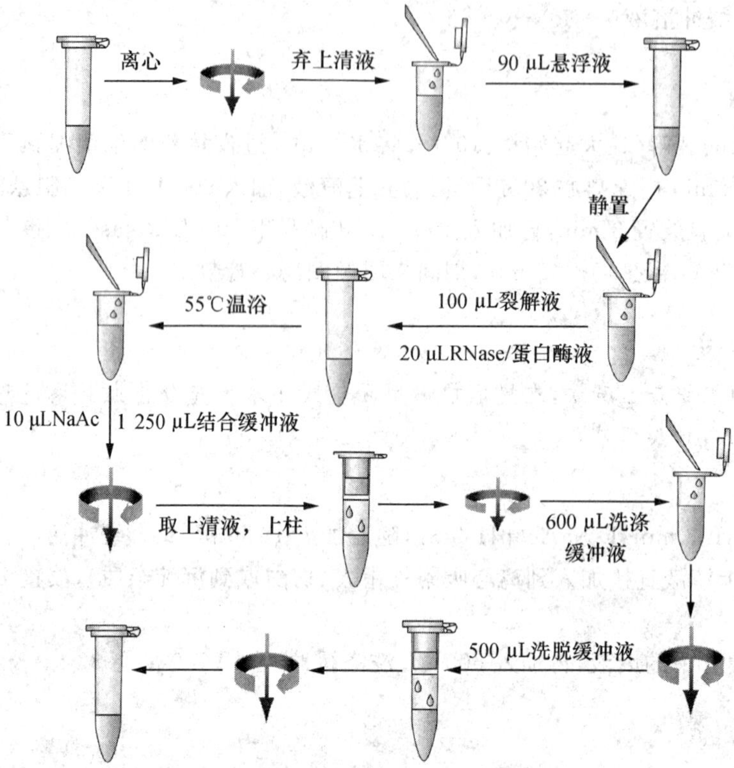

图 1-5 用试剂盒提取细菌 DNA 示意图

二、基因组 DNA 提取常见问题及处理方案

表 1-1 基因组 DNA 提取常见问题及处理方案

问题	可能原因	处理方案
DNA 量很少或没有	1. 所提样品材料老化 2. 反复冻融导致基因组 DNA 含量下降	1. 选择新鲜的样品材料，如新鲜血液、新鲜菌液、刚离体的动物组织或幼嫩的植物组织等 2. 不能及时处理的样品应立即放入液氮或－70℃低温保存，以免 DNA 降解
	样品破壁或裂解不完全导致基因组 DNA 未充分释放	动、植物材料应在液氮中充分研磨匀浆，G^{+} 细菌、酵母等破壁较困难的样品应用溶菌酶、酵母破壁酶或机械方式协助破壁
	加样量过多使裂解液和样品混合不均匀，细胞裂解不充分	不同来源样品的加样量请参照详细操作步骤
	DNA 吸附不充分。如在上吸附柱前未加无水乙醇，或用低浓度乙醇代替无水乙醇，则导致 DNA 不能充分沉淀，与硅胶膜吸附不彻底	应在样品裂解后加适量无水乙醇，再上吸附柱使 DNA 与硅胶膜充分吸附

续表 1-1

问题	可能原因	处理方案
DNA 量很少或没有	DNA 洗脱不适当	洗脱液 pH 过低会降低洗脱效率，应确保洗脱液 pH 在 7.0～8.5 之间；洗脱体积若小于 30 μL，则不易完全浸透硅胶膜，使 DNA 不能全部洗脱下来，因此洗脱液体积应大于 30 μL，同时如洗脱液体积过大，超过 200 μL，则所得的 DNA 浓度会降低，但 DNA 总量不会减少；洗脱时可将洗脱缓冲液在 65～70℃水浴预热，加入洗脱液后在室温静置 2～5 min，可提高洗脱效率，提高基因组 DNA 的产量
提取的基因组 DNA 有降解	选取的材料不新鲜或反复冻融，采集材料后未及时处理或未低温保存，细胞凋亡导致 DNA 降解，或低温保存的样品反复冻融导致细胞破碎，内源核酸酶降解 DNA	应选择新鲜的材料样品，不能及时处理则低温保存，运输过程中亦应使用干冰
	未能有效抑制内源核酸酶作用	某些 DNase 含量较丰富的动、植物组织样品应在液氮中研磨或匀浆，研磨过程中应随时补充液氮，并在样品未完全解冻前即加入含有抑制核酸酶作用的螯合剂的裂解液
	操作过于剧烈导致 DNA 被机械打断	预处理的样品加入细胞裂解液后，所有操作应尽量柔和，避免振荡、搅拌等剧烈机械力对 DNA 片段的损伤
基因组 DNA 难溶	DNA 过于干燥	缩短 DNA 吹干时间，不要晾的太干燥
	溶解过程中，DNA 没有被混合均匀	DNA 溶解过程中，每隔 2～3 min 轻轻混匀一次
提取的基因组 DNA 不能顺利地进行后续试验	样品量过多导致细胞裂解不充分。样品量过多会使裂解液不能快速有效地与样品充分混合，从而导致样品裂解不彻底，残留大量蛋白、多糖、脂类等杂质，为后续的上吸附柱分离纯化造成影响	应加入适当量的样品材料，具体数量参照详细操作步骤
	DNA 在洗脱前有大量乙醇残留。有机溶剂乙醇可严重抑制内切酶、DNA 聚合酶的活性，而在 DNA 过柱洗涤过程中需使用含有乙醇的漂洗液，因此在洗脱 DNA 前，一定要充分去除残留的乙醇	可重复离心，或将吸附柱置于室温或 50℃温箱中烘干 5～10 min，再加洗脱液

◈工作实施

本实验实行分组教学，一个工作小组5人。教师首先需了解每一位同学的工作兴趣，分别确定选择动物基因组DNA提取、植物基因组DNA提取和微生物基因组DNA提取的学生数，然后再统计各组的提取方法(附表1)，最后综合实验对象和实验方法两个因素协调进行分组实验(附表2)。

分组完毕后学生即开始工作(附表3)。

◈检查与评价

一、检查

完成附表4中考核内容。

二、评价

任务结束后，参考附表5和附表6中评价内容对各小组的工作过程和工作结果进行分析评价。

◈分析与思考

一、选择题

1. 下列不是获取目的基因的方法是：(　　)。

A.“鸟枪法”　　B. 转录法

C. 逆转录法　　D. 根据已知的氨基酸序列合成

2. 在下列试剂中，哪一种可以螯合 Ca^{2+}？(　　)

A. EDTA　　B. 柠檬酸钠　　C. SDS　　D. EGTA

二、填空题

1. 在DNA的提取过程中，可采用匀浆法或________或________来破坏组织细胞。

2. 用乙醇沉淀DNA时，通常要在DNA溶液中加入单价的阳离子，如NaCl和NaAc，其目的是____________________。

3. 乙醇沉淀DNA的原理是____________________。

4. 提取DNA的方法有________、碱变性法(酚抽提法)、________和________。

5. 基因组DNA的提取实验中，蛋白酶K的作用为________________________，RNase呢？________________________。

6. 校正酸度计的三个标准溶液的pH分别为：________、________、________。

三、解答题

1. DNA为何溶于TE？TE有何保护作用？

2. 请简述DNA提取过程中各试剂的作用。

3. 如果没有异丙醇，用无水乙醇可以沉淀核酸吗？

4. DNA提取过程中的注意事项有哪些？

◈拓展与链接

线粒体 DNA(mitochondrial DNA,mtDNA)是真核生物线粒体中含有的、在线粒体中复制和表达的 DNA,为双链环状分子,每个细胞的拷贝数可达数千,属于母系遗传。线粒体 DNA 含有的基因,能编码部分线粒体蛋白质(如膜蛋白)、组成线粒体自身翻译体系的转移核糖核酸(tRNA)和核糖体核糖核酸(rRNA)。线粒体 DNA 的某些密码子与核 DNA、现今存在的原核生物的密码子有所不同。

叶绿体 DNA(chloropast DNA,ctDNA)是存在于叶绿体内的 DNA。高等植物叶绿体的 DNA 为双链共价闭合环状分子,其长度随生物种类而不同。通常一个叶绿体含有 10～50 个 DNA 分子。叶绿体内有少量的核糖体,而叶绿体本身也是半自主性细胞器,具有遗传信息的表达系统,可以转录、翻译生成蛋白质,但是叶绿体中绝大多数蛋白质都是由核 DNA 编码并在细胞质核糖体上合成后再运送到叶绿体各自的功能位点上。

已经知道很多线粒体和叶绿体突变的例子,这些核外基因的遗传规律不同于核基因。不涉及减数分裂分离,常出现单亲遗传(常是母本),核取代后核外突变产生的性状仍存在,核外基因不能像核连锁群那样作图。

有很多核外遗传基因突变的例子涉及线粒体和叶绿体的 DNA,包括洗澡花(紫茉莉)的花斑枝条的遗传,真菌小菌落突变以及衣藻对抗菌素的抗性和敏感性等。

提取线粒体 DNA 和叶绿体 DNA 的经典方法有氯化铯密度梯度离心和蔗糖密度梯度离心,现在也可用线粒体/叶绿体 DNA 提取试剂盒,操作快速简便。

子情境二　总 RNA 提取技术

◈引言

核糖核酸简写为 RNA(ribonucleic acid),是存在于生物细胞以及部分病毒、类病毒中的遗传信息载体。RNA 主要存在于细胞质中,但是在叶绿体、线粒体、细胞核、中心体中也存在少量的 RNA。

RNA 是由核糖核苷酸(图 1-6)经 3,5-磷酸二酯键缩合而成的长链状分子。一个核糖核苷酸分子由磷酸、核糖和碱基构成。RNA 的碱基主要有 4 种,即腺嘌呤 A、鸟嘌呤 G、胞嘧啶 C、尿嘧啶 U。其中,尿嘧啶 U 取代了 DNA 中的胸腺嘧啶 T 而成为 RNA 的特征碱基。RNA 的碱基配对规则基本和 DNA 相同,不过除了 A-U、G-C 配对外,G-U 也可以配对。

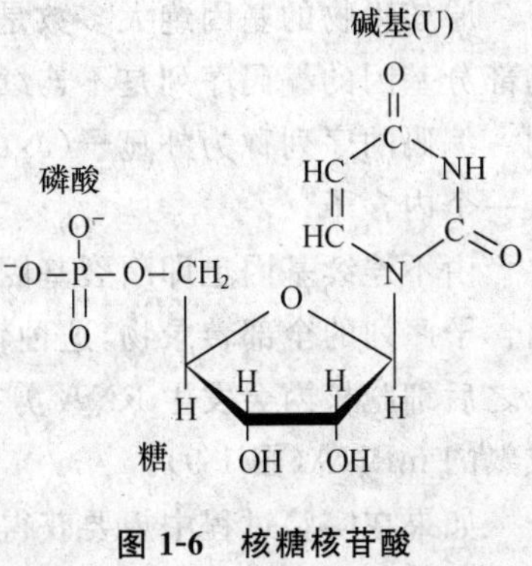

图 1-6　核糖核苷酸

在细胞中,根据结构功能的不同,RNA 主要分三类,即 tRNA(转运 RNA),rRNA(核糖体 RNA),mRNA(信使 RNA)。mRNA 是合成蛋白质的模板,其碱基序列由细胞核中的 DNA 转录产生;tRNA 是 mRNA 上碱基序列(即遗传密码子)的识别者和氨基酸的转运者;rRNA 是组成核糖体的组分,是蛋白质合成的工作场所。

在病毒方面,很多病毒只以 RNA 作为其唯一的遗传信息载体(有别于真核细胞生物普遍用双链 DNA 作载体）。植物病毒大多数是 RNA 病毒。近些年在植物中陆续发现一些比病毒还小得多的浸染性致病因子，叫类病毒，类病毒是不含蛋白质的闭环单链 RNA 分子。此外，真核细胞中还有两类 RNA，即不均一核 RNA（heterogeneous nuclear RNA，hnRNA）和小核 RNA（small nuclear RNA，snRNA）。hnRNA 是 mRNA 的前体；snRNA 参与 hnRNA 的剪接（一种加工过程）。自 1965 年酵母丙氨酸 tRNA 的碱基序列确定以后，RNA 序列测定的方法不断得到改进。目前除多种 tRNA、5S rRNA、5. 8S rRNA 等较小的 RNA 外，尚有一些病毒 RNA、mRNA 及较大 RNA 的一级结构测定已完成（图 1-7），如噬菌体 MS2 RNA 含 3 569 个核苷酸。

与 DNA 不同，RNA 一般为单链长分子，不形成双螺旋结构，但是很多 RNA 也需要通过碱基配对原则形成一定的二级结构乃至三级结构来行使生物学功能，如 tRNA 的二级结构为三叶草形，三级结构为倒“L”状（图 1-8）。

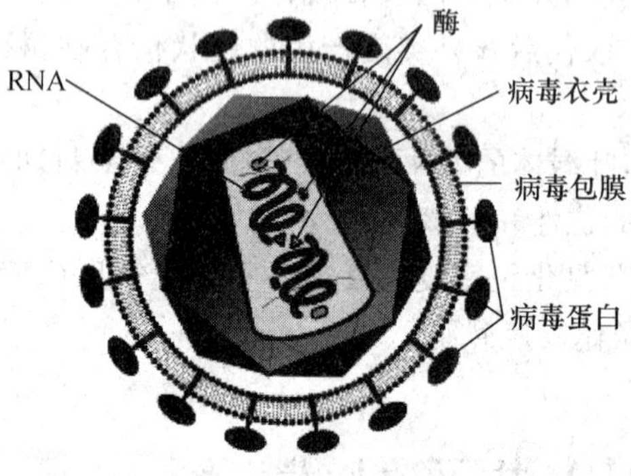

图 1-7 艾滋病病毒结构

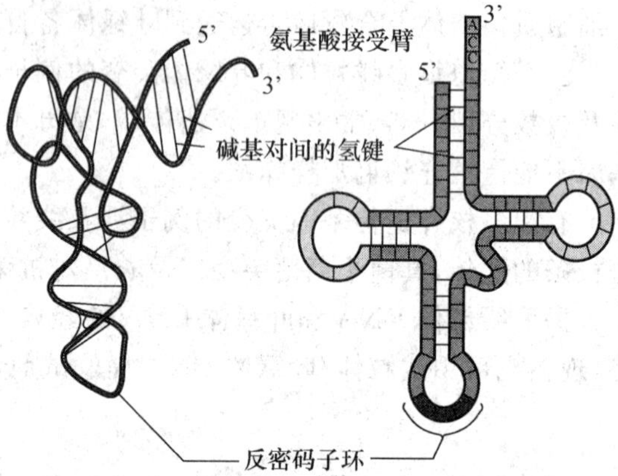

图 1-8 tRNA 的二级和三级结构

1982 年以来，研究表明不少 RNA，如Ⅰ、Ⅱ型内含子，RNase P，HDV（hepatitis D Virus，丁型肝炎病毒），核糖体大亚基 RNA 等都有催化生化反应的活性，即具有酶的活性，这类 RNA 被称为核酶（ribozyme）。

20 世纪 90 年代以后，又发现了 RNAi（RNA interference，RNA 干扰）等现象，证明 RNA 在基因表达调控中发挥重要作用。

原核生物的基因绝大多数是连续的，即基因编码蛋白质的序列是不中断的。可是，真核生物部分基因的编码序列是不连续的，即在两个编码序列之间有一段不编码蛋白质的非编码序列。编码的序列称为外显子（extron），非编码的序列称为内含子（intron），两个外显子之间插入一个内含子。

由不连续基因也即断裂基因转录产生的初级转录物包含了基因的全部序列，即外显子和内含子序列的全部转录物，这种转录物是 mRNA 的前体（hnRNA），在细胞核内很不稳定。转录之后细胞核内会发生 RNA 剪接，将 hnRNA 中的内含子剪除，使外显子序列连接，而后生成成熟的 mRNA（图 1-9）。

如果在实验过程中想要获得不连续基因编码的蛋白产物，必须提取到不连续基因的成熟 mRNA，经反转录→cDNA（complementary DNA）→dsDNA（double strain DNA）→转录→表达过程，以剔除内含子，获得有活性的蛋白产物，这也正是在实验操作中需要经常提取 RNA 的原因之一（图 1-10）。

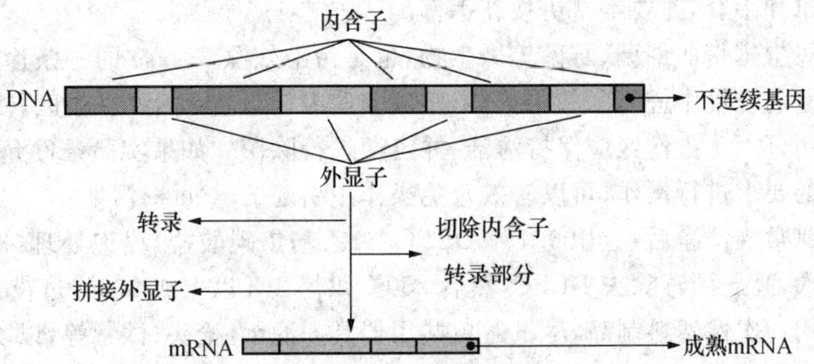

图 1-9　不连续基因的转录与转录后修饰

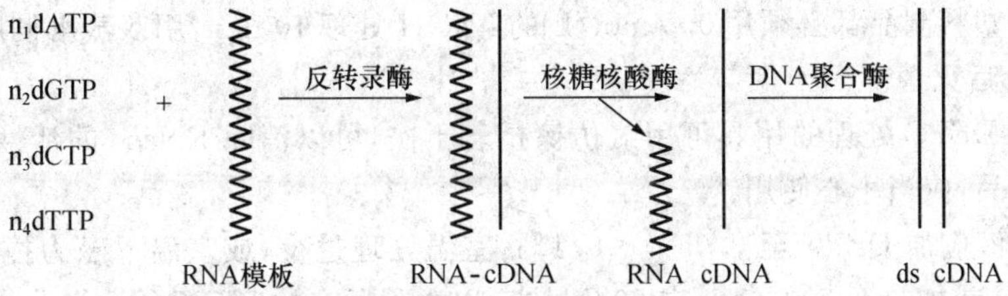

图 1-10　反转录过程

那么：

问题

1. 在实际工作中，怎样才能获得生物的总 RNA？
2. RNA 提取和 DNA 提取有何异同点？

◈工作任务

请根据实验室现有条件，制定提取北京鸭卵巢细胞总 RNA 的实验方案并严格实施，使提取到的总 RNA 能用于 RT-PCR 实验。

◈信息获取

完整 RNA 的提取和纯化，是进行 mRNA 分离、RT-PCR、cDNA 合成及体外翻译等研究工作的前提。所有 RNA 的提取过程都有五个关键点：①样品细胞或组织的有效破碎；②有效地使核蛋白复合体变性；③对内源 RNase 的有效抑制；④有效地将 RNA 从 DNA 和蛋白质的混合物中分离出来；⑤对于多糖含量高的样品还涉及多糖杂质的有效去除。但其中最关键的是抑制 RNase 的活性。

RNA 的提取目前阶段主要采用两种途径：①提取总核酸，再用氯化锂将 RNA 沉淀出来；②直接在酸性条件下抽提，酸性环境下 DNA 与蛋白质进入有机相而 RNA 留在水相。

提取 RNA 工作的核心问题是防止 RNase 的污染。RNase 无处不在，在实验操作的任何一步，偶然的疏忽或不妥当的操作都有可能造成 RNase 的污染，从而导致整个实验的失败。因此，严格控制实验条件，避免任何可能的污染，是保证实验成功的关键。为此，必须做到以下几点：

①操作者的手直接触摸之处，肯定会留下 RNase，说话带出的唾液也富含 RNase，故整个

操作要求戴口罩和手套,并要经常更换新手套。

②空气中飞尘携带的细菌、霉菌等微生物,也是污染外源 RNase 的一条途径,所以操作过程应在比较洁净的环境中进行。如果可能,实验室应专门设置 RNA 操作区,离心机,移液器,试剂等均应专用,RNA 操作区应保持清洁,并定期进行除菌。如果实验条件允许,在超净台中按照细胞培养的要求进行操作,可以有效避免操作中引起的 RNase 污染。

③玻璃器皿常规洗净后,应用 0.1% DEPC(二乙基焦碳酸盐)浸泡处理(37℃ 2 h),再用双蒸水漂洗几次,高压消毒除去 DEPC,然后 250℃烘烤 4 h 以上或 200℃过夜。

④尽量使用一次性塑料制品,尽量避免共用器具如滤纸、枪头、试管等,以防交叉污染。关于一次性塑料制品,建议使用厂家供应的出厂前已经灭菌的枪头和试管等。多数厂家供应的无菌塑料制品很少有 RNase 污染,买来后可直接用于 RNA 操作。

⑤所有旧塑料制品都必须用 0.5 mol/L 的 NaOH 处理 10 min,用双蒸水彻底冲洗,DEPC H_2O 浸泡过夜后灭菌。

⑥无法用 DEPC 处理的用具可用氯仿擦拭若干次,可以消除 RNase 的活性,但氯仿会溶解某些塑料制品,应当小心使用。

⑦所有溶液应加 DEPC 至 0.05%~0.1%,室温处理过夜,或室温下磁力搅拌 20 min,高压处理 30 min;或加热至 70℃ 1 h 或 60℃过夜,以去除所有的 DEPC。

⑧所用的化学试剂应为未开封的新包装,称量时使用干烤处理的称量勺;所有操作均应在冰浴中进行,低温条件可降低 RNase 的活性。

⑨如果需要远距离运输或长期储藏 RNA 样品,可先将标本(细胞、组织)保存在 RNA 保存液中,使细胞内的 RNA 与 RNase 分离,这样样品在室温可以保存 7 d,4℃可以保存 4 周,-20℃、-80℃可以长期保存,而 RNA 质量不受影响。

一、RNA 提取方法

1. 提取原理

在哺乳动物中,平均每个细胞大约含 5~10 g RNA,其中 rRNA 占总量的 80%~85%,tRNA 和核内小分子 RNA 占 10%~15%,而 mRNA 只占 1%~5%。rRNA 由 28S、18S、5S 等组成,这些 RNA 分子可以根据密度和分子大小的不同,利用密度梯度离心、凝胶电泳、离子交换层析等方法进行分离。mRNA 分子种类繁多,分子质量大小不均一,在细胞中含量少,绝大多数 mRNA 分子(除血红蛋白和某些组蛋白 mRNA 外),在 3′端添加有 20~250 个多聚腺苷酸(polyA),利用此结构特点,用 oligo(dT)亲和层析柱可以进行 mRNA 的分离。

2. 提取方法

常用 RNA 的分离方法有:异硫氰酸胍—氯化铯超速离心法,盐酸胍—有机溶剂法,氯化锂—尿素法,蛋白酶 K-细胞质 RNA 提取法,异硫氰酸胍—酚—氯仿一步法等。

(1)氯化锂—尿素法

氯化锂—尿素法主要利用高浓度的尿素使蛋白变性并抑制 RNase,用氯化锂选择沉淀 RNA,其特别适合于从大量样品中提取少量组织 RNA,具有快速简洁的优点,但也存在少量 DNA 污染、RNA 得率不高及小 RNA 片段丢失的缺陷。

(2)盐酸胍—有机溶剂法

本法由 Mac Donald 于 1987 年在 Strohman 报道的基础上改进而成,适用于没有超速离心机的情况下提取细胞总 RNA。它利用盐酸胍抑制 RNase，匀浆法裂解细胞，有机溶剂抽提去除蛋白质，并通过选择性沉淀 RNA 而除去 DNA。该法获得的 RNA 质量较好，但整个操作过程繁杂费时。

(3)异硫氰酸胍—酚—氯仿一步法

该方法是美国 Promega 公司在 Shomczynki 和 Sclchi(1987)所报道的方法的基础上，将这些试剂有机地组合成总 RNA 抽提试剂盒，使整个操作更为简便，并突出以下优点：

①将已知最强的 RNase 抑制剂——异硫氰酸胍、β-巯基乙醇和去污剂 N-十二烷基肌氨酸钠联合使用，抑制 RNA 的降解，增强核蛋白复合物的解离，使 RNA 与蛋白质分离并进入溶液，提高了 RNA 的产量。

②溶于水相的 RNA 可被异丙醇沉淀，本法对大量或少量组织 RNA 的提取均适用。

③可在 3 h 内处理大批样品，并避免了 LiCl 沉淀法和氯化铯密度梯度超速离心等繁杂过程，经该方法提取的 RNA 可用于 Northern 印迹、cDNA 合成或体外翻译。

二、生物材料的获取

1. 微生物材料

发酵 3～4 d(或对数生长期)的菌体，离心收集菌丝体(动植物材料无需此步处理)；用经 DEPC 处理的水洗菌丝体 2～3 次，并尽量除去残存的水，加液氮充分研磨，使其成为粉末，以释放 RNA；研磨后的样品转移至 12 mL 变性液的容器中匀浆。

2. 动植物细胞培养材料(适用的样品量为细胞：10^8)

深层悬浮培养细胞的破碎：

①细胞收集：将含一定细胞浓度的培养液置于无菌离心管中，4℃，3 000 *g* 离心 5 min。

②细胞洗涤：上述沉淀用 25 mL 无菌冰冻的 1×PBS 缓冲液洗涤，4℃，3 000 *g* 离心 5 min。

③细胞破碎：在沉淀细胞中加入 15 mL 预冷的变性液，用无菌处理过的匀浆器匀浆。

表面培养细胞的破碎：

①确定培养瓶数量，使选定的各培养瓶细胞数累加后总量达 10^8。

②细胞收集：将培养液倒掉，用预冷的无菌 PBS 缓冲液洗涤一次，在培养瓶中加入 8 mL 预冷变性液，转动培养瓶，使细胞溶解，此时可见黏度加大。

③用无菌吸管将第一个培养瓶中的液体吸入第二个培养瓶，旋转，溶解细胞，再吸入第三个培养瓶，依此类推，直到将所选定的培养瓶全部洗涤一次，然后从第一个培养瓶开始各加入 4 mL 上述变性液，将所有培养瓶清洗一次。

④将上述含细胞的变性液转移至一 50 mL 无菌离心管中，匀浆破碎细胞。

3. 植物组织的破碎(适用样品量为 0.05 g 植物组织)

①将 600 μL 变性液置于 1.5 mL 离心管中，将此离心管放于冰浴中 5 min。

②将 0.05 g 新鲜组织用液氮冰冻。

③在液氮中研磨组织块。

④待液氮挥发完毕后，将上述分散的组织转移至无菌离心管中。

4. 动物组织破碎(适用样品量为 1 g 组织)

①将 12 mL 变性液置于 50 mL 离心管中，将此离心管放于冰浴中 5 min。

②在上述管中加入 1 g 新鲜或冰冻动物组织，匀浆粉碎。

5. 备注

(1)提示

注：用于 RNA 提取的研磨组织块，必须是新鲜的细胞或组织，如采样后不能立即用于提取则样品需用液氮速冻并贮于－70℃的冰箱中保存备用。

(2)部分实验试剂的配制

①1×PBS 缓冲液。准确称取 NaCl 7.90 g，KCl 0.20 g，Na_2HPO_4 1.44 g，KH_2PO_4 0.24 g，溶于 900 mL 双蒸水中，用盐酸调 pH 至 7.4，加水定容至 1 L，4℃冰箱保存备用。

②变性液。25 g 异硫氰酸胍溶于 33 mL CSB(42 mmol/L pH4.0 乙酸钠、0.83%十二烷基肌氨酸钠、0.2 mmol/L β-巯基乙醇)，65℃溶解，过滤灭菌，4℃预冷。

注意：变性液在 4℃保存过程中会出现化学试剂结晶，使用前应进行加热处理使其溶解。

三、仪器设备的使用

以立式 TGL-16G 高速冷冻离心机为例(图 1-11)。

1. 操作程序

①使用前必须先检查面板上的各旋钮是否在规定的位置上(即电源在关的位置上，电位器及定时器在零的位置上)。

②每支试管中放置等量的样品，然后对称放入转头内，以免由于重量不均，放置不对称，而使整机在运行过程中产生震动。

③试管放入后拧紧螺帽，盖好有机玻璃盖，接通电源，打开电源开关，指示灯亮。

图 1-11　TGL-16G 高速冷冻离心机

④使用 12×1.5 mL 转头时，将选择开关打向“1”位置，使用 10×5 mL 转头时，将选择开关打向“2”位置。

⑤用定时旋钮选择所需时间，然后将调速旋钮调至所需的转速，转速表将显示转子的实际转速。时间到后，必须先将调速旋钮旋至零位，待停机后方可取出试管进行分析。

2. 使用注意事项

①选择合适的转头和转速，绝不可超速使用。

②选择合适的温度，通常选择 4℃即可，除有机溶剂外设置的温度不要低于零下，以免冰冻，损坏离心管和转头。

③转头使用前必须用擦孔棒将管孔擦拭干净，并仔细检查有无裂痕和孔底白斑，若有以上现象，建议更换新的转头。

④离心管内装载的溶液量必须合适，不锈钢管无盖，只能装 2/3 体积，塑料管可装至肩部。管盖必须盖严绝不允许漏液。注意空管离心会变形。塑料管使用有机溶剂必须符合规定。

⑤离心管必须成对放置，必须严格平衡，使偏差<0.1 g。

⑥不允许无转头空转，放取转头必须用手柄，以防转头滑落。转头要轻放、卡稳，旋下手柄时要用手扶住手柄只转转头。转头盖要盖严，无盖不准离心。

⑦离心时不准打开机盖，不准扒扶在离心机上，如有异常声音和振动需立即停机。

⑧转头使用后必须及时由转头室中取出、擦干，用擦孔棒将管孔仔细擦净。如有溶液溢出必须清洗干净，擦净转头室内水分，打开离心机盖子晾干转头室。

四、应用举例——华美生物工程公司的总 RNA 提取系统（Ⅰ）

（一）鸡卵泡细胞总 RNA 的提取

【工作原理】

将已知最强的几种 RNase 抑制剂联合使用，抑制了 RNA 的降解，增强了对核蛋白复合物的解离，使 RNA 与蛋白质解离并进入溶液，提高了 RNA 的提取产量；RNA 选择性地进入无 DNA 和蛋白质的水相，容易被异丙醇沉淀浓缩，对大量或少量组织的细胞 RNA 提取，均甚合适。该法步骤简便时间短，可避免 RNA 被降解和受到污染。

【实验器材】

各量程移液器，大托盘，烧杯，试剂瓶，废液缸，小镊子，2 mL Eppendorf 管（微型离心管），洁净纱布，洁净抹布，标签纸，酒精灯，火柴，酒精棉球，一次性 PE 手套，制冰机，温度计，高压蒸汽灭菌锅，干热灭菌箱，冷冻离心机，冰箱，电热炉，一次性口罩，Tip 头，1.5 mL 离心管

【实验试剂】

1. 试剂种类

①变性液（denaturing solution）（主要为异硫氰酸胍）

②2 mol/L 醋酸钠（sodium acetate）（pH 4.0）

③苯酚/氯仿混合物（phenol/chloroform mixture）

④异丙醇（isopropanol）

⑤无 RNase 的水（RNase-free water）

①～⑤试剂为试剂盒提供试剂，⑥～⑨试剂需实验室自备。

⑥75％乙醇

⑦DEPC 原液（1 g/mL）

⑧蒸馏水

⑨超纯水

2. 试剂作用

①解偶剂（胍类）

盐酸胍、异硫氰酸胍是一类强力的蛋白质变性剂，可溶解蛋白质，并使蛋白质二级结构消失，细胞结构降解，核蛋白迅速与核酸分离，所以又称解偶剂。在 4 mol/L 异硫氰酸胍和 β-巯基乙醇（破坏 RNase 蛋白质中的二硫键）一类还原剂存在下，RNase 的活性极度地受到抑制。

②苯酚/氯仿

这类有机溶剂不但能使核蛋白与核酸解聚，而且可以利用其对蛋白质的变性作用抑制 RNase 的活力。酚不能完全抑制 RNase 的活性，但可溶解一定数量 3′端带有 Poly(A)结构的 RNA 分子，其中加入的 0.1％的 8-羟基喹啉，与氯仿联合使用可增强对 RNase 的抑制。

③DEPC

二乙基焦碳酸盐，分子式为 $C_2H_5—O—CO—O—CO—O—C_2H_5$，为黏性液体，是很强的核酸酶抑制剂。作用机制是通过与蛋白质中的组氨酸结合，使蛋白质变性。DEPC 也能与

RNA 或单链 DNA 反应,破坏单链核酸中的大部分腺嘌呤环,但它破坏单链核酸的浓度要比使蛋白质变性的浓度大 100～1 000 倍。DEPC 在 Tris 中易分解为 CO_2 和乙醇,使 pH 下降。

DEPC 不能用聚苯乙烯器皿存放。应保存在 4℃条件中,可防止其降解。DEPC 是致癌物！使用时必须佩戴手套、口罩。

【操作步骤】

①双手洗净后用酒精棉消毒,戴上口罩、手套,点燃酒精灯。用镊子取出 Eppendorf 管,加鸡卵泡组织匀浆液 500 μL,变性液 1 000 μL,来回抽吸直至细胞充分裂解。

②向裂解液中加入 100 μL 2 mol/L 醋酸钠加盖并颠倒管子混匀。

③加入 1 mL 苯酚/氯仿混合物后,颠倒管子混匀并剧烈振荡 10 s,然后在冰上放置 15 min。

④在 4℃的条件下,10 000 r/min 离心 20 min。

⑤将上层水相小心吸取(含 RNA)转移到新的离心管中后,注意:不要吸到中间层,中间层富含蛋白质和 DNA,加入等体积异丙醇并混匀,－20℃冰箱内放置至少 15 min,沉淀 RNA。

⑥在 4℃的条件下,10 000 r/min 离心 15 min 沉淀 RNA 后,小心并尽可能的去除全部上清液。

⑦向 RNA 沉淀中加入变性液 300 μL,振荡混合直到 RNA 完全溶解也可加热到 65℃促进溶解,尽可能缩短时间。

⑧和步骤⑤一样,加入等体积异丙醇并混匀,－20℃冰箱内放置至少 15 min,沉淀 RNA。

⑨在 4℃的条件下,10 000 r/min 离心 15 min。

⑩弃上清液,用预冷 75％乙醇洗涤 RNA 沉淀和管壁,弃上清液。

⑪真空干燥去除样品中的乙醇,不宜完全干燥,否则沉淀难以溶解。

⑫将部分 RNA 溶解到 500 μL 无 RNase 污染的水中,－20℃保存,准备检测;或向 RNA 水溶液中加入 30 μL RNase-Free Water,4.29 μL{(30 μL＋x μL)×0.25 mol/L ＝x μL×2 mol/L}醋酸钠并使其终浓度达到 0.25 mol/L,再加入 85.7 μL(2.5 倍体积){(30 μL＋4.29 μL)×2.5}无水乙醇,然后将样品管放在－70℃冰柜里进行长期保存。

(二)氯化锂—尿素法提取植物总 RNA

【实验材料】

植物幼苗、叶片

【实验器材】

移液器,高速冷冻离心机,酸度计,高压灭菌锅,电子天平,烧杯,磁力搅拌器,量筒,容量瓶,药匙,50 mL/5 mL/1.5 mL 离心管,Tip 头,干燥箱,废液杯,匀浆机,试管架,酒精灯,火柴,一次性 PE 手套,酒精棉球,一次性滤器

【实验试剂】

1. 氯化锂/尿素溶液

氯化锂 126 g(3 mol/L),尿素 360 g(6 mol/L)加 DEPC 水定容至 1 L,过滤除菌。

2. 悬浮液

10 mmol/L	Tris-Cl(pH 7.6)
1 mmol/L	EDTA(pH 8.0)
0.5％	SDS

①100 mmol/L Tris-Cl(pH 7.6)

准确称取 12.11 g Tris 碱置于 1 L 烧杯中，加入约 800 mL 的 DEPC 水，充分搅拌溶解，再加入浓 HCl 约 60 mL 调 pH 至 7.6，定容至 1 L，高压灭菌备用。

②50 mmol/L EDTA・2Na(pH 8.0)

在 80 mL DEPC 水中加入 1.861 g 二水乙二胺四乙酸二钠($EDTA\text{-}2Na \cdot 2H_2O$)，在磁力搅拌器上剧烈搅拌，用 NaOH 调节溶液 pH 至 8.0(大约需要 0.2 g NaOH 颗粒)，然后定容至 100 mL，高压灭菌备用。

③悬浮液的配制

根据实验需求，确定所用悬浮液体积数，准确称取一定量的 SDS 粉末，将其溶解于溶液①和②的混合液中，使 SDS 的浓度达到 0.5%，溶液①和②的终浓度分别达到 10 mmol/L 和1 mmol/L。

例：配制 100 mL 悬浮液

Ⅰ. SDS 需要量＝0.5%×100 mL＝0.5 g

Ⅱ. 溶液(1)需要量＝(10 mmol/L×100 mL)/100 mmol/L＝10 mL

Ⅲ. 溶液(2)需要量＝(1 mmol/L×100 mL)/50 mmol/L＝2 mL

故准确移取 10 mL 溶液(1)、2 mL 溶液(2)于烧杯中，加入 40 mL DEPC 水，将 SDS 粉末溶解于其中，定容至 100 mL，保存备用。

④酚/氯仿/异戊醇(25∶24∶1)

⑤3 mol/L 乙酸钠(pH 5.2)

参考子情境一中配制方法，但注意要用 DEPC 水溶解。

⑥无水乙醇

⑦70%乙醇

用无菌的 DEPC 水稀释 100%无水乙醇配制所得。

【操作步骤】

①每克组织或细胞加入 5～10 mL 氯化锂—尿素溶液，匀浆器高速匀浆 2 min，并转移至 Eppendorf 管中。

温馨提示

A. 液氮冷冻前，植物材料表面的水分要用吸水纸吸干，以防加入液氮后形成冰晶妨碍研磨；B. 离心管、药匙、匀浆器应在液氮中预冷。DNA 溶液应分装保存，避免反复冻融。

②匀浆液在 0～4℃放置 4 h 后，12 000 *g* 离心 30 min。

③取沉淀，加入原匀浆液 1/2 体积的氯化锂—尿素溶液，重复步骤②。

④沉淀用原匀浆液 1/2 体积的氯化锂—尿素溶液复溶后，加入等体积酚/氯仿/异戊醇在室温放置 15～30 min 并不时摇动混匀，4 000 *g* 离心 5 min。

⑤取上层水相，加 1/10 倍体积的 3 mol/L 乙酸钠(pH 5.2)及 2 倍体积的乙醇，－20℃放置 1 h，5 000 *g* 离心。

⑥70%乙醇洗沉淀一次，真空干燥。

⑦溶解 RNA 沉淀，得 RNA，分装，于－70℃保存。

五、RNA 提取常见问题及处理方案

表 1-2　RNA 提取常见问题及处理方案

问题	可能原因	处理方案
RNA 降解	RNase 污染	1. 新鲜细胞：如果试剂没有问题，且外源性污染也可以排除，那么降解几乎都来自裂解液的用量不足。如果将裂解液直接加入培养皿中裂解细胞，一定要使裂解液能覆盖住细胞 2. 新鲜组织：某些富含内源核酸酶的样品（如肝脏、胸腺等），即使使用电动匀浆器匀浆也不能避免 RNA 的降解。更可靠的方法是：在液氮条件下将组织研碎，并且匀浆时使用更多裂解液 3. 冷冻样品：样品取材后应立即置于液氮中速冻，然后移至－70℃冰箱保存。样品绝不能未经液氮速冻而直接保存于－70℃冰箱中。冷冻样品，即使是冷冻细胞，如果不在液氮条件下研磨碎，而直接加入裂解液中匀浆，RNA 也比新鲜样品更容易降解。样品在与裂解液充分接触前绝不能出现融化，所以研磨用具必须预冷，在碾磨过程中要及时补充液氮。样品研碎后，在液氮刚刚挥发完时，将样品迅速转移到含裂解液的容器中，立即混匀匀浆 4. 外源 RNase 的污染：试剂，器械及实验环境中的 RNase 进入实验系统 5. 内源 RNase 的污染：抑制剂失效或者用量不够，实验样品过多；匀浆时温度过高
	提取的 RNA 样品没有保存在－20℃或－70℃低温	尽可能将 RNA 保存在－70℃低温
	样品提取过程中降解	提取动作应该尽可能的快，离心应该在低温环境中进行，取用 RNA 时尽量在冰上进行
RNA 提取得率低	RNA 丰度不同	1. 该组织或细胞中 RNA 含量偏低：不同细胞和组织中 RNA 的丰度不同，如肝脏、胰腺、心脏等是高丰度组织（总 RNA 含量 2～4 μg/mg），脑、胚胎、肾脏、肺、胸腺，卵巢等是中丰度组织（总 RNA 含量 0.05～2 μg/mg），膀胱、骨、脂肪等是低丰度组织（总 RNA 含量＜0.05 μg/mg） 2. 组织起始量太少或者太多：样品量过少，则细胞组织中 RNA 含量较低；样品量过多则可能超过裂解液的裂解能力，裂解将不完全，从而导致 RNA 得率低
	超过了吸附柱的最大吸附能力	同一个样品使用多个吸附柱，然后合并得到 RNA 制品

续表 1-2

问题	可能原因	处理方案
OD_{260}/OD_{280} 比值<1.6	用分光光度计检测吸光度时，RNA 样品不是溶于 TE，而是溶于水，低离子浓度和低 pH 条件下，OD_{280} 值会较高，造成比值偏低	检测时用 TE 稀释样品
基因组 DNA 污染	污染了蛋白或者苯酚	吸取上清液水相时小心不要吸取到中间相和下层有机相
	起始样品量超出了变性液/裂解液的处理范围	选择合适的起始处理量
	样品中含有有机溶剂（乙醇、二甲基亚砜等），强缓冲液或碱性溶液	避免这些可以改变裂解液/变性液性质或 pH 的物质

◈工作实施

本实验实行分组教学，一个工作小组 5 人（以 30 人的班级为例）。教师首先需统计选择不同提取方法的学生数（附表 7），根据统计结果教师协调进行分组（附表 8）。

如果学生只选了 2 种方法，则每一方法设 3 个平行组，如果选择了 3 种方法，则每一方法下设 2 个平行组，如果选择的方法较为分散，教师要引导学生尽量集中，以利于教学活动的正常安排。

分组完毕后学生即开始后续的工作（附表 9）。

◈检查与评价

一、检查

完成附表 10 中考核内容。

二、评价

任务结束后，参考附表 11 和附表 12 中评价内容对各小组的工作过程和工作结果进行分析评价。

◈分析与思考

一、选择题

1. 以 RNA 作模板，催化合成 cDNA 第一条链的酶是：（　　）。

A. 反转录酶　　B. 端粒酶　　C. 末端转移酶

D. 反转录病毒　　E. 噬菌体病毒

2. 内含子是指：（　　）。

A. 不被转录的序列　　B. 编码序列　　C. 被翻译的序列

D. 被转录的序列　　E. 以上都不是

3. 外显子是指:(　　)。

A. DNA 链中的间隔区　　B. 被翻译的编码序列　　C. 不被翻译的序列

D. 不被转录的序列　　E. 以上都不是

4. RNA 病毒含有的酶是:(　　)。

A. 反转录酶　　B. 端粒酶　　C. 末端转移酶

D. RNA 聚合酶　　E. DNA 连接酶

二、解答题

1. 如何判断 RNA 的完整性?
2. 在 RNA 提取过程中如何防止 RNase 的污染?
3. 在实验中如何科学使用 EDPC?

◆拓展与链接

由于 mRNA 分子的结构特点,容易受 RNase 的作用而降解,加上 RNase 极为稳定且广泛存在,因而在提取过程中要严格防止 RNase 的污染,并设法抑制其活性,这是 RNA 提取实验成败的关键。所有的组织中均存在 RNase,人的皮肤、手指、试剂、容器等均可能被污染,因此全部实验过程中均需戴手套操作并经常更换(使用一次性手套)。所用的玻璃器皿需置于干燥烘箱中 200℃烘烤 2 h 以上。凡是不能用高温烘烤的材料如塑料容器等皆可用 0.1%的 DEPC 水溶液处理,再用蒸馏水冲净。DEPC 是 RNase 的化学修饰剂,它和 RNase 的活性基团组氨酸的咪唑环反应而抑制酶活性。DEPC 与氨水溶液混合会产生致癌物,因而使用时需小心。实验所用试剂也可用 DEPC 处理,加入 DEPC 至 0.1%浓度,然后剧烈振荡 10 min,再煮沸 15 min或高压灭菌以消除残存的 DEPC,否则 DEPC 也能和腺嘌呤作用而破坏 mRNA 活性。DEPC 能与胺和巯基反应,因而含 Tris 和 DTT(二硫苏糖醇)的试剂不能用 DEPC 处理。Tris 溶液可用 DEPC 处理的水配制然后高压灭菌。配制的溶液如不能高压灭菌,可用 DEPC 处理水配制,并尽可能用未曾开封的试剂。除 DEPC 外,也可用异硫氰酸胍、钒氧核苷酸复合物、RNase 抑制蛋白等。此外,为了避免 mRNA 或 cDNA 吸附在玻璃或塑料器皿管壁上,所有器皿一律需经硅烷化处理。

细胞内总 RNA 制备方法很多,如异硫氰酸胍热苯酚法等。许多公司有现成的总 RNA 提取试剂盒,可快速有效地提取到高质量的总 RNA。分离的总 RNA 可利用 mRNA 3′末端含有多聚(A)的特点,当 RNA 流经 oligo(dT)纤维素柱时,在高盐缓冲液作用下,mRNA 被特异的吸附在 oligo(dT)纤维素上,然后逐渐降低盐浓度洗脱,在低盐溶液或蒸馏水中,mRNA 被洗脱下来。经过两次 oligo(dT)纤维素柱,可得到较纯的 mRNA。纯化的 mRNA 在 70%乙醇中 −70℃可保存一年以上。

子情境三　DNA/RNA 浓度测定与纯度检测

◆引言

组成核酸分子的碱基,由于其具有共轭双键的特性(图 1-12),均具有一定的吸收紫外线的特性,最大吸收值在波长 250～270 nm 之间(图 1-13)。

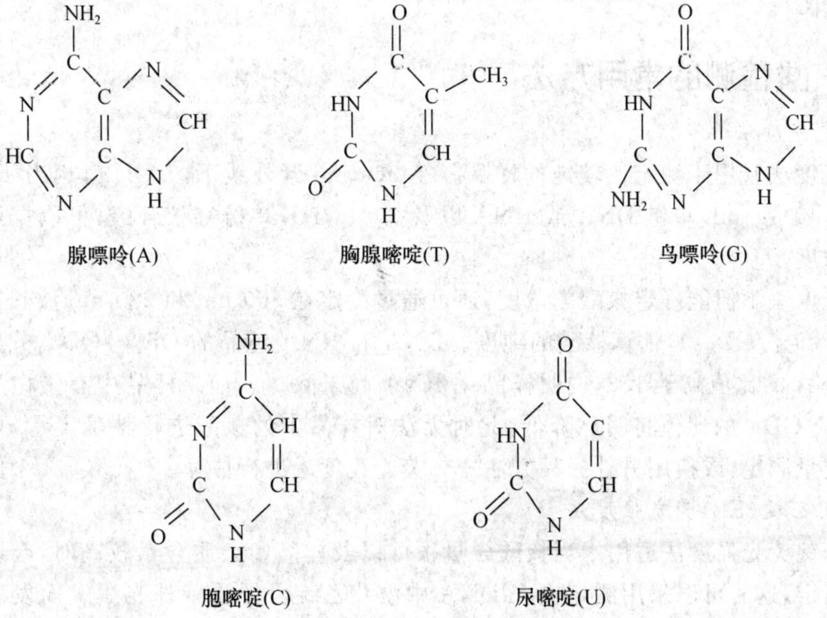

图 1-12　五种碱基的分子结构式

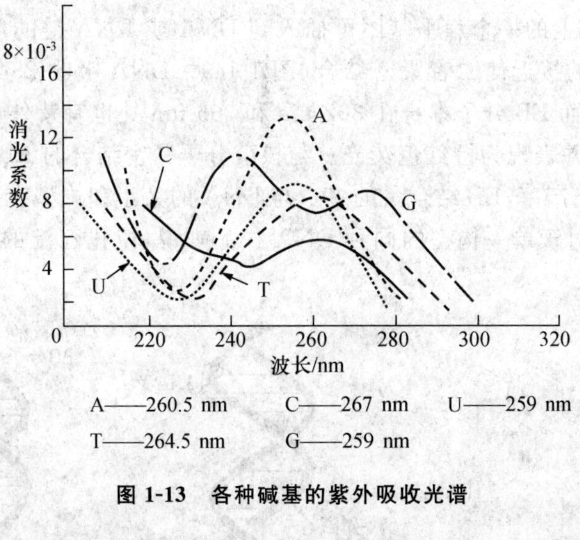

图 1-13　各种碱基的紫外吸收光谱

这些碱基与戊糖，磷酸形成核苷酸后，其最大吸收峰不会改变，但核酸的最大吸收波长是 260 nm，吸收低谷在 230 nm，这些物理特性为测定核酸溶液浓度/纯度提供了理论基础。

问题

1. 测定核酸浓度和纯度的意义何在？
2. 在实际工作过程中，如何测定核酸的浓度和纯度？

◈工作任务

请分别测定子情境一中获得的基因组 DNA 和子情境二中获得的 RNA 的浓度和纯度。分析测定结果，对不符合要求的请设计纯化方案并实施。

◈信息获取

一、核酸检测的常用方法

1. 分光光度法

分光光度法常用于测定比较纯的样品。在 260 nm 紫外线下,1 OD 值相当于 50 μg/mL 双链 DNA,40 μg/mL 单链 DNA 或 RNA 以及 20 μg/mL 单链寡核苷酸,可以据此来计算核酸样品的浓度。

分光光度法不但能确定核酸的浓度,还可通过测定在 260 nm 和 280 nm 波长下紫外吸收值的比值(OD_{260}/OD_{280}),估算核酸的纯度。DNA 和 RNA 纯品的 OD_{260}/OD_{280} 分别为 1.8 和 2.0。若 DNA 的比值高于 1.8,说明样品中 RNA 尚未除尽。如果样品中有蛋白质或苯酚污染,则 OD_{260}/OD_{280} 的比值将明显降低,此时无法对样品中的核酸进行精确定量,可将样品纯化后再作定量测定,或换用另外一种方法——荧光光度法进行估算。

2. 溴化乙锭(EB)荧光强度法

溴化乙锭荧光强度法适用于当核酸含量很低以及样品中杂质含量较高时,会影响紫外光吸收值的测定,这时可以采用测定嵌入 DNA 中溴化乙锭分子受紫外光激发而发射出的荧光强度。

DNA、RNA 本身并不产生荧光,但是荧光染料溴化乙锭能辅助核酸发出荧光。EB 分子是一种嵌入型染料,其上的一个扁平基团可插入到 DNA 或 RNA 链的堆积碱基之间,溴化乙锭的嵌入基团与碱基的接近使二者紧密结合(图 1-14)。DNA 吸收 254 nm 的紫外辐射并将能量传递给 EB 分子,而 EB 分子本身在 302 nm 和 366 nm 处也有紫外光吸收,二者吸收的能量在 590 nm 处释放,并表现为橙红色荧光。与核酸分子紧密结合的 EB 分子的荧光产率远大于游离 EB 分子的荧光产率,EB 结合量的多少与 DNA 的大小和构型有关,而荧光强度正比于嵌入溴化乙锭的量。对于单一构型的同种 DNA 样品来说,溴化乙锭的嵌入量与样品溶液的 DNA 含量成正比。

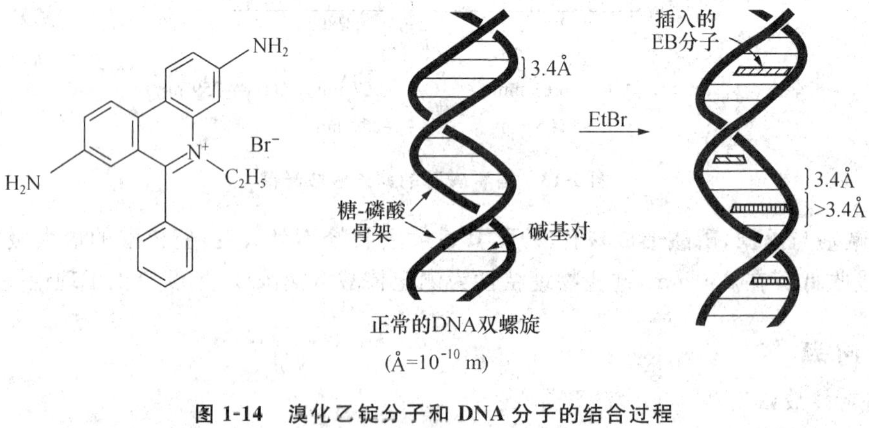

图 1-14　溴化乙锭分子和 DNA 分子的结合过程

二、仪器设备的使用

以 UV-1201 紫外分光光度计为例(图 1-15)。

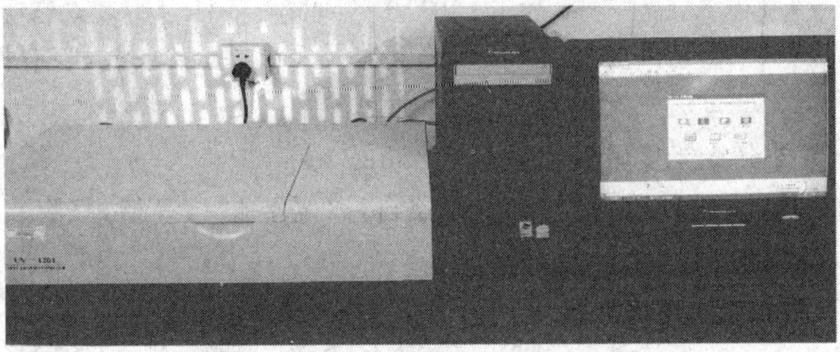

图 1-15　UV-1201 紫外分光光度计

1. 仪器的调试

温馨提示

A. 电源状态不好时应安装抗干扰净化稳压电源，以保证仪器稳定工作。

B. 不允许用酒精、汽油、乙醚等有机溶剂擦洗仪器。

C. 高湿高温季节应注意仪器防潮。

①开启紫外分光光度计电源，钨灯自动点燃，经 20 s 左右，氘灯点燃，可听到声音。

②开启计算机和显示器电源。

③预热 10 min。

④仪器自检：双击桌面上的快捷方式或从开始→程序中启动应用软件，进入仪器自检画面。

⑤在仪器自检界面选择合适的光谱谱带，并转动样池内壁的旋钮与之对应。

2. 参数设置、校准

①设置换灯点：在设置→仪器菜单栏中设置换灯点，设置好后一般不要更换。

②启动光度测量功能：单击工具栏上的"光度"按钮，再点参数进行参数设置；测量是依次进行的，输入时若按波长从大到小排列可加快测量速度。

③比色皿配对测量：如果选择了"比色皿校正"功能，在测量前必须进行比色皿配对测量。在参比池和样品池中都加入参比溶液，盖好样品室，按下校正功能，仪器自动进行校准。如果没有选择"比色皿校正"功能，则直接放入参比和样品，单击"测量"按钮进行测量。

3. 样品检测

①吸取样品，加缓冲溶液混匀，转入分光光度计的石英比色杯中。

②在 260 nm 和 280 nm 分别读出光密度。

③计算浓度和纯度。

三、应用举例

(一)分光光度法测定 DNA 样品的纯度和浓度

【实验材料】

DNA 样品

【实验试剂】

灭菌重蒸水，TE 缓冲液(请参考子情境一)

【实验器材】

石英比色皿，UV-1201 紫外分光光度计，移液器及 Tip 头，吸水纸，废液杯

【操作步骤】

(1)UV-1201 紫外分光光度计开机预热 10 min。

(2)启动驱动程序，进入仪器自检界面，仪器自检(需要耐心等待，只有自检通过才可以进行测量界面)。

(3)启动光度测量功能，在该界面下进行参数设置(图 1-16)。

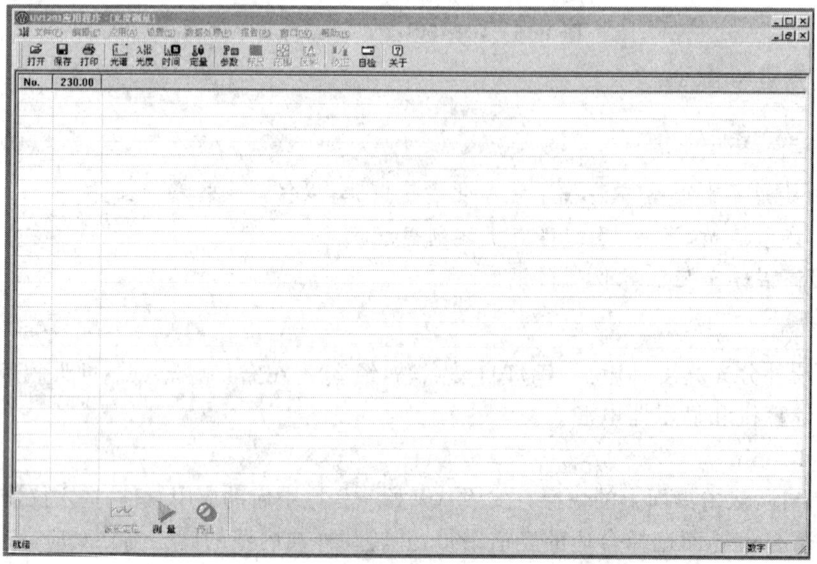

图 1-16 光度测量界面

(4)设置波长个数 4 个，分别为 230 nm，260 nm，280 nm，320 nm，同时设比色皿校正功能(图 1-17)。

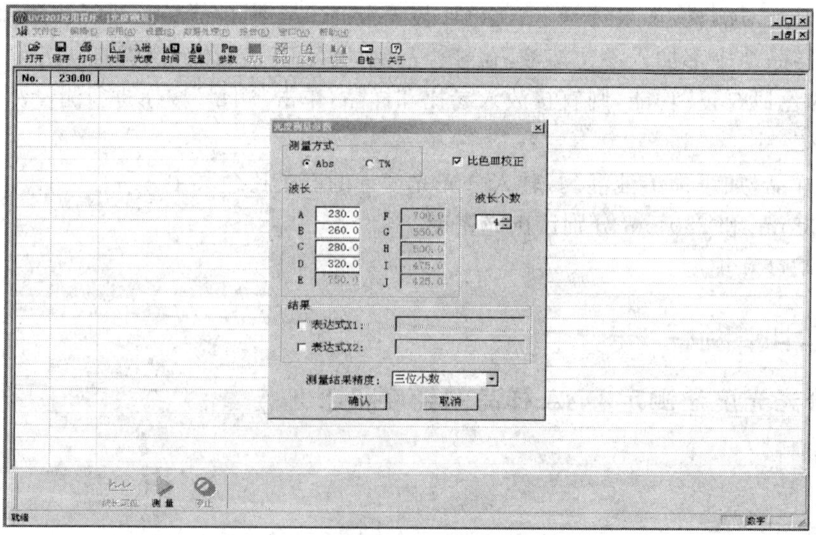

图 1-17 参数设置界面

(5)用重蒸水洗涤比色皿，TE 缓冲溶液冲洗，吸水纸吸干，在待测比色皿和参比比色皿中分别加入 3 mL、2 980 μL TE 缓冲液后，进行比色皿配对测量(图 1-18)。

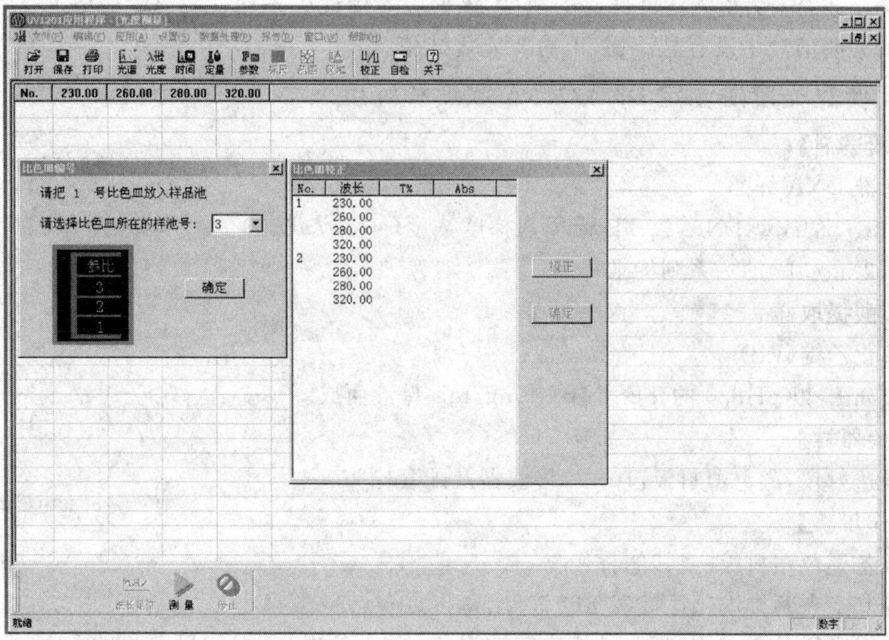

图 1-18　比色皿配对校正界面

(6)取出待测比色皿加入 20 μL DNA 样品，混匀，放入样品池，关上盖板。

(7)进行测量，保存检测结果。

(8)结果计算与分析。

①计算。以某一次测量结果为例：

波长/nm	230	260	280	320
吸光度(*A*)	0.103	0.211	0.108	0.004

双链 DNA 的浓度(μg/mL)＝50×0.211×(3 000/20)

＝1 582.5

样品 DNA 的纯度＝$\dfrac{A_{260}}{A_{280}}=\dfrac{0.211}{0.108}=1.95$

样品 DNA 的纯度＝$\dfrac{A_{260}}{A_{230}}=\dfrac{0.211}{0.103}=2.05$

②分析。

Ⅰ.A_{230}是碳水化合物最高吸收峰的吸收波长，与A_{260}的比值可评估核酸是否被碳水化合物(糖类)、盐类或有机溶剂污染。本次检测A_{260}/A_{230}的比值为 2.05，这个值虽然超过了 2.00，但距理想比值 2.50 较远，表明有碳水化合物或盐类等杂质污染。如果样品要用于要求更严格的实验，建议纯化。

Ⅱ.A_{280}是蛋白和酚类物质最高吸收峰的吸收波长，A_{260}/A_{280}的比值可进行核酸样品纯度的评估，在本次检测中，二者的比值为 1.95，在 1.8～2.0 之间，表明所提取到的 DNA 纯度很高，蛋白等杂质的含量很低，不需要去除蛋白质。

Ⅲ. A_{320} 或 A_{340} 为检测溶液样品的浊度，该值应该接近 0，本次检测 A_{320} 的值为 0.004，非常接近于 0，表明溶液中没有悬浮物，不需要纯化样品。

（二）荧光光度法测定 DNA/RNA 浓度和纯度

【实验试剂】

①标准 DNA 样品

已知浓度的线型 DNA，以 TE 稀释为梯度浓度（40 ng/μL、30 ng/μL、20 ng/μL、10 ng/μL、4 ng/μL、2 ng/μL）的一系列标准样品。

②核酸提取样品

③溴化乙锭（EB）

5 μg/mL：以 pH8.0 的 TE 稀释 10 mg/mL 母液而成。

【实验器材】

紫外透射仪，黑色塑料板，10 μL 移液器及配套枪头

【操作步骤】

①准备黑色塑料板（或其他替代物）。

②在其上点两排溴化乙锭（2 μL）液滴，每排点 6 点。

③取标准样品 2 μL 与第一排溴化乙锭混匀，则各点的 DNA 浓度分别为（单位：ng/μL）：20、15、10、5、2、1。

④取待测样品经梯度稀释后，各加 2 μL 于第二排的溴化乙锭上混匀，梯度稀释（单位：μL）。

⑤把以上塑料板放到紫外投射仪的样品台上。

⑥关好样品室门，以短波紫外光激发荧光。观察每一点的荧光强度并拍照，比较上下两排的亮度，确定待测样品的浓度。

四、通过 OD_{260}/OD_{280} 比值判定样品纯度常见问题及处理方案

表 1-3　通过 OD_{260}/OD_{280} 比值判定样品纯度常见问题及处理方案

问题	可能原因	处理方案
DNA 样品 OD_{260}/OD_{280} 大于 2.0	仍存在 RNA	用 RNase 处理样品
DNA 样品 OD_{260}/OD_{280} 小于 1.6	样品中存在蛋白质或酚	用酚/氯仿抽提，用乙醚抽提后，以乙醇沉淀纯化 DNA
RNA 样品 OD_{260}/OD_{280} 比值小于 2	样品中存在蛋白质或酚	用酚/氯仿抽提

◈工作实施

本实验实行分组教学，一个工作小组 5 人。教师首先需了解每一位同学的工作兴趣，分别确定选择分光光度计法和荧光光度法测定 DNA/RNA 浓度和纯度的学生数（附表 13），在此基础上协调分组（附表 14）。

分组完毕后学生即开始后续的工作（附表 15）。

◈检查与评价

一、检查

完成附表 16 考核内容。

二、评价

任务结束后，参考附表 17 和附表 18 中评价内容对各小组的工作过程和工作结果进行分析评价。

◈分析与思考

1. 根据 OD_{260}/OD_{280} 的值如何判断 DNA/RNA 溶液的纯度？

2. 紫外分光光度计的使用方法。

3. 比色皿的使用与维护。

◈拓展与链接

分光光度计已成为现代分子生物实验室常规仪器，常用于核酸、蛋白定量以及细菌生长浓度的定量。分光光度计采用一个可以产生多个波长的光源，通过系列分光装置，产生特定波长的光源，光源透过测试的样品后，部分光源被吸收，此为样品的吸光值，样品的吸光值与样品的浓度成正比，据此计算样品的浓度。

核酸的定量是分光光度计使用频率最高的功能，可以定量溶于缓冲液的寡核苷酸，单链、双链 DNA 以及 RNA。核酸在波长 260 nm 处有最高吸收峰，吸收紫外光的性质是嘌呤环和嘧啶环的共轭双键系统所具有的，所以嘌呤和嘧啶以及一切含有它们的物质，不论是核苷、核苷酸或核酸都有吸收紫外光的特性。但紫外法不能区分 DNA 和 RNA，只能用来鉴定核酸的纯度和含量。

蛋白质由于含有芳香氨基酸，因此也能吸收紫外光。通常蛋白质的吸收高峰在 280 nm 波长处，在 260 nm 处的吸收值约为核酸的十分之一或更低，故核酸样品中蛋白质含量较低时对核酸的紫外测定影响不大。RNA 的 260 nm 与 280 nm 吸收的比值在 2.0 以上；DNA 的 260 nm 与 280 nm 吸收的比值则在 1.8 左右，当样品中蛋白质含量较高时该比值下降。

学习情境二　基因克隆

学习目标

1. 能根据待扩增核酸片段的特征、用途，与小组其他成员为其设计特异性引物；
2. 能根据实验指导构建 PCR 反应体系、连接反应体系；
3. 能够设计合理、有效的连接方案；
4. 能够以小组合作形式完成试剂的配制、分装与保存；
5. 会根据扩增产物选择适宜的 Marker，能分析电泳结果图；
6. 会使用与维护 PCR 仪、电泳仪、超净工作台等仪器设备；
7. 能读懂克隆载体图谱，会根据载体和宿主细胞特性设计合理、有效的重组子筛选方案；
8. 独立、熟练地完成质粒提取过程；
9. 设计合理有效的酶切方案将目的基因从克隆载体上分离下来；
10. 借助测序结果分析软件解读测序结果；
11. 能将实验室安全意识贯穿于整个实验操作过程中；
12. 清场工作认真、主动、科学。

学习内容

1. 利用 Primer Premier 5.0 生物软件为目的核酸序列设计引物；
2. 工具酶的种类、用途，限制性核酸内切酶种类、特性、活性影响因素；
3. PCR 技术概念、原理、反应体系组成与构建、各成分作用及对反应的影响；
4. 琼脂糖凝胶电泳的原理、实验用器材与试剂、电泳环境构建、电泳结果分析；
5. 载体概念、种类、构成要素、常用克隆载体图谱解读；
6. 生物工程菌；
7. 目的基因与克隆载体的连接、转化；
8. 抗生素、蓝白斑筛选重组菌的原理及过程；
9. 核酸测序的方法与原理、chromas 软件的使用；
10. 质粒 DNA 提取的原理与过程；
11. 双酶切实验设计的原则、酶切反应体系构建。

具体见下图：

- 学习情境二　基因克隆
  - 子情境一　引物的设计与合成（4 学时）
  - 子情境二　基因扩增、检测与纯化（8 学时）
  - 子情境三　连接技术（6 学时）
  - 子情境四　外源基因导入受体细胞（8 学时）
  - 子情境五　转化体的筛选与鉴定（8 学时）

建议学时数

34 学时

子情境一　引物的设计与合成

◆引言

末代沙皇尼古拉二世、1918 年的流行性感冒病毒、电影《侏罗纪公园》以及辛普森杀妻案，这四件事情到底有什么关联？答案是没有任何关联。只不过近二十几年来生物技术的一项新发明，把它们给连在一块了，这项技术就是“聚合酶链反应”(polymerase chain reaction，PCR)。

早在 1958 年科学家分离出 DNA 聚合酶后，人们就设想利用 DNA 聚合酶扩增大量 DNA 片段，但由于当时的技术相对落后，没有发展起来。1983 年，美国 Cetus 人类遗传实验室的年轻科学家 Mullis 在偶然灵感的启迪下发明了具划时代的聚合酶链式反应技术。PCR 技术是一种利用酶促反应在体外指导特定 DNA 序列扩增的方法，以热变性的 DNA 分子为模板，利用引物和四种脱氧核糖核苷酸(dNTPs)在 DNA 聚合酶的作用下大量扩增特定的 DNA 片段。

PCR 技术的最大特点是能将微量的 DNA 大幅增加，因此无论是化石中的古生物、历史人物的残骸，还是几十年前凶杀案中凶手所遗留的毛发、皮肤或血液，只要能分离出一丁点的 DNA，就能用 PCR 加以放大，进行比对。这就是“微量证据”的威力之所在。

对整个 PCR 扩增体系，引物的设计占有十分重要的地位。PCR 技术在实际应用中的环境和条件是千差万别的，模板的组成、欲扩增片段的长度及其不同的使用目的，对引物的要求不一样。PCR 作为一个体外酶促反应，其效率和特异性取决于两个方面，一是引物与模板的特异结合，二是多聚酶对引物的有效延伸。以基因组 DNA 为模板时，由于其数量庞大，结构复杂，往往易产生非特异性扩增产物。

问题

1. 如何设计引物？在设计过程中要考虑哪些因素？
2. 如何应用软件进行引物设计？

◆工作任务

请利用引物设计软件，为北京鸭抑制素 α-亚基基因设计特异性的上下游引物。

◆信息获取

引物的设计包括手动设计和应用设计软件进行设计。不管采取哪种设计理念，首先必须获取待扩增 DNA 的相关信息(也即其核苷酸序列信息)。

一、待扩增序列核苷酸信息的获取

首先介绍一个重要的数据资源查询网站——NCBI(http://www.ncbi.nlm.nih.gov)。

NCBI 是美国国立医学图书馆(national library for medicine，NLM)的生物技术信息中心

(national center for biotechnology information,NCBI)开发的网上服务项目,由美国国立卫生学研究所(national institute of health,NIH)主管。

首先在 IE 地址栏中输入网址 http://www.ncbi.nlm.nih.gov 后回车,进入图 2-1 的界面,在“Search”词条后的下拉菜单中选择“PubMed”。

图 2-1　NCBI 首页

PubMed 是一个免费的搜寻引擎,提供生物医学方面的论文搜寻及其摘要。它的数据库来源为 MEDLINE,其核心主题为医学,但亦包括其他与医学相关的领域,像护理学或者其他健康学科。它同时也提供对于相关生物医学资讯上相当全面的支援,像生物化学与细胞生物学。该搜寻引擎是由美国国立医学图书馆提供,作为 Entrez 资讯检索系统的一部分。PubMed 的资讯并不包括期刊论文的全文,但可能提供指向全文提供者(付费或免费)的链接。

PubMed 界面提供与综合分子生物学数据库的链接,其内容包括:DNA 与蛋白质序列,基因图数据,3D 蛋白构象,人类孟德尔遗传在线,也包含与提供期刊全文出版商网址的链接等。在 PubMed 的首页设有 GenBank 的选择,可查找核苷酸和相应的蛋白质序列。截止到 1998 年 4 月已经储存 2.209×10^{6} 条序列、含约 1.5×10^{9} 个碱基对。目前它收藏的信息量以每 13～14 个月翻一番的速度递增。

PubMed 系统的特征工具栏提供辅助检索功能、侧栏提供其他检索如期刊数据库检索、主题词数据库检索和特征文献检索。提供原文获取服务,免费提供题录和文摘,可与提供原文的网址链接,操作简便、快捷(图 2-2 至图 2-4)。

依照同样的方法,可以检索到与同一个搜索主题有关的所有文章,点击下载即可。在众多搜索结果中,一般越排在前面的与搜索主题相关性越大。

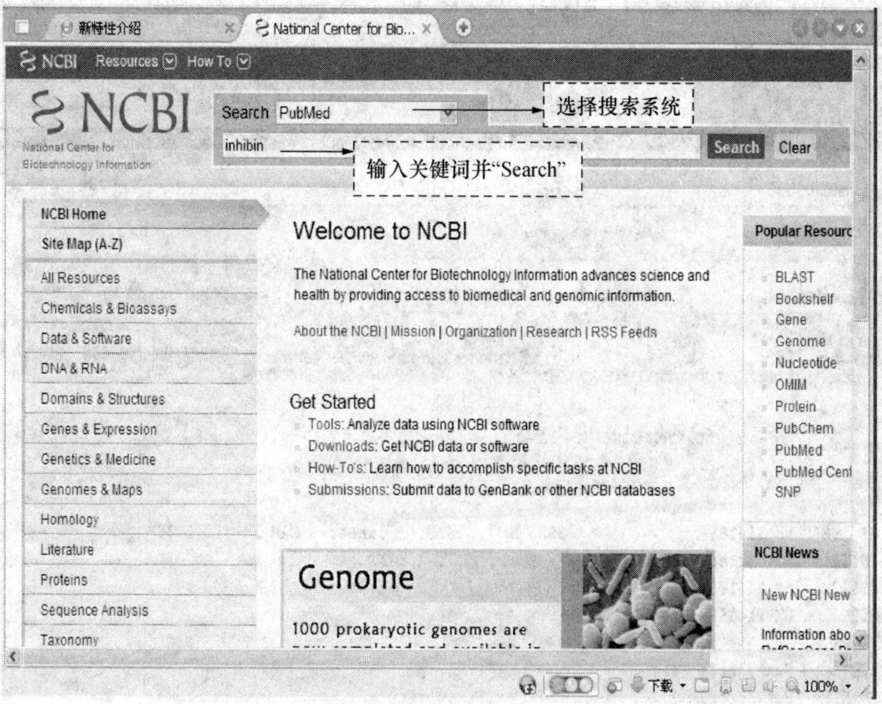

图 2-2　检索词输入界面

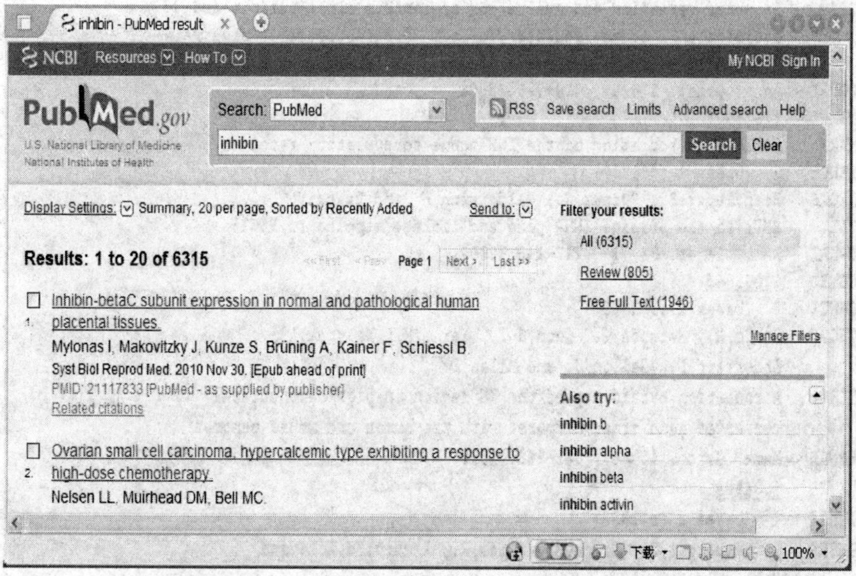

图 2-3　输入关键词“inhibin”后的搜索结果

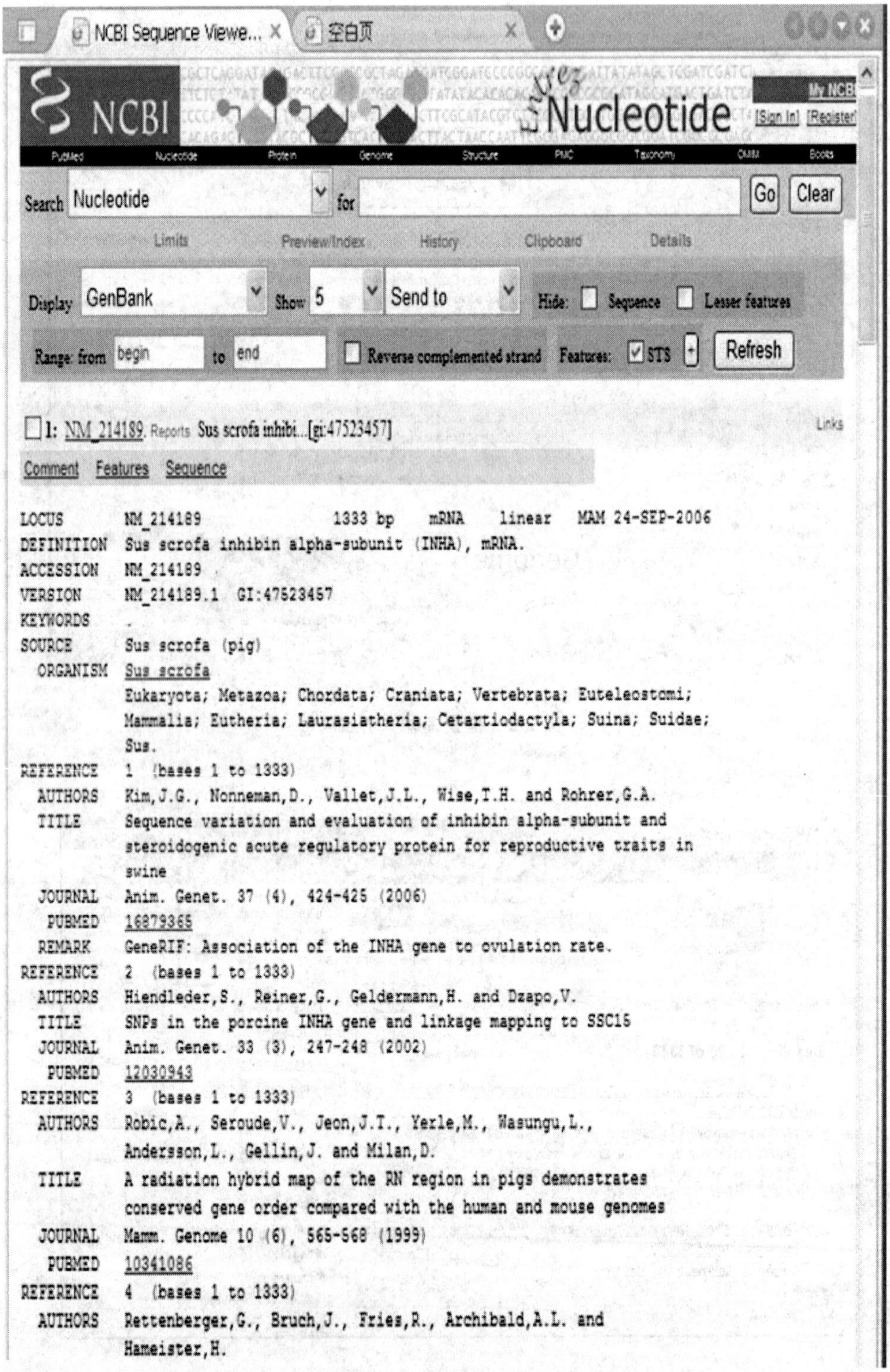

图 2-4 随机打开搜索到的一篇文章(一)

```
  TITLE     Assignment of 19 porcine type I loci by somatic cell hybrid
            analysis detects new regions of conserved synteny between human and
            pig
  JOURNAL   Mamm. Genome 7 (4), 275-279 (1996)
   PUBMED   8661698
REFERENCE   5  (bases 1 to 1333)
  AUTHORS   Mayo,K.E., Cerelli,G.M., Spiess,J., Rivier,J., Rosenfeld,M.G.,
            Evans,R.M. and Vale,W.
  TITLE     Inhibin A-subunit cDNAs from porcine ovary and human placenta
  JOURNAL   Proc. Natl. Acad. Sci. U.S.A. 83 (16), 5849-5853 (1986)
   PUBMED   3016724
REFERENCE   6  (bases 1 to 1333)
  AUTHORS   Mason,A.J., Hayflick,J.S., Ling,N., Esch,F., Ueno,N., Ying,S.Y.,
            Guillemin,R., Niall,H. and Seeburg,P.H.
  TITLE     Complementary DNA sequences of ovarian follicular fluid inhibin
            show precursor structure and homology with transforming growth
            factor-beta
  JOURNAL   Nature 318 (6047), 659-663 (1985)
   PUBMED   2417121
COMMENT     PROVISIONAL REFSEQ: This record has not yet been subject to final
            NCBI review. The reference sequence was derived from X03265.1.
FEATURES             Location/Qualifiers
     source          1..1333
                     /organism="Sus scrofa"
                     /mol_type="mRNA"
                     /db_xref="taxon:9823"
                     /chromosome="15"
                     /map="15q2.5"
     gene            1..1333
                     /gene="INHA"
                     /db_xref="GeneID:397386"
     CDS             72..1166
                     /gene="INHA"
                     /codon_start=1
                     /product="inhibin alpha-subunit"
                     /protein_id="NP_999354.1"
                     /db_xref="GI:47523458"
                     /db_xref="GeneID:397386"
                     /translation="MWPQLLLLLLAPRSGHGCQGPELDRELVLAKVRALFLDALGPPA
                     VTGEGGDPGVRRLPRRHAVGGFMRRGSEPEEEDVSQAILFPATGARCGDEPAAGELAR
                     EAEEGLFTYVFRPSQHTHSRQVTSAQLWFHTGLDRQGMAAANSSGPLLDLLALSSRGP
                     VAVPMSLGQAPPRWAVLHLAASALPLLTHPVLVLLLRCPLCSCSARPEATPFLVAHTR
                     ARPPSGGERARRSTAPLPWPWSPAALRLLQRPPEEPAVHADCHRASLNISFQELGWDR
                     WIVHPPSFIFHYCHGGCGLPTLPNLPLSVPGAPPTPVQPLLLVPGAQPCCAALPGTMR
                     SLRVRTTSDGGYSFKYETVPNLLTQHCACI"
     mat_peptide     762..1163
                     /gene="INHA"
                     /product="mature inhibin alpha-subunit (aa 231-364)"
     STS             389..1236
                     /gene="INHA"
                     /standard_name="MARC_31688-31689:1046881040:1"
                     /db_xref="UniSTS:269224"
     STS             447..891
                     /gene="INHA"
                     /standard_name="Inha"
                     /db_xref="UniSTS:143587"
     STS             472..1145
```

图 2-4　随机打开搜索到的一篇文章(二)

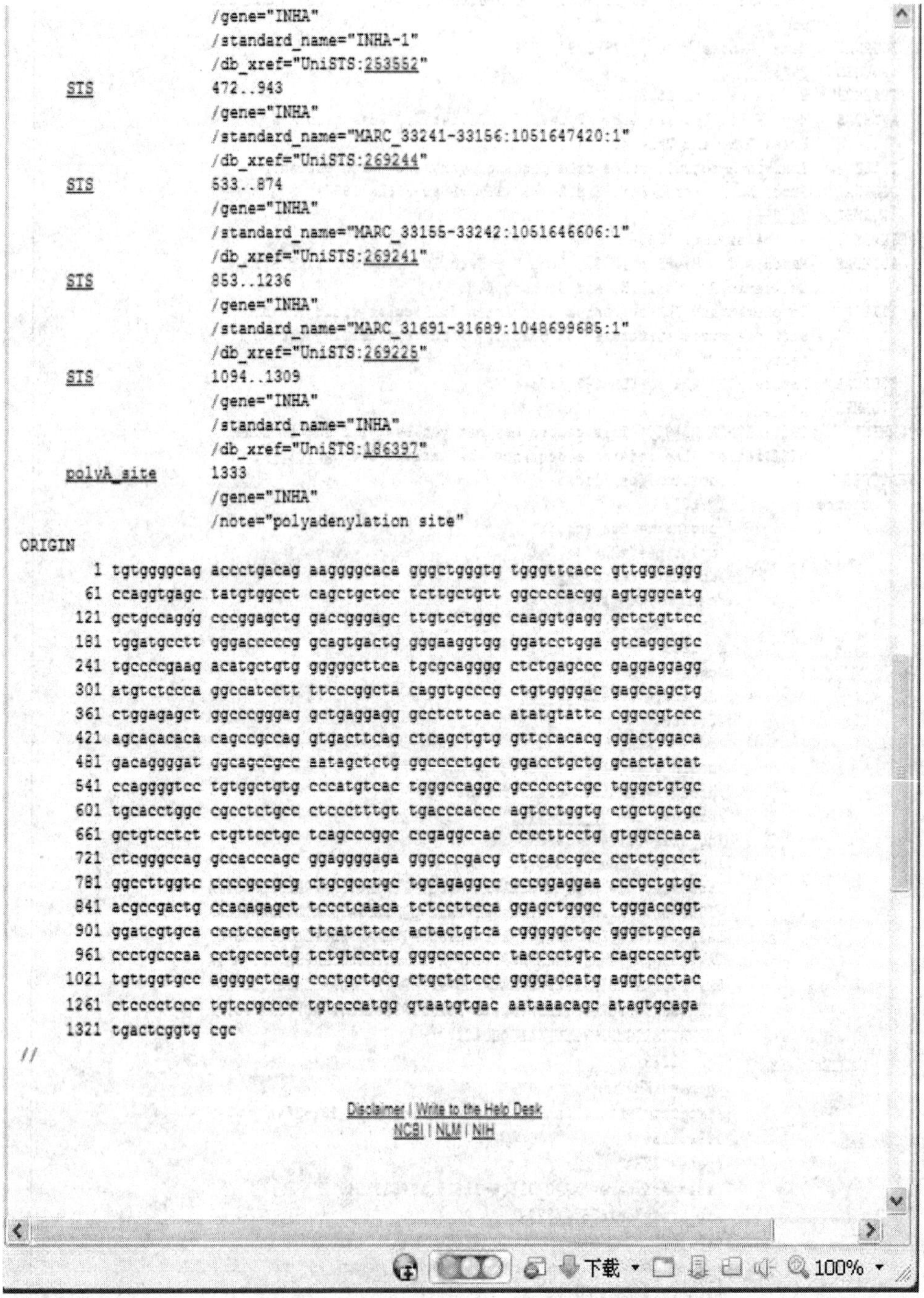

```
                     /gene="INHA"
                     /standard_name="INHA-1"
                     /db_xref="UniSTS:253552"
     STS             472..943
                     /gene="INHA"
                     /standard_name="MARC_33241-33156:1051647420:1"
                     /db_xref="UniSTS:269244"
     STS             533..874
                     /gene="INHA"
                     /standard_name="MARC_33155-33242:1051646606:1"
                     /db_xref="UniSTS:269241"
     STS             853..1236
                     /gene="INHA"
                     /standard_name="MARC_31691-31689:1048699685:1"
                     /db_xref="UniSTS:269225"
     STS             1094..1309
                     /gene="INHA"
                     /standard_name="INHA"
                     /db_xref="UniSTS:186397"
     polyA_site      1333
                     /gene="INHA"
                     /note="polyadenylation site"
ORIGIN
        1 tgtggggcag accctgacag aaggggcaca gggctgggtg tgggttcacc gttggcaggg
       61 ccaggtgagc tatgtggcct cagctgctcc tcttgctgtt ggccccacgg agtgggcatg
      121 gctgccaggg cccggagctg gaccgggagc ttgtcctggc caaggtgagg gctctgttcc
      181 tggatgcctt gggacccccg gcagtgactg gggaaggtgg ggatcctgga gtcaggcgtc
      241 tgccccgaag acatgctgtg gggggcttca tgcgcagggg ctctgagccc gaggaggagg
      301 atgtctccca ggccatcctt ttcccggcta caggtgcccg ctgtggggac gagccagctg
      361 ctggagagct ggcccgggag gctgaggagg gcctcttcac atatgtattc cggccgtccc
      421 agcacacaca cagccgccag gtgacttcag ctcagctgtg gttccacacg ggactggaca
      481 gacaggggat ggcagccgcc aatagctctg ggcccctgct ggacctgctg gcactatcat
      541 ccaggggtcc tgtggctgtg cccatgtcac tgggccaggc gccccctcgc tgggctgtgc
      601 tgcacctggc cgcctctgcc ctccctttgt tgacccaccc agtcctggtg ctgctgctgc
      661 gctgtcctct ctgttcctgc tcagcccggc ccgaggccac cccctcctg gtggcccaca
      721 ctcgggccag gccacccagc ggaggggaga gggcccgacg ctccaccgcc cctctgccct
      781 ggccttggtc ccccgccgcg ctgcgcctgc tgcagaggcc cccggaggaa cccgctgtgc
      841 acgccgactg ccacagagct tccctcaaca tctccttcca ggagctgggc tgggaccggt
      901 ggatcgtgca ccctcccagt ttcatcttcc actactgtca cgggggctgc gggctgccga
      961 ccctgcccaa cctgcccctg tctgtccctg ggcccccccc taccccctgtc cagcccctgt
     1021 tgttggtgcc aggggctcag ccctgctgcg ctgctctccc ggggaccatg aggtccctac
     1261 ctcccctccc tgtccgcccc tgtcccatgg gtaatgtgac aataaacagc atagtgcaga
     1321 tgactcggtg cgc
//
```

Disclaimer | Write to the Help Desk
NCBI | NLM | NIH

图 2-4　随机打开搜索到的一篇文章(三)

二、资料解读

读

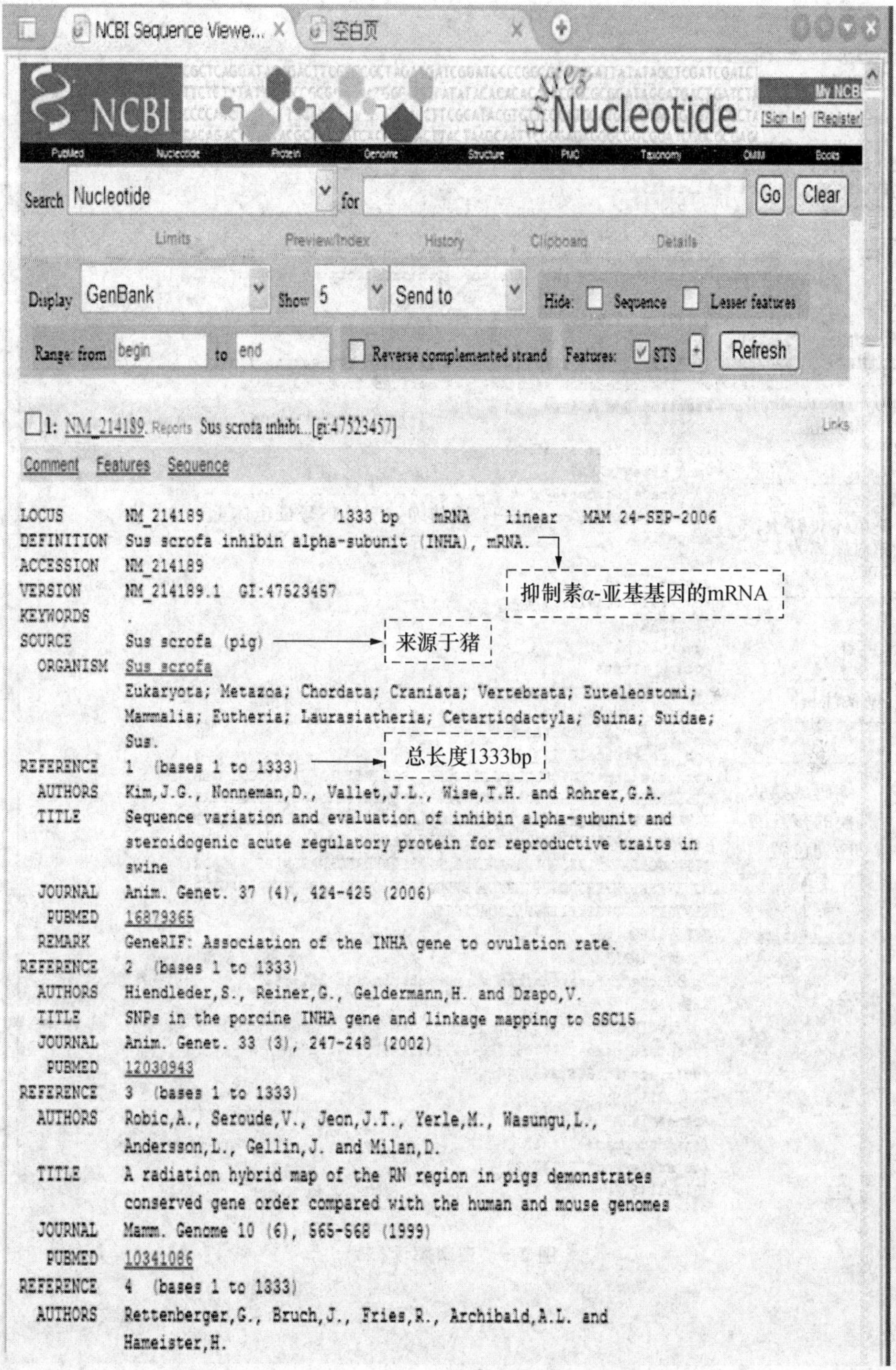

图 2-5　资料解读(一)

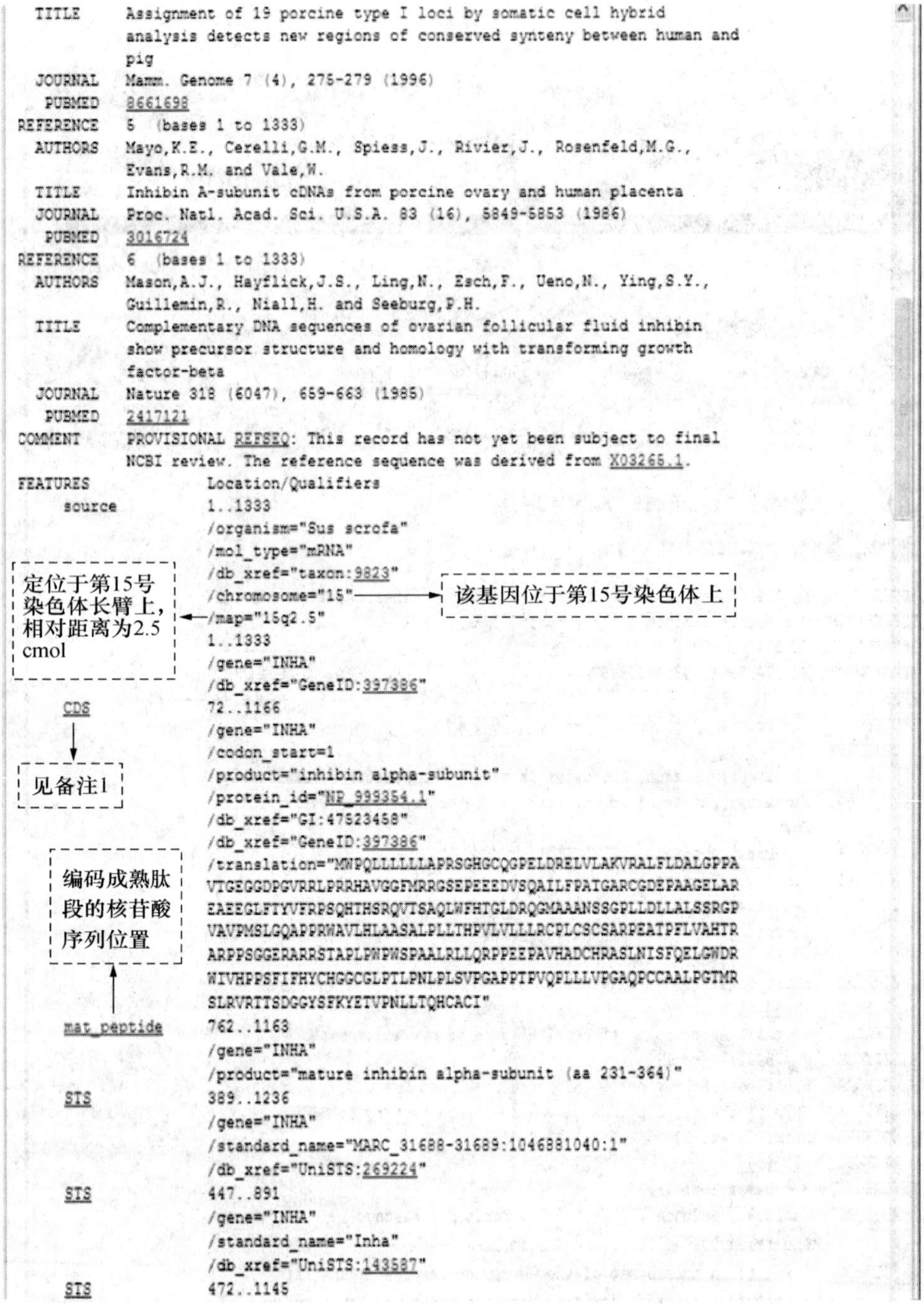

```
  TITLE     Assignment of 19 porcine type I loci by somatic cell hybrid
            analysis detects new regions of conserved synteny between human and
            pig
  JOURNAL   Mamm. Genome 7 (4), 275-279 (1996)
   PUBMED   8661698
REFERENCE   5  (bases 1 to 1333)
  AUTHORS   Mayo,K.E., Cerelli,G.M., Spiess,J., Rivier,J., Rosenfeld,M.G.,
            Evans,R.M. and Vale,W.
  TITLE     Inhibin A-subunit cDNAs from porcine ovary and human placenta
  JOURNAL   Proc. Natl. Acad. Sci. U.S.A. 83 (16), 5849-5853 (1986)
   PUBMED   3016724
REFERENCE   6  (bases 1 to 1333)
  AUTHORS   Mason,A.J., Hayflick,J.S., Ling,N., Esch,F., Ueno,N., Ying,S.Y.,
            Guillemin,R., Niall,H. and Seeburg,P.H.
  TITLE     Complementary DNA sequences of ovarian follicular fluid inhibin
            show precursor structure and homology with transforming growth
            factor-beta
  JOURNAL   Nature 318 (6047), 659-663 (1985)
   PUBMED   2417121
COMMENT     PROVISIONAL REFSEQ: This record has not yet been subject to final
            NCBI review. The reference sequence was derived from X03265.1.
FEATURES             Location/Qualifiers
     source          1..1333
                     /organism="Sus scrofa"
                     /mol_type="mRNA"
                     /db_xref="taxon:9823"
                     /chromosome="15"
                     /map="15q2.5"
                     1..1333
                     /gene="INHA"
                     /db_xref="GeneID:397386"
     CDS             72..1166
                     /gene="INHA"
                     /codon_start=1
                     /product="inhibin alpha-subunit"
                     /protein_id="NP_999354.1"
                     /db_xref="GI:47523458"
                     /db_xref="GeneID:397386"
                     /translation="MWPQLLLLLLAPRSGHGCQGPELDRELVLAKVRALFLDALGPPA
                     VTGEGGDPGVRRLPRRHAVGGFMRRGSEPEEEDVSQAILFPATGARCGDEPAAGELAR
                     EAEEGLFTYVFRPSQHTHSRQVTSAQLWFHTGLDRQGMAAANSSGPLLDLLALSSRGP
                     VAVPMSLGQAPPRWAVLHLAASALPLLTHPVLVLLLRCPLCSCSARPEATPFLVAHTR
                     ARPPSGGERARRSTAPLPWPWSPAALRLLQRPPEEPAVHADCHRASLNISFQELGWDR
                     WIVHPPSFIFHYCHGGCGLPTLPNLPLSVPGAPPTPVQPLLLVPGAQPCCAALPGTMR
                     SLRVRTTSDGGYSFKYETVPNLLTQHCACI"
     mat_peptide     762..1163
                     /gene="INHA"
                     /product="mature inhibin alpha-subunit (aa 231-364)"
     STS             389..1236
                     /gene="INHA"
                     /standard_name="MARC_31688-31689:1046881040:1"
                     /db_xref="UniSTS:269224"
     STS             447..891
                     /gene="INHA"
                     /standard_name="Inha"
                     /db_xref="UniSTS:143587"
     STS             472..1145
```


图 2-5 资料解读(二)

```
                     /gene="INHA"
                     /standard_name="INHA-1"
                     /db_xref="UniSTS:253552"
     STS             472..943
                     /gene="INHA"
                     /standard_name="MARC_33241-33156:1051647420:1"
                     /db_xref="UniSTS:269244"
     STS             533..874
                     /gene="INHA"
                     /standard_name="MARC_33155-33242:1051646606:1"
                     /db_xref="UniSTS:269241"
                     853..1236
                     /gene="INHA"
                     /standard_name="MARC_31691-31689:1048699685:1"
                     /db_xref="UniSTS:269225"
                     1094..1309
                     /gene="INHA"
                     /standard_name="INHA"
                     /db_xref="UniSTS:186397"
     polyA_site      1333
                     /gene="INHA"
                     /note="polyadenylation site"
ORIGIN
        1 tgtggggcag accctgacag aaggggcaca gggctgggtg tgggttcacc gttggcaggg
       61 ccaggtgagc tatgtggcct cagctgctcc tcttgctgtt ggccccacgg agtgggcatg
      121 gctgccaggg cccggagctg gaccgggagc ttgtcctggc caaggtgagg gctctgttcc
      181 tggatgcctt gggacccccg gcagtgactg gggaaggtgg ggatcctgga gtcaggcgtc
      241 tgccccgaag acatgctgtg gggggcttca tgcgcagggg ctctgagccc gaggaggagg
      301 atgtctccca ggccatcctt ttcccggcta caggtgcccg ctgtggggac gagccagctg
      361 ctggagagct ggcccgggag gctgaggagg gcctcttcac atatgtattc cggccgtccc
      421 agcacacaca cagccgccag gtgacttcag ctcagctgtg gttccacacg ggactggaca
      481 gacaggggat ggcagccgcc aatagctctg ggcccctgct ggacctgctg gcactatcat
      541 ccaggggtcc tgtggctgtg cccatgtcac tgggccaggc gccccctcgc tgggctgtgc
      601 tgcacctggc cgcctctgcc ctccctttgt tgacccaccc agtcctggtg ctgctgctgc
      661 gctgtcctct ctgttcctgc tcagcccggc ccgaggccac cccttcctg gtggcccaca
      721 ctcgggccag gccacccagc ggaggggaga gggcccgacg ctccaccgcc cctctgccct
      781 ggccttggtc ccccgccgcg ctgcgcctgc tgcagaggcc cccggaggaa cccgctgtgc
      841 acgccgactg ccacagagct tccctcaaca tctccttcca ggagctgggc tgggaccggt
      901 ggatcgtgca ccctcccagt ttcatcttcc actactgtca cgggggctgc gggctgccga
      961 ccctgcccaa cctgcccctg tctgtccctg ggcccccccc taccccctgtc cagcccctgt
     1021 tgttggtgcc aggggctcag ccctgctgcg ctgctctccc ggggaccatg aggtccctac
     1081 gcgttcgcac cacctcggat ggaggttact ctttcaagta cgagacggtg cccaaccttc
     1141 tcacccagca ctgtgcctgc atctaagggt gtcccgctgg tggccgagct cccacaggca
     1201 ccagcctgga ggaaggcaga gttcccacct cccctttcct tccgcctctc cgcctggagg
     1261 ctcccctccc tgtccgcccc tgtcccatgg gtaatgtgac aataaacagc atagtgcaga
     1321 tgactcggtg cgc
//
```

Poly(A)的位置，表明这段核酸的方向为5′→3′

成熟肽段编码基因

Disclaimer | Write to the Help Desk
NCBI | NLM | NIH

下载 · 100%

图 2-5　资料解读(三)

备注：

1. CDS

DNA 转录成 mRNA，mRNA 经剪接等加工后翻译出蛋白质，所谓 CDS 就是与蛋白质序列一一对应的 DNA 序列，且该序列中间不含其他非该蛋白质对应的序列，不考虑 mRNA 加工等过程中的序列变化，总之，就是与蛋白质的密码子完全对应。

2. STS(sequence-tagged sites)

STS是序列标签位点或序标位的简称，是指基因组中长度为200～500 bp，且核苷酸顺序已知的单拷贝序列，可采用PCR技术将其专一扩增出来。1989年，华盛顿大学的Olson等利用STS单拷贝序列作为染色体特异的界标(landmark)，即利用不同STS的排列顺序和它们之间的间隔距离构成STS图谱，作为该物种的染色体框架图(framework map)，它对基因组研究和新基因的克隆以及遗传图谱向物理图谱的转化研究具有重要意义。

3. GenBank数据库的识别标织及其含义

表2-1　GenBank标识及其含义

GenBank标识字	含义	GenBank标识字	含义
LOCUS	序列名称	JOURNAL	相关文献刊物名或作者单位
DEFINITION	序列简单说明	MEDLINE	相关文献Medline引文代码
ACCESSION	唯一的序列编号	REMARK	相关文献注释
VERSION	序列版本号		相关文献其他注释
KEYWORDS	与序列相关的关键词	COMMENT	关于序列的注释信息
SOURCE	序列来源的物种名		相关数据库交叉引用号
ORGANISM	序列来源的物种学名和分类学位置	FEATURES	序列特征表起始
	建立日期		序列特征表子项
REFERENCE	相关文献编号或提交注册信息	BASE CONTENT	序列长度、碱基数目统计数
AUTHORS	相关文献作者或提交序列作者	ORIGIN	序列
TITLE	相关文献题目	//	序列结束标志、空行

三、引物设计遵循的原则

引物设计的总原则是提高扩增的效率和特异性，一般应遵循下列原则：

①引物长度以15～30 bp为宜。

引物的长度控制着引物的特异性和在PCR反应中的退火温度，对大多数实验，适宜引物长度为18～24个碱基。等于或少于15个碱基的短引物有时用于简单的基因作图或特殊的文库构建(library protocol)，28～35个碱基的长引物对于从一系列高度相关的分子中扩增目标序列以及特殊样本的克隆起到重要作用。长PCR引物能给扩增带来更好的特异性，长引物也允许通过降低退火温度来提高反应的灵敏度，不过长引物通常更易于形成包括发卡结构、二聚体、自身互补等二级结构。

理论上，在合适的融链温度范围内最短的引物能在特异性和高效性间获得较好的平衡。

②引物内的各碱基尽可能随机分布，避免出现嘌呤、嘧啶堆积现象，引物G+C含量宜在45%～55%。

③引物内部不应形成二级结构，两个引物之间特别在3′末端不应有互补链存在。

二级结构是引物设计中必须考虑的一个重要因素，二级结构能显著影响反应中能与模板正确结合的引物数量。发卡结构(图2-6)的存在能限制引物与目的位点的结合能力，从而降低扩增效率，形成发卡环的引物不能在 PCR 扩增中发挥作用。

引物之间的配对区域能形成引物二聚体（图 2-7），它是相同或不同的两条引物之间形成的二级结构，它造成引物二聚体扩增并减少目的扩增产物。二聚体可以在序列相同的两条引物或正反向引物之间形成，如果配对区域在 3′末端，问题会更为严重。3′末端配对很容易引起引物二聚体扩增，使用 Primer Premier 的 Dimer Report 功能可以预测二聚体的形成。

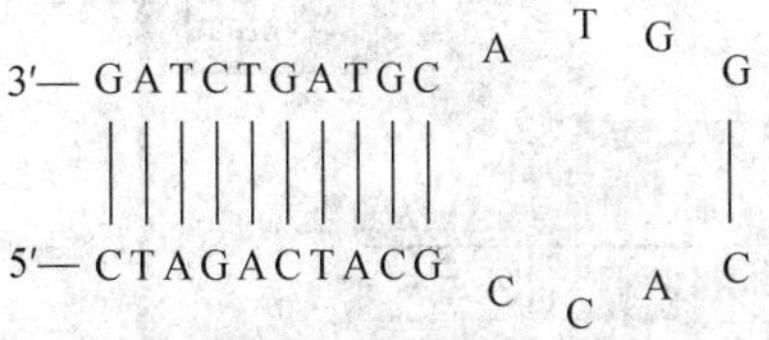

图 2-6 引物内部形成发夹结构

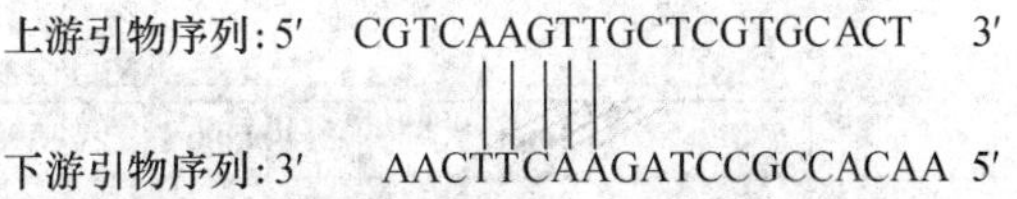

图 2-7 上下游引物间形成二聚体结构

④引物的碱基顺序不应与非扩增区域有同源性。要求在设计引物时用计算机进行辅助检索分析。

⑤引物 3′端碱基：原则上要求引物的 3′末端与模板 DNA 要完全配对。另外引物 3′端的末位碱基在很大程度上影响 *Taq* DNA 聚合酶的延伸效率。有资料表明，引物 3′端的碱基在错配时不同碱基的引发效率存在很大差异。当末位碱基为 A 时，即使在错配的情况下，也能引发链的合成；而末位碱基为 T 时，错配时引发效率大大降低；G、C 居于中间，所以 3′端的末位碱基最好选 T、C、G，而不选 A。

⑥引物 5′端碱基：PCR 反应对 5′端碱基并没有严格的限制，只要与模板 DNA 结合的引物长度足够，其 5′端碱基可以不与模板 DNA 匹配甚至呈游离状态。这样，设计引物时可在 5′端添加限制性内切酶切点或其他短的序列或引入 ATG 起始密码子，亦可引入错配碱基形成突变。

PCR 反应中引物的浓度一般为 0.1～0.5 μmol/L，引物浓度偏高会引起错配和非特异性产物扩增，且增加引物二聚体形成的几率，而且在这一过程中要消耗酶、dNTP 和引物，这一切均使 DNA 合成的产率下降。

四、引物设计

在分析完毕目标核苷酸序列之后，即可进行引物的设计，在没有适用的设计软件问世之前，人们通常手工设计引物序列，但现在几乎没有人再这么做，因为手工设计费时、费力。下面以目前常用的 Primer Premier 5.0 为例，图示引物的设计过程。

（一）Primer Premier 5.0 软件

Primer Premier 5.0 是由加拿大 Premier 公司开发的专门用于 PCR 扩增引物、测序引物、杂交探针设计和评估的软件，是一种用来帮助人们设计最适合引物的应用软件，利用它的高级引物搜索、引物数据库、巢式引物设计、引物编辑和分析等功能可以设计出有高效扩增能力的理想引物，也可以设计出用于扩增长达 50 kb 以上的 PCR 产物的引物序列。

该软件主要由以下功能板块组成：Primer 引物设计；Align 序列比较；Enzyme 酶切分析；Motif 基序分析。

各功能板块的主要菜单选项有：

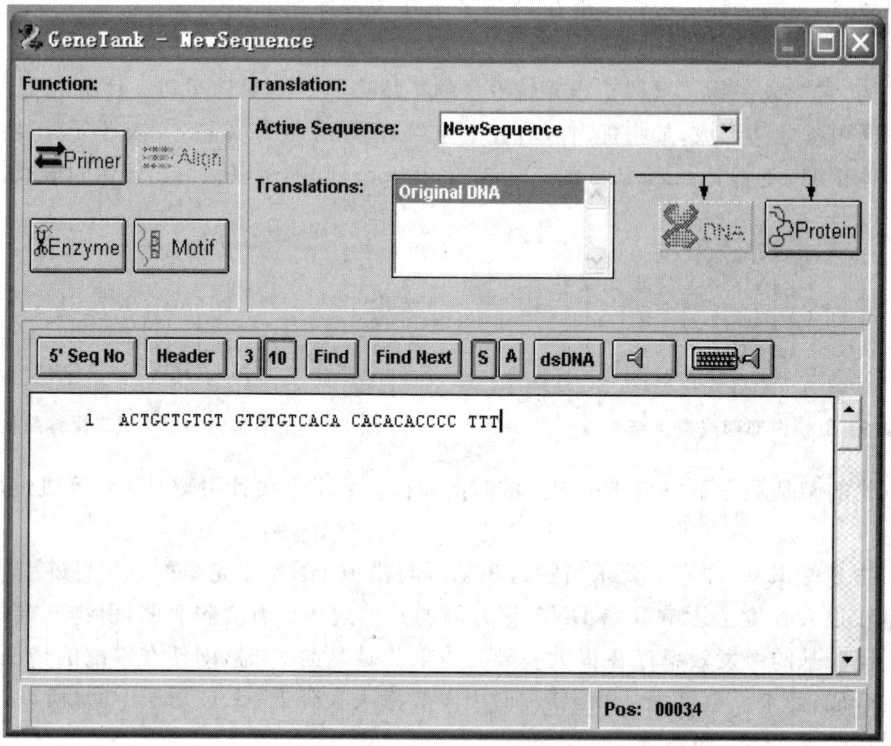

图 2-8 Primer Premier 5.0 主界面

GeneTank：File(文件)，Edit(编辑)，View(查看)，Search(搜索)，Function(功能)，Translate(翻译)，Window(窗口)，Help(帮助)；

Primer：File，Edit，Function，Report(报告)，Graph(图表)，Window，Help；

Enzyme：File，Function，Window，Help；

Motif：File，Function，Window，Help。

使用功能菜单时，该菜单所属的窗口就会被激活(图 2-9)，利用各菜单中 window 选项记录的所有打开窗口，可以方便地在各个窗口之间进行切换。

所有的列表都有复选功能，对于 windows 或 Power Mac 系统而言，在点击的同时按住 Ctrl 键即可将当前的选择加入选单，按住 Shift 键同时点击，可以选择两次点击之间范围内的所有选项。

1. GeneTank 功能板块简介

利用 GeneTank 可以打开 DNA 或者蛋白质序列，也可以选择不同的阅读框架(共三种)将 DNA 翻译成蛋白质或利用蛋白序列反推出 DNA 序列。为方便使用，软件已经提供了普通密码子列表和几种线粒体密码子列表，也可以输入其他线粒体密码子列表。序列编辑器提供了包括多媒体语言校读在内的完整的序列编辑功能。

这一功能板块包括以下部分(图 2-10)：

GeneTank：打开、浏览、编辑及翻译序列；

Translation：将打开的序列翻译或反推成核酸序列；

Edit Codon Table：编辑翻译所依据的密码子列表。

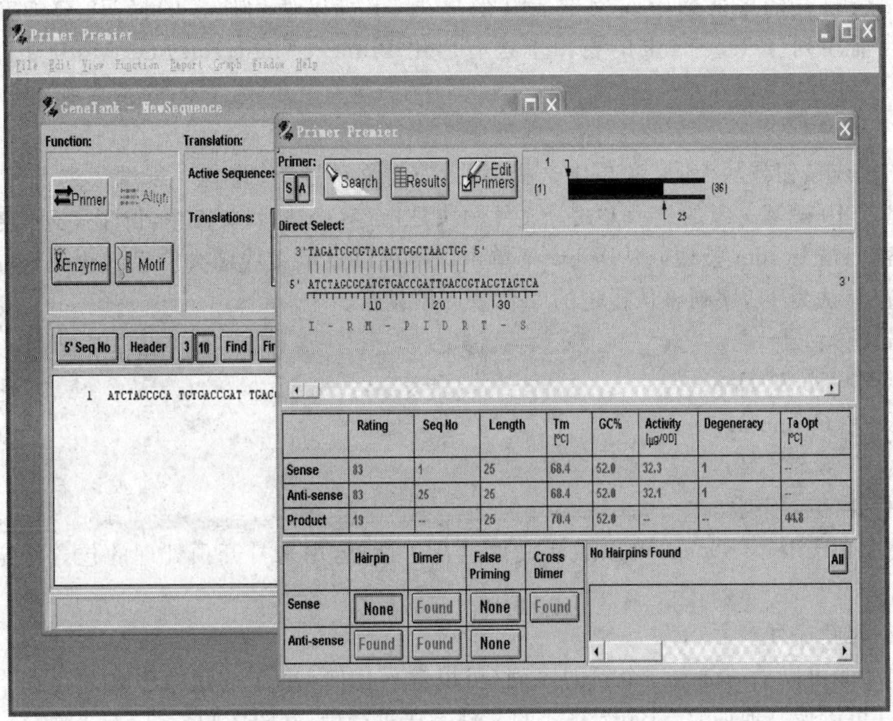

图 2-9　激活 Primer 功能板块

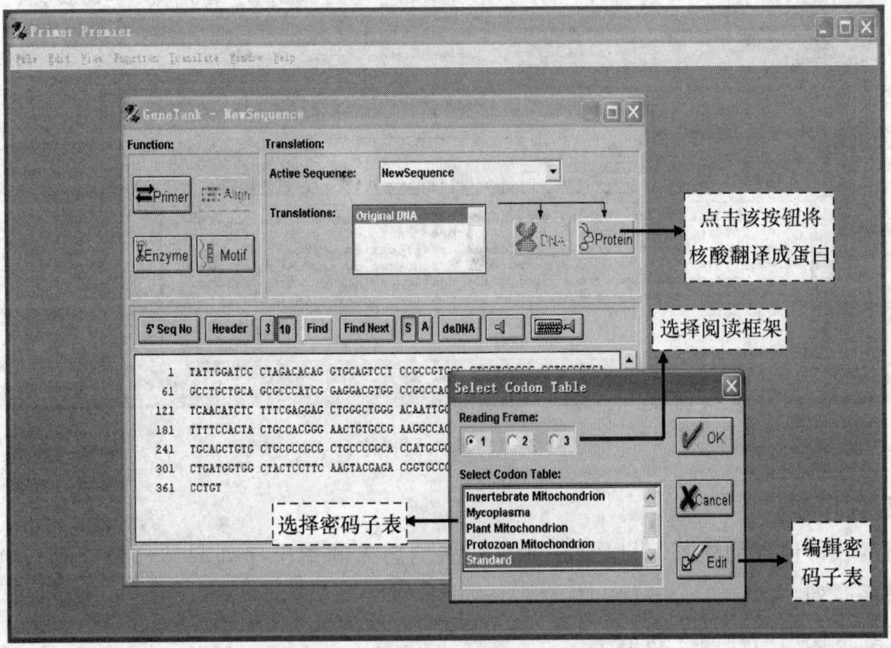

图 2-10　GeneTank 功能介绍

GeneTank窗口用来显示序列及其文件题头信息，序列可以3碱基或10碱基一组显示。可以将打开的序列翻译或反推成其他序列，也可以使用通常的拷贝、剪切和粘贴命令编辑当前序列。GeneTank的窗口上也有启用Primer、Align、Enzyme、Motif功能板块的快捷键。

(1)查看序列

点击相应按钮或从View菜单中选择，可以查看文件题头、改变5′末端序列起始位置、选择3碱基或10碱基一组的显示方式。文件题头是指存在于序列文件中，位于序列信息上游的文字内容，点击header按钮或从View菜单中选择可以显示文件题头信息。改变5′末端序列起始位置(默认为1)，序列将从指定的5′位置开始显示。

可选操作：

View > Show Header

View > Grouping

View > 5′Seq No

(2)打开已有序列

使用菜单File > Open，可以激活文件选择对话框，用来打开预处理的包含特定序列的文件。

(3)创建新序列

该项功能可以手动键入一个新的序列，可以键入任何DNA或蛋白序列并存在指定的文件夹内，并可以像其他如GenBank格式的文件一样进行操作(图2-11)。

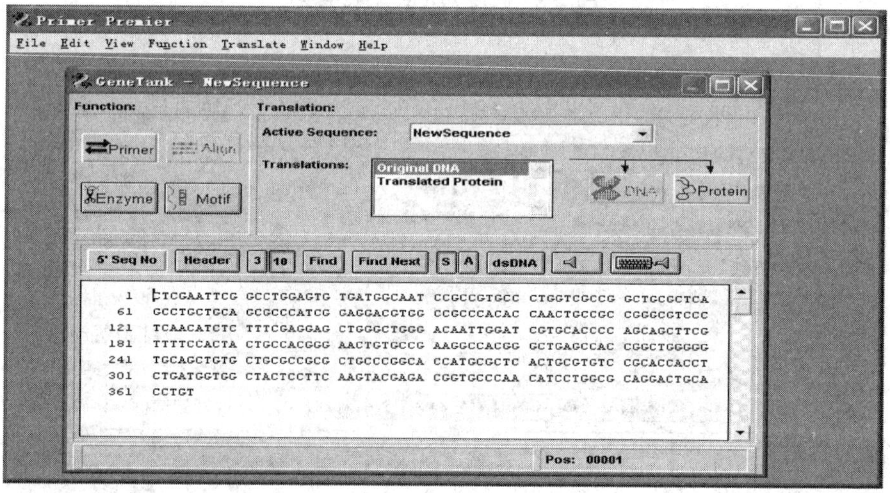

图2-11 输入目标序列

(4)保存序列

使用本软件保存的序列，可以被软件自动识别而无需指出序列起始位置。建议在诸如以下情况保存序列：

需要经常使用同样的序列；

已经编辑完一段序列并希望保存结果；

已经输入一段新序列。

(5)编辑序列

只需在 GeneTank 窗口内就可方便的编辑 DNA 或蛋白质序列，而编辑翻译或原始序列十分方便，在任一序列上的改变将会正确的反应到与之相关的其他序列。例如：如果在一段蛋白序列上(无论该序列是被翻译的或是用来反推 DNA 的原始序列)删除一个氨基酸残基，在相应 DNA 上的对应三位密码子将同时被删除，但如果改变一段翻译出的序列，这一改变将仅仅在另一段由此翻译出的序列而不会出现在原始序列上。编辑序列可以使用直接键入或利用剪贴板。

通常的剪切、拷贝、粘贴同样可以方便的在此使用，其快捷键分别是 Ctrl＋X，Ctrl＋C 和 Ctrl＋V。

在键入 DNA 序列时可以使用 A、C、G、T 或者附录 B(软件自带)所列出的多义碱基。在键入蛋白序列时可以使用附录 C(软件自带)中所列出的氨基酸单字母记号。

可以从任何文本编辑器如记事本中的剪贴板中拷贝一段序列并将其粘贴进来。当完成编辑后请注意保存序列。

(6)查找

利用 GeneTank 窗口上的“Find”按钮，可以从指针起始位置开始查找序列中一段特定字符。查找到第一个后，也可以使用“Find Next”按钮在余下的序列中继续查找。使用 Search 菜单，选择 Go To Position 可以将指针移到指定的位点。

可选操作：

Search ＞ Find

Search ＞ Find Next

Search ＞ Go To Position

(7)查看不同链

要查看该序列的互补链，只需点击 GeneTank 窗口上的“A”按钮，就会显示该序列的互补链(此时互补)，而点击“S”按钮，就能恢复成原来的序列。亦可点击“dsDNA”按钮以双链形式显示。

可选操作：

View ＞ Sense Strand(有意义链)

View ＞ Anti-sense Strand(反义意链)

View ＞ ds DNA(双链 DNA)

(8)语音校读

在 GeneTank 打开一段序列后，可以按下语言按钮启用语音校读功能，序列将从指针所在的位置开始被依次朗读，再次按下语音按钮将停止朗读，按下键入朗读键将在键入的同时朗读输入的序列，再次按下该按钮可以停止键入朗读。

可选操作：

Function ＞ Speaker

(9)编辑序列比较结果

当一项多序列比较完成后，比较结果可以通过编辑来获得更准确的配对。通常 ClustalW 法则能够给出一个准确的比较结果，因而手工编辑并非必要。但对于个别情况或出于特殊要求，可能有这种需要，所以本软件也提供这一功能。点击指针指向的碱基可以实施改动，按下空格键可以插入一个空隙，按下 Delete 键则可以删除一个空隙。一旦比较结果被改动，最大和最小同源性参数也会自动改变。

(10)粘贴序列窗口

这一窗口使得一段核酸序列通过选择以四种不同的方式粘贴上去(图 2-12)。

其中：

As is：正向；

Reversed：反向；

Complemented：互补；

Reverse Complemented：反向互补。

这样便于从其他程序中粘贴序列而无需考虑其序列保存的方向。

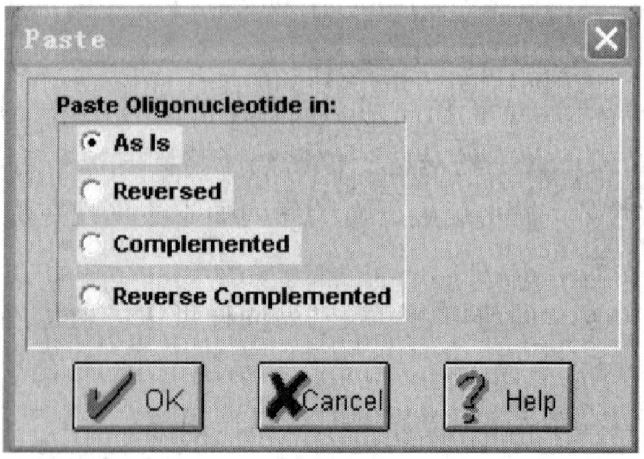

图 2-12　序列粘贴选项

2. 参数设置

Preferences(参数设置)窗口可以改变本软件所使用的多种默认参数。也允许查看及更改引物评分参数，设定二级结构在引物评分中所占的权重系数。

(1)默认引物长度——默认值为 25

默认引物长度是在 Primer Premier 5 窗口使用即点即选功能时得到的引物长度，该项参数也是 Primer Premier 5 窗口启动时的初始默认值，这项数值可以设定为 1～70 个碱基。

(2)引物对搜索最大值——默认值为 100

在自动搜索引物时，得到的结果数量可以很多。由于该软件按照引物评分来衡量引物效率，有些引物虽然合乎标准但评分较低，可能没有全部列出的必要。尽管设置了 100 对引物这一较大的数值。使用者仍然可以改变该项参数为 10～1 000 之间的任意值。

(3)核酸浓度——默认值为 250 pmol/L

该浓度是指没有自身配对时退火的寡聚核苷酸的总浓度。它既不是引物浓度也不是起始模板浓度，而是 PCR 产物的浓度。由于在 PCR 过程模板的浓度变化很大，很难确定具体数值。一般在普通 PCR 反应中将其当作 250 pmol/L，这项数值被用来计算引物的退火温度。

(4)单价离子浓度——默认值为 50 mmol/L

这项数值是指反应混合液中所有单价离子的总浓度。

(5)游离 Mg^{2+} 浓度——默认值为 1.5 mmol/L

这项数值是指反应混合液中充当辅基的 Mg^{2+} 浓度。

(6)总 Na^{+} 当量

这项数值是根据单价离子浓度和游离 Mg^{2+} 浓度计算得来，计算公式如下(Sqrt 即取平方根)：

$$\text{总 } Na^{+} \text{ 当量} = \text{单价离子浓度} + 4 \times \text{Sqrt}(\text{游离 } Mg^{2+} \text{ 浓度} \times 1\ 000)$$

这项数值用来计算引物的退火温度。

3. 评分参数

Rating parameters(评分参数)窗口是用来设定二级结构在引物评分中的权重系数，二级结构越稳定，引物评分就会越低，相对于在引物中间形成的二级结构来说，3′末端的二级结构对 PCR 扩增的影响会更大。为了将这一效应计算在内，软件将 3′末端的二级结构的自由能数值 G 减去 1，这一修正会使 3′末端的二级结构显得更加稳定。

软件只标注引物二级结构中最稳定的一个自由能数值 ΔG，如果没有检测到二级结构，则该数值为 0。

(二)引物设计

Primer 功能板块包括了设计引物的搜索引擎，软件包含了强大的自动搜索法则，只需简单的操作就可以得到合适的引物。Primer Premier 也提供了人工控制搜索引擎的方法，便于根据特殊要求制定标准。输出的引物通过全面的即时分析工具计算出引物的多种参数和二级结构，关键参数如 T_m 值、GC 含量和自由能 ΔG，还能以图形显示。还有另一个窗口来显示引物的比吸光度(activity，单位 nmol/OD 和 μg/OD)及引物的分子质量。还可以将当前引物输入数据库打印或填写引物合成定购单。

该项功能板块由以下部分组成：

Preferences(参数设置)窗口；

Primer Premier(引物设计)窗口；

Edit Primer(引物编辑)窗口；

Search Criteria(搜索标准)窗口；

Search Parameter(搜索参数)窗口；

Search Results(搜索结果)窗口；

Multiplex/Nested Primer(复式及巢式 PCR 引物设计)窗口；

Database(引物数据库)窗口；

Synthesis Order Form(生成引物合成订单)；

Reports(结果报告)。

1. Primer Premier 窗口

Primer Premier 窗口图(2-13)是分析引物的关键，该窗口包括以下功能：即点即选(Direct Select)、引物性状列表和二级结构显示，具体介绍如下：

(1)Direct Select 框

当将鼠标指针移至该框中时，指针将变为铅笔型，点击框中任何一处，会产生一条起始位置最接近点选位置并与原序列互补的引物，所有引物性状将即时更新。引物 5′和 3′末端也会标记上以区分引物的扩增方向。

点击 Primer 按钮后图 2-13 所示窗口。

如果点选一组序列比较结果，引物序列将依据保守序列来确定，这便于使用者很容易知道引物与某一特定序列有哪些错配位点。

(2)性状列表

这一列表显示了当前引物对的各种性状，可以通过以下三种方式选择一对引物作为当前引物对：

Direct Select 框：根据上述介绍的 Direct Select 方法选择一条引物；切换到另一条互补链选择反向引物，得到一对引物对。

在 Search Results 窗口里选择一对引物对。

使用输出命令在数据库窗口里选择一对引物对。

提示：如果想使用上述方法选择一条引物(如正向引物)而不是一对引物，需要手动回复原来的反向引物来和新引物配对。

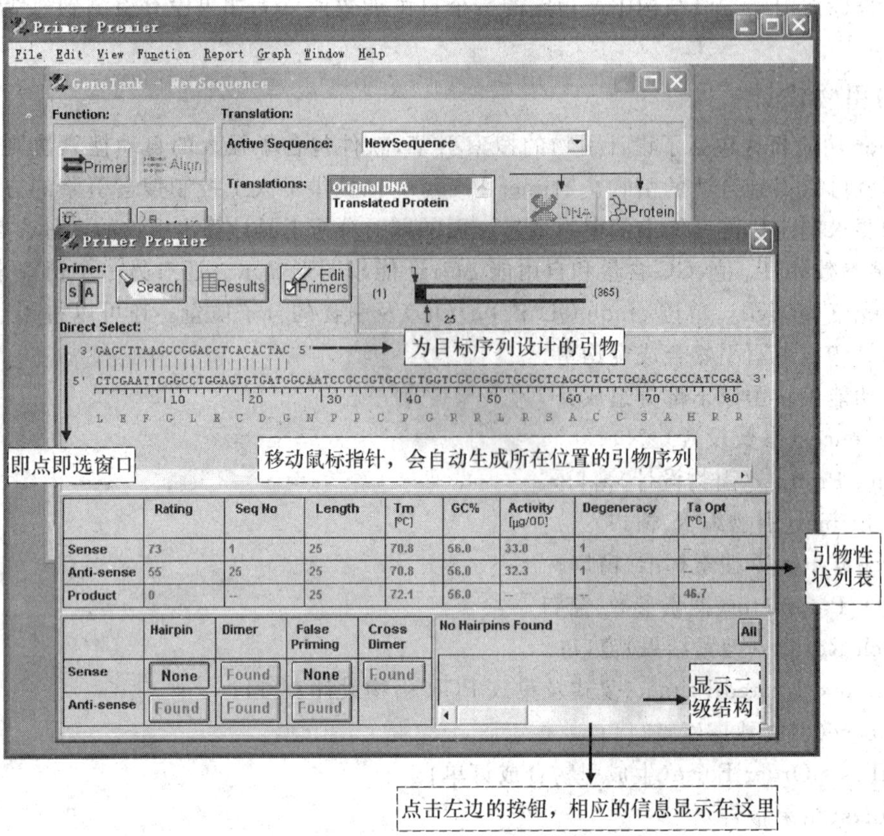

图 2-13　Primer Premier(引物设计)窗口

性状列表能自动更新正反引物的长度、起始位置、融链温度 T_m、GC 含量(GC%)、多义性、比吸光度(optical activity，单位：μg/OD)，对于引物对来说，长度条显示了 PCR 产物的长度，而 Ta Opt 项显示了 PCR 反应适宜的退火温度(图 2-14)。

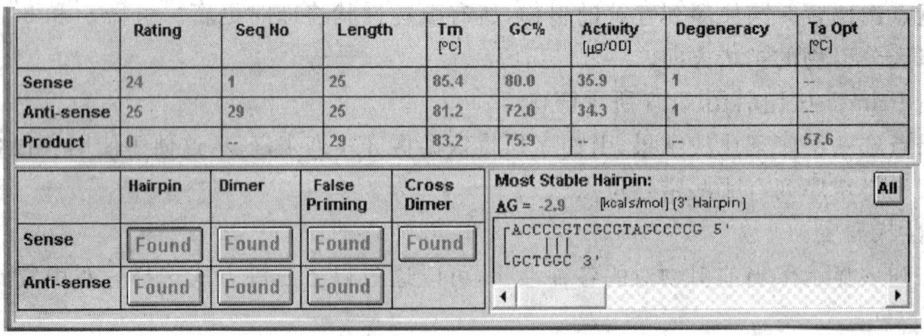

图 2-14　性状列表和二级结构显示窗口

(3)二级结构

Primer Premier 能即时分析引物二级结构，在左下的两排按钮可以显示发现了哪些二级结构，而按下按钮可在相邻的图框里显示是何种二级结构，除了二级结构，图框里也显示二级结构的自由能数值 ΔG(单位：J/mol)。

提示：如果有至少连续三个碱基配对，就会被认为能形成发卡、二聚体或错配之类的二级结构。

在 Primer Premier 窗口内的图框里显示的是最稳定的二级结构，连续碱基配对用实线显示，而不连续碱基配对用虚线显示。按下按钮“All”就会给出当前二级结构的报告（图 2-15）。选择正向引物的发卡结构，并点击“All”就会显示以下内容：

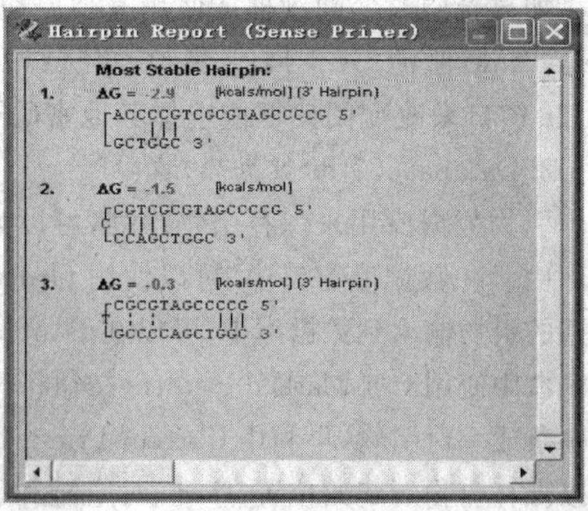

图 2-15　二级结构报告窗口

除了上述功能，这一板块还具有激活以下功能的快捷按钮：Search Criteria（搜索参数）窗口，Search Results（搜索结果，如果已经实施过搜索）窗口以及 Edit Primer（引物编辑）窗口。点击按钮可以使相应部分伴随引物对以图形显示。

2. Edit Primer（引物编辑）窗口

Edit Primer 窗口（图 2-16）可以用来设计用于定点突变的引物或分析一条已有引物序列，在 Windows 系统或 Power Mac 的 Command＋X、Command＋C 及 Command＋V 系统中，可以使用 Ctrl＋X、Ctrl＋C 和 Ctrl＋V 快捷键来实施剪切、拷贝和粘贴。删除当前引物序列，并从剪贴板上粘贴是分析一条已有引物的好方法。进行粘贴时，Paste（粘贴）窗口会激活，用以将引物序列转化为反向、互补或反向互补形式。也可以手工键入引物序列，一旦引物被编辑发生变化，“Analyze”按钮就被激活，点击“Analyze”按钮即可分析编辑后的引物。

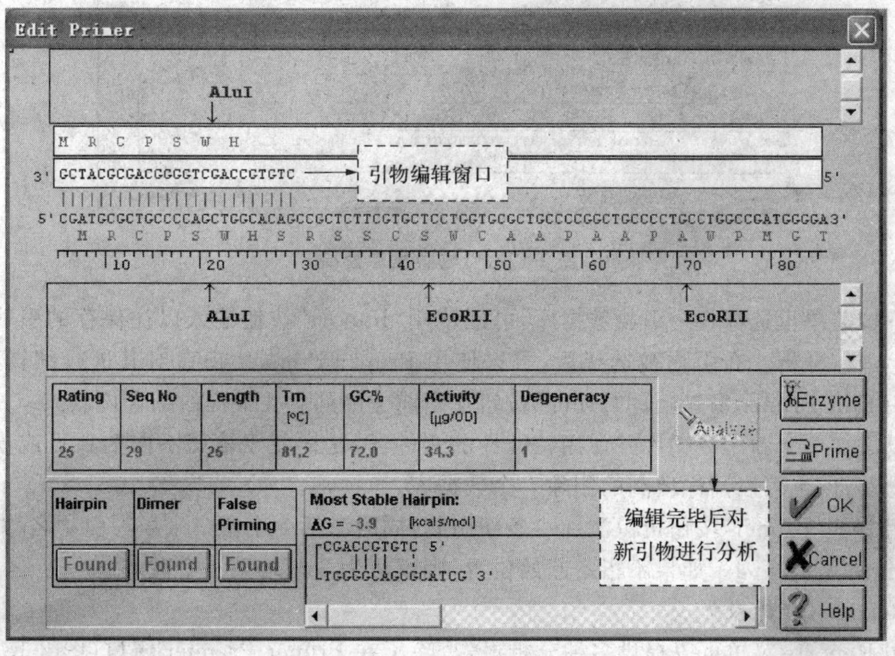

图 2-16　引物编辑窗口

除了上述的引物性状和二级结构资料，该窗口也提供了限制性酶切分析功能，可以通过点击“Enzyme”按钮，通过手动或软件提供的筛选方案来选择一组限制性酶。

如果希望改变阅读框或使用其他密码子列表，关闭本窗口，从主菜单上选择 Function > GeneTank，激活 GeneTank 窗口，再选择 Translate > Change Parameters 打开 Select Codon Table 窗口来改变阅读框或选择其他密码子列表然后重新打开本窗口。

3. Database(引物数据库)窗口

引物数据库用来保存引物序列，可以为每一条引物命名，并保存在一个原有的或新建的数据库中。在数据库窗口中，可以使用 Order Primers 按钮来定购引物。有两种主要方法可以将已选的引物输入到数据库中，可以在 Search Results 窗口中标记想选择的引物，然后在引物数据库窗口中使用 Get Marked Primers 按钮将标记的引物全部输入到数据库；另一种方法是直接选择一条或一对引物，再利用 Current Primer Pair(当前引物对)图框将其输入数据库。引物数据库可以保存引物的起始位置、序列、对应链和引物名称。选择一条引物，使用菜单的编辑选项或点击本窗口的快捷按钮可以编辑引物的起始位置、序列、对应链(即方向)和引物名称。

点击主菜单“Function”中的“save to database”选项，进入图 2-17 所示窗口。

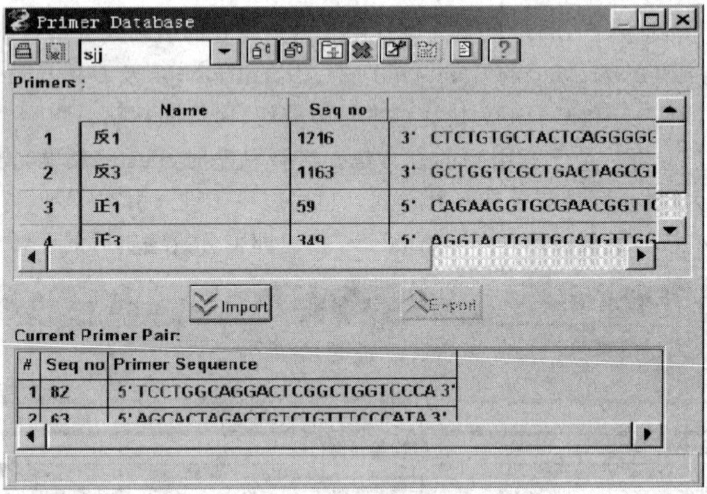

图 2-17　引物数据库窗口

从下拉菜单里选择一个引物数据库，可以使用“Import”按钮输入以往保存的引物并在当前序列上进行分析。在引物被选择后，可以使用 Primer Premier 窗口对其进行编辑和分析。可以使用 Edit Primer 窗口上的“prime”按钮在当前上序列寻找最佳的结合位点。

可以添加一个新的数据库并使用特征性的文件名，这样便于依照不同的项目或模板序列保存引物信息，也可以同样便利的删除一个数据库。

使用“Add Primer”按钮可以添加一条新引物，同时激活一个窗口来填写引物名称、起始位点、对应链和引物序列。如果不指定起始位置，则默认为 5′末端第一个碱基。

4. Reports(分析报告)

使用 Reports 菜单可以提供多种分析报告，除了在 Primer Premier 窗口(图 2-18)下也可用于直接打开的二级结构，该软件也提供当前引物的内部稳定性图表和比吸光度报告。选择 Reports 菜单下的 Optical Activity 选项能打开一个报告窗口，显示当前引物对的分子质量和比吸光度。

当在内部稳定性图表上移动鼠标指针时，会显示一条贴近最近序列的分界线，而数据输出窗口也会即时更新。而相应五聚体会高亮显示，该图表窗口可以调整大小以便看清细节。

当选择 Reports 菜单下的 Hybridization Time(杂交时间)选项，可以输入引物长度和浓度，点击“Analyze”按钮可以得到杂交时间。

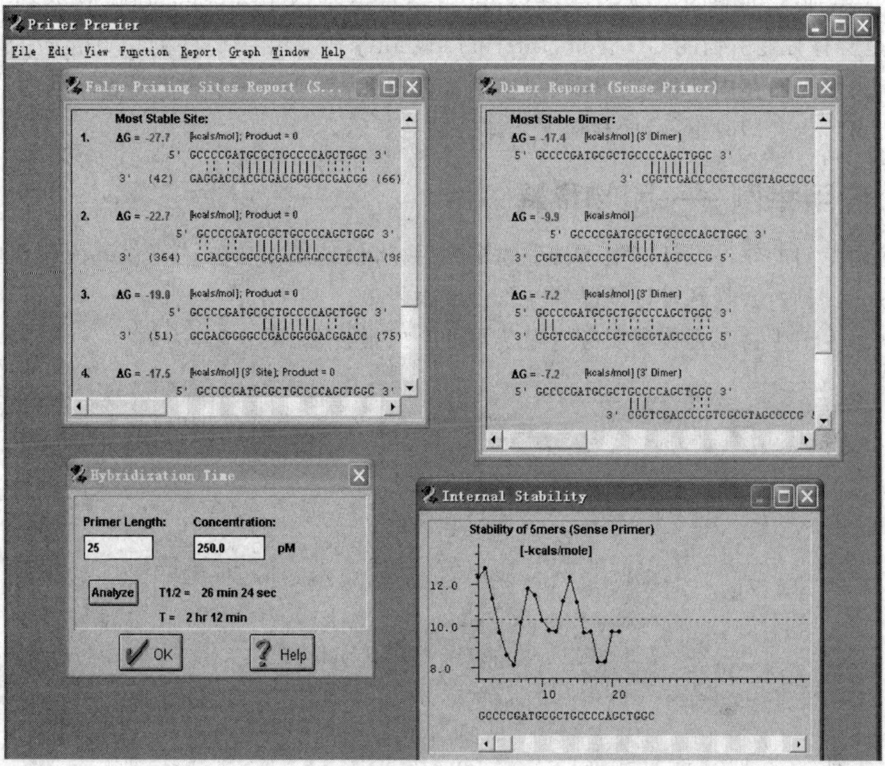

图 2-18　各种分析报告

5. Synthesis Order Form(合成订单)

在搜索及分析完引物后，如果决定定购合成该引物，可以使用软件生成订单，为方便使用，软件已经有一个现成的模板，可以创建一个新订单，并输入用户地址和其他信息，并命名保存。可以使用这个订单作为今后的订单模板。Database window(数据库窗口)可以用来选择待合成的引物，只需选择待合成引物，点击“Order Primer”快捷按钮，Primer Premier 将在合适的位置自动添加已选择的引物，并附上地址及其他信息生成一张订单，可以加上注释，并将其打印送出。也可保存该订单便于以后查看。

6. Optical Activity(比吸光度)

引物对于 260 nm 波长紫外光的吸光度即 A_{260} 与其浓度成正比。1 mg/mL 的 DNA 吸光度为 0.02，软件也能计算引物的分子质量，以便计算如何稀释新合成的引物。

Molecular Weight(分子质量)：正反引物分子质量均以 g/mol(克/摩尔)为单位，这是根据分子质量列表计算得出的；

nmol/A_{260}：在 260 nm 波长紫外光下，每单位吸光度代表的引物的纳摩尔数量，这是根据吸光系数和分子质量列表计算得来的；

μg/A_{260}：在 260 nm 波长紫外光下，每单位吸光度代表的引物的微克数量，这是根据吸光系数列表计算得来的。

7. Graphs(图表)

通过 Graph 菜单可以获得整个序列的 T_m,GC 含量和 Internal stability(内部稳定性)的图表。T_m 是所有可能的引物的融链温度,引物长度是由 Preferences(默认参数)设定的。GC%则是所有可能引物的 GC 含量,Internal stability 则是在每一序列位点起始的五聚体的稳定性自由能。当在内部稳定性图表上移动鼠标指针,会显示一条贴近最近序列的分界线,而数据输出窗口也会即时更新,而相应五聚体会高亮显示。

五、应用举例——引物稀释

在应用专门的软件设计好上下游引物序列后,将设计结果告知能提供基因合成的生物公司,大约一星期后,会收到设计产品和一张合成报告单。

以上海生工生物工程技术服务有限公司的合成报告单(图 2-19)为例。

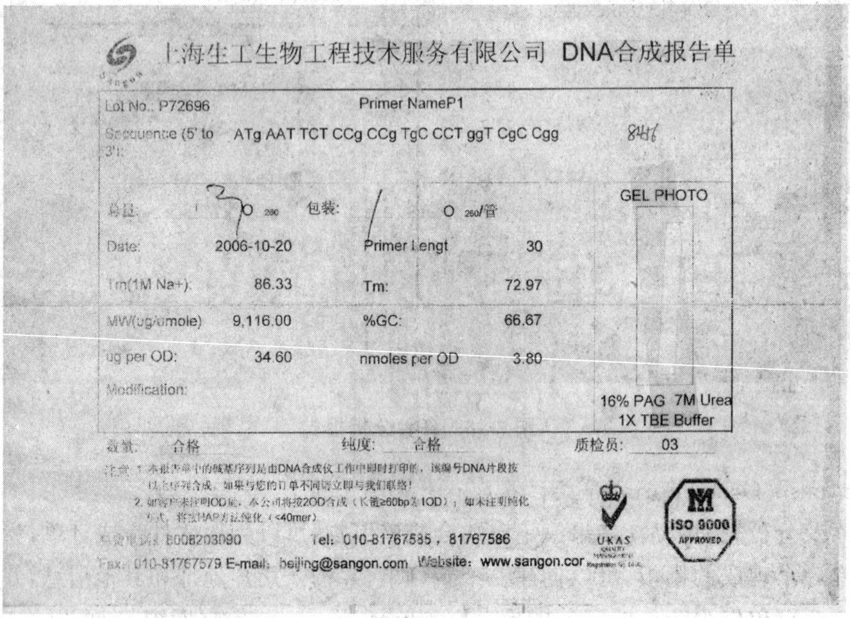
上海生工生物工程技术服务有限公司 DNA合成报告单

Lot No.: P72696　Primer NameP1

Sequence (5' to 3'): ATg AAT TCT CCg CCg TgC CCT ggT CgC Cgg

包装: O 260/管

Date: 2006-10-20　Primer Lengt 30

Tm(1M Na+): 86.33　Tm: 72.97

MW(ug/umole) 9,116.00　%GC: 66.67

ug per OD: 34.60　nmoles per OD 3.80

Modification:

GEL PHOTO

16% PAG 7M Urea
1X TBE Buffer

数量: 合格　纯度: 合格　质检员: 03

Tel: 010-81767585, 81767586

Fax: 010-81767579 E-mail: beijing@sangon.com Website: www.sangon.cor

UKAS

ISO 9000 APPROVED

图 2-19　引物合成报告单

从报告单上可获取的信息:

①引物长度 30 bp,相对分子质量 9 116.00。

②每管为 1 OD,每 OD 34.60 μg,3.80 nmol。

据此进行引物的稀释工作:

①收到引物后,在开启离心管盖前在 3 000~4 000 r/min 的转速下离心 1 min,以防开盖时引物干粉散失。引物保存在高浓度的状况下比较稳定。如果对实验的重复性要求较高,合成的 OD 数较大,建议分装,避免反复冻融。引物一般配制成 10~100 pmol/μL(μmol/L)。

②进行稀释时加水量可按以下公式计算:

引物稀释成 100 pmol/μL:

$$1\ \text{OD 需加水量}(\mu L)=1\ \text{OD}\ \mu mol\times 10\ 000$$

故：

$$1\ \text{OD需加水量}(\mu L)=3.80\ \text{nmol}\times 10^{-3}\times 10\ 000$$
$$=38\ \mu L$$

③在装有引物的 Eppendorf 管内加入 38 μL 无菌双蒸水，盖上管盖，充分上下振荡 5～10 min，再次离心 10 000 r/min，1 min。

④标明浓度、稀释日期、操作者等信息后保存备用。装有引物的 Eppendorf 管一般保存于－20℃，临用前稀释。

◈工作实施

一、获取信息阶段

在信息获取阶段，本项目实行分组教学，以 24 人的班级为例，按照年龄大小将全班同学随机分为 2 大组，每组 12 人。再按照随机抽签的方式将第 1 大组和第 2 大组的同学分别随机分为 4 组，每个工作小组 3 人(附表 19～21)。

分组结束后，老师讲解“滚轴承”法并带领学生使用该方法完成信息获取阶段的学习任务。

(1)确定工作小组，从小组中抽出一名同学与来自另几个组的同学(每组 1 名)组成专家组(图 2-20a)。

(2)专家组进入工作状态(图 2-20c)

每一个专家组的成员要团结一致共同完成一个工作任务，其中专家组一的任务：PCR 技术相关知识。

专家组二的任务：与资料检索及解读有关的资讯。

专家组三的任务：Primer Premier 软件使用。

(3)专家组成员回归本小组(图 2-20d)

任务完成之后专家组成员要回归本小组以专家的身份将获取到的信息传递给自己小组的每一名成员(图 2-20b)。

(4)组建“轴承”(图 2-20e)

四个小组随机两两组合，组成 2 个轴承。

(5)开始“滚轴承”(图 2-20f)

“滚动”一圈之后，每个组的每一个成员均与另一组的每一个成员进行了信息交换，这样就实现了知识的传递与共享，在交流过程中，既达到了知识的巩固与温新，也锻炼了同学们沟通与交流的能力。

二、执行阶段

在执行阶段，采取工作站的方式进行教学。本项目共设三个工作站，第一站的工作内容为“信息检索”，要求每位同学登陆 NCBI 网站，检索抑制素 α-亚基核苷酸序列信息，下载和解读所查资料、并以. txt 的形式保存成熟区编码区；第二站的工作内容为“引物设计”，要求每位同学利用 Primer Premier5 软件为已查阅资料设计特异性引物；第三站为“结果分析”，要求每位同学对设计结果进行分析，保存并打印设计结果。

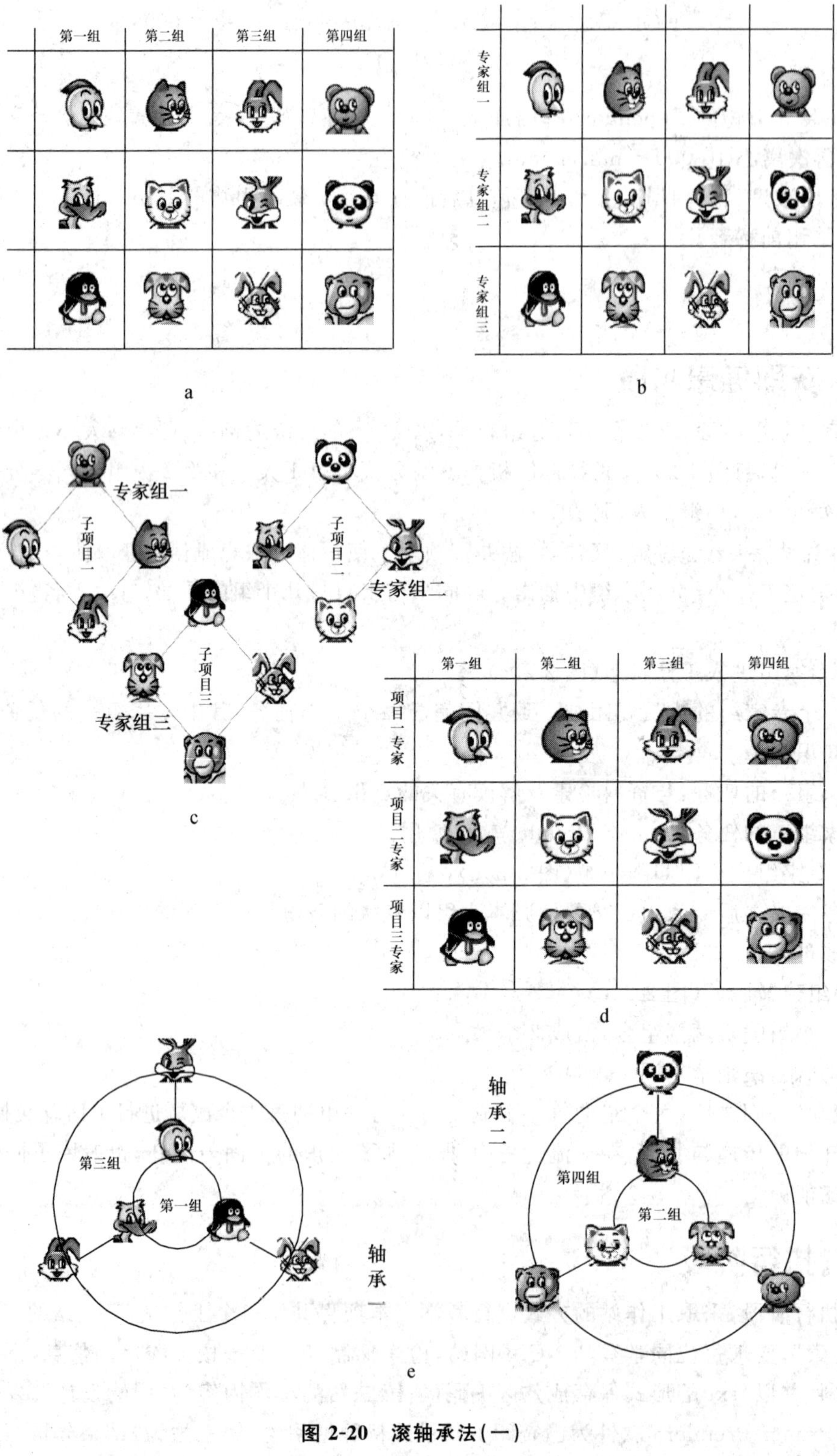
第一组
第二组
第三组
第四组
a
专家组一
专家组二
专家组三
b
专家组一
子项目一
子项目二
专家组二
子项目三
专家组三
c
第一组
第二组
第三组
第四组
项目一专家
项目二专家
项目三专家
d
第三组
第一组
轴承一
轴承二
第四组
第二组
e

图 2-20　滚轴承法(一)

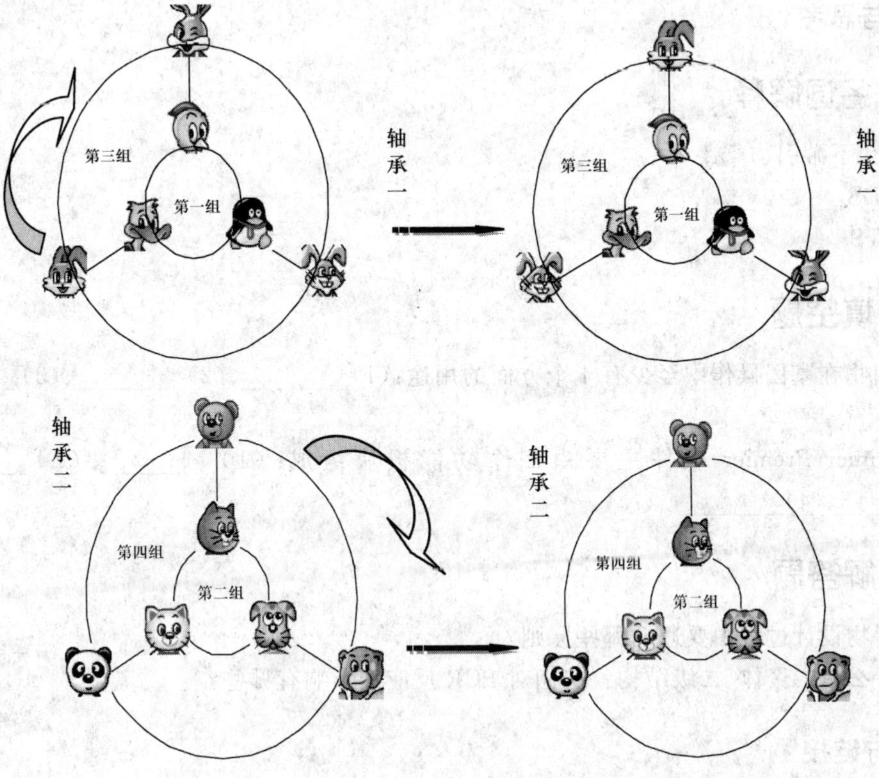

图 2-20　滚轴承法(二)

图 2-21　工作站活动示意图

◈检查与评价

一、检查

完成附表 22 的考核内容。

二、评价

在项目实施过程中,参考附表 23 和附表 24 中评价内容对各小组的工作过程和工作结果进行分析评价。

◆分析与思考

一、名词解释

1. 上、下游引物
2. CDS
3. STS

二、填空题

1. 引物在基因操作中至少有4个方面的用途:(1)________、(2)________、(3)________、(4)________。

2. Primer Premier 软件主要由四个功能板块组成:(1)________、(2)________、(3)________、(4)________。

三、解答题

1. 引物设计过程中要遵循哪些原则?
2. 什么是二聚体、二级结构?它们对PCR反应的影响有哪些?

◆拓展与链接

分子生物学综合数据库

1. Entrez

由NCBI开发的一个数据库检索系统,它综合了下述各大数据库的信息,包括核酸、蛋白以及Medline文摘数据库,在这三个数据库中建立了非常完善的联系。因此,可以从一个序列查询到蛋白产物以及相关的结构、功能和文献信息。

2. GenBank

GenBank是NIH的基因序列数据库,由美国国立卫生研究院全国生物技术信息中心建立并维护,是所有公开的DNA序列的集合,GenBank包含所有已知的核苷酸及蛋白质序列、以及与之相关的生物学信息和参考文献,是世界上的权威序列数据库。GenBank每条数据包含对序列的精确描述,序列来源生物的科学名称及树状分类,以及特征数据栏,提供序列的蛋白编码区和具有特殊生物学意义的位点,如转录单位(transcription units)、突变或修饰位点(sites of mutations or modifications)及重复序列(repeats),还提供特定序列编码的蛋白质序列。参考文献还给出其在MEDLINE上的特定标识号。

3. EMBL-EBI

欧洲分子生物学实验室(European molecular biology laboratory)于1974年由欧洲14个国家加上亚洲的以色列共同发起建立,包括一个位于德国Heidelberg的核心实验室,及三个分别位于德国Hamburg、法国Grenoble及英国Hinxton的研究分部,是欧洲最重要和最核心的分子生物学基础研究和教育培训机构。

EMBL-DNA数据库于1982年由EMBL建立,为欧洲最主要的核酸序列数据库,与美国的GenBank及日本的DDBJ共同组成全球性的国际DNA数据库。EBI即现在的欧洲生物信息研究所，是 EMBL 在英国 Hinxton 的分部，主要负责建立 EMBL-DNA 数据库，可进行核苷酸序列检索及序列相似性查询。

日前此数据库由其分支机构——EBI(the European bioinformatics institute，欧洲生物情报研究所)维护。

子情境二　基因扩增、检测与纯化

◈引言

很少有在公司工作的科研人员得诺贝尔奖，Mullis 是其中之一。

Kary B. Mullis(1944—)，在 Cetus 公司工作期间，发明了 PCR。他原本是要合成 DNA 引物来进行测序工作，却常为没有足够多的模板 DNA 而烦恼。1983 年春夏之交的一个晚上，他开车去乡下别墅的路上萌发了用两个引物(而不是一个引物)去扩增模板 DNA 的想法……

Mullis 开车的时候，瞬间感觉两排路灯就是 DNA 的两条链，自己的车和对面开来的车像是 DNA 聚合酶，面对面地合成着 DNA……

1983 年 9 月中旬，Mullis 在反应体系中加入 DNA 聚合酶后在 37℃一直保温。结果第二天在琼脂糖电泳上没有看到任何条带。于是他认识到有必要用加热来解链，每次解链后再加入 DNA 聚合酶进行反应，依次循环。1983 年 12 月，他终于看到了被同位素标记的 PCR 条带。

图 2-22　诺贝尔奖得主 Mullis

图 2-23　PCR 技术的诞生

下面是系列与 PCR 技术诞生有关的大事记：

1983 年春，Mullis 发展出 PCR 概念；

1983 年 9 月，Mullis 用大肠杆菌 DNA 聚合酶做了第一个 PCR 实验，只一个循环；

1983 年 12 月，用同位素标记法看到了 10 个循环后的 49 bp 长度的第一个 PCR 片段；

1985 年 12 月 20 日，Mullis 的同事 Saiki 在 Science 上发了一篇论文，方法中用了 PCR 技

术，导致 Mullis 的文章到处被拒；

1985 年 10 月 25 日申请了 PCR 专利，1987 年 7 月 28 日批准（专利号 4,683,202），这次 Mullis 是第一发明人；

1986 年 5 月，Mullis 在冷泉港实验室做专题报告，全世界从此开始学习 PCR 方法；

1986 年 6 月，Cetus 公司纯化了第一种高温菌 DNA 聚合酶——*Taq* DNA polymerase，这是 1985 年春天 Mullis 建议做的；

1988 年，第一台 PCR 仪问世；

1991 年，Hoffman LaRoche 以 3 亿美元的代价从 Cetus 公司获得全权开发权；

Mullis 的上司有句“名言”，“我们要扩增这么多 DNA 样品有什么用”；

到了 1991 年，Cetus 公司以 3 亿美元的转让费将 PCR 相关专利转让给瑞士 Hoffman La-Roche 公司，并在此后的经营中又获得了数亿美元的分红；

Mullis 于 1993 年获得诺贝尔化学奖，PCR 技术和 DNA 重组技术一样意义深远。

问题

1. 我们怎样重现 Mullis 当年的创举？
2. 怎样判断我们得到了扩增产物？如何检验它的正确性？

◆工作任务

利用已设计好的引物，设计一扩增方案将北京鸭抑制素 α-亚基基因扩增出来，检测扩增结果并将其纯化。

◆信息获取

一、PCR 技术

（一）工作原理

PCR 技术实际上是在模板 DNA、引物和四种脱氧核糖核苷酸存在的条件下依赖 DNA 聚合酶的酶促合成反应。PCR 技术的特异性取决于引物和模板 DNA 的特异性结合。整个反应分三步完成：①变性（denaturation）：通过加热使 DNA 双螺旋结构中的氢键断裂，双链解离形成单链 DNA；②退火（annealling）：当温度突然降低时由于模板分子结构较引物要复杂得多，而且反应体系中引物 DNA 的量大大多于模板 DNA，使引物和其互补的模板在局部形成杂交链，而模板 DNA 双链之间互补的机会较少；③延伸（extension）：在 DNA 聚合酶和四种脱氧核糖核苷三磷酸底物及 Mg^{2+} 存在的条件下，5′→3′聚合酶催化以引物为起始点的 DNA 链的延伸反应。以上三步为一个循环，每一循环的产物可作为下一次循环的模板，数小时之后，介于两个引物之间的特异性 DNA 片段得到了大量复制，数量可达 $2\times10^{6\sim7}$ 拷贝。具体实验原理可图示如下：

（二）反应体系

PCR 技术经过二十几年的发展，现已形成成熟的反应体系。一般反应体系选用 50～

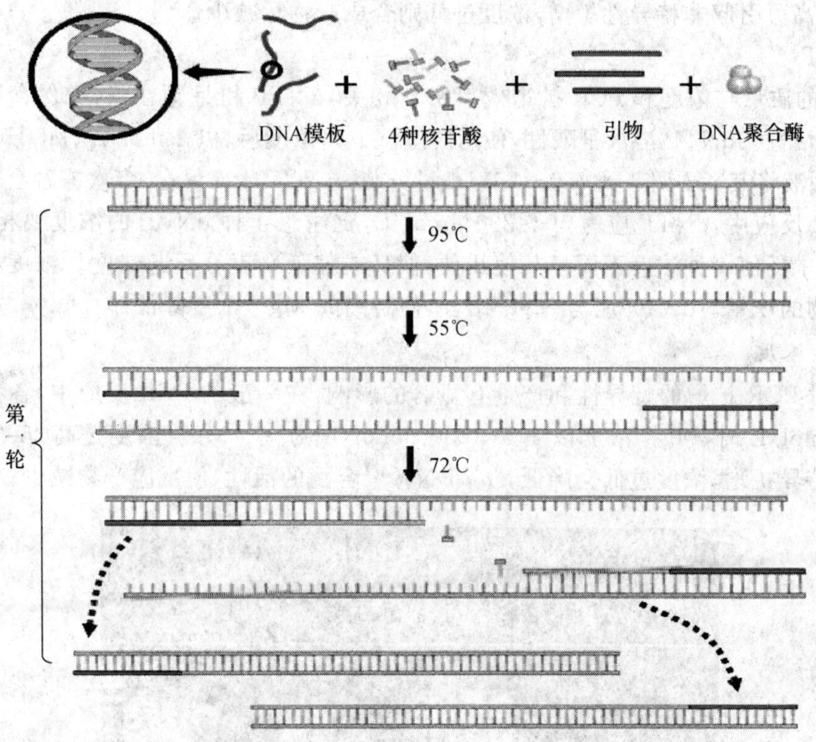

图 2-24　PCR 技术原理

100 μL的体积，其中含有：

50 mmol/L KCl

10 mmol/L Tris-Cl(室温下 pH＝8.4)

1.5 mmol/L $MgCl_2$

100 μg/mL 明胶或牛血清白蛋白(bovine serum albumin，BSA)

上、下游引物，各 0.25 μmol/L

4 种底物(dATP＋dCTP＋dGTP＋dTTP)，各 200 μmol/L

模板 DNA 0.1 μg

Taq DNA 聚合酶 2.5 U

其中模板 DNA 的用量必须根据其分子质量的大小加以调整，一般需要含 10^2～10^5 个拷贝的 DNA。在整个 PCR 反应体系中，引物、酶、dNTP、模板和 Mg^{2+} 浓度五种成分的变化对反应影响较大，具体有：

1. 引物

引物是 PCR 特异性反应的关键，PCR 产物的特异性取决于引物与模板 DNA 互补的程度。理论上，只要知道任何一段模板 DNA 序列，就能按其设计互补的寡核苷酸链做引物，利用 PCR 就可将模板 DNA 在体外大量扩增。

2. 酶

目前有两种 *Taq* DNA 聚合酶供应，一种是从栖热水生杆菌中提纯的天然酶，另一种为大肠菌合成的基因工程酶。催化一典型的 PCR 反应约需酶量 2.5 U(指总反应体积为 100 μL

时)，浓度过高可引起非特异性扩增，浓度过低则合成产物量减少。

3. dNTP

dNTP的质量与浓度和PCR扩增效率密切相关，dNTP粉呈颗粒状，如保存不当易变性失去生物学活性。dNTP溶液呈酸性，使用时应配成高浓度后，以1 mol/L NaOH或1 mol/L Tris-Cl缓冲液将其pH调节到7.0～7.5，小量分装，－20℃冰冻保存，多次冻融会使dNTP降解。在PCR反应中，dNTP应为50～200 μmol/L，要注意4种dNTP的浓度要相等(等摩尔配制)，如其中任何一种浓度不同于其他几种(偏高或偏低)，就会引起错配。浓度过低又会降低PCR产物的产量。dNTP能与Mg^{2+}结合，使游离的Mg^{2+}浓度降低。

4. Mg^{2+}浓度

Mg^{2+}对PCR扩增的特异性和产量有显著的影响，在一般的PCR反应中，各种dNTP浓度为200 μmol/L时，Mg^{2+}浓度以1.5～2.0 mmol/L为宜。Mg^{2+}浓度过高，反应特异性降低，出现非特异扩增，浓度过低会降低*Taq* DNA聚合酶的活性，使反应产物减少。

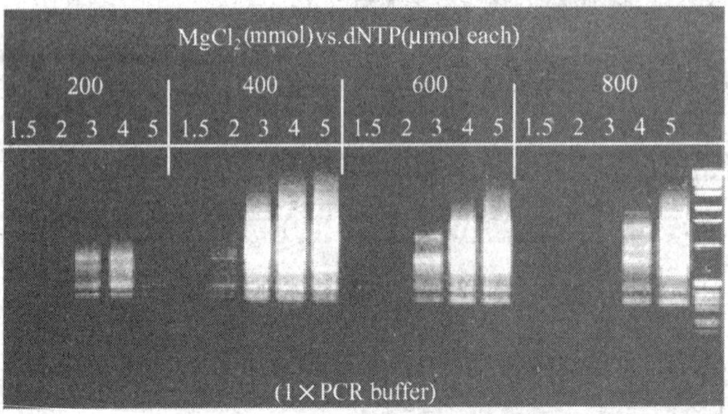

图 2-25　Mg^{2+}和dNTP浓度配比对PCR反应的影响

5. 模板

模板核酸的量与纯化程度，是PCR成败与否的关键环节之一，传统的DNA纯化方法通常采用SDS和蛋白酶K来消化处理标本。一般临床检测标本，可采用快速简便的方法溶解细胞，裂解病原体，消化除去染色体的蛋白质使靶基因游离，直接用于PCR扩增。模板对PCR体系的影响包括以下几个方面：

①纯度。蛋白、多糖、酚类等杂质会抑制PCR反应。

②完整性。模板降解会导致PCR扩增无产物。

③浓度。加量过多导致非特异性扩增增加。

(三)技术类型

自*Taq* DNA聚合酶应用于PCR反应以后，在试管内整个PCR反应只需经过几个简单的温度变换即可在短时间内完成，这使得人们可以利用自动化的机械来完成整个反应过程。目前国内外已有多种PCR自动扩增仪，即使没有自动的PCR仪，只要应用3个不同温度的水浴也可很容易地完成PCR反应。

一个PCR反应开始，首先是使双链模板DNA解离为单链，使之有利于与引物相结合，这个过程可以通过加热来完成，在90～95℃条件下，即使再复杂的DNA分子，如人基因组DNA也将变性成为单链。根据模板DNA的复杂程度，可以调整变性温度和时间，一般情况下选择

94℃ 30 s可使各种复杂的DNA分子完全变性。温度太高或高温持续时间太长，会对*Taq* DNA聚合酶活性和dNTP分子造成损害。

变性后的DNA快速冷却至40～60℃，有助于引物和模板DNA的结合。复性温度的选择，可根据引物的长度和其G+C的含量确定。在15～25 bp之间时，引物的退火温度可通过$T_m=4(G+C)+2(A+T)$计算得到，在T_m允许的范围内，选择较高的退火温度可大大减少引物和模板之间的非特异结合，提高PCR反应的特异性；退火时间一般设置为30 s，这足以使引物和模板之间完全结合；PCR反应的延伸温度建议选择在70～75℃之间，此时*Taq* DNA聚合酶具有最高活性。当引物小于16 bp时，过高的延伸温度不利于引物和模板的结合，可采用使反应温度缓慢升高到70～75℃的方法，因为最初较低温度下，DNA聚合酶已催化延伸反应开始，接下来的较高温度不会对这种"延长"过的引物和DNA模板的结合发生影响；PCR延伸反应的时间，可根据待扩增片段的长度而定，一般1 kb以内的片段，延伸时间1 min足够，扩增片段在1 kb以上则需延长延伸时间，有报道称，扩增10 kb的DNA片段时，延伸时间可达15 min。

PCR循环次数主要取决于模板DNA的浓度。理论上20～25次循环后，PCR产物的积累可达最大值，实际操作中由于每步反应的产率不可能达到100%，因此不管模板浓度是多少，20～30次是比较合理的循环次数。循环反应的次数越多，非特异性产物的量亦越多。

（四）应用举例

1. PCR仪的使用

根据设计的不同PCR仪有不同的类型，PCR仪的选择是DNA扩增中一个非常重要的因素。常用的PCR扩增仪主要有三种形式。①机械手：样品用一个机械手臂控制，可在三个温度不同的水浴环境间移动。此装置的优点在于，温度转换快，耗时少（一般1～3 h），设备比较简单，容易控制和维修，可由于温度升降太快，可能对聚合酶的活性有某些影响。②空气加热/光加热循环装置：用热空气枪借空气作为热传播媒介或用光照加热，由风扇提供外部冷空气，加上精确的温度传感器构成不同的温度环境。这种装置的优点是不用金属精密加工，成本低，整个系统没有液体流动也不用制冷剂，因而安全程度更高。③变温金属块作恒温装置：通过半导体加热和冷却，在一个铝合金金属块上来完成PCR过程。这种装置比较牢固耐用，温度变换平稳，有利于保持DNA聚合酶的活性，但相对来说温度变换梯度较小，整个实验耗时较长（3～4 h）。

下面以GeneAmp® PCR System 9700为例，图示PCR仪的使用方法。

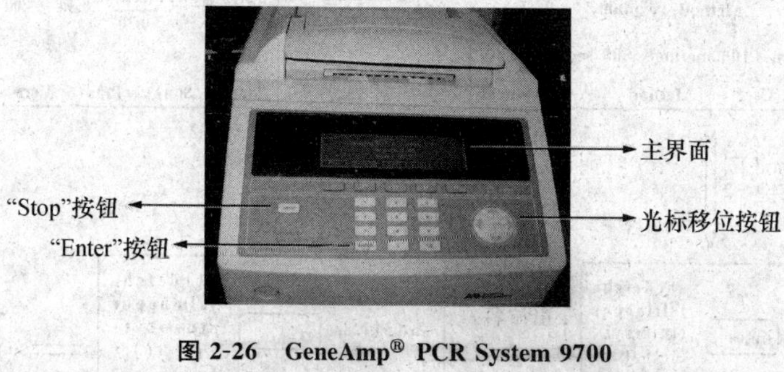

图2-26　GeneAmp® PCR System 9700

（1）接电源，开机预热后，首先学习主界面

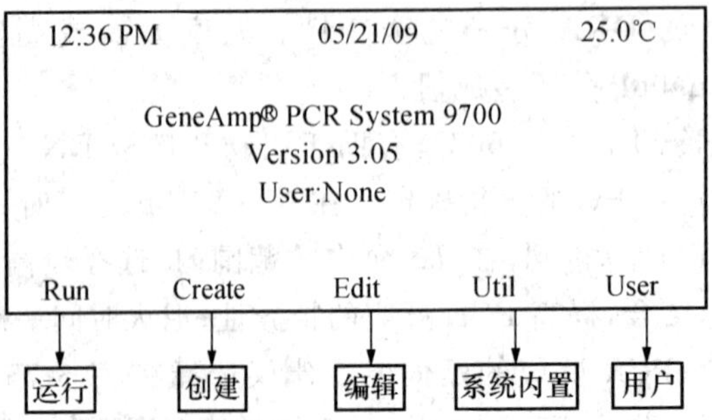

图 2-27 GeneAmp® PCR System 9700 微界面

(2)开始操作

①建立一个新用户。

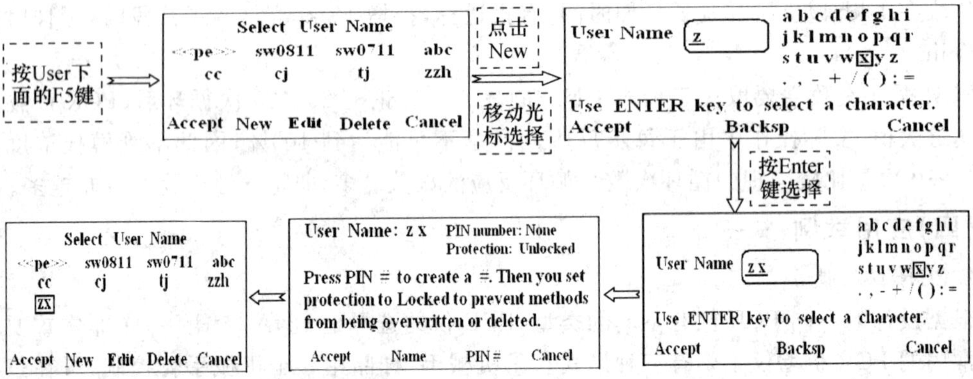

②创建一个新程序。

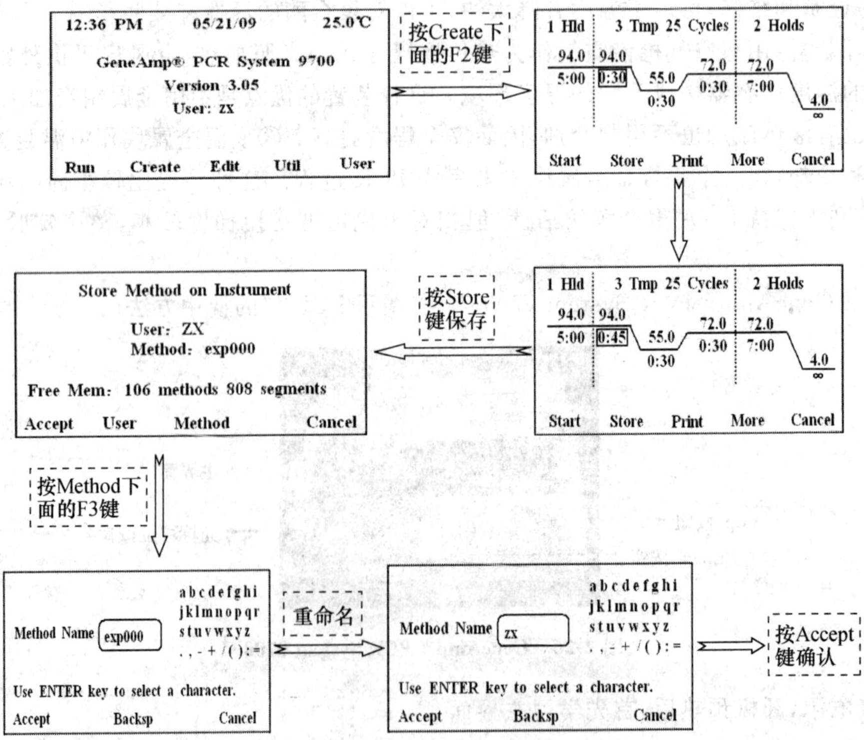

③运行已建立的程序。

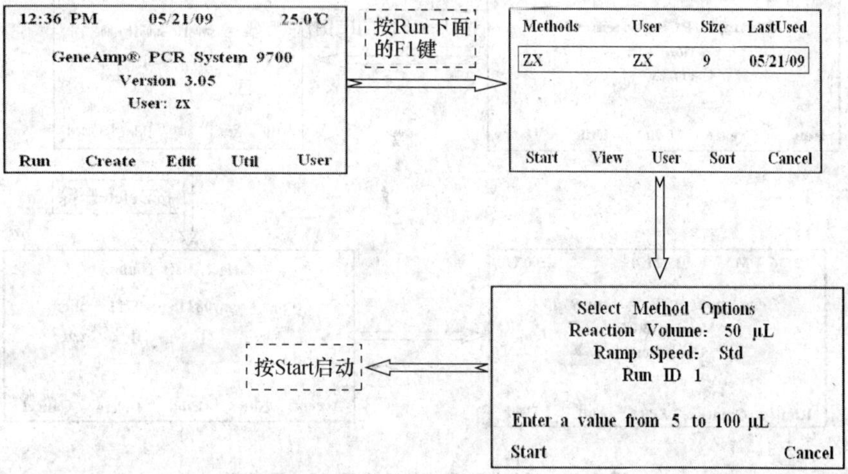

④删除已建立的程序和用户名。

首先需删除程序后才能删除用户名。

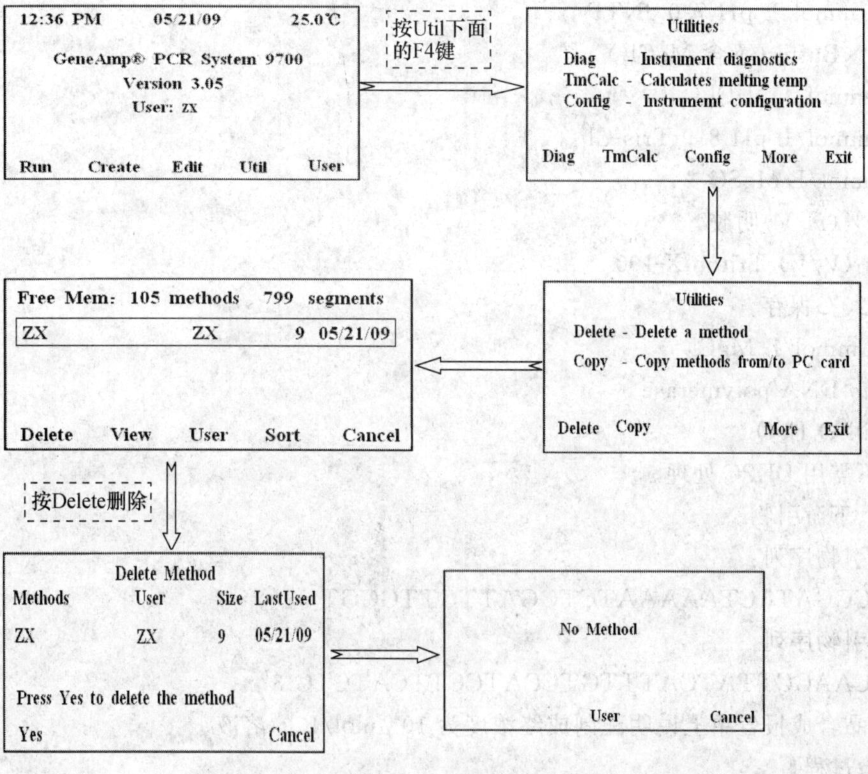

最后删除用户名。

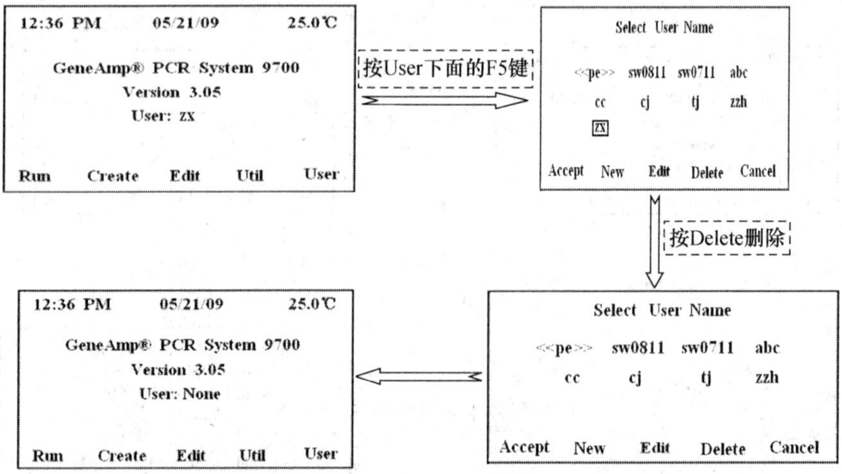

图 2-28 创建用户名、反应程序以及删除

2. 破伤风毒素 C 片段的扩增

【实验材料】

①10 mmol/L pH 7.0 dNTP

②10×Buffer(不含 $MgCl_2$)

400 mmol/L NaCl

200 mmol/L pH 8.9 Tris-Cl

50 mmol/L $MgSO_4$

0.05%(*m*/*V*)明胶

0.5%(*V*/*V*) Triton X-100

于−20℃保存。

③25 mmol/L $MgCl_2$

④*Taq* DNA polymerase

⑤Mili-Q H_2O

注:不需用 DEPC 处理。

⑥上、下游引物

上游引物序列:

5′ GCGGATCCTAAAAATCTGGATTGTTGGGT 3′

下游引物序列:

5′ GCAAGCTTATCATTTGTCCATCCTTCATCTG 3′

按产品合成报告单上说明配制成终浓度为 10 μmol/L 的溶液。

【实验过程】

①反应体系构建。于无菌条件下取一个 PCR 管,按照表 2-2 加入实验试剂,试剂加入时需遵循体积数从大到小的原则,并且一般酶需最后加入。

表 2-2 反应体系成分组成

PCR/μL	组分	H_2O	10× Buffer	25 mmol/L $MgCl_2$	10 mmol/L dNTP	*Taq* pol	10 μmol/L 上游引物	10 μmol/L 下游引物	模板	总体积
	T	37.35	5	3.5	0.5	0.25	1.2	1.2	1	50
	C	38.35	5	3.5	0.5	0.25	1.2	1.2		50

②反应参数设置。反应条件一般为 94℃变性 30 s，55℃退火 30 s，70～72℃延伸 30～60 s，共进行 30 次循环。

预变性	94℃	5 min	1个循环
变性	94℃	1 min	
退火	55℃	1 min	30个循环
延伸	72℃	2 min	
后延伸	72℃	5 min	1个循环

③开始反应。PCR 反应体系构建结束后，将 PCR 管内的反应混合物在离心机上稍加混匀，放入 PCR 仪内，按照反应参数设置要求设计反应程序，并开始反应，大约 2～3 h 后反应结束，将反应结果放入 4℃冰箱等待进一步检验。

(五)PCR 扩增常见问题及处理方案

表 2-3 PCR 扩增常见问题及处理方案

问题	现象	可能原因	处理方案
无扩增产物	正对照有条带，而样品则无	1. 模板：含有抑制物，含量低 2. Buffer 对样品不合适 3. 引物设计不当或者发生降解 4. 反应条件：退火温度太高，延伸时间太短	1. 纯化模板或者使用试剂盒提取模板 DNA 或加大模板的用量 2. 更换 Buffer 或调整其浓度 3. 重新设计引物(避免链间二聚体和链内二级结构)或者换一管新引物 4. 降低退火温度、延长延伸时间
非特异性扩增	PCR 扩增后出现的条带与预计的大小不一致，或大或小，或者同时出现特异性扩增带与非特异性扩增带	1. 引物特异性差 2. 模板或引物浓度过高 3. 酶量过多 4. Mg^{2+} 浓度偏高 5. 退火温度偏低 6. 循环次数过多	1. 重新设计引物或者使用巢式 PCR 2. 适当降低模板或引物浓度 3. 适当减少酶量 4. 降低镁离子浓度 5. 适当提高退火温度或使用二阶段温度法 6. 减少循环次数
拖尾	产物在凝胶上呈 Smear 状态	1. 模板不纯 2. Buffer 不合适 3. 退火温度偏低 4. 酶量过多 5. dNTP、Mg^{2+} 浓度偏高 6. 循环次数过多	1. 纯化模板 2. 更换 Buffer 3. 适当提高退火温度 4. 适量用酶 5. 适当降低 dNTP 和镁离子的浓度 6. 减少循环次数

续表 2-3

问题	现象	可能原因	处理方案
假阳性	空白对照出现目的扩增产物	靶序列或扩增产物的交叉污染	1. 操作时应小心轻柔，防止将靶序列吸入加样枪内或溅出离心管外 2. 除酶及不能耐高温的物质外，所有试剂或器材均应高压消毒。所用离心管及加样枪头等均应一次性使用 3. 各种试剂最好先进行分装，然后低温贮存

二、PCR 结果检测

根据制胶材料的不同，常用的电泳可分为琼脂糖凝胶电泳和聚丙烯酰胺凝胶电泳，琼脂糖凝胶电泳分辨率稍低，但分离范围广、易于操作，且成本较低，故琼脂糖凝胶电泳是 PCR 扩增产物分离、纯化和鉴定最常用的方法。扩增产物经琼脂糖凝胶电泳后，用 Goldview（或 EB）染料染色，在紫外灯下便可直接确定 DNA 片段在凝胶板中的位置，该方法分辨率很高，可检测出 1 ng DNA。

（一）琼脂糖凝胶电泳工作原理

带电物质在电场中向相反电极移动的现象称为电泳（electrophoresis）。按支持介质电泳可分为琼脂糖凝胶电泳和聚丙烯酰胺凝胶电泳；按电泳槽的方向可分为水平电泳和垂直电泳；按电泳对象可分为核酸电泳和蛋白质电泳。

琼脂糖是一种从红色海藻产物——琼脂中提取出来的线性多糖聚合物。当琼脂糖加热到沸点后，冷却凝固便会形成良好的电泳介质，其密度是由琼脂糖的浓度决定的。经化学修饰的低熔点（LMP）琼脂糖在结构上比较脆弱，故在较低的温度下便会熔化，可用于 DNA 的分离。凝胶的分辨能力同凝胶的类型和浓度有关。琼脂糖凝胶分辨 DNA 片段的范围为 0.2～50 kb。凝胶浓度的高低影响凝胶介质孔隙的大小，浓度越高，孔隙越小，其分辨能力也就越强；反之，浓度降低，孔隙就增大，其分辨力也就随之减弱。

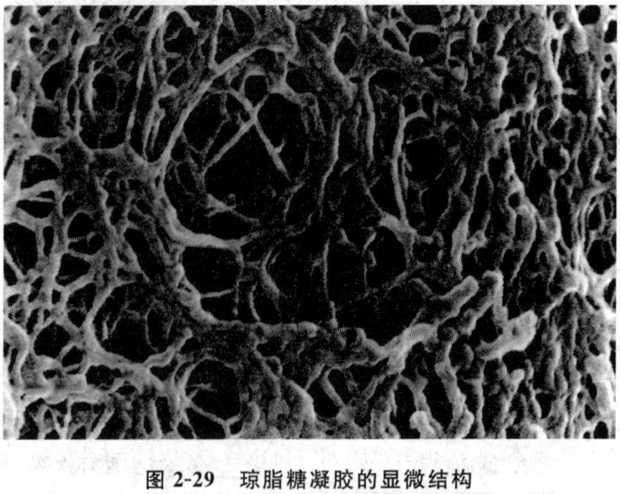

图 2-29　琼脂糖凝胶的显微结构

在生理条件下，核酸分子之糖 - 磷酸骨架中的磷酸基团呈离子状态，故 DNA 和 RNA 为多聚阴离子化合物。因此，当核酸分子被放置在电场中时，它就会向正极迁移。又由于糖-磷酸骨架在结构上的重复性，相同数量的双链 DNA 几乎具有等量的净电荷，因此它们能以同样的速度向正极迁移。在一定的电场强度下，DNA 分子的这种迁移速度取决于核酸分子本身的大小和构型。这就是应用凝胶电泳技术分离 DNA 片段的基本原理。

凝胶电泳的优点在于，它不单是一种分析手段，同时也可用来制备和纯化特定的 DNA 片段，从这个意义出发，使用低熔点的琼脂糖凝胶较为方便。琼脂糖是琼脂的衍生物，具有很高的聚合强度和很低的电内渗，因此是良好的电泳介质。低熔点琼脂糖是一种熔点为 62～65℃的琼脂衍生物，它一旦熔解，便可在 37℃下保持液体状态数小时之久，而在 25℃下也可保持 10 min 左右。低熔点琼脂糖可不经电洗脱或凝胶破碎法，直接用来回收 DNA 分子。具体操作为：将凝胶在 65℃加热数分钟，然后加入过量的酚溶液抽提 DNA，之后离心，所得的上清液中即含有去除了琼脂糖的 DNA 分子；此外，一旦低熔点的琼脂糖熔化，在 37℃下，可直接进行一定的酶催化反应，据此，可以对业经电泳分离的 DNA 片段进行第二种酶切消化反应，将这种混合物加到另一个凝胶电泳槽中，待凝固之后进行第二次电泳并观察结果。由于低熔点的琼脂糖凝胶具有以上这些突出的优点，因此其在现代分子生物学研究及基因克隆实验中具有十分广泛的用途。

(二)影响电泳结果的因素

DNA 为酸性物质，在电泳(缓冲液 pH＝8)时带负电荷，在一定的电场力作用下向正极泳动。而 DNA 链上的负电荷伴随着 DNA 分子质量的增加而增加，荷质比是一常数，故电泳中 DNA 的分离类似分子筛效应。电泳中影响 DNA 分子泳动的因素很多，主要分两方面：DNA 分子特性和电泳条件。

(1)DNA 分子大小

DNA 分子越大在凝胶中的摩擦阻力就越大，泳动也越慢，迁移速率与线状 DNA 分子质量的对数值成反比。

(2)DNA 分子构型

对于质粒 DNA 分子即使具有相同的分子质量，因构型不同也会造成电泳时受到的阻力不同，最终造成泳动速率的不同。常规电泳中质粒 DNA 分子的三种构型泳动速率：超螺旋最快，线状分子次之，开环分子最慢。

(3)不同的胶浓度

对于同种 DNA 分子胶浓度越高，电泳速率越慢。不同胶浓度对于 DNA 片段呈线性关系有所区别，浓度较稀的胶线性范围较宽，而浓度较高的胶对小分子 DNA 片段呈现较好的线性关系。所以常规实验中对于小片段 DNA 分子的分离采用高浓度的胶分离(有时甚至用 2%的凝胶)，而对于分离大片段则用低浓度的凝胶。

(4)电场强度

电泳时为了尽快得到实验结果，所用的电场强度约为 5 V/cm，这样的场强下虽能得到结果，但分辨率不高。在精确测定 DNA 分子大小时，应降低电压至 1 V/cm。电场强度偏高时电泳分离的线性范围会变窄，电压过高时也会由于电泳中产生的大量热量导致 DNA 片段的降解。实验中要根据需要选择合适电压，如对于 DNA 大片段的分离可适当选择较低电压进行，避免拖尾现象的产生；而对于小分子 DNA，由于其在凝胶中的快速扩散会导致条带模糊，可选用相对较高的电压以缩短电泳时间。

(5)溴化乙锭

电泳中的染色剂，具有扁平结构，能嵌入到DNA碱基对间，对线状分子与开环分子影响较小而对超螺旋态的分子影响较大。当DNA分子中嵌入的EB分子逐渐增多时，原来为负超螺旋状态的分子开始向共价闭合环状转变，电泳迁移速度由快变慢；当嵌入的EB分子进一步增加时，DNA分子由共价闭合环状向正超螺旋状态转变，这时电泳迁移速率又由慢变快。这个临界点的游离EB质量浓度为0.1～0.5 g/mL，即电泳时所加的浓度。因此一般电泳可以忽略此因素，而对于特殊电泳，为消除此因素影响可采用电泳后染色。现市场上有EB的替代物如Goldview染料可供选择。

(6)电泳缓冲液

目前有三种缓冲液适用于天然双链DNA的电泳：TAE、TBE和TPE，一般常选用TAE，其电泳时间较快，而且成本比较低，但是其缓冲容量有限，需经常更换电泳液。

(三)应用举例

1. PCR结果电泳检测

【实验概述】

实验时首先需根据核酸片段的大小确定合适的琼脂糖凝胶浓度，一般800 bp以上的片段用0.8%的胶，800 bp以下的片段用1.0%～2.0%的胶(表2-4)。取PCR产物5～10 μL，采用常规的电泳方法进行电泳，Goldview染料染色，紫外灯下观察，成功扩增的PCR产物可见到分子质量均一的一条区带，对照分子质量标准还可对电泳产物进行半定量。

表2-4　凝胶浓度与所能分离核酸的大小

琼脂糖凝胶浓度/%	线性DNA的有效分离范围/kb	琼脂糖凝胶浓度/%	线性DNA的有效分离范围/kb
0.3	5～60	1.2	0.4～6
0.6	1～20	1.5	0.2～4
0.7	0.8～10	2.0	0.1～3
0.9	0.5～7		

【实验材料】

(1)材料

破伤风毒素C片段的扩增产物，长度为1 370 bp

(2)用具及药品

①仪器

琼脂糖凝胶电泳系统(电泳仪、电泳槽、制胶板等)，台式离心机，紫外线透射仪，加样器，冰箱，量筒，三角瓶，微波炉，梳子

②药品

三羟甲基氨基甲烷(Tris碱)，冰乙酸，乙二胺四乙酸(EDTA)，琼脂糖粉，Goldview染料，DNA Marker，上样缓冲液

③试剂

Ⅰ. 1 000 mL 50×TAE

Tris碱　　　　242 g

冰乙酸	57.1 mL
0.5 mol/L EDTA(pH 8.0)	100 mL

加水定容至 1 L。

Ⅱ. 凝胶加样缓冲液(6×)

0.25%(*m*/*V*)	溴酚蓝
0.25%(*m*/*V*)	二甲苯腈
40%(*m*/*V*)	蔗糖

Ⅲ. 10 mg/mL Goldview 染料

④试剂作用

Ⅰ. 指示剂。

电泳过程中,常使用一种有颜色的标记物以指示样品的迁移过程。核酸电泳常用的指示剂有两种:溴酚蓝(bromophenol blue,Bb),呈蓝紫色;二甲苯腈(xylene cyanol,Xc),呈蓝色。在不同浓度的凝胶中,溴酚蓝的迁移速度基本相同,它的分子筛效应小,近似于自由电泳,故被普遍用作电泳指示剂。在质量分数为 0.6%、1%、2%的琼脂糖凝胶电泳中,溴酚蓝的迁移率分别与 1 kb、0.6 kb 和 0.15 kb 的双链线性 DNA 片段大致相同。在含 7~8 mol/L 尿素的 5%的聚丙烯酰胺凝胶中,分别与 65 mer(mer 为碱基数)和 35 mer 的寡聚核苷酸的迁移率相同。

二甲苯腈携带的电荷量比溴酚蓝少,在凝胶中的迁移率比溴酚蓝慢,在含 7~8 mol/L 尿素的 5%的聚丙烯酰胺凝胶中的迁移率分别相当于 260 mer 和 130 mer 的寡核苷酸。所以根据待分离样品中 DNA 分子的大小,可以参照指示剂溴酚蓝和二甲苯腈的迁移情况决定是否停止电泳。指示剂一般加在电泳上样缓冲液中,为了使样品能沉入胶孔,还要加入适量的蔗糖、聚蔗糖 400 或甘油以增加密度。

Ⅱ. 染料。

在凝胶电泳中,加入溴化乙锭染料对核酸分子染色后,将电泳标本置于紫外灯下观察,便可十分敏感而方便地检测出凝胶介质中 DNA 的谱带部位,即使每条 DNA 带中仅含 0.05 μg 的 DNA,也可被清晰地显现出来。这是因为溴化乙锭是一种扁平分子的核酸荧光染料,可以插入到 DNA 或 RNA 分子的碱基对之间(图 1-14),并在 300 nm 波长的紫外光下放射出红色荧光,所以可用来显现琼脂糖凝胶和聚丙烯酰胺凝胶中的核酸分子。把含有 DNA 分子的凝胶浸泡在溴化乙锭的溶液中,或是将溴化乙锭直接加到 DNA 的凝胶介质中,此种染料便会在一切可能的部位同 DNA 分子结合,而不能同琼脂糖凝胶或聚丙烯酰胺凝胶结合,因此在紫外光的照射下,只有 DNA 分子通过放射荧光而变成可见的谱带,而且在适当的染色条件下,荧光的强度同 DNA 片段的大小(或数量)成正比。在含有数种 DNA 片段的电泳谱带中,每一条带的荧光强度是随着从最大的 DNA 片段到最小的 DNA 片段逐渐降低的。换言之,在一定程度上,电泳谱带的荧光强度同 DNA 片段的大小成正比。这是溴化乙锭—凝胶电泳体系的一种重要特性,据此研究者们便能通过同已知分子质量的标准 DNA 片段进行比较,测定出共迁移 DNA 片段的分子质量(图 2-30),并对经核酸内切限制酶局部消化产生的 DNA 片段作出鉴定。

【实验步骤】

(1)稀释 TAE

稀释 200 mL 1×TAE,稀释用水为蒸馏水。

稀释前溶质的量(50×x)=稀释后溶质的量(200×1)

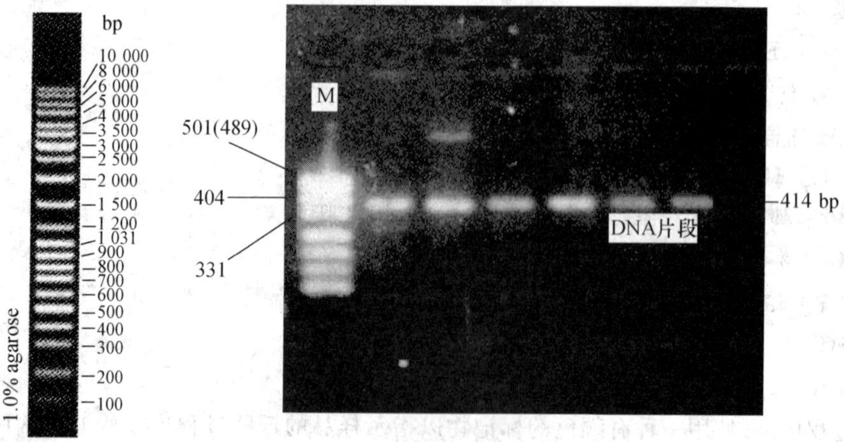

图 2-30　DNA Marker、目的 DNA 的电泳图谱

(2)琼脂糖凝胶浓度的计算

按照被分离 DNA 的大小，决定凝胶中琼脂糖粉的百分含量。

凝胶浓度的计算：

$$\frac{\text{琼脂糖粉的质量(g)}}{1\times\text{TAE 的体积(mL)}}\times 100\%$$

(3)制备琼脂糖凝胶

①称取一定量(根据凝胶浓度确定)的琼脂糖粉倒入三角锥形瓶中，加入 1×TAE Buffer 100 mL 和蒸馏水约 5 mL。

②电炉上加热煮沸至琼脂糖彻底溶解(反复煮沸 2～3 次)后，室温放置至 60℃左右，加入约 5 μL Goldview 染料，摇匀后倒入两端已封口并已放置好梳子的电泳槽中。

温馨提示

A. 倒胶时要缓缓加入，防止形成气泡。

B. 有的实验室还在继续使用溴化乙锭(EB)染料，而溴化乙锭是诱变剂，并有中度毒性，实验时务必戴一次性 PE 手套，以防 EB 对实验者造成伤害，注意不污染环境，紫外灯下观察结果时，应戴防护眼镜。

③放置 30～60 min 待凝胶完全硬化，去除梳子和封口用的透明胶，即可用于 DNA 的分析。

(4)加样

用移液器将已加入上样缓冲液的 PCR 产物加入加样孔，在实验记录本上记录点样顺序及点样量。

(5)电泳

①接通电泳槽与电泳仪的电源。注意正负极，DNA 片段从负极向正极移动。DNA 的迁移速度与电压成正比，最高电压不超过 5 V/cm；

②当溴酚蓝染料移动到距凝胶前沿 1～2 cm 处，停止电泳。

(6)结果观察

在紫外灯(360 nm 或 254 nm)下观察染色后的电泳凝胶,DNA 存在处应显出橘红荧光条带(图 2-31)。在紫外灯下观察时应戴上防护眼镜,紫外线对眼睛有伤害作用。注意以下两种情况的条带:DNA 相对分子质量标准物(marker);PCR 产物。

图 2-31　电泳结果

2. 凝胶回收纯化

【试剂盒】

购自:深圳市易瑞生物技术有限公司;名称:凝胶回收和 PCR 产物纯化磁珠提取试剂盒。

【试剂盒组成】

表 2-5　试剂盒组成

组成	数量	组成	数量
Lysis-Binding Buffer	40 mL×1 瓶	Elution Buffer	5 mL×1 瓶
Wash Buffer W_1	80 mL×1 瓶	磁珠(magnetic beads)	1 mL×1 支
Wash Buffer W_2	100 mL×1 瓶		

【贮藏与有效期】

Elution Buffer 和磁珠保存在 4～8℃,其他溶液室温保存,有效期为 1 年。

【使用方法】

温馨提示

实验前需仔细阅读本试剂盒说明书,严格按照说明书执行操作。

①凝胶回收:将凝胶切下后装到 1.5 mL EP 管中,加入 400 μL Lysis-Binding Buffer,置于 60～70℃的水浴中温浴至凝胶完全融化(需要 2～3 min),期间不断振荡混匀。

或直接纯化 PCR 产物:将 2～50 μL PCR 产物加到 1.5 mL EP 管中,加入 400 μL Lysis-Binding Buffer。

②加入 10 μL 磁珠,在旋涡振荡器上混匀 20～30 s,然后在室温放置 5～10 min。

温馨提示

磁珠在使用前需在旋涡振荡器上充分混匀。如使用工作站提取,磁珠吸取需在振荡器上进行,或每次吸取前进行吹打。且一次吸取的磁珠必须一次放掉,不可对一次吸取的磁珠进行分液。

③放在磁架上 1～2 min 待液体变清,吸弃上清液。

④加入 400 μL Wash Buffer W_1,放在涡旋振荡器上混匀 10 s,再放在磁架上吸附 1～2 min,吸弃上清液,重复一次。

⑤加入 500 μL Wash Buffer W_2，放在涡旋振荡器上混匀 10 s，再放在磁架上吸附 1～2 min，吸弃上清液，重复一次。注：尽量吸尽上清液，有利于下一步充分干燥。

⑥开盖，在 60℃烘箱里孵育 10 min，以除去乙醇。

⑦加入 50 μL Elution Buffer，在涡旋振荡器上混匀 20 s，然后在 65℃烘箱里孵育 10 min。

⑧拿出后在涡旋振荡器上混匀 5 s，在磁架吸附 1～2 min，吸取上清液于新的 EP 管。

◆工作实施

本实验实行分组教学，一个工作小组 5 人(附表 25)。采用工作站式教学法进行教学，第一站为扩增实验，第二站为扩增结果检测，第三站为产物纯化。

分组完毕后学生即开始后面的工作(附表 26)。

◆检查与评价

一、检查

完成附表 27 的考核内容。

二、评价

任务结束后，参考附表 28 和附表 29 中评价内容对各小组的工作过程和工作结果进行分析评价。

◆分析与思考

一、选择题

1. 下列属于 PCR 技术条件的是：(　　)。

①单链的脱氧核苷酸序列引物　②目的基因所在的 DNA 片段　③脱氧核苷酸

④ 核糖核苷酸　⑤DNA 连接酶　⑥DNA 聚合酶　⑦DNA 限制性内切酶

A. ①②③⑤　B. ①②③⑥　C. ①②③⑤⑦　D. ①②④⑤⑦

2. 下列有关 PCR 技术的叙述，不正确的是：(　　)。

A. PCR 技术是利用碱基互补配对的原则

B. PCR 技术可用于基因诊断，判断亲缘关系等

C. PCR 技术需在体内进行

D. PCR 技术经过变性、复性、延伸三个阶段

3. 在 PCR 扩增前，需要将下列哪些物质加入微量离心管中？(　　)

①模板 DNA　②模板 RNA　③DNA 解旋酶　④耐高温的 DNA 聚合酶

⑤引物　⑥PCR 缓冲液　⑦脱氧核苷酸贮备液　⑧核苷酸贮备液

A. ①④⑤⑥⑦　B. ①③④⑤⑥⑧　C. ②③④⑤⑥⑦　D. ①④⑥⑦⑧

4. PCR 技术的操作步骤依次是：(　　)。

A. 高温变性、中温延伸、低温复性　B. 高温变性、低温复性、中温延伸

C. 中温延伸、高温变性、低温复性　D. 中温延伸、低温复性、高温变性

二、填空题

1. PCR 技术主要是利用 DNA 半保留复制的特性，在试管中进行 DNA 的人工复制(如下图)，在很短的时间内，将 DNA 扩增几百万倍甚至几十亿倍，使分子生物实验所需的遗传物质不再受限于活的生物体。请据图回答：

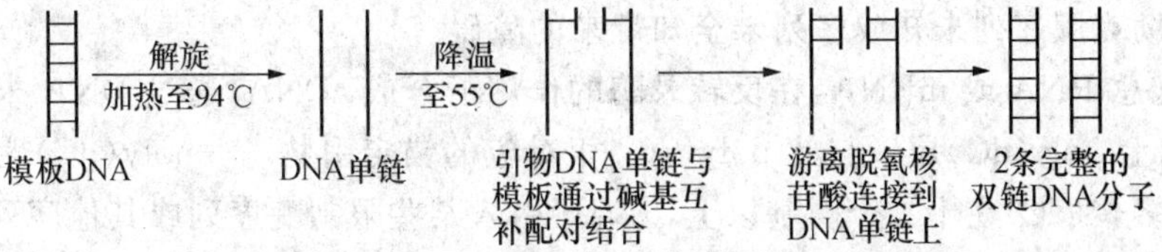

(1)加热至 94℃的目的是使 DNA 样品的________键断裂，这一过程在生物体细胞内是通过________酶的作用来完成的。通过分析得出新合成的 DNA 分子中，A＝T，C＝G，这个事实说明 DNA 分子的合成遵循________。

(2)新合成的 DNA 分子与模板 DNA 分子完全相同的原因是________和________。

(3)通过 PCR 技术使 DNA 分子大量复制时，若将一个用^{15}N标记的模板 DNA 分子(第一代)放入试管中，以^{14}N标记的脱氧核苷酸为原料，连续复制到第五代时，含^{15}N标记的 DNA 分子单链数占全部 DNA 总单链数的比例为________。

(4)PCR 技术不仅为遗传病的诊断带来了便利，而且改进了检测细菌和病毒的方法。若要检测一个人是否感染了艾滋病病毒，你认为可以用 PCR 扩增血液中的：(　　)

A. 白细胞 DNA　　B. 病毒蛋白质　　C. 血浆抗体　　D. 病毒核酸

2. PCR 技术

(1)概念：PCR 全称为________，是一项在生物________的核酸合成技术。

(2)PCR 技术的原理：________。(请另附纸图示)

(3)条件：________、________、一对引物(做启动子)、________前提条件。

(4)方式：以________方式扩增，即________(n 为扩增循环的次数)。

(5)结果：________。

(6)过程：a. DNA 变性(90～96℃)：双链 DNA 模板在热作用下，________断裂，形成________。

b. 退火(复性 25～65℃)：系统温度降低，引物与 DNA 模板结合，形成局部________。

c. 延伸(70～75℃)：在 *Taq* 酶的作用下，从引物的________延伸，合成与模板互补的________。

三、简答题

1. PCR 的基本原理是什么？用 PCR 扩增某一基因，必须预先得到什么样的信息？

2. Mullis 的 PCR 反应同大肠杆菌体内的 DNA 复制有哪些不同？你认为根本的差别在哪里？

3. 请列举 PCR 反应过程中不同温度的作用原理，及不同温度持续的大约时间。

4. PCR 反应体系的组成成分有哪些？$MgCl_2$ 的作用是什么？Mg^{2+} 加多或加少了会怎么样？*Taq* DNA Polymerase 在多少度发挥作用？

◆拓展与链接

几种特殊的PCR

1. 锚定 PCR(anchored PCR)

要进行常规的 PCR 反应必须知道欲扩增 DNA 或 RNA 片段两侧的序列，而在大多数情况下对某些序列本身或其旁侧序列并不清楚，这无疑限制了 PCR 技术的广泛应用，“锚定 PCR”则可帮助克服序列未知或序列未全知带来的障碍。

分离细胞总 RNA 或 mRNA，在反转录酶的作用下合成 cDNA，通过 DNA 末端转移酶在 cDNA 3′端加上 poly(dG)尾。与此 poly(dG)相对应的锚定引物——poly(dC)为保证扩增的特异性，建议多聚(dC)在十二个碱基以上，5′端可引入某些限制酶序列或其他序列信息。在特异引物的参与下，可以扩增此带同源多聚物尾巴的 cDNA 序列。

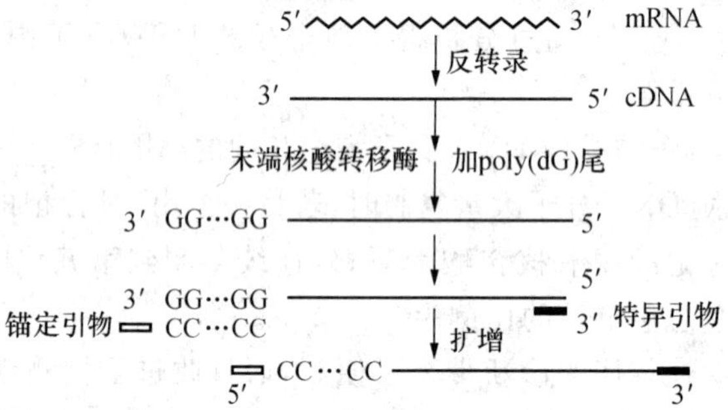

图 2-32　锚定 PCR 示意图

2. 不对称 PCR(asymmetric PCR)

典型的 PCR 反应产生特定双链 DNA 的拷贝，但在基因分析中，常常需要知道目的基因的序列(当然可以将扩增的双链 DNA 片段克隆到 M13 噬菌体载体中，提取单链模板进行序列测定。这样做既费时、费力又增加成本)。Gyllensten 和 Erlich 改进了 PCR 方案。在反应中引入不同浓度的引物，可得到单链 DNA，一般采用(50～100)∶1 的引物浓度比例，在最初 10～15 个循环中主要产物是双链 DNA，但当低浓度引物被消耗殆尽后，高浓度引物介导的 PCR 就会产生大量的单链 DNA。分离此扩增产物中的单链 DNA(single strand DNA，ssDNA)可用原引物或第三条内部引物直接测序。

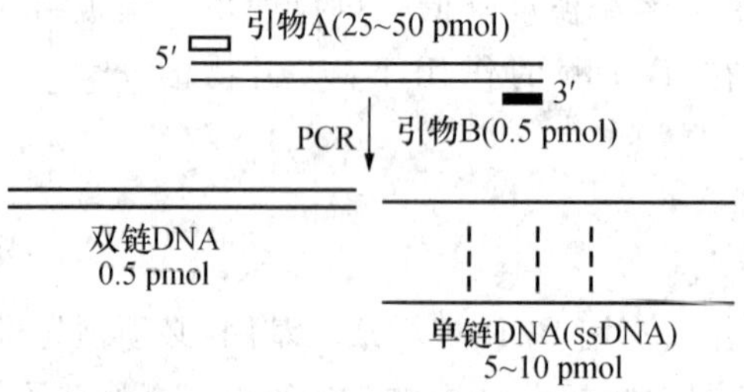

图 2-33　不对称 PCR 扩增示意图

3. 反向 PCR(inverse PCR)

PCR 反应允许扩增 DNA 片段位于两个引物之间的已知序列。反向 PCR 的应用则可对一个已知 DNA 片段两侧的未知序列进行扩增和研究。选择已知序列内部没有切点的限制酶

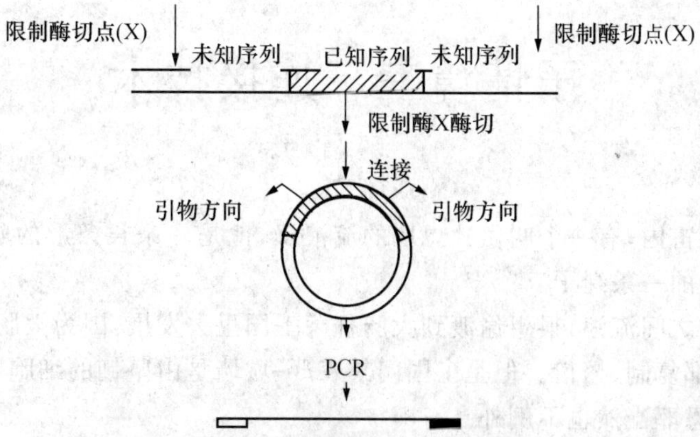

图 2-34 反向 PCR 示意图

对此段 DNA 进行酶切，之后连接其成环状 DNA 分子，选择方向合适的、与已知序列两末端互补的引物，经 PCR 后，可以得到未知序列的 DNA 片段，用此方法建立基因组步移文库，在分子生物学研究上是非常重要的。

4. 多重 PCR(multiplex PCR)

PCR 技术的一个重要应用领域是检测特定序列的存在或缺失。如果待检测的基因片段存在，经 PCR 后可产生扩增区带，如果该片段缺失，PCR 反应后没有扩增区带。这一方法已在缺失型地中海贫血的基因诊断中得到广泛应用。在许多情况下，与某一疾病相关的基因十分庞大，如 Rb(视网膜母细胞瘤)基因有几百个 kb，而 DMD(进行性肌营养不良症)则有 2 000 多个 kb。这些基因常有多处发生缺失或突变，而且这些变化发生在相邻 10～100 kb 的碱基之间，这远远超出了 PCR 技术扩增的有效长度。对此可采用多重 PCR 技术，即在同一试管中加入多对引物，扩增同一模板的不同区域。

如果基因的某一区段缺失，则相应的电泳图谱上该区带就消失。多重 PCR 反应非常可靠，操作相对简便。目前报道的多重 PCR 反应，最多可同时扩增 12 条区带。

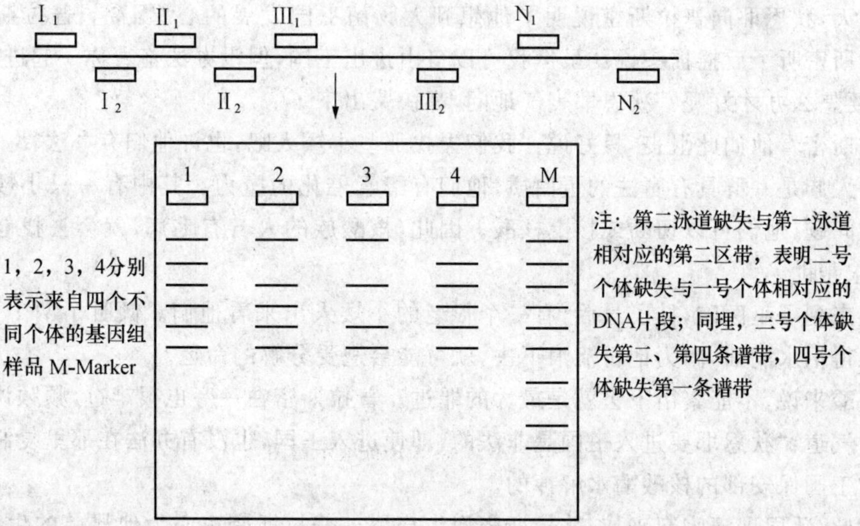

图 2-35 多重 PCR 示意图

子情境三　连接技术

◆引言

在某一个小宇宙内，有一个叫做狄恩耶的流浪汉，他是一条长条形的脱氧核糖核酸，长得像我们人类世界里的一条绳子。

狄恩耶在宇宙之间流浪，很想偷渡到大肠杆菌王国里去发展，因为大肠杆菌王国内有丰饶的物质，可供狄恩耶复制、繁衍。但是王国门禁森严，城墙是由坚韧的细胞壁筑成的，一般外来物质很难进入，狄恩耶当然也不例外。

刚巧他碰上了在大肠菌王国抗药局做事的普拉斯密，普拉斯密是个质体，长得像橡皮圈的样子而经常再卷曲成麻花模样，这样行动比较方便。普拉斯密也是由脱氧核糖核酸组成，而且与狄恩耶一样，都是双股的，因此他们两人可谓臭味相投，很快就成为好朋友。

图 2-36　好朋友狄恩耶和普拉斯密

有一天，狄恩耶向普拉斯密说明了他想到大肠菌王国发展的心愿，希望普拉斯密能够帮忙。普拉斯密听了后摇摇头说："虽然我可以自由进出王国，但没办法拖着你一起进去的！"

"那要怎么办才好呢？"狄恩耶丧气地问，都快哭出来了。

普拉斯密看他如此沮丧，只好说："我们去找那些小矮人吧，也许他们有办法！"

小矮人族是一群具有魔法的蛋白质，他们有酵素催化的魔力。其中有一只小矮人专门解决核酸的问题，他们可以切断或接上核酸。因此，核酸族的人若有毛病，就会去找他们的专科巫医，请求帮助。

两人来到了巫医院，挂了号后，有一个很老的小矮人出来看他们。倾听了两个人的要求，狄恩耶说得泪水满面，因为他再流浪下去，就可能会遭受分解的命运。

对核酸来说，不能繁衍下去就是最大的罪过。普拉斯密在一旁也很难过，频频说情。老矮人叹了口气道："狄恩耶要进入王国是非法的，即使进入王国，也没有办法在那里复制、繁衍，很快就会被王国保安部的核酸酶水解掉的。"

说至此，狄恩耶嚎啕起来，与普拉斯密抱头痛哭。普拉斯密决心为他兄弟的生存奋斗，再央求老矮人说："巫医先生，请您再想想办法，救救我兄弟，我自己则是碎尸万段在所不惜。"

图 2-37　痛哭中的狄恩耶

“碎尸万段?!”老矮人突然眼睛一亮，续道：“也许有办法！但你真的愿意为你的朋友体分两段?”两人一听到有办法了，眼泪都暂丢一边，普拉斯密大叫：“愿意!!!”

三个人来到手术室，老矮人照了好几张 X 光片，仔细检查了狄恩耶与普拉斯密身上的碱基排列次序，然后叫一个名为 *Eco*R Ⅰ的小矮人来开刀。

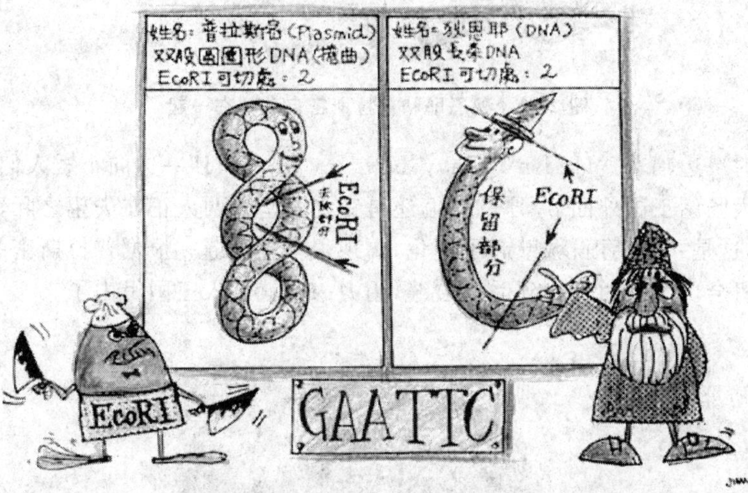

图 2-38　小矮人给狄恩耶和普拉斯密做身体检查

*Eco*R Ⅰ是从大肠菌王国来的有名手术专科，他对核酸上某些特定排列的碱基顺序(GAATTC)有独特兴趣，只在这种地方下刀。

老矮人对狄恩耶说道：“我要叫 *Eco*R Ⅰ把你的两端切去，尾巴是保不住了，头也要切一些，但不会伤害到你的遗传信息，你得忍受一下。”狄恩耶乖乖地点点头。

老矮人又跟普拉斯密说：“*Eco*R Ⅰ也要在你肚子上切两刀，取走你一小段核酸，然后狄恩耶将接到你肚子上去。两人都签了手术同意书，然后老矮人叫 *Eco*R Ⅰ开始工作。

大约 1 h 光景，在 37℃的手术房内，*Eco*R Ⅰ已分别将狄恩耶及普拉斯密切好了：狄恩耶尾巴没了，头也削去一片，普拉斯密的圈圈则掉了一个缺口。*Eco*R Ⅰ的手法真好，切得毫不差错。

接着，老矮人叫他们两个靠拢，把狄恩耶搬到普拉斯密的缺口，将伤口对伤口碰在一起。说也奇怪，伤口居然自动粘在一起，好像伤口间有某种吸引力一样，真是天衣无缝；只见*Eco*R Ⅰ在一旁得意地微笑。

如此，狄恩耶就补上了普拉斯密肚子上的缺口，两人合成了一个大圈圈。结果就像人类的连体婴一样，但由于形成的连体核酸还是圆的，所以行动还是很方便，只是重量加大了些，这对普拉斯密来说尚可忍受。

图 2-39　狄恩耶和普拉斯密自动粘在一起

他们离去时一边唱着："He isn't heavy，he is my brother！"一边向小矮人们挥手道谢。

他们到了大肠菌王国外面，厚厚的城墙还是钻之弥坚。两人正在失望之际，突然哗啦哗啦地下起大雨来，这是一阵钙雨；城壁起了变化，出现很多小隙缝。根据普拉斯密的经验，这是进入王国的最佳机会。于是两人找到一处裂缝，用力一钻就进入王国里去了。

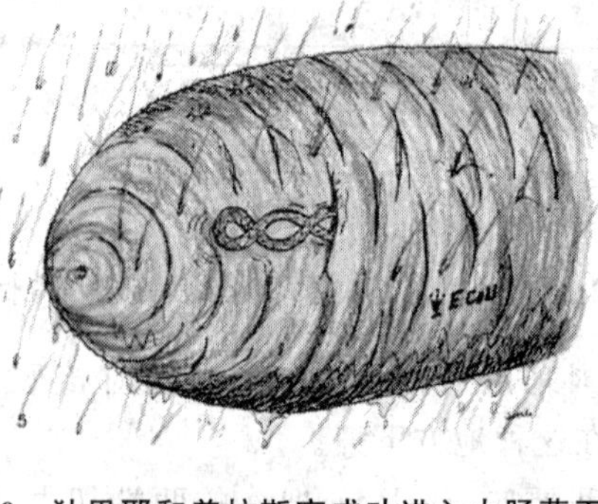

图 2-40　狄恩耶和普拉斯密成功进入大肠菌王国内

一些直条状的核酸还是过不了城壁，只有像普拉斯密这种抗药质体才能顺利进入。这样，狄恩耶就被普拉斯密带入王国，王国内的丰富物质令他目不暇顾，有核糖、氨基酸、碱基等，还有各种复制核酸的酶。但这些都要靠普拉斯密的关系去张罗，然后他们就可以开始一起复制。

虽然复制品还都是两个人的连体，这些信息还是可以翻译成蛋白质，因此狄恩耶也可以制造自己的蛋白质了。他把这些蛋白质都放到王国的外面去，希望有一些能飘回到狄恩耶那未知的故乡。

这是一个生动的关于基因克隆的故事，那么基因克隆究竟是什么意思，在实验室如何成功克隆一个基因呢？

问题

1. 什么是基因克隆？什么是基因克隆载体？
2. 如何才能将目的基因与克隆载体进行有效连接呢？

◈工作任务

请设计一连接方案，将 PCR 扩增产物与克隆载体进行有效连接。

◈信息获取

基因克隆的重要环节，是把一个外源基因导入生物细胞，并使它得到扩增。而大多数外源 DNA 片段很难进入受体细胞，不具备自我复制的能力。所以，为了能够在宿主细胞中进行扩增，必须将 DNA 片段连接到一种特定的、具有自我复制能力的 DNA 分子上。这种 DNA 分子就是基因克隆载体。

一、载体

基因工程的载体有克隆载体和表达载体之分。克隆载体适用于克隆外源基因，便于外源基因在受体细胞中进行复制扩增，不考虑表达因素。

基因克隆载体是指能够将外源 DNA 片段带入受体细胞并进行稳定遗传的 DNA 或 RNA 分子。能用于基因克隆的载体，主要有 5 类：分别为①质粒；②λ 噬菌体的衍生物；③柯斯质粒（Cosmid）；④单链 DNA 噬菌体 M13；⑤动物病毒。常用的基因克隆载体有 pBR322、pUC 系列等。

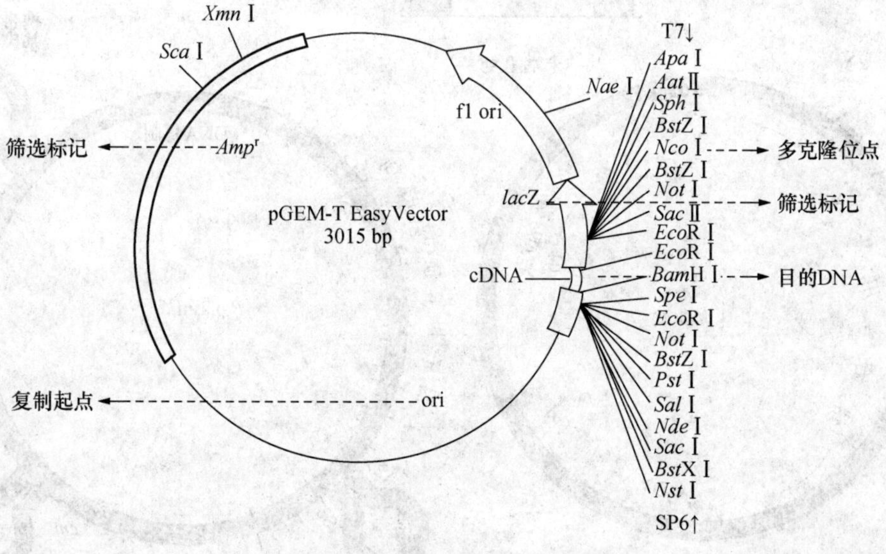

图 2-41　pGEM-T Easy 载体图谱

各类载体的来源不同，在大小、结构、复制等方面的特性差别很大，但作为基因克隆载体，需具备以下特性：①在寄主细胞中能自我复制，即本身是复制子；②容易从寄主细胞中分离纯化;③载体分子中有一段不影响其扩增的非必需区域,插在其中的外源基因可以像载体的正常组分一样进行复制和扩增;④有多种限制性内切酶的单一酶切位点(多克隆位点,MCS),便于目的基因的组装;⑤能赋予细胞特殊的遗传标记,便于对导入的重组体进行鉴定和检测。

(一)质粒载体

细菌质粒是一类存在于细胞质中的、能独立于染色体自主复制的遗传成分,绝大多数质粒都呈双链环形,大小可从1~200 kb。环形双链的质粒DNA分子具有三种构型:共价闭合环形DNA(ccc DNA,SC构型)、开环DNA(OC构型)和线性分子(L构型)。质粒DNA以负超螺旋构型存在于细菌体内。不同构型的同一种质粒DNA尽管分子质量相同,但在琼脂糖凝胶电泳中的迁移率不同,其中SC DNA走得最快,其次是L DNA,最后是OC DNA。

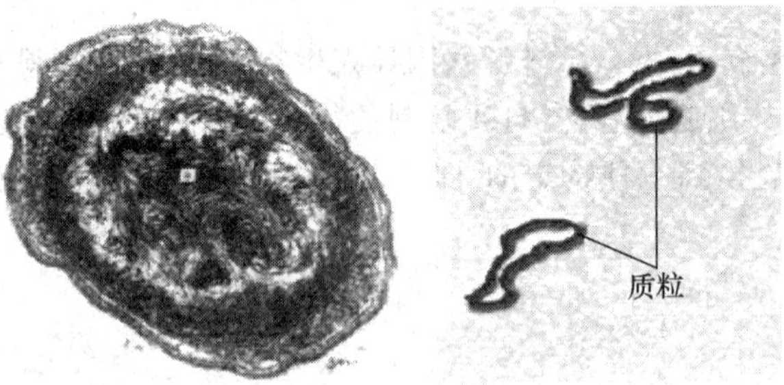

a. 细菌细胞的拟核　　b. 质粒

图 2-42　细菌拟核与质粒

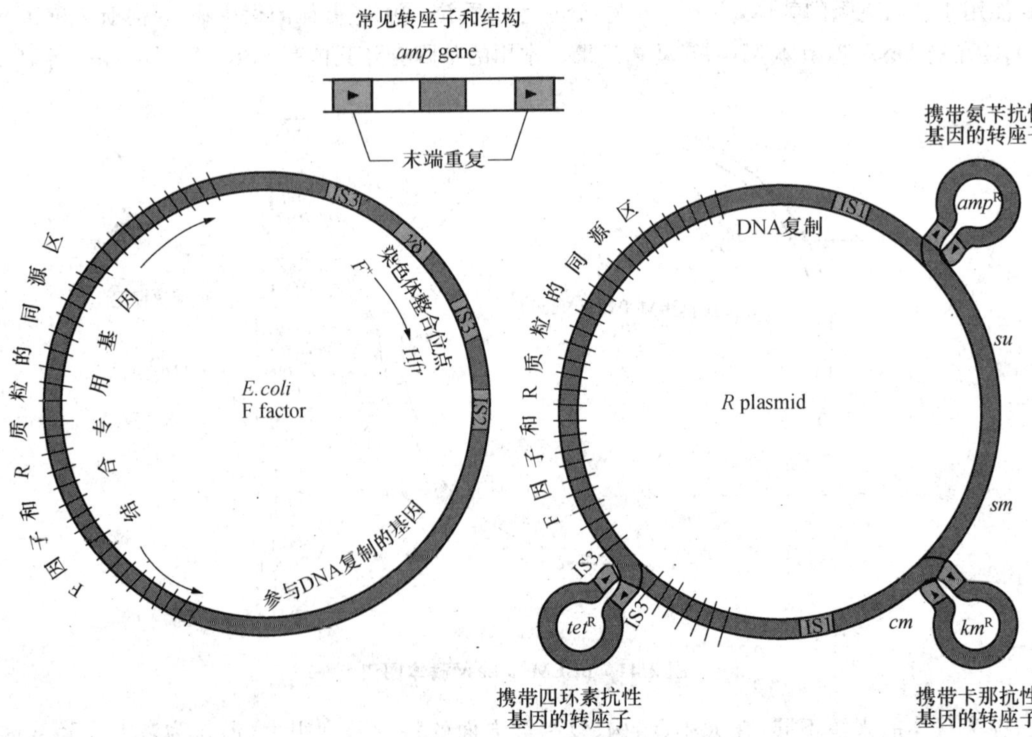

a.大肠杆菌的F因子　　b.大肠杆菌的R质粒

图 2-43　F因子和R因子

在大肠杆菌的各种菌株中找到了许多不同类型的质粒，其中研究的比较详尽的有 F 质粒、R 质粒和 Col 质粒，由于这些质粒的导入，寄主细胞获得了相应质粒所携带的性状特征，实验中就是根据这些特征来鉴别这三种质粒的。

随着分子生物学研究的深入和技术的发展，在天然质粒的基础上，许多实验室利用重组 DNA 技术构建了许多具有不同功能特性的专用质粒载体，这些经过改造的质粒载体，已经成为重组 DNA 研究中最常用、最有效的克隆载体。在实际操作中，可根据需要，选择具有不同特点的质粒。

1. pBR322 质粒载体

pBR322 是人工构建的较为理想的大肠杆菌质粒载体。pBR322 质粒载体具有分子质量小、拷贝数高及两种抗菌素抗性基因作为选择标记等优点。

①F. Bolivar 和 R. L. Rodriguez 人工构建的载体。

②长度：4 361 bp。

③选择标记：*Amp*^{r}（氨苄青霉素抗性基因）和 *Tet*^{r}（四环素抗性基因）。

④克隆位点：24 个克隆位点。

⑤属松弛型质粒，用于基因克隆。

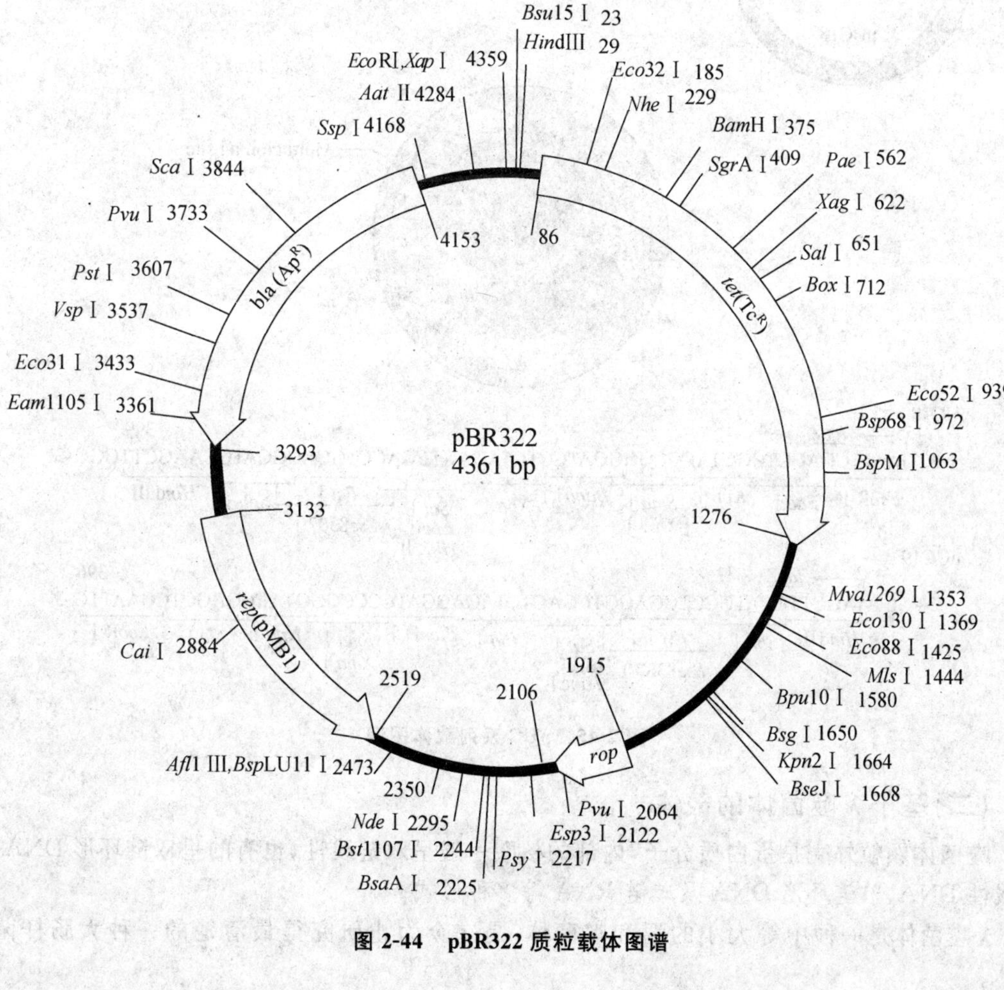

图 2-44　pBR322 质粒载体图谱

2. pUC 载体

pUC 载体是以 pBR322 质粒载体为基础，在其 5′端加入带有多克隆位点的 *LacZ*′基因，发展成为具有双功能检测特性的新型质粒载体系列。

一种典型的 pUC 质粒载体包括以下 4 个组成部分：①来自 pBR322 质粒的复制起点(ori)；②氨苄青霉素抗性基因(Amp^r)，但它的 DNA 序列已经发生了变化，不再含有原来核酸内切限制酶的单识别位点；③大肠杆菌 β-半乳糖苷酶基因(*LacZ*)的启动子及其编码 α-肽链的 DNA 序列，此结构特称为 *LacZ*′基因；④ 位于 *LacZ*′基因 5′端的一段多克隆位点区段，但它并不破坏该基因的功能。

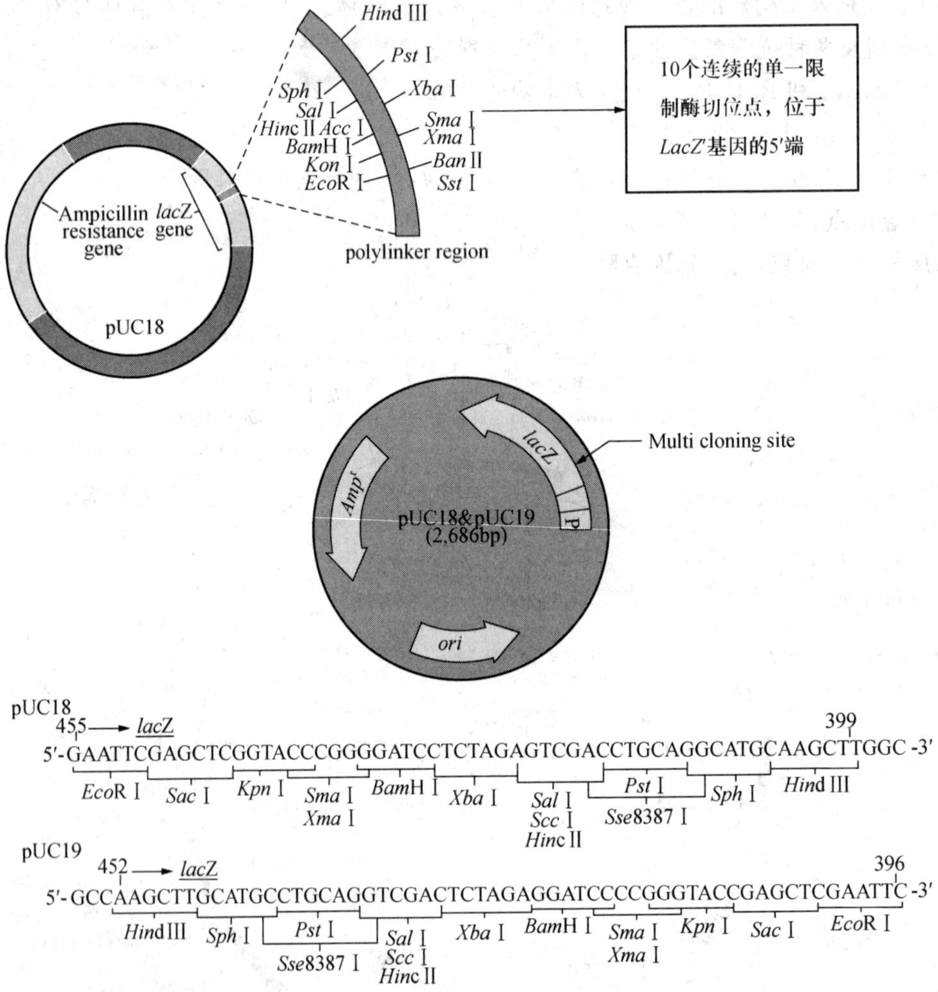

图 2-45 pUC 系列载体图谱

(二)基于 λ 噬菌体的载体

噬菌体颗粒外壳是蛋白质分子，内部的核酸一般呈双链线性，也有的呈双链环形 DNA、单链线性 DNA、单链环形 DNA 及单链 RNA 等多种形式。

λ 噬菌体是一种中等大小的温和噬菌体，是迄今为止研究得最清楚的一种大肠杆菌噬菌体。

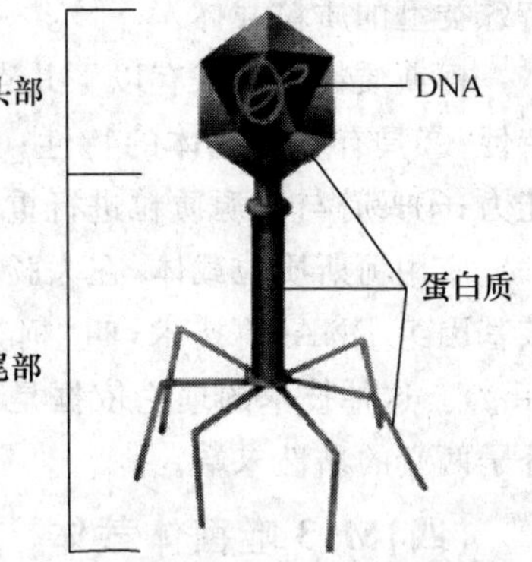

图 2-46 λ 噬菌体

λ 噬菌体载体主要分为插入型载体(insertion vectors)和替换型载体(replacement vectors)。外源 DNA 克隆到插入型 λ DNA 载体上,会使噬菌体的某种生物功能丧失效力,即所谓的插入失活效应。根据插入失活效应的特异性,插入型的 λ 噬菌体载体又可进一步分为免疫功能失活和大肠杆菌 β-半乳糖苷酶失活两种亚型。插入型载体的代表有 Charon2、Charon6 和 λgt11。

替换型载体又称取代型载体(substitution vector),是一类在 λ 噬菌体基础上改建的、在其中央部分有一个可被外源 DNA 分子所取代的克隆载体。替换型的载体主要有 λEMBL4、λgtλc、λNM762 和 Charon40。

λ 噬菌体载体具有以下几个优点:

①λ-DNA 可在体外包装成噬菌体颗粒,能高效转染大肠杆菌;

②λ-DNA 载体的装载能力为 25 kb,远远大于质粒的装载量;

③重组 λ-DNA 分子的筛选较为方便;

④重组 λ-DNA 分子的提取较为简便;

⑤λ-DNA 载体适合克隆和扩增外源 DNA 片段,但不适合表达。

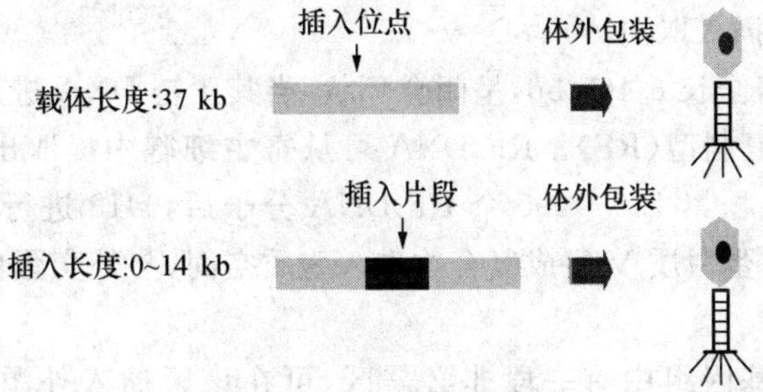

图 2-47 λ 噬菌体载体插入型

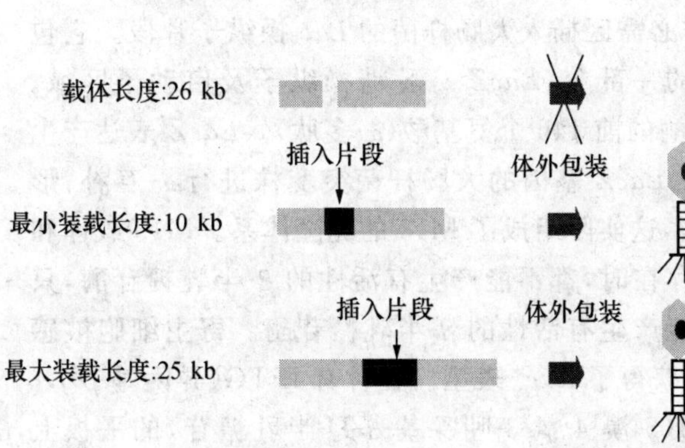

图 2-48 λ 噬菌体载体替换型

(三)柯斯质粒载体

柯斯质粒载体(cosmid vectors)是一类人工构建的、含有 λDNA cos 序列和质粒复制子的特殊类型的质粒载体。

柯斯质粒的特点有以下几点：①具有 λ 噬菌体的特性；②具有质粒载体的特性；③具有高容量的克隆能力；④具有与同源质粒进行重组的能力。

应用柯斯质粒载体，在大肠杆菌中克隆大片段真核基因组 DNA 的技术，叫“柯斯克隆”(cosmid cloning)。这种技术的理论依据是，线性 λ 噬菌体 DNA 分子两端的黏性末端。

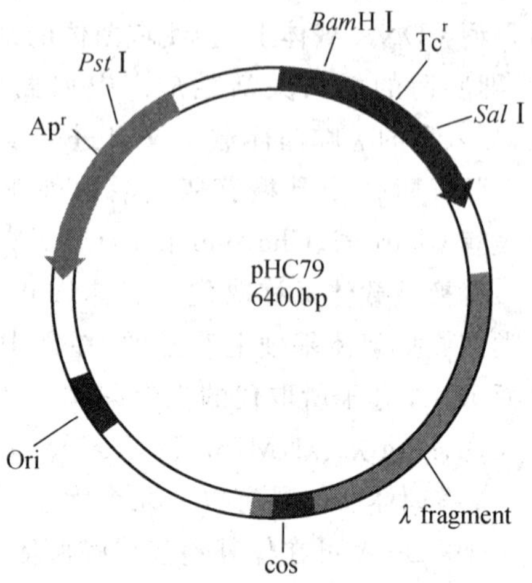

图 2-49　pHC79 柯斯质粒载体

(四)M13 噬菌体载体

M13、f1 和 fd 是一类亲缘关系十分密切的丝状大肠杆菌噬菌体。它们都含有 6.4 kb、彼此具有很高同源性的单链环状 DNA，其中 M13 作为一种单链 DNA 载体表现出许多其他载体所不具有的优越性。这主要表现在：M13 单链 DNA 的复制型呈双链环形，此时的 DNA 可像质粒 DNA 一样进行提取和操作；不论是双链还是单链 M13 DNA，均能感染寄主细胞，产生噬菌斑或形成侵染的菌落；M13 的颗粒包装不受限制，能产生大量纯化的、含外源 DNA 片段的单链 DNA 分子，可较容易地鉴定出外源 DNA 片段的插入取向。

M13 颗粒的基因组全长 6 407 bp，呈闭合环状，当其正链 DNA 进入宿主体内即开始合成互补的负链，成为双链复制型(RF)。RF DNA 可从寄主细胞中提取出来，用作双链 DNA 的克隆载体。当每个细胞积累 100～200 个 RF DNA 分子后，M13 进行不对称合成，只合成正链，不合成负链，正链与蛋白质 V 组成复合物进入胞质空间，与外壳蛋白装配成成熟的噬菌体颗粒。

在 M13 噬菌体的基因组中有一段非必需区，可在该区插入外源 DNA，根据插入序列的不同，可将 M13 载体分为两种类型：

第一种类型是在非必需区插入大肠杆菌的 *Lac* 操纵子片段。它包括 β-半乳糖苷酶基因的一部分($LacZ'$)，乳糖操纵子及启动子区域。$LacZ'$编码 β-半乳糖苷酶的前 146 个氨基酸(α-多肽)。$LacZ'$表达产生的 α-多肽能与部分缺失 *LacZ* 基因的大肠杆菌突变株进行 α-互补，形成完整的 β-半乳糖苷酶，这实际组成了 M13 的克隆体系。M13 载体和寄主 JM101 菌株单独存在时，都不能产生有活性的 β-半乳糖苷酶，只有二者结合在一起，才能产生有活性的 β-半乳糖苷酶。寄主细胞被感染后，由于 α 互补作用，获得了 Lac^+ 表型。在含有 IPTG(异丙基-β-*D*-硫代半乳糖苷)和 X-gal(5-溴-4-氯-3-吲哚基-β-*D*-半乳糖苷)的平板上，β-半乳糖苷酶能降解 X-gal，产生蓝色物质，可根据蓝色噬菌斑筛选转化细胞。

图 2-50　M13 噬菌体

在 β-半乳糖苷酶基因中插入人工衔接物等小片段，并不影响 β-半乳糖苷酶 α-肽段与 β-半乳糖苷酶突变体的互补能力，即 α-肽互补。若在衔接物片段中再插入外源 DNA 片段，则破坏了这种互补作用。含有插入片段的噬菌体生长在有 IPTG 和 X-gal 的平板上将产生无色菌斑，可作为重组噬菌体筛选的标记。

M13 噬菌体载体的特性：

①使克隆的 DNA 片段以特定单链的形式输出受体细胞外——定向突变；

②M13 重组分子筛选简便；

被 M13 噬菌体感染的受体细胞生长缓慢，形成混浊斑，易于辨认挑选。而且重组分子越大，混浊斑的混浊度亦越大；

③M13-DNA 载体的最大缺陷是装载量小，只有 1.5 kb。

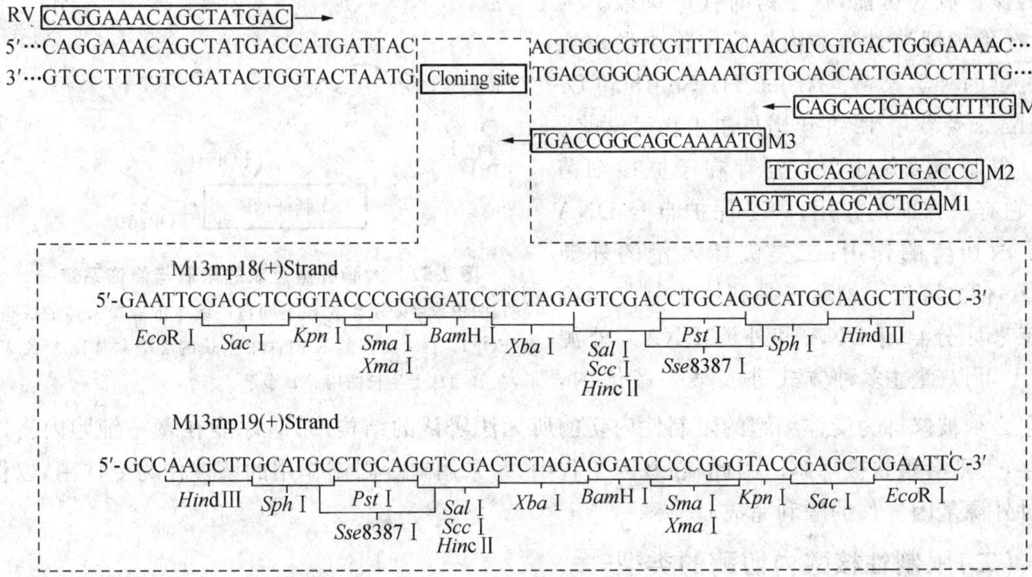

图 2-51 M13 系列载体酶切位点与 Primer 位置图

二、限制性核酸内切酶

(一)限制性核酸内切酶的发现

20 世纪 50 年代，人们在研究噬菌体的宿主范围时，发现了这样一种现象：在不同大肠杆菌菌株(如 K 菌株和 B 菌株)上生长的 λ 噬菌体(分别称为 λ. K 和 λ. B)能高频感染它们各自的宿主细胞 K 菌株和 B 菌株，但当将它们分别与其宿主菌交叉混合培养时，感染频率则下降为原来的万分之一。一旦 λ. K 噬菌体在 B 菌株中感染成功，由 B 菌株繁殖出的噬菌体的后代便能像 λ. B 一样高频感染 B 菌株，但却不再感染它原来的宿主 K 菌株(图 2-52)。这种现象被称为宿主细胞的限制和修饰作用。

后经研究发现，λ 噬菌体的这种感染现象与三个连锁基因有关。其中，*hsd*R 编码限制性核酸内切酶，这类酶能识别 DNA 分子上的特定位点并将双链 DNA 切断。*hsd*M 的编码产物是 DNA 甲基化酶，这类酶能使 DNA 分子上特定位点的碱基甲基化，即起修饰 DNA 的作用；由于限制性核酸内切酶无法识别甲基化的 DNA 序列，从而保护了自身 DNA 分子免受自身内切酶的作用。而 *hsd*S 表达产物的功能主要是协助上述两种核酸酶识别特殊的作用位点。大肠杆菌 K 菌株和 B 菌株中含有不同的限制与修饰系统，λ. K 和 λ. B 分别寄生在大肠杆菌 K 菌株和 B 菌株内，宿主细胞自身的甲基化酶已将大肠杆菌染色体 DNA 和噬菌体 DNA 加以特异性保护，封闭了自身限制性核酸内切酶的识别位点。一旦有外来DNA入侵时，便会遭到宿主自身的限制性核酸内切酶的特异性降解，在降解过程中，偶尔会有极少数外来DNA分子躲过内切酶的作用，可当其在宿主细胞内进行复制时，同样会被宿主的甲基化酶修饰。这就是为什么侵染B菌株的λ.K噬菌体的子代能高频感染B菌株，但却丧失了在其原来宿主细胞K菌株中存活能力的原因。几乎所有的细菌都能产生限制性核酸内切酶。事实上，正是由于限制性核酸内切酶的发现，才使我们对基因的操作成为可能，这是跨时代的突破。为此，在发现限制性核酸内切酶工作中做出突出贡献的科学家W. Arber、H. Smith和D. Nathans荣获了1978年诺贝尔生物医学奖。

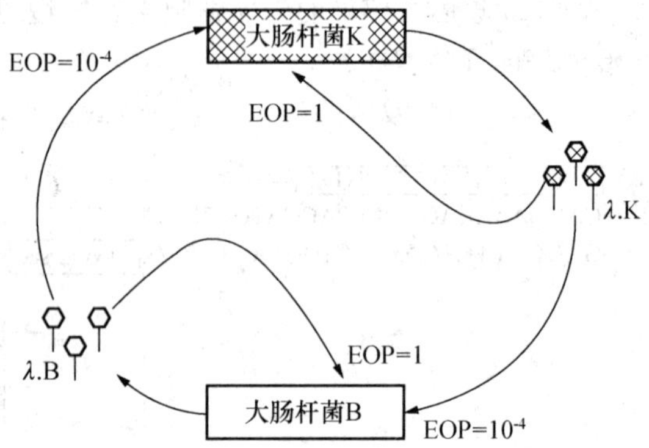

图 2-52　大肠杆菌控制的限制与修饰系统

说明：图中数字表示生长在不同宿主菌中的λ噬菌体的成斑率(EOP)。在大肠杆菌K菌株中生长的λ噬菌体用λ.K表示，在B菌株上生长的用λ.B表示。

限制与修饰现象广泛存在于原核细菌中，它有两方面的作用，一是保护自身DNA不受内切酶的作用；二是破坏入侵的外源DNA，使之降解。细菌正是利用限制与修饰系统来区分自身DNA和外源DNA。外源DNA可以通过多种方式进入某一菌体内，但它必须被修饰为受体细胞的限制性内切酶所无法辨认的结构形式，才能在寄主细胞内得以生存，否则会很快被降解。因此，在基因工程中，常采用缺少限制作用的菌株作为受体菌，以保证对外源基因操作的顺利完成。

(二)限制性核酸内切酶的类型

在所发现的众多限制酶中，依据酶蛋白的组成和裂解目的DNA方式等的差异已鉴定出三类不同的限制性核酸内切酶，即Ⅰ型酶、Ⅱ型酶和Ⅲ型酶。这三种不同类型的限制性内切酶主要特性的比较见表2-6。

1. Ⅰ型限制性核酸内切酶

Ⅰ型限制性核酸内切酶属复合功能酶，酶分子兼具限制、修饰两种功能。它需要Mg^{2+}、ATP和S-腺苷甲硫氨酸作为催化反应的辅助因子，在降解DNA时伴有ATP的水解，因此具有核酸内切酶、甲基化酶、ATP酶和DNA解旋酶等四种活性。其显著特点在于酶的识别位点与切割位点不一致，即没有固定的切割位点，切割位点一般位于识别位点400 bp以上(最多可达7 000 bp)，并随机切割DNA，不产生特异性DNA片段。

Ⅰ型限制性核酸内切酶的两个典型代表是*Eco*K和*Eco*B，分别来自*E. coli*菌K株和B株，二者的分子质量相似，均为300 kDa。*Eco*K和*Eco*B均由三种亚基组成，其中特异性亚基γ多肽链具有特异性识别DNA序列的活性，修饰亚基β多肽链具有甲基化酶的活性，限制亚基α多肽链具有核酸内切酶活性。不同的是*Eco*B的修饰酶可与其限制酶分开，即α亚基与β、γ亚基分开。

2. Ⅱ型限制性核酸内切酶

Ⅱ型限制性核酸内切酶就是通常所指的DNA限制性核酸内切酶。Ⅱ型限制性核酸内切酶限制——修饰系统分别由限制酶与修饰酶两种不同的酶分子组成。Ⅱ型限制性核酸内切酶相对分子质量小，仅需 Mg^{2+} 作为催化反应的辅助因子。它们能识别双链 DNA 的特殊序列，并在这个序列内进行切割，产生特异的 DNA 片段(图 2-53)。Ⅱ型限制性核酸内切酶种类很多，并且可以特异地切割 DNA 而产生特异性片段，非常适宜对 DNA 进行操作。

表 2-6 限制性核酸内切酶的类型及其主要性质

类 型	Ⅰ 型	Ⅱ 型	Ⅲ 型
限制和修饰活性	多功能的酶	核酸内切酶和甲基化酶是分不开的	具有一种共同亚基的多功能酶
蛋白质结构	三种不同的亚基	单一的成分	两种不同的亚基
切割反应辅助因子	ATP，Mg^{2+}，S-腺苷甲硫氨酸	Mg^{2+}	ATP，Mg^{2+}，S-腺苷甲硫氨酸
特异性识别位点	无规律，如 *Eco*K：$AACN_5GTGC$	旋转对称	无规律，如 *Eco*P15：CAGCAG
切割位点	距识别位点至少 400 bp 以上随机切割	位于识别位点或其附近	距识别位点 3′-端 24～26 bp 处
酶催化转移	不能	能	能
DNA 易位作用	能	不能	不能
甲基化作用位点	特异性的识别位点	特异性的识别位点	特异性的识别位点
识别未甲基化序列进行切割	能	能	能
序列特异性切割	不是	是	是
在 DNA 克隆中的作用	无用	十分有用	几乎没用

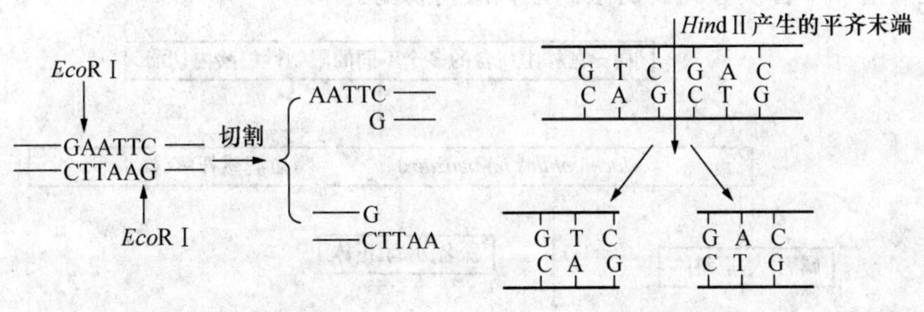

a.限制性核酸内切酶*Eco*R Ⅰ对DNA的切割　　b.限制性核酸内切酶*Bam*H Ⅰ对DNA的切割

图 2-53 限制性核酸内切酶对 DNA 的切割

3. Ⅲ型限制性核酸内切酶

Ⅲ型限制性核酸内切酶也有核酸内切酶和甲基化酶的作用。酶分子由两个亚基组成，其中 M 亚基(修饰亚基)负责位点识别与修饰，R 亚基(限制亚基)则具有核酸酶的活性。Ⅲ型限制性核酸内切酶在 DNA 链上有特异的切割位点，其切割点距识别位点 3′-端 24～26 bp，切割反应需要 ATP、Mg^{2+} 和 S-腺苷甲硫氨酸的激活。目前知道的Ⅲ型限制性核酸内切酶数量很少，在分子克隆中的实际作用不大。

分析这三种类型的限制性核酸内切酶在基因操作技术中的作用，可归纳为Ⅰ型限制性核酸内切酶不能用、Ⅱ型限制性核酸内切酶最有用、Ⅲ型限制性核酸内切酶基本不用。

（三）限制性核酸内切酶的命名

1973 年 Smith 和 Nathams 提出了限制性核酸内切酶的命名原则，1980 年 Roberts 对其系统化，在实际应用中又进一步简化形成了目前的命名方法，具体归纳如下：

①用细菌属名的第一个字母（大写、斜体）和种名的第二、第三个字母，组成三个字母的略语表示该酶来源的微生物的物种名称。例如大肠杆菌（*Escherichia coli*）用 *Eco* 表示；流感嗜血菌（*Haemophilus influenzae*）用 *Hin* 表示。

②用一个写在右下方的标注字母代表菌株或型，例如 Eco_{K}。如果限制与修饰体系在遗传上是由病毒或质粒引起的，则在缩写的寄主菌的种名右下方附加一个标注字母，表示此染色体外成分，如 Eco_{P1}，Eco_{R1}。

③如果一个特殊的寄主菌株具有几个不同的限制与修饰体系，则依照发现和分离的先后顺序用罗马字母表示。因此，流感嗜血菌 Rd 菌株的几个限制与修饰体系分别表示为 Hin_{d}Ⅰ，Hin_{d}Ⅱ，Hin_{d}Ⅲ等。

④所有的限制酶，除了总的名称核酸内切酶 R 外，还带有系统的名称。例如核酸内切酶 R. Hin_{d}Ⅲ。同样的，修饰酶则在它的系统名称前加上甲基化酶 M 的名称。因此相应于核酸内切酶 R. Hin_{d}Ⅲ的流感嗜血菌 Rd 菌株的修饰酶，命名为甲基化酶 M. Hin_{d}Ⅲ。

由于以上命名规则比较繁琐，所以在实际应用上对这个命名体系已经作了进一步的简化：

①由于附有标注的字母在印刷上很不方便，所以现在通行的是把所有的略语字母写成一行。

②在上下文已经交代得十分清楚只涉及限制酶的地方，核酸内切酶的名称 R 便被省去。例限制性核酸内切酶 *Eco*RⅠ，*E* 代表属名 *Escherichia*，*co* 代表种名 *coli*，R 代表株系 RY13，Ⅰ代表在该菌株中首次分离到的限制性核酸内切酶。

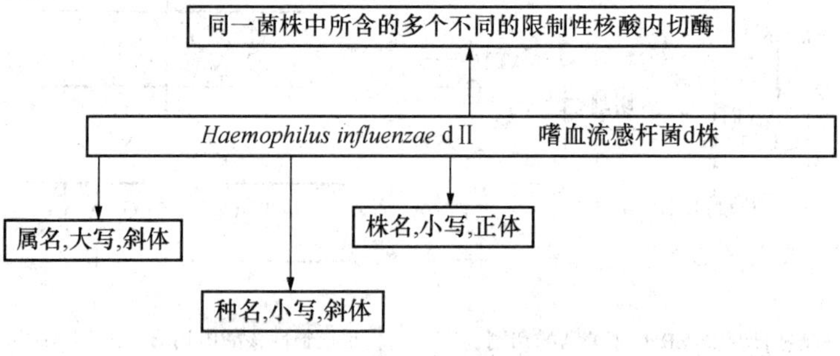

图 2-54 限制性核酸内切酶的命名

（四）Ⅱ型限制性核酸内切酶的性质

与Ⅰ型和Ⅲ型核酸内切限制酶不同，Ⅱ型核酸限制性内切酶只有一种多肽链，并通常以同源二聚体的形成存在。它具有三个基本的特性：①在双链 DNA 分子的特异性识别部位，切割 DNA 分子产生链的断裂；②2 个单链断裂部位在 DNA 分子上的分布，通常不是彼此直接相对的;③因此断裂所形成的 DNA 片段,往往具有互补的单链黏性末端。

1. 基本特性

绝大多数的Ⅱ型核酸限制性内切酶,均能识别由 4～8 个核苷酸所组成的特定的核苷酸序列。这样的序列称为核酸内切限制酶的识别序列。而限制酶就是在其识别序列内部切割 DNA 分子,因此识别序列又称为核酸限制性内切酶的切割位点或靶序列。有些识别序列是连续的(如 GATC),有些则是间断的(如 GANTC),但都具有一个共同的特点,同一条单链以中心轴对折可形成互补的双链,也即这些核苷酸对的顺序呈回文结构(图 2-55a,b)。

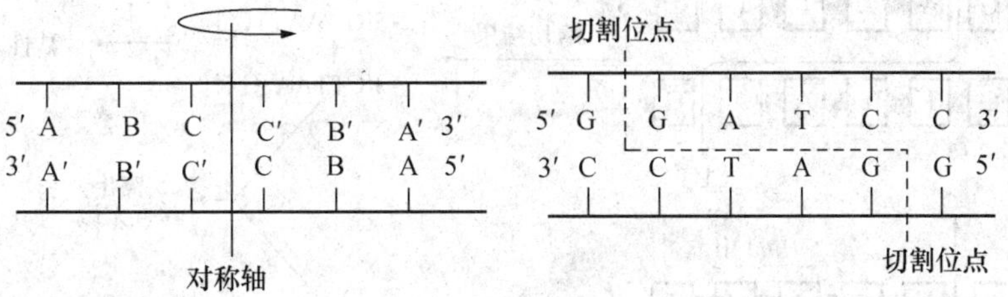

图 2-55　回文结构

a. 限制性核酸内切酶识别回文序列　b. *Bam*H Ⅰ的识别序列及切割位点

以 *Bam*HⅠ这种限制性核酸内切酶为例(图 2-55b),DNA 双链上远离对称轴的 G－G 磷酸二酯键,即切割位点处,在这种限制酶的作用下发生水解反应,从而导致链的断裂。这就是所谓的核酸内切限制酶对 DNA 链的切割作用。

由限制性核酸内切酶作用所产生的 DNA 分子的断裂类型,通常是属于下列情况之一:①两条链的断裂位置处于一个对称结构中心,这种形式断裂产生具有平末端的 DNA 片段(图 2-56a);②两条链上的断裂位置是交错地、但又是对称地围绕着同一对称轴排列,这种形式的断裂结果是形成具有黏性末端的 DNA 片段(图 2-56b)。

黏性末端,是指 DNA 分子在限制性核酸内切酶的作用下,形成的具有互补碱基的单链突出末端结构,它们能够通过互补碱基间的配对而重新连接起来。但具平末端的 DNA 片段不易重新连接。现已知有两种不同类型的限制性核酸内切酶都可产生黏性末端,一种是形成具有 3′-OH 单链延伸的黏性末端,*Pst*Ⅰ酶就属于这种类型(图 2-57);另一种是形成具有 5′-P 单链延伸的黏性末端,*EcoR*Ⅰ限制性核酸内切酶便是此种类型的一个代表(图 2-56b)。

Ⅱ型限制性核酸内切酶的靶位点多种多样,有的限制性核酸内切酶的识别位点是 4 个核苷酸组成的短序列,有的限制酶的作用位点是由 6 个核苷酸组成的较长的靶序列,还有的限制酶的切割位点包含 8 个核苷酸(*Not*Ⅰ:GC↓GGCCGC)。在一条随机排列的长 DNA 序列中,假定四种核苷酸出现的几率相同,那么期望的任何一种类型的四核苷酸组合,在平均 4^4(256)个核苷酸对中,就有一次出现机会;而任何一种类型的六核苷酸组合,在平均 6^6(4 096)个核苷酸对中,也都有出现一次的机会。因此靶序列长度不相同的限制性核酸内切酶,对 DNA 分子随机切割的频率也不相同,DNA 碱基对的排列次序是影响限制酶切割频率的重要因素之一。例如,*Not*Ⅰ限制酶的识别序列由八个碱基对组成,其中包括 CpG 双碱基,这在哺乳动物中是极其罕见的,因此,该酶切割 DNA 产生的片段的大小可达(1～1.5)×10^6 bp,特别适用于哺乳动物 DNA 大尺度物理图谱的构建。有些限制酶(如 *Sau*3AⅠ)识别一种四核苷酸序列,包含在另一种限制酶(如 *Bam*HⅠ)识别的六核苷酸序列之内(图 2-58a);还有一类限制酶能识别多种核苷酸序列,首次被发现的Ⅱ型酶 *Hin*dⅡ就属于这种例子,它识别四种核苷酸序列(图 2-58b)。

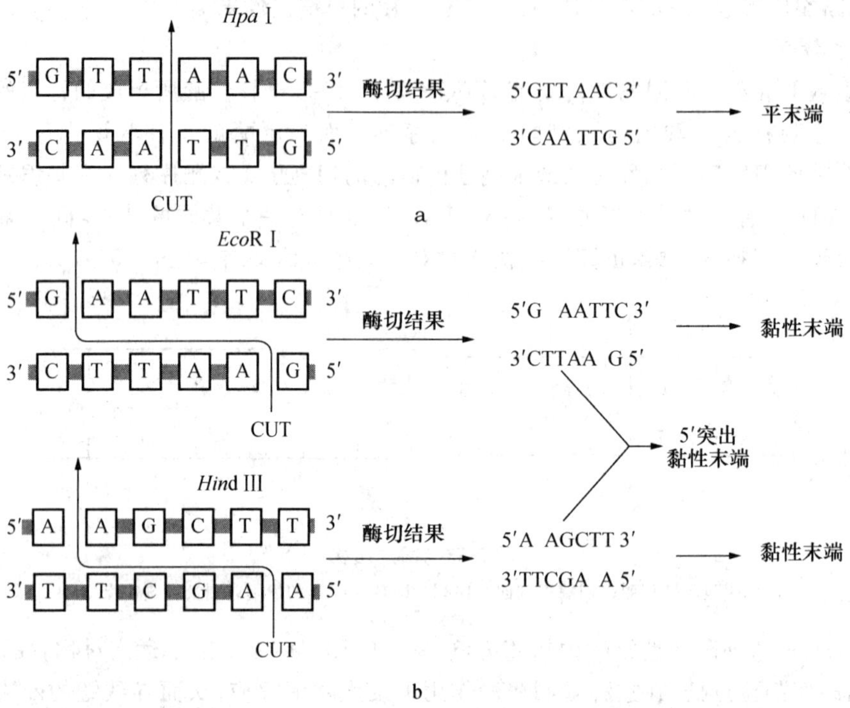

图 2-56　限制性核酸内切酶切割目的 DNA 产生的两种切割末端

注：a. *Hpa*Ⅰ对其识别序列切割之后，产生的平末端；b. *Eco*RⅠ与*Hind*Ⅲ对其识别序列的切割，产生了具 5′-P 的黏性末端

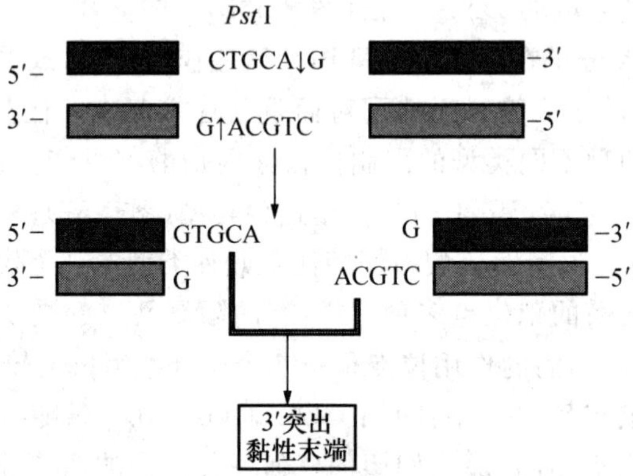

图 2-57　*Pst*Ⅰ的识别序列，切割后形成 3′-OH 的单链黏性末端

2. 同裂酶

有一些来源于不同的限制性核酸内切酶能识别同样的核苷酸靶序列，这类内切酶被特称为同裂酶。同裂酶会产生同样的切割，形成同样的切割末端。某些同裂酶对切割位点甲基化碱基的敏感性有所差别，因此常常被用来研究目的 DNA 被甲基化的作用。例如，限制性核酸内切酶 *Hpa*Ⅱ和 *Msp*Ⅰ是一对同裂酶，共同的靶序列为 CCGG。当该靶序列中出现一个 5-甲基胞嘧啶（CC* GG，* 号表示发生甲基化的碱基）时，*Hpa*Ⅱ就不能进行有效切割，而 *Msp*Ⅰ对该

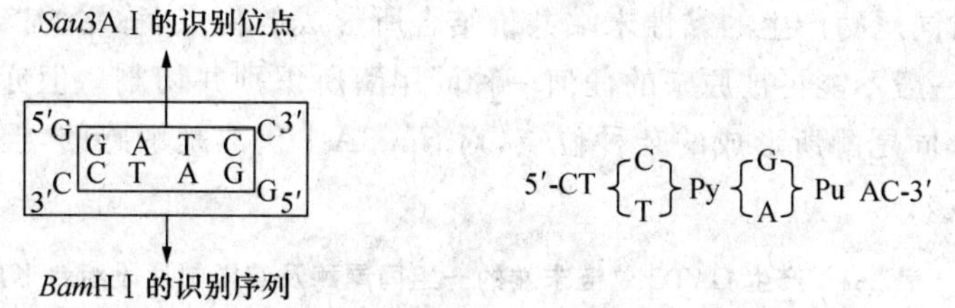

a. *Sau*3A Ⅰ的识别序列包含在*Bam*H Ⅰ的识别序列之内　　b.*Hind* Ⅱ的识别序列多样化

图 2-58　识别序列

甲基化核苷酸的反应是中性的，它不管 C 是否发生了甲基化都能进行切割。现已发现许多动物包括脊椎动物和棘皮动物，其基因组 DNA 中 90％以上的 DNA 是甲基化的，并都是在序列 CG 处以 5-甲基胞嘧啶的形式出现。这些甲基化的胞嘧啶有许多就发生在 *Msp* Ⅰ内切酶的靶序列内，所以通过比较 *Hpa*Ⅱ和 *Msp*Ⅰ的 DNA 消化产物就可检测出甲基化碱基发生的部位。

3. 同尾酶

与同裂酶对应的另一类限制性核酸内切酶，虽然它们来源各异，识别的靶序列也各不相同，但都产生相同的黏性末端，这类酶被特称为同尾酶。常用的限制性内切酶 *Bam*HⅠ、*Bcl*Ⅰ、*Bgl*Ⅱ、*Sau*3AⅠ和 *Xho*Ⅱ就是一组同尾酶，它们切割目的 DNA 之后都形成由 GATC 四个核苷酸组成的黏性末端。显而易见，由同尾酶切割所产生的 DNA 片段，能通过其黏性末端彼此之间的互补作用而连接起来，因此这类酶在基因克隆或重组实验中非常有用(图 2-59)。

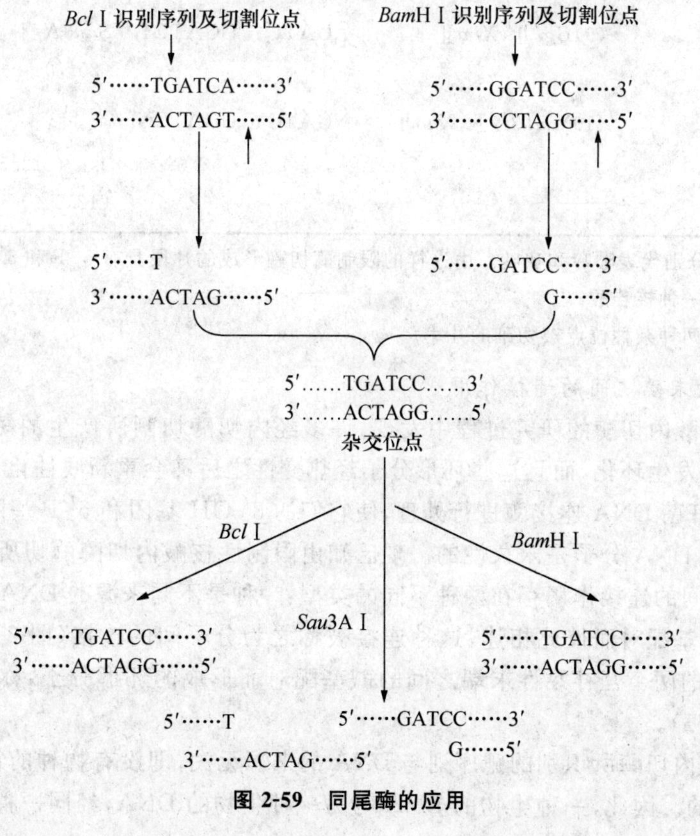

图 2-59　同尾酶的应用

由一对同尾酶产生的黏性末端共价结合所形成的位点，称之为"杂交位点"。这类杂交位点的结构，一般不能再被原来的任何一种同尾酶所识别并切割。但亦有例外情况，由 *Sau* 3AⅠ和 *Bam*HⅠ同尾酶所形成的杂种位点，对 *Sau*3AⅠ仍然是敏感的，但已不再是 *Bam*HⅠ的靶位点(表 2-7)。

表 2-7 产生 GATC 单链末端的一组同尾酶及其限制片段组合形成的杂交位点

限制酶	识别位点①	同尾酶的组合	杂种识别位点②	杂种位点的敏感性③
*Bam*HⅠ	G↓GATCC	(1) *Bam*HⅠ,*Bcl*Ⅰ	GGATCA,TGATCC	*Sau*3AⅠ
*Bcl*Ⅰ	T↓GATCA	(2) *Bam*HⅠ,*Bgl*Ⅱ	GGATCT,AGATCC	*Sau*3AⅠ,*Xho*Ⅱ
*Bgl*Ⅱ	A↓GATCT	(3) *Bam*HⅠ,*Sau*3AⅠ	GGATCN,NGATCC	*Sau*3AⅠ，*Xho*Ⅱ(5%)，*BamH*Ⅰ(25%)
*Sau*3AⅠ	↓GATC	(4) *Bam*HⅠ,*Xho*Ⅱ	GGATCY,UGATCC	*Sau*3AⅠ，*Xho*Ⅱ，*Bam*HⅠ(50%)
*Xho*Ⅱ	U↓GATCY	(5) *Bcl*Ⅰ,*Bgl*Ⅱ	TGATCT,AGATCA	*Sau*3AⅠ
		(6) *Bcl*Ⅰ,*Sau*3AⅠ	TGATCN,NGATCA	*Sau*3AⅠ,*Bcl*Ⅰ(25%)
		(7) *Bcl*Ⅰ,*Xho*Ⅱ	TGATCY,UGATCA	*Sau*3AⅠ
		(8) *Bgl*Ⅱ,*Sau*3AⅠ	AGATCN,NGATCT	*Sau*3AⅠ,*Xho*Ⅱ(50%),*Bgl*Ⅱ(25%)
		(9) *Bgl*Ⅱ,*Xho*Ⅱ	AGATCY,UGATCT	*Sau*3AⅠ，*Xho*Ⅱ，*Bgl*Ⅱ(25%)
		(10) *Sau*3AⅠ,*Xho*Ⅱ	NGATCY,UGATCN	*Sau*3AⅠ,*Xho*Ⅱ(50%),*Bgl*Ⅱ(12.5%)，*Bam*HⅠ(12.5%)

注：①U 和 Y 分别代表嘌呤和嘧啶。由这样的限制酶切割形成的片段具有 5′-P 和 3′-OH 基团；
②N 代表任何一种核苷酸；
③百分比表示两种杂种位点被切割的几率。

4. 限制片段末端之间的连接作用

在限制性核酸内切酶的研究过程中发现，许多经内切酶切割所产生的短片段 DNA 分子都能自发地重新发生环化，而且这些环形分子经热变性之后又会重新线性化；但如果在环化之后，立即用大肠杆菌 DNA 连接酶进行处理，使它们的 3′-OH 基团和 5′-P 基团之间封闭起来，这样形成的环形 DNA 分子是永久性的。现已知由限制性核酸内切酶酶切所产生的具黏性末端的 DNA 片段间的连接作用存在两种不同的类型：一种是不同来源的 DNA 片段通过黏性末端之间的互补碱基配对而彼此相连，这种连接被称之为分子间的连接(图 2-60)；另一种是由同一 DNA 片段的两个互补黏性末端之间的碱基配对而形成的环形分子，称这种连接为分子内的连接(图 2-61)。

限制性核酸内切酶所识别的靶序列与 DNA 的来源无关，即没有物种的特异性，是对各种 DNA 普遍适用的。因此，一种生物的 DNA 与另一种生物的 DNA，经同一种限制性核酸内切

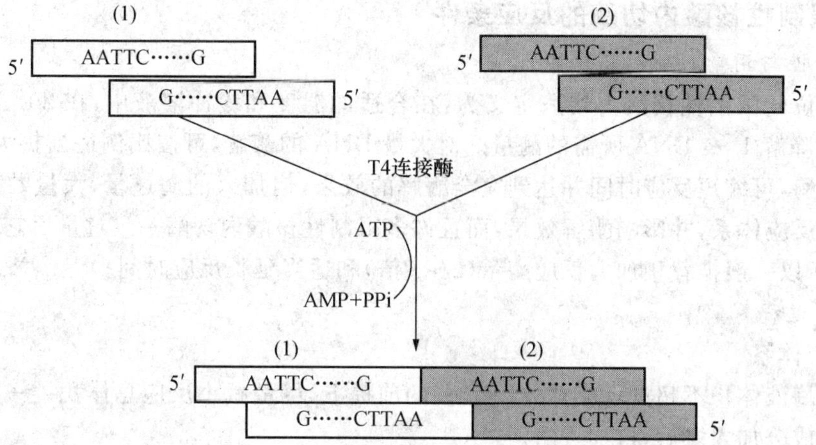

图 2-60　具有 *Eco*RⅠ黏性末端的两条 DNA 链之间发生的分子间连接

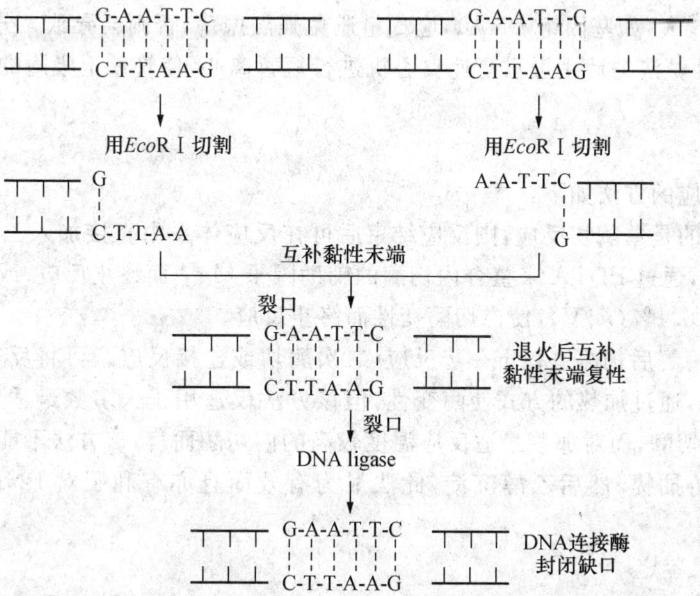

图 2-61　具有黏性末端的同一条 DNA 片段发生的分子内自我连接

酶作用之后所形成的限制片段，因带有同样的黏性末端，它们能够通过碱基互补配对而结合起来。从理论上讲，任何不同来源的 DNA，经过适当的限制性核酸内切酶处理之后，都可以通过它们的黏性末端或平末端连接起来。这一特性是重组 DNA 技术的重要理论基础之一，根据这一特性，才能够将不同来源的 DNA 片段，重组成一种新的重组体分子或是构建为一个新的基因。

因为大多数限制性核酸内切酶都只识别唯一的靶序列，因此由一种特定的限制酶切割某种 DNA 分子，其切点数目是有限的。像细菌基因组 DNA 全长约 3×10^{6} bp，可被限制性核酸内切酶切割成数百至数千个 DNA 片段，而哺乳动物的核 DNA 则可被切割为上百万个限制性片段。一些小分子质量的 DNA 分子，如质粒 DNA 分子或噬菌体 DNA 分子，它们一般仅有 1～10 个限制性切割位点，而对某些特定的限制酶甚至不存在限制位点。

(五)限制性核酸内切酶的反应条件

1. 酶活性与用量

一个单位的限制性核酸内切酶定义为:在合适的温度和缓冲溶液中,在 20 μL 反应体系中,1 h 完全降解 1 μg DNA 所需的酶量。对大量 DNA 的酶解,可按比例适当扩大反应体系。加入过量的酶,可缩短反应时间并达到完全酶解的效果,但加入的酶过量,大量贮存液中的甘油也将进入反应体系,并影响酶解效果,而且许多限制性核酸内切酶一旦过量后它的切割特异性将下降,所以一般推荐稍加大反应酶量(2～5 倍)和适当延长反应时间。

2. 酶解过程

(1)酶解体系

在保证酶液体积不超过反应总体积 10%的前提下,尽量减小反应总体积。一般在反应体系内的其他成分加入之后,再加入酶。

(2)混匀

可用移液枪反复吹打反应液,或用手指轻弹管壁,使酶切体系中的所有成分充分混合。若底物 DNA 分子较大(如基因组 DNA),应尽量避免强烈振荡,否则会导致大分子 DNA 发生断裂,并可使酶变性。混匀后用微量高速离心机进行短暂离心,使管壁上吸附的反应液全部沉至管底。

(3)反应终止

终止酶切反应的方法如下:

①如果进行的是单酶切反应,则反应结束后可在反应体系中直接加入乙二胺四乙酸至终浓度 10 mmol/L,通过 EDTA 来螯合内切酶的辅助因子 Mg^{2+} 而终止反应;或加入十二烷基硫酸钠至终浓度的 0.1%(m/V),使内切酶变性而终止反应。

②若 DNA 酶解后仍需进行下一步反应(二次酶切或连接反应),可将反应体系于 65℃水浴中保温 20 min,通过加热的方式使酶变性,但该方法仅适用于大多数最适反应温度为 37℃的限制性核酸内切酶,而对那些最适反应温度较高的内切酶而言,该方法不能使之完全失活。

③用酚/氯仿抽提,然后乙醇沉淀,此法最为有效而且亦有利于对 DNA 的下一步酶学操作。

(4)酶解结果鉴定

酶解结束后,不必立即终止反应,可先取适量反应液进行快速微型琼脂糖凝胶电泳,在紫外灯下观察酶切结果后,再决定是否终止反应。

3. 限制性核酸内切酶对 DNA 分子的不完全酶解

如果一种限制性核酸内切酶对 DNA 分子上所有的识别位点均能够全部酶解,我们称这样的酶解为完全酶切消化作用。然而,实际上有时限制性核酸内切酶对底物 DNA 分子的酶切是不完全的,我们称之为不完全酶切消化作用。这类不完全的酶切消化反应,可以获得大小不同的酶切片段,这对于构建物理图谱和基因组文库是非常必要的。在实际操作中,进行局部酶解的方法有减少酶量、增加反应体积、缩短反应时间和降低反应温度等。

4. 酶解反应中的注意事项

限制性核酸内切酶切割 DNA 是基因重组技术中的基本环节,酶解反应正确与否,直接关系到整个实验的成败。因此在操作过程中,应注意以下问题:

①大多数厂家提供的限制性核酸内切酶为浓缩液,通常 1 单位的酶液在 1 h 内可消化

10 μg DNA。当需要消化的底物 DNA 量较小，只需少量酶液时，可用一次性移液器吸头轻轻接触液面，这样取出的酶量约为 0.1 μL。

②浓缩的酶液可在使用前用 1×限制酶缓冲液稀释(不能用水稀释，以免酶变性)，稀释的酶液不能长时间保存，要尽快用完。

③限制性核酸内切酶在含 50%甘油的缓冲液中，于－20℃可稳定保存。一般总在其他试剂加入反应管后，再加入限制性核酸内切酶。将内切酶从冰箱中取出后，应置于冰水中。每次吸取酶液必须使用新的无菌吸头，并应快速操作，尽可能缩短酶液在冰箱外放置的时间，用完后立即放回。

④限制性核酸内切酶应分装成小份，避免反复冻融。

⑤反应体系中尽可能少加水，使反应体积减到最小。但要确保酶体积不超过反应总体积的 1/10，否则酶液中的甘油会影响限制酶的活性。

⑥通常延长反应时间可弥补酶量的减少所带来的不足，当切割大批量 DNA 时，这样做比较节约。

⑦当用同一种限制酶切割多个 DNA 样品时，可先计算出所需酶的总量(考虑到转移过程中的损失，实际使用的酶量比计算数值稍过量)，然后从冰箱中取出酶液并用相应的 1×缓冲液稀释，再将酶稀释液分别加入不同的 DNA 样品中。

(六)酶切效果的影响因素

1. DNA 样品的纯度

核酸内切限制酶消化 DNA 底物的反应效率，在很大程度上取决于 DNA 本身的纯度。DNA 中的某些污染物质，如蛋白质、酚、氯仿、乙醇、乙二胺四乙酸、SDS 以及高浓度的盐离子等，都有可能抑制核酸内切限制酶的活性。应用微量碱法制备的 DNA 样品，常含有这类杂质。一般采用如下三种方法提高核酸内切限制酶对低纯度 DNA 制剂的反应效率：

①增加核酸内切限制酶的用量，平均每微克底物 DNA 可高达 10 单位甚至更高。

②扩大酶催化反应的体积，以使潜在的抑制因素被相应地稀释。

③延长酶反应的作用时间。

2. DNA 的甲基化程度

核酸内切限制酶是原核生物限制——修饰体系的组成部分，因此识别序列中特定核苷酸的甲基化，会强烈影响酶的活性(表 2-8)。从寄主大肠杆菌中分离出来的质粒 DNA，通常都含有作用于特定核苷酸序列被甲基化的现象。因此从正常大肠杆菌菌株中分离出来的质粒 DNA，只能被核酸内切限制酶局部消化，甚至完全不被消化。为了避免这类问题产生，在基因克隆中使用缺失甲基化酶的大肠杆菌菌株制备质粒 DNA。

3. 酶切消化反应的温度

DNA 消化反应的温度，是影响核酸内切限制酶活性的另一个重要因素。不同的核酸内切限制酶具有不同的最适反应温度(表 2-9)。大多数核酸内切限制酶的标准反应温度是 37℃，但也有许多例外。消化反应的温度低于或高于最适温度，都会影响核酸内切限制酶的活性，甚至导致其完全失活。

4. DNA 的分子结构

DNA 分子的不同构型对核酸内切限制酶的活性也有很大影响。某些核酸内切限制酶切割超螺旋质粒 DNA 或病毒 DNA 所需的酶量比消化线性 DNA 高许多，最高的可达 20 倍。此外，一些核酸内切限制酶切割处于不同部位的酶切位点时，其效率亦有明显的差异。部分内切酶酶切位点的切断情况可参考表 2-10。一般一种核酸内切限制酶对其不同识别位点切割速率的差别最多不会超过 10 倍。

5. 核酸内切限制酶的缓冲液(Buffer)

核酸内切限制酶标准缓冲液的组分包括氯化镁、氯化钠或氯化钾、Tris-Cl、β-巯基乙醇或二硫苏糖醇(DTT)以及牛血清白蛋白(BSA)等。酶活性的正常发挥需要二价阳离子，通常是 Mg^{2+}。不正确的 NaCl 或 Mg^{2+} 浓度，不仅会降低限制酶的活性，而且还可能导致特异性识别序列的改变。各种限制性内切酶的通用 Buffer 及其在各种 Buffer 中的相对活性列于表 2-11。

限制酶的识别位点是在特定的消化条件下测得的，故当条件改变时，限制酶的识别位点也可能随之改变，通常是特异性降低，识别和切割额外的位点。这些条件的改变主要包括离子强度降低、pH 增大、辅因子(Mg^{2+})被其他二价阳离子取代、有机溶剂污染、甘油浓度过高和限制酶过量等。如 *Eco*R Ⅰ 在正常条件下的识别序列是 G↓AATTC，但在低盐(小于 50 mmol/L)、高 pH(pH>8)和 50%的甘油存在时，其识别序列减少为 AATT，这种特异性降低的酶活性称为“星活性”(*Eco*R Ⅰ *)。

表 2-8　甲基化对限制酶活性的影响

限制酶	识别序列*1	影响切断反应的甲基化酶及其识别序列	受甲基化酶影响后无法切断的序列*2	文献报道	
				不受甲基化酶影响的序列	受甲基化酶影响的序列
Acc Ⅰ	GT↓MKAC	CG methylase^{5m}CG	GA^{5m}CGTC		GA^{5m}CGTC GACGT^{5m}C
Alu Ⅰ	AG↓CT				^{6m}AGCT AG^{4m}CT AG^{5m}CT AG^{5hm}CT
Bgl Ⅰ	GCCN$_4$↓NGGC	CG methylase^{5m}CG	GCCN$_5$GG^{5m}CG	GC^{5m}CN$_5$GGC	G^{5m}CCN5GGC GCCN5GG^{5m}C GC^{4m}CN$_5$GGC
Cla Ⅰ	AT↓CGAT	dam methylase G^{6m}ATC CG methylase^{5m}CG	G^{6m}ATCGAT ATCG^{6m}ACT AT^{5m}CGAT		^{6m}ATCGAT ATCG^{6m}AT AT^{5m}CGAT
Eae Ⅰ	YGGCCR	Dcm methylase C^{5m}CWGG CG methylase^{5m}CG	YGGC^{5m}CAGG YGGC^{5m}CG		YGG^{5m}CCR Yggc^{5m}CR
*Eco*R Ⅰ	G↓AATTC	CG methylase^{5m}CG	GAATT^{5m}CG	GAATT^{5hm}C GAA^{5hm}U^{5hm}UC	G^{6m}AATTC GA^{6m}ATTC GAATT^{5m}C*3

续表 2-8

限制酶	识别序列*1	影响切断反应的甲基化酶及其识别序列	受甲基化酶影响后无法切断的序列*2	文献报道	
				不受甲基化酶影响的序列	受甲基化酶影响的序列
*Eco*RⅤ	GAT↓ATC			GATAT^{5m}C GATAT^{5hm}C	G^{6m}ATATC GAT^{6m}ATC
*Hind*Ⅲ	A↓AGCTT			A^{6m}AGCTT AAGC^{6hm}U5^{hm}U	^{6m}AAGCTT AAG^{5m}CTT AAG^{5hm}CTT
*Mbo*Ⅰ	↓GATC	dam methylase G^{6m}ATC	G^{6m}ATC	GAT^{4m}C GAT^{5m}C GA^{5hm}UC	G^{6m}ATC AT^{5hm}C
*Mbo*Ⅱ	GAAGA (TCTTC)↓	dam methylase G^{6m}ATC	GAAG^{6m}ATC	T^{5m}TT^{5m}C*3 G^{6m}AAGA	G^{6m}AGA GAAG^{6m}A
*Nco*Ⅰ	C↓CATGG			CC^{6m}ATGG	^{4m}CCATGG ^{5m}CCATGG
*Not*Ⅰ	GCGGCCGC	CG methylase^{5m}CG	G^{5m}CGCG5^{m}CGC	GCGGCCG^{5m}C	GCGG^{5m}CCGC GCGGC^{5m}CGC
*Pst*Ⅰ	CTGCA↓G				^{5m}CTGCAG CTGC^{6m}AG C^{5hm}UGCAG
*Sac*Ⅱ	GAGCT↓C			G^{6m}AGCTC GAGCT^{5m}C	GAG^{5m}CTC
*Sac*Ⅱ	CCGC↓GG	CG methylase^{5m}CG	C^{5m}CG^{5m}CGG		^{5m}CCGCGG C^{5m}CGCGG
*Sal*Ⅰ	G↓TCGAC	CG methylase^{5m}CG	GT^{5m}CGAC	GTCGA^{5m}C	GT^{5m}CGAC GTCG^{6m}AC
*Sau*3AⅠ	↓GATC	CG methylase^{5m}CG	GAT^{5m}CG	GA^{5hm}UC G^{6m}ATC	GAT^{4m}C GAT^{5m}C*3
*Sca*Ⅰ	AGT↓ACT			AGTA^{5m}CT	
*Taq*Ⅰ	TC↓GA	dam methylase G^{6m}ATC	TCG^{6m}ATC	T^{5m}CGA	TCG^{6m}A T^{5hm}CGA
*Xba*Ⅰ	T↓CTAGA	dam methylase G^{6m}ATC	TCTAG^{6m}ATC		T^{5m}CTAGA*3

续表 2-8

限制酶	识别序列*1	影响切断反应的甲基化酶及其识别序列	受甲基化酶影响后无法切断的序列*2	文献报道	
				不受甲基化酶影响的序列	受甲基化酶影响的序列
Xho Ⅰ	C↓TCGAG			CT^{5m}CGAG*3*4	^{5m}CTCGAG CTCG^{6m}AG

注:很多DNA都含有被甲基化的碱基,上表列举了甲基化碱基对部分限制酶活性的影响及其相关的甲基化酶,以及因甲基化而切不开的碱基序列。

*1:M:A or C;R:A or G;S:C or G;K:G or T;Y:C or T;H:A or C or T;
N:A or C or G or T;W:A or T;D:A or G or T;^{4m}C:N4-methyl cytosine;
^{5m}C:C5-methyl cytosine;^{5hm}C:C5-hydroxymethyl cytosine;^{6m}A:N6-methyl adenine。

*2:CG methylase时,有时能部分切断。

表 2-9　各种限制酶的最适反应温度　℃

限制酶	最适反应温度	限制酶	最适反应温度	限制酶	最适反应温度
Aat Ⅱ	37	*Bln* Ⅰ	37	*Eco*R Ⅰ	37
Acc Ⅰ	37	*Bpu*1102 Ⅰ	37	*Eco*R V	37
Acc Ⅱ	37	*Bsp*1286 Ⅰ	30	*Eco*T14 Ⅰ	37
Acc Ⅲ	60	*Bsp*1407 Ⅰ	37	*Eco*T22 Ⅰ	37
Afa Ⅰ	37	*Bsp*T104 Ⅰ	37	*Fba* Ⅰ	37
Afl Ⅱ	37	*Bsp*T107 Ⅰ	37	*Fok* Ⅰ	37
Alu Ⅰ	37	*Bss*H Ⅱ	50	*Fse* Ⅰ	30
*Aor*13H Ⅰ	55	*Bst*1107 Ⅰ	37	*Hae* Ⅱ	37
*Aor*51H Ⅰ	37	*Bst*P Ⅰ	60	*Hae* Ⅲ	37
Apa Ⅰ	37	*Bst*X Ⅰ	45	*Hap* Ⅱ	37
ApaL Ⅰ	37	*Cfr*10 Ⅰ	37	*Hha* Ⅰ	37
Ava Ⅰ	37	*Cfr*13 Ⅰ	37	*Hin*1 Ⅰ	37
Ava Ⅱ	37	*Cla* Ⅰ	30	*Hinc* Ⅱ	37
Av Ⅰ Ⅱ	37	*Cpo* Ⅰ	30	*Hind* Ⅲ	37
Bal Ⅰ	37	*Dra* Ⅰ	37	*Hin*f Ⅰ	37
*Bam*H Ⅰ	30	*Eae* Ⅰ	37	*Hpa* Ⅰ	37
Ban Ⅱ	37	*Eam*1105 Ⅰ	37	*Kpn* Ⅰ	37
Bbe Ⅰ	37	*Eco*52 Ⅰ	37	*Mbo* Ⅰ	37
Bcn Ⅰ	37	*Eco*81 Ⅰ	37	*Mbo* Ⅱ	37
Bgl Ⅰ	37	*Eco*O109 Ⅰ	37	*Mfl* Ⅰ	37
Bgl Ⅱ	37	*Eco*O65 Ⅰ	37	*MLu* Ⅰ	37

续表 2-9

℃

限制酶	最适反应温度	限制酶	最适反应温度	限制酶	最适反应温度
Msp Ⅰ	37	*Psp*1406 Ⅰ	37	*Spe* Ⅰ	37
Mun Ⅰ	37	*Pst* Ⅰ	37	*Sph* Ⅰ	37
Mva Ⅰ	37	*Pvu* Ⅰ	37	*Sse*8387 Ⅰ	37
Nae Ⅰ	37	*Pvu* Ⅱ	37	*Ssp* Ⅰ	37
Nco Ⅰ	37	*Sac* Ⅰ	37	*Stu* Ⅰ	37
Nde Ⅰ	37	*Sac* Ⅱ	37	*Taq* Ⅰ	65
Nhe Ⅰ	37	*Sal* Ⅰ	37	*Tth*Ⅲ Ⅰ	65
Not Ⅰ	37	*Sau*3A Ⅰ	37	*Van*91 Ⅰ	37
Nru Ⅰ	37	*Sca* Ⅰ	37	*Vpa*KⅡB Ⅰ	30
*Pma*C Ⅰ	37	*Sfi* Ⅰ	50	*Xba* Ⅰ	37
*Psh*A Ⅰ	37	*Sma* Ⅰ	30	*Xho* Ⅰ	37
*Psh*B Ⅰ	37	*Sna*B Ⅰ	37	*Xsp* Ⅰ	37

表 2-10 部分限制酶对 PCR 产物末端的切断情况

酶	PCR 产物末端保护碱基数			
	0	1	2	3
Apa Ⅰ	－	－	±	＋
*Bam*H Ⅰ	－	±	＋	＋
*Bst*X Ⅰ	－	±	＋	＋
Cla Ⅰ	－	±	＋	＋
*Eco*R Ⅰ	－	±	＋	＋
*Eco*R V	－	＋	＋	＋
Hind Ⅲ	－	－	－	＋
Not Ⅰ	－	－	＋	＋
Pst Ⅰ	－	－	±	＋
Sac Ⅰ	－	±	＋	＋
Sal Ⅰ	＋	＋	＋	＋
Sma Ⅰ	－	±	＋	＋
Spe Ⅰ	＋	＋	＋	＋
Xba Ⅰ	－	±	＋	＋
Xho Ⅰ	－	－	±	＋

说明：克隆 PCR 产物的方法之一，是在 PCR 产物两端设计一定的限制酶酶切位点，经酶切后克隆至用相同酶酶切的载体中。但实验证明，大多数限制酶对裸露的酶切位点不能切断，必须在酶切位点旁边加上一至几个保护碱基，才能使特定的限制酶对其识别位点进行有效切断。上表列举了 15 种限制酶，分别比较了各种限制酶在其酶切位点旁边分别加 0、1、2、3 个保护碱基后的切断情况。－，为不能切断；±，为不能完全切断；＋，为能完全切断。结果显示，基本上所有的限制酶，在其酶切位点旁边加上 3 个以上的保护碱基后，可对其酶切位点进行有效切断。

表 2-11 限制酶在各种缓冲液中的相对活性 %

限制酶	相对活性					
	L	*M*	*H*	*K*	*T*+*BSA*	*Basal*
Aat Ⅱ	<20	<20	<20	<20	100	120
Acc Ⅰ	20	100	<20	(<20)	160	80
Acc Ⅱ	(260)	100	<20	20	200	160
Acc Ⅲ	(<20)	(<20)	20	(80)	(<20)	100
Afa Ⅰ	60	60	40	60	100	100
Afl Ⅱ	20	80*	<20	<20	140	120
Alu Ⅰ	100	100	<20	40	200	120
*Aor*13H Ⅰ	<20	20	<20	80**	80	100
*Aor*51H Ⅰ	80	100	<20	20	120	120
Apa Ⅰ	100	<20	<20	<20	<20	120
*Apa*L Ⅰ	100	20	<20	<20	120	120
Ava Ⅰ	(<20)	100	20	40	100	120
Ava Ⅱ	80	100	<20	20	100	100
*Av*Ⅰ Ⅱ	<20	40	100	(140)	100	200
Bal Ⅰ	20	20	<20	<20	40	100
*Bam*H Ⅰ	(<20)	<20	40	100	(<20)	80
Ban Ⅱ	(120)	(120)	100	80	(100)	100
Bbe Ⅰ	<20	<20	<20	<20	<20	100
Bcn Ⅰ	<20	20	40	60	60	100
Bgl Ⅰ	<20	<20	20	40	<20	100
Bgl Ⅱ	<20	20	100	(100)	(60)	100
Bln Ⅰ	<20	20	40	100	20	120
*Bpu*1102 Ⅰ	<20	<20	<20	40	60	100
*BspT*104 Ⅰ	100	60	<20	<20	100	120

续表 2-11　　%

限制酶	相对活性					
	L	*M*	*H*	*K*	*T*+*BSA*	*Basal*
*Bsp*T107 Ⅰ	<20	20	80	100	20	100
*Bsp*1286 Ⅰ	100	20	<20	<20	60	100
*Bsp*1407 Ⅰ	20	60	20	20	100	100
*Bss*H Ⅱ	100	100	60	20	140	100
*Bst*P Ⅰ	(<20)	(60)	100	(100)	(100)	100
*Bst*X Ⅰ	<20	40	100	<20	<20	120
*Bst*1107 Ⅰ	(<20)	60	100	100	40	100
*Cfr*10 Ⅰ	(<20)	(<20)	(<20)	40	(20)	100
*Cfr*13 Ⅰ	60	80	<20	100	80	100
Cpo Ⅰ	<20	<20	80	100	<20	100
Dra Ⅰ	100	100	60	100	80	80
Eae Ⅰ	60	100	<20	<20	120	160
*Eam*1105 Ⅰ	(<20)	(40)	20	40	(40)	100
*Eco*O65 Ⅰ	(20)	(60)	60*	40	40	100
*Eco*O109 Ⅰ	100	60	<20	<20	100	160
*Eco*R Ⅰ	(20)	(100)	100	(120)	(80)	120
*Eco*R Ⅴ	(<20)	(40)	100	(120)	(40)	100
*Eco*T14 Ⅰ	(<20)	(40)	100	120	(60)	100
*Eco*T22 Ⅰ	<20	20	100	(140)	(20)	120
*Eco*52 Ⅰ	<20	<20	<20	<20	<20	100
*Eco*81 Ⅰ	<20	100	<20	<20	100	160
Fba Ⅰ	(<20)	(<20)	(80)	100	(20)	100
Fok Ⅰ	(20)	(60)*	<20	<20	(200)	100
Fse Ⅰ	(120)	100	<20	<20	80	100

续表 2-11 %

限制酶	相对活性					
	L	*M*	*H*	*K*	*T*+*BSA*	*Basal*
Hae Ⅱ	80	100	<20	80	140	100
Hae Ⅲ	60	100	100	60	100	100
Hap Ⅱ	100	60	<20	<20	100	80
Hha Ⅰ	80	100	100	120	120	100
Hinc Ⅱ	20	100	20	40	100	80
Hind Ⅲ	(60)	100	<20	200	(100)	80
*Hin*f Ⅰ	80	100	100	160	60	100
*Hin*1 Ⅰ	40	80*	<20	20	60	160
Hpa Ⅰ	<20	(40)	20	100	(80)	100
Kpn Ⅰ	100	60	<20	<20	(100)	80
Mbo Ⅰ	20	40	60	100	40	100
Mbo Ⅱ	100	60	<20	<20	60	100
MLu Ⅰ	60	60	100	(100)	60	100
Msp Ⅰ	80	80	<20	100	100	80
Mun Ⅰ	(200)	100*	<20	<20	160	100
Mva Ⅰ	(<20)	(40)	80	100	(20)	120
Nae Ⅰ	100	<20	<20	<20	100	120
Nco Ⅰ	(40)	(60)	20	60*	(60)	160
Nde Ⅰ	<20	40	100	100	80	100
Nhe Ⅰ	(120)	100	<20	<20	(160)	100
Not Ⅰ	(<20)	(<20)	20**	<20	(<20)	80
Nru Ⅰ	0	<20	20	20	<20	100
*Pma*C Ⅰ	100	80	<20	<20	100	100
*Psh*A Ⅰ	20	40	<20	100	60	160

续表 2-11　　　　　　　　　　　　　　　　　　　　　　　　　　　　　　　%

限制酶	相对活性					
	L	*M*	*H*	*K*	*T*＋*BSA*	*Basal*
*Psh*B Ⅰ	（20）	（40）	20	40	40	100
*Psp*1406 Ⅰ	20	60	＜20	＜20	100	100
Pst Ⅰ	（＜20）	（60）	100	80	（20）	80
Pvu Ⅰ	（＜20）	（20）	（40）	80*	（40）	120
Pvu Ⅱ	（80）	100	40	＜20	（40）	100
Sac Ⅰ	100	60	＜20	＜20	80	80
Sac Ⅱ	40	20	＜20	＜20	100	40
Sal Ⅰ	＜20	＜20	100	（20）	＜20	120
*Sau*3A Ⅰ	（60）	80	100	＜20	（80）	100
Sca Ⅰ	（＜20）	（＜20）	100	（60）	（＜20）	100
*Sf*Ⅰ Ⅰ	（40）	100	＜20	＜20	100	100
Sma Ⅰ	＜20	＜20	＜20	＜20	100	100
*Sna*B Ⅰ	（20）	（40）	＜20	＜20	（40）	100
Spe Ⅰ	（80）	100	80	100	（80）	100
Sph Ⅰ	（20）	（40）	100	120	（20）	100
*Sse*8387 Ⅰ	（120）	60*	＜20	＜20	（60）	100
Ssp Ⅰ	（＜20）	（60）	40	（100）	（80）	100
Stu Ⅰ	60	100	60	80	140	100
Taq Ⅰ	40	80	60	60	80	100
*Tth*111 Ⅰ	（20）	80	40	100	（80）	120
*Van*91 Ⅰ	＜20	（20）	60	100	（60）	100

续表 2-11 %

限制酶	相对活性					
	L	*M*	*H*	*K*	*T*+*BSA*	*Basal*
*Vpa*K11B Ⅰ	<20	<20	60	(40)	<20	100
Xba Ⅰ	<20	80*	20	<20	120	120
Xho Ⅰ	<20	60	100	160	60	100
Xsp Ⅰ	<20	60	<20	100	160	100

注：____表示测定酶活时所用的通用缓冲液，并把在其他通用缓冲液中的相对活性表示如上表；(　)表示易受 Star 活性影响的缓冲液；10 推荐使用的缓冲液；* 表示加 0.01% BSA 时，这些酶的活性可达 100%；** 表示加 0.01% BSA 和 0.01% Triton X-100 后，可达 100%活性的酶。此外，各种酶都有各种酶自身的基本缓冲液，各种酶的基本缓冲液组成不同，相互之间不能通用。*Sna*B Ⅰ、*Ssp* Ⅰ、*Taq* Ⅰ、*Vpa*K11B Ⅰ等由于没有十分合适的缓冲液，只能使用基本缓冲液。｛以上资料引自宝生物工程(大连)有限公司｝

三、连接酶

1967 年，世界上有数个实验室几乎同时发现了一种能够催化在两条 DNA 链之间形成磷酸二脂键的酶，即 DNA 连接酶(ligase)。根据酶来源的不同可分为三种类型：第一种是从大肠杆菌细胞中分离得到，分子质量为 7.5 ku；第二种是从 T4 噬菌体中分离得到，称为 T4 DNA 连接酶，其分子质量为 6.0 ku。这两种连接酶催化反应基本相同，也就是连接双链 DNA 的缺口，在相邻的 3′-OH 和 5′-P 之间形成磷酸二酯键。这两种来源不同的连接酶最主要的差别是酶在进行催化反应时需要的辅基不一样，T4 DNA 连接酶反应时需要 ATP，而大肠杆菌 DNA 连接酶需要 NAD。第三种是 T4 噬菌体 RNA 连接酶，该酶由 T4 噬菌体的 63 基因编码，连接时同样需要 ATP 作辅助因子。

（一）连接酶的类型

1. T4 噬菌体 DNA 连接酶

T4 噬菌体 DNA 连接酶(又称 T4 DNA 连接酶)，最初是从 T4 噬菌体的宿主菌大肠杆菌中提取出来的，目前其编码基因已被克隆在载体 DNA 上，并在大肠杆菌细胞中实现了大量表达。

T4 噬菌体 DNA 连接酶可以连接：①两个带有互补黏性末端的双链 DNA 分子；②两个带有平头末端的双链 DNA 分子；③一条链带有切口的双链 DNA 分子(图 2-62)；④RNA-DNA 杂交链中 RNA 链上的切口，也可将 RNA 链与 DNA 链相连。由于 T4 噬菌体 DNA 连接酶可连接的底物范围较广，尤其对平末端 DNA 分子的连接较为有效，因此在 DNA 重组技术中应用十分广泛。

虽然平末端 DNA 分子在 T4 噬菌体 DNA 连接酶的作用下可以连接，但由于 T4 噬菌体 DNA 连接酶对平末端 DNA 的 K_m 值要远远高于粘末端 DNA 的 K_m 值，故连接速度非常缓慢。这就决定了如果使用 T4 噬菌体 DNA 连接酶来催化平末端 DNA 分子之间的连接过程，不仅需要较多的酶液，同时要求有较高的底物浓度。在进行平末端 DNA 分子之间的连接反应时，若加入适量的一价阳离子和低浓度的 PEG(聚乙二醇)，可提高 T4 噬菌体 DNA 连接酶对平末端的连接活性。此外，ATP 的浓度对该酶活性的影响很大，一般最适反应终浓度为 0.5 mmol/L。

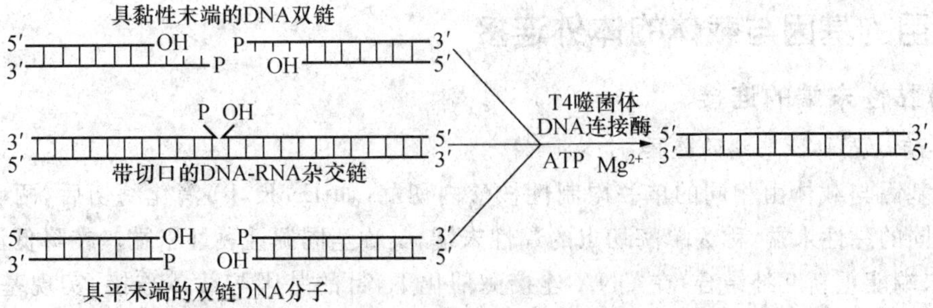

图 2-62 T4 噬菌体 DNA 连接酶的催化反应活性

2. 大肠杆菌 DNA 连接酶

大肠杆菌 DNA 连接酶是大肠杆菌基因组中 *lig* 基因的编码产物，现 *lig* 基因已被克隆并实现了在大肠杆菌细胞中的大量表达。

与 T4 噬菌体 DNA 连接酶不同，大肠杆菌 DNA 连接酶几乎不能催化两个平末端 DNA 分子间的连接，它的适合底物是一条链带切口的双链 DNA 分子或具有同源互补黏性末端的 DNA 片段。由于大肠杆菌 DNA 连接酶对 DNA 末端的要求比较严格(互补的黏性末端)，所以它的连接产物转化宿主菌后，假阳性背景非常低，这是大肠杆菌 DNA 连接酶较 T4 噬菌体 DNA 连接酶的一个突出优点。

3. T4 噬菌体 RNA 连接酶

T4 噬菌体 RNA 连接酶可催化单链 DNA 或 RNA 的 5′-磷酸基团与相邻的 3′-羟基之间共价连接。此酶的主要用途是对 RNA 进行 3′-末端标记，也就是将 ^{32}P 标记的 3′,5′-二磷酸单核苷(pNp)加到 RNA 的 3′-端。

(二)温度对连接效果的影响

连接酶连接缺口 DNA 的最佳反应温度是 37℃，但是在这个温度下，黏性末端之间的氢键结合是不稳定的。由限制酶 *Eco*R Ⅰ产生的黏性末端，连接之后所形成的结合部，总共只有 4 个 A-T 碱基对，在如此高温下，显然是不足以抗御热的破坏作用。因此，连接黏性末端的最佳温度，应该是介于酶作用速率和末端结合速率之间，一般认为是 4～15℃比较合适。最初用凝胶电泳法检测连接反应的效率，后来发现这种测定并不十分可靠。1986 年，V. King 和 W. Blakeskey 提出，根据连接反应物转化感受态细胞的能力，作为判断连接效率的标准。在五种主要影响转化效率的参数中，包括 ATP 浓度、连接酶浓度、反应时间、反应温度及插入片段与载体分子的摩尔比值，连接反应的温度是影响转化效率的最重要参数之一。

外源 DNA 片段(目的基因)同载体体外连接的方法，即 DNA 体外重组技术，主要依赖于限制性核酸内切酶的切割和 DNA 连接酶的连接。其基本过程包括：首先利用限制性核酸内切酶在目的基因和载体的两端造成切口，然后依赖于双链 DNA 黏性末端单链序列的互补结合和 DNA 连接酶将切口补上。这一过程的实质就是将两种 DNA 在体外进行酶促连接，最终获得一个重组 DNA 分子。不同来源、性质的外源 DNA 片段采用的连接方法不同。常用的连接方法有：全同源性黏性末端连接法、定向克隆法、人工接头法、同聚物加尾法和 T-A 克隆法。

四、目的基因与载体的体外连接

(一)黏性末端的连接

1. 单酶切点黏性末端的连接

目的基因与载体由相同的单一限制性核酸内切酶(如 *Eco*R Ⅰ)消化酶切后，两者的两端均具有相同的黏性末端，称为单酶切点的黏性末端，又称全同源性黏性末端。在降低温度退火时，黏性末端能重新互补结合，在 DNA 连接酶催化下，目的基因与载体连接，实现基因重组。如 pSC_{101} 质粒上只有一个 *Eco*R Ⅰ酶切位点，只能与具 *Eco*R Ⅰ单酶切的外源 DNA 片段进行重组连接(图 2-63)。另外，不同的限制性核酸内切酶，如果产生的黏性末端相同，也可以用此方法连接。

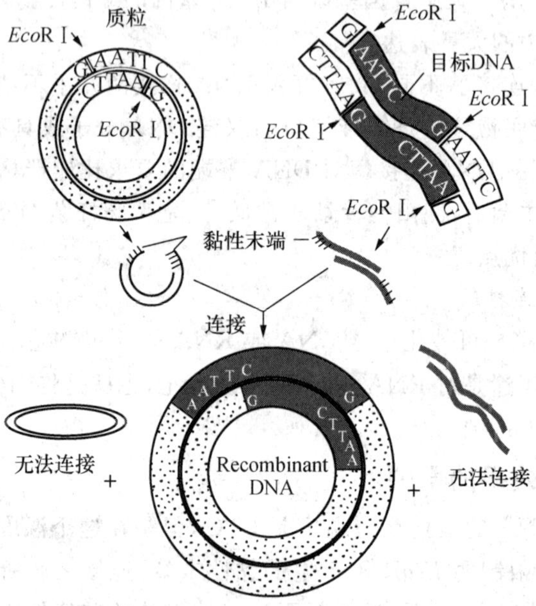

图 2-63　全同源性黏性末端连接

这是最简单、最方便的克隆途径，但有两个缺点：

①高背景。载体经单一限制性核酸内切酶切割后，载体分子易于自我环化，既不利于目的基因的重组连接，降低阳性克隆的效率，又使非重组性载体造成高背景。为了防止载体的自我环化，通常用碱性磷酸酶去除载体黏性末端的 5′-P 以抑制 DNA 的自我环化。在连接反应中，具有 5′-P 的目的基因 DNA 片段可有效地与去磷酸化质粒 DNA 载体通过黏性末端发生互补连接，尽管产生的重组 DNA 分子于连接点存在两个缺口，在转化时其效率低于闭合环状分子，但转化大肠杆菌后，菌体可修复该缺口。

②双向插入。经单一限制性核酸内切酶(如 *Eco*R Ⅰ)切割的目的基因和载体，因二者的黏性末端是相同的，因此在连接反应中，目的基因可发生双向插入，载体对目的基因表达是有

方向的，而目的基因可双向与之相连，这种连接若以克隆目的基因为目的则不受影响；若以表达为目的，就要对插入的片段进行方向鉴定，因目的基因由起始密码子向终止密码子方向表达是定向转录的，一旦启动子与目的基因编码顺序方向相反就不能正确转录目的基因的 mRNA。若构建表达 DNA 重组体选用双酶切切割目的基因和载体，可使目的基因与载体的连接发生定向连接重组，以便定向克隆。

2. 双酶切片段的定向克隆

使外源 DNA 片段（目的基因）定向插入到载体分子中的克隆方案叫定向克隆。定向克隆是用两个不同的限制性核酸内切酶切割目的基因，使之产生两个不同的黏性末端，同时用相同的两个限制性核酸内切酶将载体切开，此时载体不仅不会发生自我环化，而且只能在 DNA 连接酶的作用下与目的基因的相应黏性末端互补连接。这种 DNA 重组方式可以克服单酶切点黏性末端连接反应的缺点。

定向克隆具备以下诸多优点：

①质粒载体与外源 DNA 接合处的限制酶切点仍然保留，可随时从重组载体中通过相应限制酶切割并分离和获得目的基因。

②外源目的基因 DNA 只以一个方向定向插入到重组质粒中，便于目的基因的正确转录和表达。

③由于经切割后的载体所产生的两个黏性末端不同，不能发生自我互补结合，因此载体片段不能产生自我环化，转化后的细菌克隆大多数为携有目的基因的重组质粒载体。

（二）平末端的连接

有些限制性核酸内切酶切割目的基因和载体后不产生黏性末端，而产生平末端。平末端之间的连接效率比互补黏性末端之间的连接效率低得多，但平末端连接具有普遍性，也极其有用。通过提高 T4 DNA 连接酶的浓度（一般比黏末端连接的浓度高 10 倍以上）也可使二者的平末端发生连接，尽管效率低，但不影响获得重组子。通常可采用下列方法进行平末端连接。

1. 同聚物加尾法

先用 5′-特异的核酸外切酶分别处理目的基因及载体的平端，移去少数几个末端核苷酸，以便延伸加尾。然后将目的基因加入 dATP 和末端核苷酸转移酶，可在目的基因的 3′-OH 末端延伸形成单链的 poly(dA)尾巴。反之，在载体中加入 dTTP 和末端核苷酸转移酶，可在载体的 3′-OH 末端延伸形成单链的 poly(dT)尾巴。二者混合反应就可发生 poly(dA)/poly(dT)的互补连接，也可采用 poly(dG)/poly(dC)进行连接。若连接后有裂口（gap），可在转化大肠杆菌后，由大肠杆菌体内的 DNA 聚合酶Ⅰ填补上，留下的缺口（nick）则可由 DNA 连接酶封闭。

2. 衔接物连接法

所谓衔接物（Linker）是指用化学方法合成一段由 10～12 个核苷酸组成的、具有一个或数个限制酶识别位点的寡核苷酸片段。衔接物的 5′-末端和待克隆的 DNA 片段的 5′-末端，用多核苷酸激酶处理使之磷酸化，然后再通过 T4 DNA 连接酶，使二者连接起来。接着用相应的限制性内切酶消化具有衔接物的 DNA 片段和克隆载体，使二者都产生彼此互补的黏性末端，只要按黏性末端连接法就可克隆目的 DNA 分子（图 2-65）。

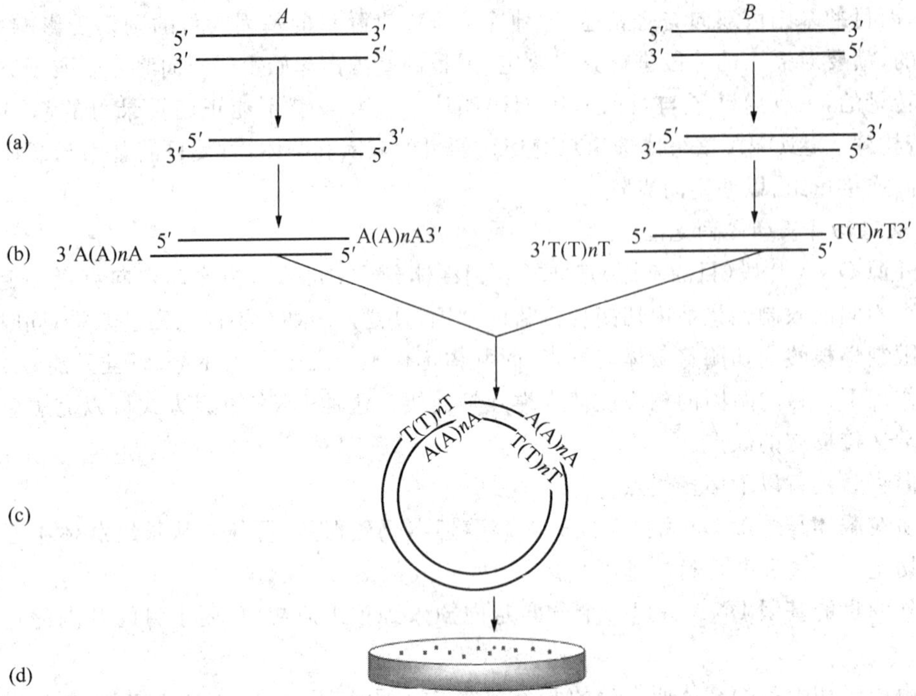

图 2-64　应用互补的同聚物加尾法连接 DNA 片段

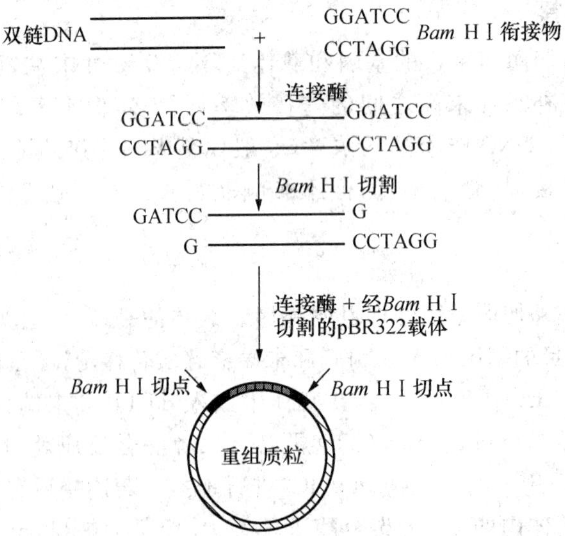

图 2-65　用衔接物分子连接平末端 DNA 片段示意图

3. T-A 克隆法

T-A 克隆法是一种对 PCR 产物直接克隆的技术。研究发现，*Taq* DNA 聚合酶在扩增目的基因的同时，还能不依赖模板在扩增产物的 3′端加上游离的“A”。这样，只要载体切口处人工加上游离的“T”，PCR 产物即可与载体连接。目前这样的载体（线性）可从生物公司直接购买，如Ⅰnvitrogen 公司的 PCR™ Ⅱ 载体和 Promega 公司的 pGEM-T 载体等。T-A 克隆法使得 PCR 产物的克隆变得非常简单（图 2-66）。

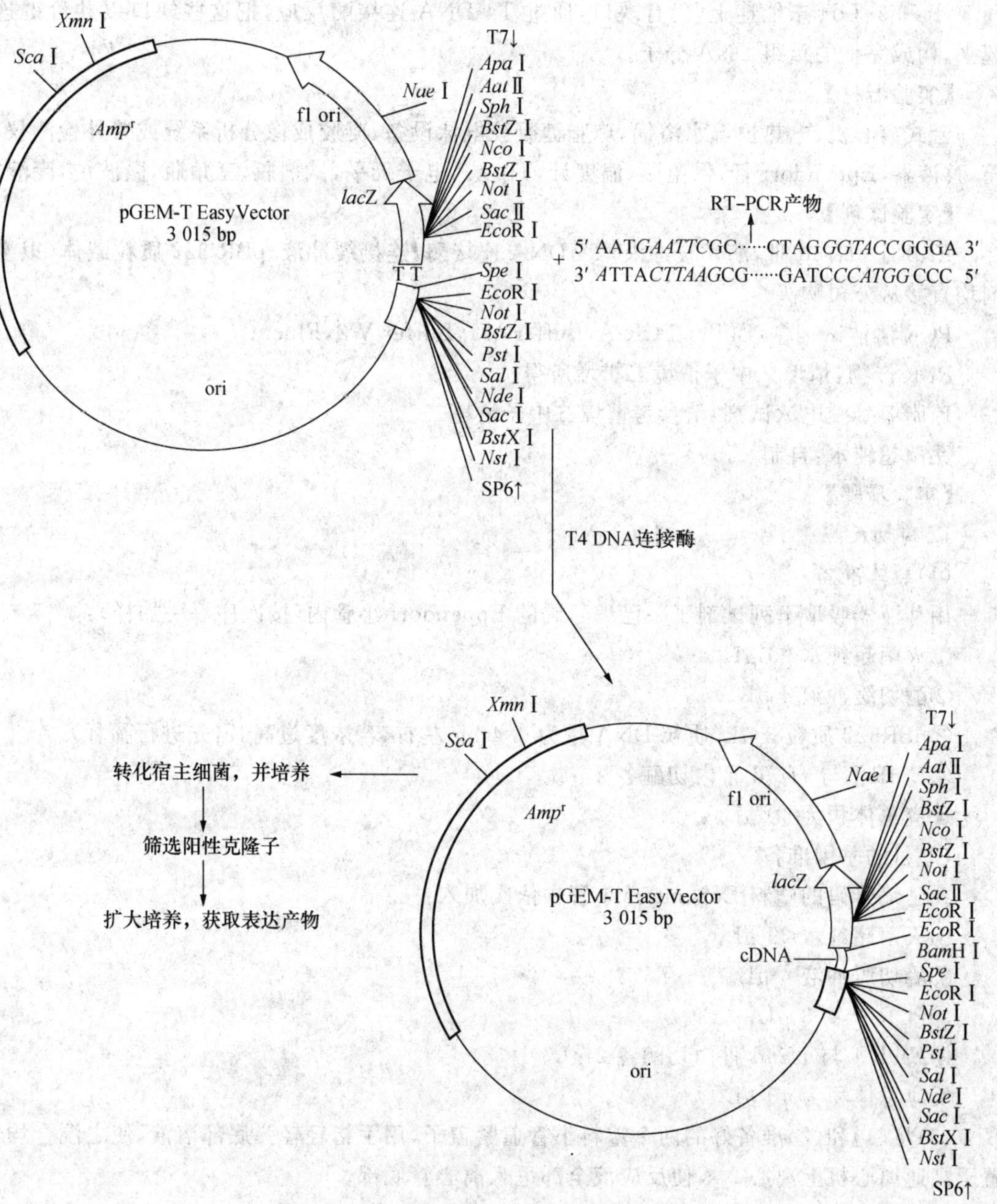

图 2-66　T-A 克隆法图示

(三)应用举例——目的基因与载体的连接反应

【实验说明】

本实验以分子克隆常用载体 pBR322 为例，用 *Eco*R Ⅰ与 *Hin*d Ⅲ两种酶分别切割载体 DNA 分子与 PCR 产物(在实际工作中，需根据载体和 PCR 产物的序列确定所用限制性核酸内切酶的种类，原则是限制性核酸内切酶在载体的多克隆位点有单一识别位点)，均可产生两种不同的黏性末端，这些互补的黏性末端之间可以由氢键相连接，但在两个氢键相连的片段之间 5′-P 和 3′-OH 未能连上，仍有缺口，通过 T4 DNA 连接酶反应，把这些缺口以共价键连接起来，构成完整的重组 DNA 分子。

【实验器材】

台式离心机，电热恒温水浴锅，琼脂糖凝胶电泳设备，凝胶成像分析系统或紫外检测仪，冰箱，移液器，Eppendorf 管，保温瓶，温度计，Tip 头，电子天平，试剂瓶，三角瓶，微波炉，废液杯

【实验试剂】

*Eco*R Ⅰ，*Hin*d Ⅲ，酶切缓冲液，T4 DNA 连接酶，连接缓冲液，pBR 322 质粒载体（以上试剂均直接从公司购买）

PCR 清洁试剂盒：Buffer PCR-A，Buffer W1，Buffer W2，Eluent

PCR 产物：情境二中子情境二扩增所得

琼脂糖凝胶电泳试剂：请参考情境二中子情境二

无菌超纯水：自制

【实验步骤】

1. 酶切反应

(1)载体准备

用移液器吸取下列试剂于一已编号码的 Eppendorf 小管内（按次序一一加样）：

①灭菌超纯水 29 μL。

②酶切缓冲液 4 μL。

③pBR322 质粒 3 μL（质粒 DNA 量为 0.4 μg 左右，若浓度过高，需先进行稀释）。

④*Eco*R Ⅰ 与 *Hin*d Ⅲ 内切酶各 2 μL。

反应总体积为 40 μL。

(2)目的基因准备

在已编号码的塑料 Eppendorf 小管中依次加入：

①灭菌超纯水 29 μL。

②酶切缓冲液 4 μL。

③PCR 产物 3 μL。

④*Eco*R Ⅰ 与 *Hin*d Ⅲ 内切酶各 2 μL。

反应总体积为 40 μL。

(3)将(1)和(2)准备好的两个塑料小管盖紧盖子，用手指轻轻弹底部溶液，使之混合均匀，置于高速离心机上离心 2 s，使反应液全部甩入离心管底部。

(4)将上述含有反应液的两个小管，置于一塑料泡浮子沫上，放入 37℃ 恒温水浴锅中，保温 1 h，进行限制性核酸内切酶酶切反应。

(5)取 pBR322 质粒载体的酶切反应液 15 μL，原始 pBR322 质粒载体 DNA 2 μL，进行琼脂糖凝胶电泳，观察酶切结果。PCR 产物的酶切只是为了保证黏性末端的清洁，电泳图谱看不出变化，所以可以不用电泳。

(6)在琼脂糖凝胶电泳期间，仍将两个 Eppendorf 管置于 37℃ 温浴，直至电泳结束。

(7)待琼脂糖凝胶电泳结束后，在紫外透射仪上观察电泳结果，若酶切已经完全，两管均用 PCR 清洁试剂盒终止酶反应，去掉小片段：

①在两个酶切反应管中，分别加入 3 倍体积的 Buffer PCR-A，若需加的 Buffer PCR-A 不

足 100 μL，则补足至 100 μL Buffer PCR-A。

②将 DNA-prep Tube 置于 2 mL Microfuge Tube 中，将步骤①中的混合液移入 DNA-prep Tube 中，2 500×*g*(或 5 500 r/min)离心 1 min(选择性吸附)。

③弃滤液，将 DNA-prep Tube 置回到原 2 mL Microfuge Tube 中，加入 500 μL Buffer W1，2 500×*g*(5 500 r/min)离心 1 min(去蛋白)。

④弃滤液，将 DNA-prep Tube 置回到原 2 mL Microfuge Tube 中，加入 700 μL Buffer W2，2 500×*g*(或 5 500 r/min)离心 1 min，以同样的方法再用 700 μL Buffer W2 洗涤一次(去离子)。

⑤将 DNA-prep Tube 置于 1.5 mL 离心管中，12 000×*g* 离心 1 min。

⑥将 DNA-prep Tube 置于另一洁净的 1.5 mL 离心管中，在 silica 膜中央加入 25～30 μL Eluent 或去离子水，室温静置 1 min，12 000×*g* 离心 1 min 洗脱 DNA。

2. 连接反应

(1)用移液器吸取用 PCR 清洁试剂盒终止酶促反应后得到的酶切产物和其他试剂，混合于一个已编号码的 Eppendorf 小管内，连接反应加样量及顺序如下：

pBR322 质粒酶切产物 15 μL；

PCR 产物酶切产物 15 μL；

10 倍 T4 连接酶缓冲液 4 μL；

灭菌双蒸水 4 μL；

T4 DNA 连接酶 2 μL，反应总体积为 40 μL。

(2)将 Eppendorf 小管盖紧管盖，置于台式离心机上离心 5 s，使管壁上的试剂全部甩向底部，混合好。

(3)在保温瓶内先装上自来水，加冰块调节温度到 12℃，然后将装有反应液的 Eppendorf 小管置于保温瓶内过夜。在保温反应期间，应不时检查保温瓶内水的温度，使它不超过 15℃。

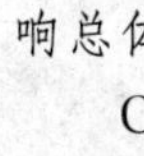

温馨提示

A. 构建连接体系的操作是微量操作，试剂昂贵，要细心、准确地使用。DNA 样品和酶用量体积都很少，要注意取样量的准确性，酶用量不能过多，因酶通常保存在一定浓度的甘油内，酶用量过多，就会造成甘油浓度加大反而抑制酶的活性，通常不应超过 1/10 酶促反应总体积。

B. 当塑料小管在一定温度下水浴进行酶促反应时，盖子必须盖得严密，防止水汽出入，影响总体积。

C. 酶促反应所用的一切器皿，都要以双蒸水清洗，消毒灭菌，严防其他酶的污染。

D. 要注意在构建反应体系时的加样顺序，最后加酶液，混匀。酶液用后应立即放回 −20℃冰箱中，防止酶失活。

◆工作实施

本过程实行分组教学，每组 5 人。实验要求提供至少 3 种不同的克隆载体，以及在每一种载体上有唯一切割位点的限制性核酸内切酶 2 种。在分组之前首先统计学生选择各类载体的人数(附表 30)，引导学生尽量均衡选择三类载体，之后再协调分组。以一个 30 人的班级为例,按照附表 31、附表 32 进行再分组。

同一花色 1～5 为一组,6～10 为一组。

◈检查与评价

一、检查

完成附表 34 的考核内容。

二、评价

任务结束后,参考附表 35 和附表 36 中评价内容对各小组的工作过程和工作结果进行分析评价。

◈分析与思考

一、选择题

1. 人们常选用的细菌质粒分子往往带有一个抗菌素抗性基因,该抗性基因的主要作用是:(　　)。

A. 提高受体细胞在自然环境中的耐药性

B. 有利于对目的基因是否导入进行检测

C. 增加质粒分子的分子质量

D. 便于与外源基因连接

2. 下列哪项不是基因工程中经常使用的用来运载目的基因的载体:(　　)。

A. 细菌质粒　　B. 噬菌体　　C. 动植物病毒　　D. 细菌核区的 DNA

3. 下列哪项叙述不是运载体必须具备的条件:(　　)。

A. 具有某些标记基因　　B. 决定宿主细胞的生存

C. 能够在宿主细胞中复制　　D. 有多个限制酶切点

4. 以下说法正确的是:(　　)。

A. 所有的限制酶只能识别一种特定的核苷酸序列

B. 质粒是基因工程中唯一的运载体

C. 运载体必须具备的条件之一是:具有多个限制酶切点,以便与外源基因连接

D. 基因控制的性状都能在后代表现出来

5. 下列关于质粒的叙述,正确的是:(　　)。

A. 质粒是广泛存在于细菌细胞中的一种颗粒状细胞器

B. 质粒是细菌细胞质中能自主复制的小型环状双链 DNA 分子

C. 质粒只有在侵入宿主细胞后在宿主细胞内复制

D. 细菌质粒的复制过程一定是在宿主细胞外独立进行

6. 在基因工程的操作过程中,获得重组质粒不需要:(　　)。

①DNA 连接酶　②同一种限制性内切酶　③RNA 聚合酶　④具有标记基因的质粒　⑤目的基因　⑥四种脱氧核苷酸

A. ③⑥　　B. ②④　　C. ①⑤　　D. ①②④

7. 质粒是基因工程最常用的载体,它的主要特点是:(　　)。

①能自主复制　②不能自主复制　③结构很小　④蛋白质　⑤环状 RNA　⑥环状 DNA　⑦能“友好”地“借居”

A. ①③⑤⑦　　B. ②④⑥　　C. ①③⑥⑦　　D. ②③⑥⑦

8. 不属于质粒被选为基因运载体的理由是:(　　)。

A. 能复制　　B. 有多个限制酶切点

C. 具有标记基因　　D. 它是环状 DNA

9. 关于质粒和染色体的叙述正确的是:(　　)。

A. 两者是同一物质的不同形态

B. 两者有相同的化学本质

C. 质粒不存在于真核生物,染色体普遍存在于真核生物

D. 两者的化学成分中均含有脱氧核糖

10. 下列关于质粒的说法,正确的是:(　　)。

A. 它们能够自我复制　　B. 它们所带有的基因通常比较多

C. 它们是由 RNA 组成的　　D. 它们仅存在于原核细胞中

11.(多选)下列关于载体的概括中正确的是:(　　)。

A. 运载体是核酸分子

B. 在宿主细胞内可以独立复制

C. 对宿主细胞的生理代谢不起决定作用

D. 运载体主要分布在细胞膜上,其引导核酸分子进入细胞作用

12. 松弛型质粒:(　　)。

A. 在寄主细胞中拷贝数较多　　B. 可用氯霉素扩增

C. 一般没有选择标记　　D. 上述 A、B 两项正确

13. 关于穿梭质粒载体,下面哪一种说法最正确?(　　)

A. 在不同的宿主中具有不同的复制机制

B. 在不同的宿主细胞中使用不同的复制起点

C. 在不同的宿主细胞中使用不同的复制酶

D. 在不同的宿主细胞中具有不同的复制速率

14. 能够用来克隆 32 kb 以下大小外源片段的质粒载体是:(　　)。

A. charomid　　B. plasmid　　C. cosmid　　D. phagemid

15. 在基因工程中使用的限制性核酸内切酶,其作用是:(　　)

A. 将目的基因从染色体上切割出来

B. 识别并切割特定的 DNA 核苷酸序列

C. 将目的基因与运载体结合

D. 将目的基因导入受体细胞

16. 在基因工程中用来修饰改造基因的工具是:(　　)。

A. 限制酶和连接酶　　B. 限制酶和水解酶

C. 限制酶和运载体　　D. 连接酶和运载体

17. 镰刀型细胞贫血症的病因是血红蛋白基因的碱基序列发生了改变。检测这种碱基序

列改变必须使用的酶是：(　　)。

A. 解旋酶　　B. DNA 连接酶　　C. 限制性内切酶　　D. RNA 聚合酶

18. DNA 连接酶的主要功能是：(　　)。

A. DNA 复制时母链与子链之间形成的氢键

B. 黏性末端碱基之间形成氢键

C. 将两条 DNA 末端之间的缝隙连接起来

D. 将碱基、脱氧核糖、磷酸之间的键连接起来

19. (多选)在基因操作技术中，限制性内切酶主要用于：(　　)。

A. 目的基因的提取　　B. 目的基因的导入

C. 目的基因的检测　　D. 目的基因与运载体的结合

20. 下图所示限制酶切割基因分子的过程，从图中可知，该限制酶能识别的碱基序列和切点是：(　　)。

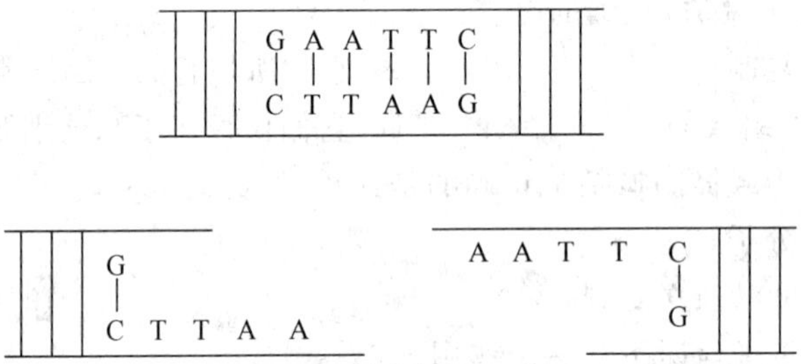

A. CTTAAG，切点在 C 和 T 之间　　B. CTTAAG，切点在 G 和 A 之间

C. GAATTC，切点在 G 和 A 之间　　D. GAATTC，切点在 C 和 T 之间

21. 在基因工程中，切割载体和含有目的基因的 DNA 片段中，一般需使用：(　　)。

A. 同种限制酶　　B. 两种限制酶　　C. 同种连接酶　　D. 两种连接酶

22. 基因工程第一步的一种方法是把所需的基因从供体细胞内分离出来，这要利用限制性内切酶。一种限制性内切酶能识别 DNA 子中的 GAATTC 顺序，切点在 G 和 A 之间，这是应用了酶的：(　　)。

A. 高效性　　B. 专一性

C. 多样性　　D. 催化活性受外界条件影响

23. 下列黏性末端属于同一种限制酶切割而成的是：(　　)。

① —T—C—G—
—A—G—C—T—T—A—A

② —C—A—
—G—T—T—C—C—A

③ —A—A—T—T—C
—G

④ —A—G—C—T—T—C
—A—G

A. ①②　　B. ①③　　C. ①④　　D. ②③

24. 下列平末端属于同一种限制酶切割而成的是：(　　)。

① —ATC
—TAG

② —AT
—TA

③ CAT—
GTA—

④ GAT—
CTA—

A. ①③　　B. ①④　　C. ②③　　D. ②④

25. 下列有关基因工程的叙述中，不正确的是：(　　)。

A. DNA 连接酶将黏性末端的碱基对连接起来

B. 基因探针是指用放射性同位素或荧光分子等标记的 DNA 分子

C. 基因治疗主要是对有基因缺陷的细胞进行替换

D. 蛋白质中氨基酸序列可为合成目的基因提供资料

26. 科学家通过基因工程的方法，能使马铃薯块茎含有人奶蛋白。以下有关该基因工程的叙述错误的是：(　　)。

A. 采用反转录的方法得到的目的基因有内含子

B. 基因非编码区对于目的基因在块茎中的表达是不可缺少的

C. 马铃薯的叶肉细胞可作为受体细胞

D. 用同一种限制酶，分别处理质粒和含有目的基因的 DNA，可产生黏性末端而形成重组 DNA 分子

27. 下列关于限制酶说法不正确的是：(　　)。

A. 限制酶广泛存在于各种生物中，微生物中很少分布

B. 一种限制酶只能识别一种特定的核苷酸系列

C. 不同的限制酶切割 DNA 的切点不同

D. 限制酶的作用可用来提取目的基因

28. 限制性内切酶能识别特定的 DNA 序列并进行剪切，不同的限制性内切酶可以对不同的核酸序列进行剪切。现以 3 种不同的限制性内切酶对 6.2 kb 大小的线状 DNA 进行剪切后。用凝胶电泳分离各核酸片段，实验结果如图所示。请问：3 种不同的限制性内切酶在此 DNA 片段上相应切点的位置是：(　　)。

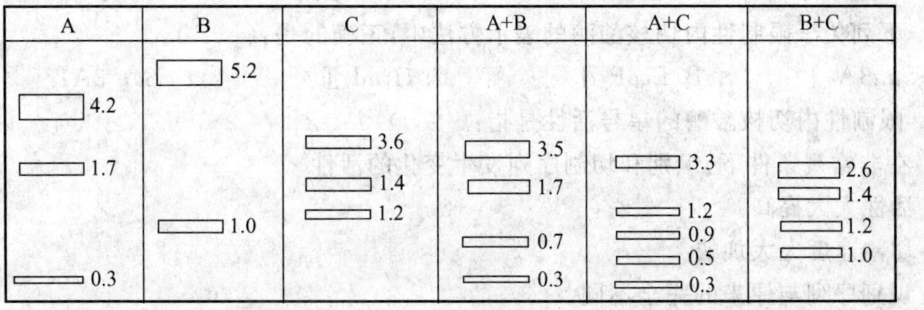

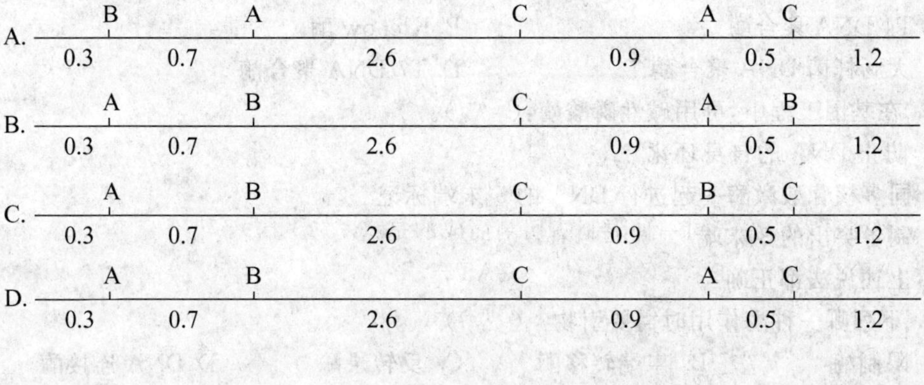

29. 在 DNA 分子特殊位置切 DNA 的细菌酶称为：（　　）。

A. 转移酶　　B. 激酶　　C. 限制性核酸内切酶

30. 限制性核酸内切酶酶切 DNA 分子的位置被称为：（　　）。

A. 回文 DNA　　B. 识别序列　　C. 黏性末端　　D. 平末端

31. 限制性酶切 DNA 片段可通过下列（　　）技术进行分离。

A. 气相色谱　　B. 电泳　　C. 液相色谱　　D. 离心

32. 多核苷酸聚合酶在（　　）之间形成共价键将两个 DNA 分子连接在一起。

A. 两个羟基之间

B. 两个碱基之间

C. 相反链的互补核苷酸之间

D. 同一条链上相邻核苷酸的两个碳原子之间

E. 在 3′-羟基和 5′-磷酸之间

33. 下面有关限制酶的叙述哪些是正确的？（　　）

A. 限制酶是外切酶而不是内切酶

B. 限制酶在特异序列(识别位点)对 DNA 进行切割

C. 同一种限制酶切割 DNA 时留下的末端序列总是相同的

D. 一些限制酶在识别位点内稍有不同的点切割双链 DNA，产生黏末端

E. 一些限制酶在识别位点内相同的位置切割双链 DNA，产生平末端

34. 第一个被分离的Ⅱ类酶是：（　　）。

A. *Eco*K　　B. *Hind* Ⅲ　　C. *Hind* Ⅱ　　D. *Eco*B

35. 在下列进行 DNA 部分酶切的条件中，控制那一项最好？（　　）

A. 反应时间　　B. 酶量　　C. 反应体积　　D. 酶反应的温度

36. 下列关于限制性内切核酸酶的表示方法中，正确的是：（　　）。

A. *Sau*3A Ⅰ　　B. *Eco*R Ⅰ　　C. *Hind* Ⅲ　　D. *Sau* 3A1

37. 限制性内切核酸酶的星号活性是指：（　　）。

A. 在非常规条件下，识别和切割序列发生变化的活性

B. 活性大大提高

C. 切割速度大大加快

D. 识别序列与原来的完全不同

38. 在长模板链的指导下引物延伸合成长的 DNA 互补链时应选用：（　　）。

A. T4 DNA 聚合酶　　B. Klenow 酶

C. 大肠杆菌 DNA 聚合酶Ⅰ　　D. T7 DNA 聚合酶

39. 在基因工程中，可用碱性磷酸酶：（　　）。

A. 防止 DNA 的自身环化

B. 同多核苷酸激酶一起进行 DNA 的 5′末端标记

C. 制备突出的 3′末端

D. 上述说法都正确

40. 下列哪一种酶作用时需要引物？（　　）

A. 限制酶　　B. 末端转移酶　　C. 反转录酶　　D. DNA 连接酶

41. S1 核酸酶的功能是：(　　)。

A. 切割双链 DNA　　B. 切割单链 RNA

C. 切割发夹环　　D. 以上有两项是正确的

42. Klenow 酶与 DNA 聚合酶相比，前者丧失了(　　)的活性。

A. 5′→3′合成酶　　B. 3′→5′外切酶　　C. 5′→3′外切酶　　D. 转移酶

43. 在 cDNA 技术中，所形成的发夹环可用：(　　)。

A. 限制性内切核酸酶切除　　B. 用 3′外切核酸酶切除

C. 用 S1 核酸酶切除　　D. 用 5′外切核酸酶切除

44. 黏性末端连接法，不仅操作方便，而且：(　　)。

A. 产生新切点　　B. 易于回收外源片段

C. 载体不易环化　　D. 影响外源基因的表达

45. 下列对黏性末端连接法的评价中，哪一项是不正确的？(　　)

A. 操作方便　　B. 易于回收片段

C. 易于定向重组　　D. 载体易于自身环化，降低重组率

二、填空题

1. 基因工程中有 3 种主要类型的载体：__________、__________、__________。

2. 就克隆一个基因(DNA 片段)来说，最简单的质粒载体也必须包括三个部分：__________、__________、__________。另外，一个理想的质粒载体必须具有低分子质量。

3. 野生型 M13 不适合用作基因工程载体，主要原因是__________和__________。

4. λ 噬菌体载体由于受到包装的限制，插入外源 DNA 片段后，总的长度应在噬菌体基因组的__________的范围内。

5. Clark 发现用 *Taq* DNA 聚合酶得到的 PCR 反应产物不是平末端，而是有一个突出碱基末端的双链 DNA 分子。根据这一发现设计了克隆 PCR 产物的__________。

6. 载体的概念：__________。

7. 载体按其来源可分为质粒载体和__________，依其作用又可分为克隆载体和__________。

8. 部分酶切可采取的措施有：(1)__________、(2)__________、(3)__________等。

9. 第一个分离的限制性内切核酸酶是__________；而第一个用于构建重组体的限制性内切核酸酶是__________。

10. 测序酶是修饰了的 T7 DNA 聚合酶，它只有__________酶的活性，而没有__________酶的活性。

11. 欲将某一具有突出单链末端的双链 DNA 分子转变成平末端的双链形式，通常可采用__________或__________。

12. 在 cDNA 的合成中要用到 S1 核酸酶，其作用是切除在__________。

13. 可用 T4 DNA 聚合酶进行平末端的 DNA 标记，因为这种酶具有__________和__________的活性。

三、解答题

1. 作为基因工程理想的质粒载体，应具备哪些条件？

2. 限制性内切酶Ⅰ的识别序列和切点是—G↓GATCC—，限制性内切酶Ⅱ的识别序列和切点是—↓GATC—。在质粒上有酶Ⅰ的1个切点，在目的基因的两侧各有一个酶Ⅱ的切点。用上述两种酶分别切割质粒和含有目的基因的DNA。

(1)请画出质粒被限制酶Ⅰ切割后所形成的黏性末端。

(2)请画出目的基因两侧被限制酶Ⅱ切割后所形成的黏性末端。

(3)在DNA连接酶的作用下，上述两种不同限制酶切割后形成的黏性末端能否连接起来？为什么？

3. 在序列5′—CGAACATATGGAGT—3′中含有一个6 bp的Ⅱ类限制性内切核酸酶的识别序列，该位点的序列可能是什么？

4. 下面几种序列中你认为哪一个(哪几个)最有可能是Ⅱ类酶的识别序列：GAATCG，AAATTT，GATATC，ACGGCA？为什么？

5. 由于基因工程是人为改变遗传信息的操作，因此必须注意被操作基因的安全，进行严格的监控，质粒载体的安全性是十分重要的。请问质粒载体的安全条件包括哪几个方面？

6. 为什么反转录酶在聚合反应中会出错？

7. 怎样将一个平末端DNA片段插入到*Eco*RⅠ限制位点中去？

8. 用*Eco*RⅠ和*Hind*Ⅲ分别切割同一来源的染色体DNA，并进行克隆，在前者的克隆中筛选到A基因，但在后者的克隆中未筛选到A基因，请说明原因。

9. 影响DNA连接酶催化连接反应的因素有哪些？

10. 何谓接头连接法(linker ligation)？

◆拓展与链接

人类、动物、植物的全基因组序列分析往往需要克隆数百甚至上千kb的DNA片段，此时考斯质粒的装载量也远远不能满足需要。

将细菌接合因子或酵母菌染色体上的复制区、分配区、稳定区与质粒组装在一起，即可构成染色体载体。当大片段的外源DNA克隆在这些染色体载体上后，便形成重组人造染色体，它能像天然染色体那样，在受体细胞中稳定的复制并遗传。

目前常用的人造染色体载体包括：

(1)细菌人造染色体(bacterial artificial chromosomes，BAC)

(2)酵母人造染色体(yeast artificial chromosome，YAC)

1. 细菌人造染色体

细菌人造染色体通常是在大肠杆菌因子F质粒的基础上构建的，其装载量范围在50～300 kb之间，各种类型的pBACs在大肠杆菌受体菌只能维持单一拷贝(图2-67)。

pBACs主要适用于：

(1)克隆大型基因簇(gene cluster)结构

(2)构建动植物基因文库。

2. 酵母人造染色体

YAC，是在酵母细胞中克隆大片段外源DNA的克隆载体。可以随酵母细胞分裂周期复制繁殖。

YAC 载体应含有下列元件：

(1)酵母染色体的端粒序列(TEL)

(2)酵母染色体的复制子(ARS)

(3)酵母染色体的着丝粒序列(CEN)

(4)大肠杆菌的复制子(ORI)

(5)酵母系统的选择标记 TRP1,URA3

(6)大肠杆菌的选择标记

YAC 载体的装载量为 350～400 kb。

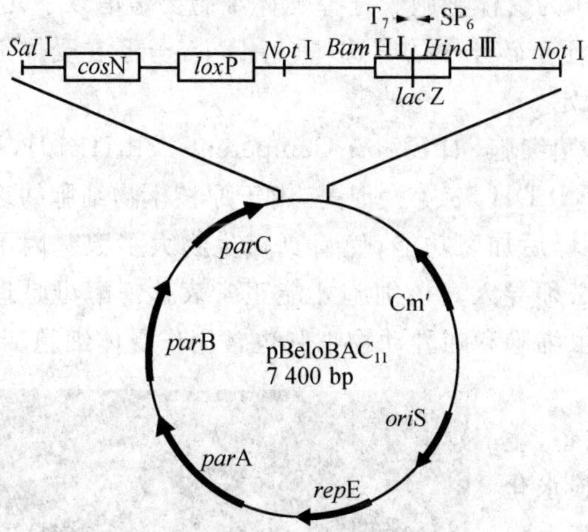

图 2-67　细菌人造染色体 pBeloBAC$_{11}$

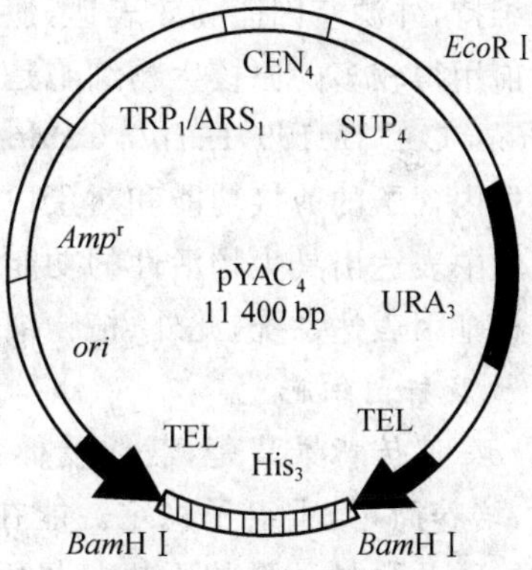

图 2-68　pYAC$_4$ 载体

子情境四　外源基因导入受体细胞

◆引言

目的基因与载体连接之后，无论是进行基因克隆还是基因表达，都需要将重组 DNA 导入受体细胞，借助于宿主细胞的内环境实现对外源基因的克隆与表达。

问题

1. 用什么方法能促进细胞对外源核酸的吸收能力？
2. 你知道都有哪些导入方法吗？
3. 在实际工作中，如何在众多导入方法中进行选择？

◆工作任务

请根据克隆载体的特性，选择适宜的感受态细胞，将子情境三中得到的连接产物转化入感受态细胞中。

◆信息获取

将带有目的基因的重组 DNA 分子导入受体细胞是基因操作技术的主要环节之一，根据载体系统的不同，导入外源目的基因的方法也不一样。以质粒作为载体，可以用转化的方法将目的基因导入受体细胞；若以噬菌体作为载体，则需用转染技术来导入目的基因。对于不同的受体细胞，重组 DNA 分子导入的方法也不尽相同。

一、受体细胞

作为基因工程的受体细胞：从实验技术上讲是能摄取外源 DNA，并使其稳定维持的细胞；从实验目的上讲是有应用价值或理论研究价值的细胞。受体细胞可以是原核生物细胞，也可以是真核生物细胞，但不是所有的细胞都可作为受体细胞。选择受体细胞要考虑以下几点：

安全性高，便于重组 DNA 分子的导入，便于转化子的筛选，重组 DNA 分子在受体细胞内能稳定维持，外源基因能高效表达，遗传性稳定。

目前用得较多的原核生物细胞是大肠杆菌细胞，如 *E. coli* Competent Cell HB101，*E. coli* Competent Cell JM109，*E. coli* Competent Cell DH 5α 等。但是，由于原核生物细胞缺乏对真核基因中内含子的剪接功能和对蛋白质的翻译后加工功能，使得真核生物大多数基因不能在原核细胞中表达出具生物活性的功能蛋白，必须导入真核细胞才能正常表达。酵母是理想的外源真核基因表达系统，此外，植物细胞、昆虫细胞和哺乳动物细胞也常用作受体细胞。

1. 大肠杆菌细胞

E. coli 遗传背景清楚，载体受体系统完备，生长迅速，培养简单，重组子稳定。能在仅有碳水化合物、氮、磷及微量元素的无机盐极限培养基上生长，发酵糖，产气，产酸。基因工程中使用的菌种为 K-12 株的衍生菌株，其基因组大小为 4.6 Mb，编码 3 000 多种蛋白质。适用于外源 DNA 的扩增和克隆、原核生物基因的高效表达、基因文库的构建，是 DNA 重组实验和基因工程的主要受体菌。

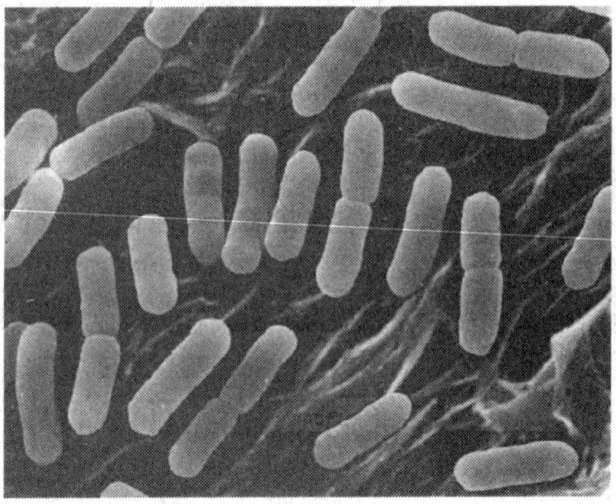

图 2-69　大肠杆菌受体细胞

2. 农杆菌

农杆菌是一种革兰氏阴性土壤杆菌，1970 年人们发现它是植物致瘤的起因。它在自然条件下趋化性地感染大多数双子叶植物的受伤部位，植物细胞被侵染后形成肿瘤，能够诱发冠瘿瘤的称为根癌农杆菌，诱发毛状根的称为发根农杆菌，其中根癌农杆菌在转基因技术中的应用相对较多。根癌农杆菌的诱癌质粒——Ti(tumor-inducing)质粒上有一段转移 DNA(T-DNA)，具有向植物细胞传递外源基因的能力，而细菌本身并不进入受体细胞。

Ti 质粒，是一种分子质量为 90×10^3～150×10^3 ku 的环形双链染色体外 DNA 分子，能够独立复制。它除了能够诱发植物产生冠瘿瘤之外，还具有多方面的功能：

①为其寄主根瘤土壤杆菌提供附着于植物细胞壁的能力。

②参与寄主细胞制造植物激素吲哚乙酸(IAA)和一些细胞分裂素的活动。

③决定所诱导的肿瘤之形态学特征和冠瘿碱的成分。

④赋予寄主菌株具有分解代谢各种冠瘿碱化合物的能力。

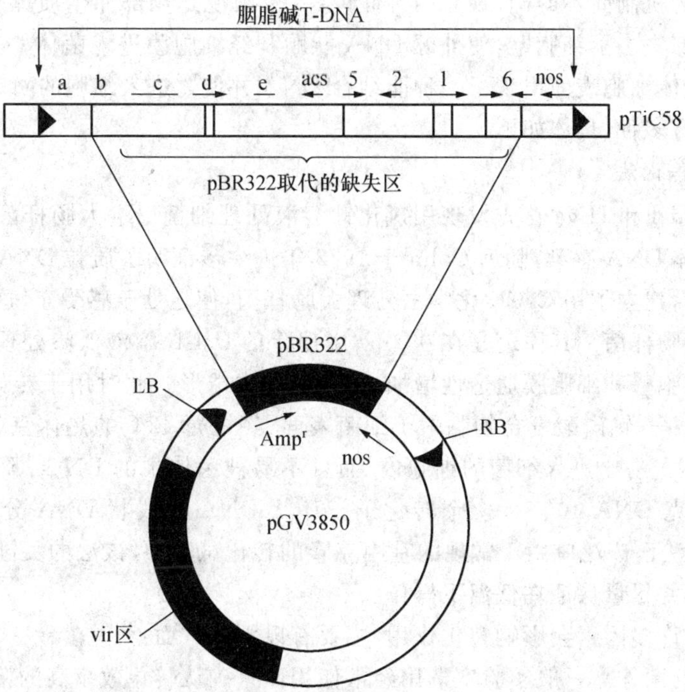

图 2-70　Onc⁻ Ti 质粒载体 pGV3850 的分子结构

⑤赋予寄主菌株对土壤杆菌所产生的细菌素的反应性。

⑥决定寄主菌株的植物寄主范围。

⑦有的 Ti 质粒能够抑制某些根瘤土壤杆菌噬菌体的生长与发育，即具有对噬菌体的"排外性"。控制冠瘿碱的新陈代谢是 Ti 质粒最显著的功能特性之一。Ti 质粒还编码有控制接合转移的基因。

3. 枯草杆菌受体细胞

遗传背景清楚，蛋白质分泌机制健全，生长迅速，培养简单，不产生内毒素；但遗传欠稳定，载体受体系统欠完备；适用于原核生物基因的克隆、表达以及重组蛋白多肽的有效分泌。

二、重组 DNA 导入受体细胞的方法

（一）转化（transformation）

转化作用是一种基因型细胞从周围介质中吸收外源 DNA，进而使细胞的遗传基因和遗传性状发生相应变化的现象。

转化是细菌中最早被发现的遗传物质转移形式。1928 年 Griffith 用肺炎球菌感染小鼠的实验以及 10 多年后 Avery 等进行的体外转化实验，证实了这种在菌体间转移并导致细菌遗传性状发生改变的物质是 DNA。但并不是所有细胞都能够实现转化，只有当细胞生长到一定的生理状态，一般称之为感受态时，菌体细胞才具备摄取外源 DNA 的能力。细菌处于容易吸收外源 DNA 的状态即为感受态。细菌的感受态是一种生理状态，它可以通过感受态因子（一种蛋白质）在细胞间的转移而获得；也可由某些生长条件诱导而成，如细菌由丰富培养基转移到贫瘠培养基时容易进入感受态；也与培养时间有关。工作中常采用人工方法制备感受态细胞。

感受态产生的机制尚不明确，现有两种假说：一个假说是局部原生质体化假说，认为处于感受态的细胞局部失去了细胞壁，使外源 DNA 能顺利经细胞膜进入菌体；另一个假说是酶受体假说，认为是受体细胞表面出现了一种能结合 DNA 并使之进入细胞的酶。

转化的方法有多种，具体如下：

1. Ca^{2+} 诱导转化法

1970 年 Mandel 和 Higa 首先发现用氯化钙溶液处理细菌（K_{12} 大肠杆菌），经短暂热休克后容易被 λ 噬菌体 DNA 感染，随后 Cohn 于 1972 年进一步证明了质粒 DNA 用同样的方法也能进入细菌。随后建立了用 $CaCl_2$ 化学法处理大肠杆菌，使之处于感受态，这样外界介质中的 DNA 便能进入大肠杆菌。其原理是在 0℃ 下，用预冷的 $CaCl_2$ 溶液低渗处理对数生长期的细菌，以使菌体的细胞壁和细胞膜通透性增加，菌体膨胀成球形。此时用于转化的 DNA 可形成抗 DNase 的羟基——钙磷酸复合物黏附于细菌表面，经短暂 42℃ 的热休克（热击反应）后，不仅使介质中的 DNA 易于进入细菌的细胞内，而且不易被菌体中的 DNase 降解。该方法的转化效率可达每微克 DNA $10^5 \sim 10^6$ 个转化子。环状 DNA 比线状 DNA 分子转化效率要高 1 000 倍左右。此法已广泛应用于常规的基因克隆的转化试验中，该法的关键在于必须使用对数生长期的细菌，并尽量保证在低温下操作。

实际操作中，许多因素会影响转化作用，主要有以下几方面：

①选择合适的菌株。一般实验室选用经常使用而且确认转化效率高的菌株。为了防止外源 DNA 被菌体内的内切酶消化降解，通常选用宿主限制系统缺陷型（$hsdR^-$）或宿主修饰系统缺陷型（$hsdM^-$）的大肠杆菌菌株作为宿主。若用于高效表达目的基因，往往还需对不同宿主的表达效率进行比较。

②生长时期的影响。选用对数生长期的大肠杆菌来制备感受态菌现已成为常规。

③$CaCl_2$ 法 0℃ 放置时间的影响。研究发现细菌经 0℃ $CaCl_2$ 处理后转化率随时间的推移而增加，24 h 达最高转化率，而后转化率逐渐下降。

④其他。在 $CaCl_2$ 法的基础上，联合其他二价阳离子（如 Mn^{2+}、Co^{2+}）、用 DMSO（二甲基亚砜）、还原剂和六氨基三氯化钴都能提高转化率。表 2-12 列举了造成转化效率低下的原因及相应的解决办法。

表 2-12　提高转化效率的措施

转化率低的原因	解决办法
DNA 不纯	除去 DNA 溶液中的酚、蛋白质、去污剂和乙醇
DNA 量过多	每 100 μL 感受态细胞中加入 DNA 的量为 1～10 ng，DNA 样品体积不超过 10%
连接反应不完全	优化连接反应条件。为检测连接反应，可先进行预实验，转化经酶切后再连接的载体 DNA
连接反应物抑制转化	加感受态细胞前，将连接反应物用 10 mol/L Tris-Cl（pH 7.5）和 1 mmol/L EDTA 稀释 5 倍
抗性表达差	改用 SOC 表达培养基，若 LB 为表达培养基，转化效率往往会下降 2～3 倍。在转化细胞涂布前，应至少培养 30 min，使抗性表达。如用氨苄青霉素筛选，转化细胞必须稀释后再涂布，否则抗性菌落周围的一些非抗体菌落也会生长，用 50～100 μg/mL 的氨苄青霉素可减轻这一问题

续表 2-12

转化率低的原因	解决办法
感受态细胞贮存不当	感受态细胞存于-70℃约可使用6个月。不要将感受态细胞贮存于液氮中。分装体积应适当小些，尽量减少冻融次数。冰浴时感受态细胞应于干冰乙醇中快速冷冻。为获得最高的转化率，感受态细胞溶解后最好再冰冻
操作感受态细胞不当	冰冻感受态细胞应在冰浴中溶解。一旦溶解后应立即使用，不要涡漩振荡
热击不当	根据预实验，固定菌株、管型号、反应体积及热击的最适温度和时间。如改变管子型号和反应体积，就应重新调整温度和时间

2. 电穿孔转化法

该法最早用于将DNA导入真核细胞，现已被用于大肠杆菌和其他细菌，其基本原理是利用高压脉冲电场，在宿主细胞表面形成暂时性的微孔，质粒DNA可乘隙而入，在脉冲过后，微孔复原，在丰富培养基中生长数小时后，细胞增殖，质粒复制。该法除需用特殊仪器——电击转化仪(图2-71)外，它比$CaCl_2$法操作更简单，转化效率高(一般可达每微克DNA 10^9～10^{10}个转化子)，适用于任何菌株。使用这种方法时要注意电场强度、电脉冲时间长短和DNA浓度等参数。电场强度升高和电脉冲时间增长，可提高转化效率，但由于细胞生存率降低，其效率的提高将被抵消，当电场强度和电脉冲时间长短以一定方式组合而导致50%～75%细胞死亡时，存活细胞转化效率最高。

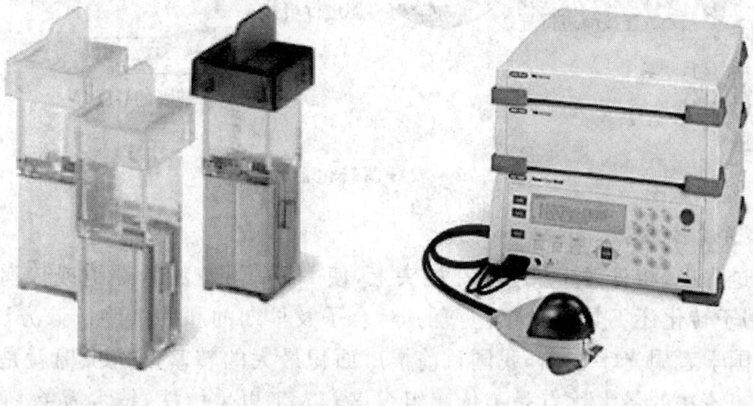

图2-71　电击杯和电击转化仪

3. 原生质体转化法

某些微生物，如棒状杆菌，很难得到感受态细胞，需要首先制备原生质体来增加细胞对DNA的吸附能力，然后再进行转化。另外一些微生物如枯草杆菌，既能用感受态细胞转化，也可以先制备原生质体后再转化。原生质体转化法的原理是：先除去细胞壁，待外源DNA进入细胞后放在有利于再生细胞壁的培养基中培养。这种原生质体的转化方法不再需要感受态细胞，而且非完整的质粒也能进行转化，如在克隆时留有缺口的质粒以及非超螺旋环状分子都能进行转化。该法转化效率尚可，但制备原生质体及其再生过程繁琐，而且经常融合产生二倍体、三倍体。

4. 农杆菌介导法

农杆菌转化植物细胞涉及一系列复杂的反应，主要包括：①受伤的植物细胞为修复创伤部位，释放一些糖类、酚类等信号分子；②在信号分子的诱导下，农杆菌向受伤组织集中，并吸附在细胞表面；③转移 DNA 上的毒粒基因被激活并表达，同时形成转移 DNA 的中间体；④转移 DNA 进入植物细胞，并整合到植物细胞基因组中，因此，农杆菌是一种天然的植物遗传转化体系。人们将目的基因插入到经过改造的诱癌质粒（Ti 质粒）的 T-DNA 区，借助农杆菌的感染实现外源基因向植物细胞的转移与整合，然后通过细胞和组织培养技术，再生出转基因植株，并通过抗生素筛选和分子检测鉴定转基因植株后代（图 2-72）。农杆菌介导法起初只被用于双子叶植物中，近年来，农杆菌介导转化在一些单子叶植物（尤其是水稻）中也得到了广泛应用。农杆菌介导法以其费用低、拷贝数低、重复性好、基因沉默现象少、转育周期短及能转化较大核酸片段等独特优点而备受人们的青睐。

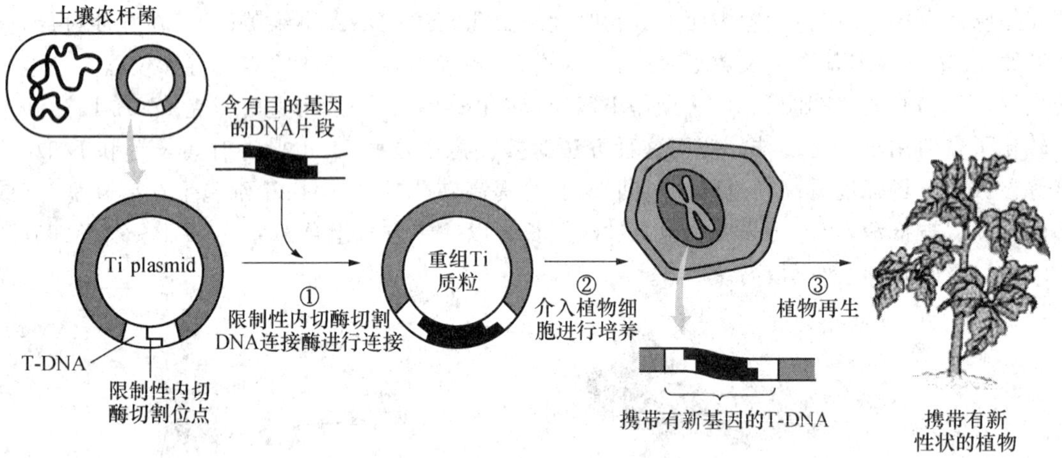

图 2-72　农杆菌转化植物细胞

5. 花粉管通道转化法

植物授粉过程中，将外源 DNA 涂在柱头上，使 DNA 沿花粉管通道或传递组织通过珠心进入胚囊，可用于转化还不具正常细胞壁的卵、合子及早期的胚胎细胞。该方法于 20 世纪 80 年代初期由我国学者周光宇提出，我国目前推广面积最大的转基因抗虫棉就是用花粉管通道法培育出来的。该法的最大优点是不依赖组织培养人工再生植株，技术简单，不需要装备精良的实验室，常规育种工作者易于掌握。

6. 微弹轰击转化法

这一方法是依靠基因枪（图 2-73）来帮助导入外源基因，因此也称为基因枪法。其基本原理是将 DNA 吸附在金属颗粒（金粒或钨粒）表面，通过动力系统将带有基因的金属颗粒以一定的速度射进细胞、组织或器官中。由于小颗粒穿透力强，故不需除去细胞壁和细胞膜而进入细胞内，从而实现稳定转化的目的。它具有应用面广，方法简单，转化时间短，转化频率高，实验费用低等优点。该方法最早应用于植物基因工程，由于其安全性好、效率高，其应用范围迅速扩大到动物基因工程、基因治疗和基因免疫等领域。

7. 磷酸钙转染法

有的动物细胞能捕获黏附在细胞表面的 DNA-磷酸钙沉淀。将外源 DNA 同 $CaCl_2$ 混合

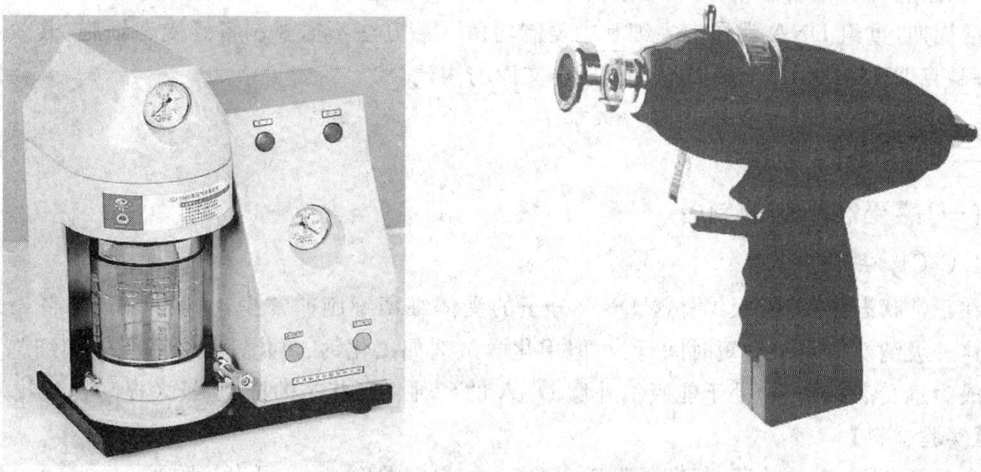

图 2-73　高压气体基因枪和手提式基因枪

制成 DNA-$CaCl_2$ 溶液，逐滴加入不断搅拌的 Hepers-磷酸钙溶液中，形成 DNA-磷酸钙溶液共沉淀复合物；用吸管将沉淀复合物吸附在单层培养的动物细胞表面，以利于细胞捕获颗粒，使导入的外源性目的基因在细胞中表达。此法为基因转移的经典方法，常被采用。

8. 显微注射法

显微注射法是利用管尖极细(0.1～0.5 μm)的玻璃微量注射针，在显微镜下将外源基因片段直接注射到原核期胚或培养的细胞中，然后籍由宿主基因组序列可能发生的重组、缺失、复制或易位等现象而使外源基因嵌入宿主的染色体内。这项技术的优点在于从理论上讲任何 DNA 均可转入任何种类的细胞内，但是需有相当精密的显微操作设备，技术操作难度大，转化效率低。运用此法已成功获得小鼠、鱼、大鼠、兔子及许多大型家畜，如牛、羊、猪等转基因动物。

图 2-74　台湾培育出的转基因天使鱼

图 2-75　转基因猴-安迪

(二)转导

转导是指通过病毒将外源 DNA 导入到宿主细胞中而引起的基因重组现象。

该方法的基本原理是：外源 DNA 片段和病毒 DNA 连接后形成重组 DNA，体外包装病毒外壳蛋白后，形成有感染能力的病毒颗粒；将这些重组的病毒颗粒按一定比例与宿主细胞混合培养，利用病毒的主动感染，可将含有外源 DNA 片段的重组 DNA 导入宿主细胞内；依照病毒的生活周期，重组 DNA 就在宿主细胞中复制增殖。该方法不需要制备感受态细胞，其效率较高（每微克 DNA 约 10^7 个转导子），常用于文库的构建。

三、应用举例

（一）感受态细胞的制备

1. $CaCl_2$ 法

在正常状态下，能够吸纳外源 DNA 分子的受体细菌细胞非常少，一般只有 0.1%～1%，而且这种吸纳能力是一种短时间行为，但用化学试剂如氯化钙、氯化镁等处理受体菌细胞可使后者成为感受态细胞，即处于能吸纳外源 DNA 的一种生理状态的细胞，极大提高转化效率。

【实验材料】

大肠杆菌 TG1 甘油菌：长期保存于实验室，如果实验室没有，可直接购买

无水 $CaCl_2$，蛋白胨，氯化钠，酵母粉，琼脂，丙三醇，NaOH，HCl，制冰机，冰盒，移液器及配套枪头，酒精灯，火柴，废液杯，试管架，Eppendorf 管，眼科镊，酒精棉球，封口膜，平板，记号笔，电子天平，称量纸，酸度计，容量瓶，烧杯，恒温振荡培养箱，试剂瓶，精密 pH 试纸，玻棒，超净工作台

【试剂配制】

①75 mmol/L $CaCl_2$（pH 6.0）

$CaCl_2$ 溶液的质量是关乎本实验能否成功的一个重要因素，因此在配制 $CaCl_2$ 溶液的过程中一定要注意准确称量，精确调节 pH，精确定容，及安全科学灭菌。

无水 $CaCl_2$ 0.84 g，加水定容至 100 mL，用 1 mol/L HCl 调 pH 至 6.0，高压灭菌（现配现用）。

②25%甘油 $CaCl_2$

无水 $CaCl_2$ 0.84 g，溶于 70 mL 水中，调 pH 至 6.0，加水定容至 100 mL 前加入 25 mL 甘油，高压灭菌备用。

③LB 液体培养基的制备

蛋白胨　8 g

氯化钠　7 g

酵母粉　5 g

将准确称量好的上述药品首先溶解于 1 000 mL 的大烧杯中，用 NaOH 调 pH 至 7.5～7.6，定容至 1 000 mL，等待下一步操作。

④LB 固体培养基

将上述已制备好的液体培养基根据需要分装出一部分，加入 1.5%的琼脂，分装于三角瓶内，扎口，15 磅（1 磅＝0.454 kg）30 min 高压灭菌后倒平皿备用。

⑤1 mol/L HCl

8.62 mL 浓 HCl＋91.4 mL 超纯水，混匀室温存放。

【操作步骤】

（1）菌株的准备

①将－70℃保存的大肠杆菌 TG1 甘油菌划线接种于 LB 平板，37℃震荡培养过夜。

②挑单菌落接种于 8 mL LB 液体培养基，37℃振荡培养过夜。

③取 1%(80 μL)接种于 8 mL LB 液体，37℃振荡培养 3～4 h(此时菌液 OD_{600} 约为 0.6)。

温馨提示

制备感受态的菌必须使用对数生长期的细菌，其 OD_{600} 值不要高于 0.6。

(2)制备感受态细胞

温馨提示

整个操作必须在冰冷的条件下进行。

①将菌液转入 1.5 mL 离心管中，置冰上 10 min 后 10 000 *g* 离心30 s。

②弃上清液，加预冷的 $CaCl_2$ 1 000 μL，吹打悬浮细胞，置冰上 10 min 后 10 000 *g* 离心 30 s。

温馨提示

$CaCl_2$ 处理：要充分，使细菌细胞膜失去一些蛋白。

③弃上清液，分别加预冷的 $CaCl_2$ 200 μL 或 $CaCl_2$ 与甘油的混合物(3∶1，预冷前应配好)200 μL，吹打悬浮细胞，置冰上 30～100 min，立即使用或置－70℃存放。

温馨提示

A. 储存感受态细胞要在－70℃以下。

B. 使用感受态细胞时必须迅速融化，融化后一般不能再次冻存使用。

2. 超级感受态细胞的制备

【生物材料】

大肠杆菌 JM101

【实验器材】

制冰机，冰盒，移液器及配套枪头，酒精灯，火柴，废液杯，试管架，Eppendorf 管，眼科镊，酒精棉球，平板，记号笔，电子天平，称量纸，酸度计，容量瓶，烧杯，恒温振荡培养箱，试剂瓶，精密 pH 试纸，玻棒，超净工作台，无菌滤纸

【实验材料】

蛋白胨，酵母提取物，NaCl，KCl，$MgCl_2$，$MnCl_2$，$CaCl_2$，哌嗪-N，N-双(2-乙磺酸)(PIPES)，KOH，二甲基亚砜(DMSO)

【试剂配制】

①SOB 培养基

蛋白胨(tryptone)　　20 g

酵母提取物(yeast extract)	5 g
NaCl	0.5 g
250 mmol/L KCl	10 mL(0.186 g)
2 mol/L $MgCl_2$	5 mL(2.033 g)

定容至 1 L,高压灭菌。

②Inoue Transformation Buffer(100 mL)

$MnCl_2 \cdot 4H_2O$	1.088 g	55 mmol/L
$CaCl_2$	0.166 g	15 mmol/L
KCl	1.865 g	250 mmol/L
PIPES(0.5 mol/L pH 6.7)	2 mL	10 mmol/L
ddH_2O	至 100 mL	

过滤灭菌(0.45 μm 或 0.22 μm)。

③0.5 mol/L K-PIPES(pH6.7)的配制

准确称取 15.1 g PIPES 粉末溶于 80 mL ddH_2O 中,此时粉末不能完全溶解,用 10 mol/L KOH 或 KOH 固体调节 pH,只有当 pH 接近 6.7 时粉末才能完全溶解,此时应当小心少量地加入 KOH 直至达到所需 pH,−20℃保存备用。

④DMSO

DMSO 会抑制后续的转化实验,为消除其不利影响,一定要购买高质量的 DMSO。

【操作步骤】

①将用于制备感受态的细菌划线于平板(SOB)培养 16～20 h,挑单克隆至 25 mL SOB (250 mL 三角瓶)中,37℃,250～300 r/min,6～8 h。

②转移 10 mL 菌液至含有 250 mL SOB 的三角瓶中,18～22℃,220 r/min 培养(大约 20 h)。

③每 45 min 测一次 OD_{600}。

④当 OD_{600} 值达到 0.55 时,转菌液至预冷的离心管中,冰浴 10 r/min。

⑤2 500 *g*(3 900 r/min)4℃离心 10 min,收菌。

⑥弃上清液,倒置于无菌滤纸上 2 min,尽可能的去除残留液体。

⑦加入 80 mL 预冷的新鲜 Inoue Transformation Buffer,轻轻重悬菌体。

⑧2 500 *g*(3 900 r/min)4℃离心 10 min,收菌。

⑨重复步骤⑥。

⑩加入 20 mL 预冷的 Inoue Transformation Buffer。

⑪加入 1.5 mL DMSO,轻轻重悬菌体,冰浴 10 min。

⑫迅速分装(50 μL/管),投入液氮速冻,快速置于−80℃保存。

(二)转化实验

1. 热击法

【实验材料】

重组克隆载体(载体含 Amp^r 抗性基因),感受态细胞 TG1,氨苄青霉素,各量程的移液器及配套枪头,酒精灯及火柴,水浴锅及浮子,废液杯,细菌推子,计时器,冰盒子,250 mL LB 液体培养基

①氨苄青霉素(Ampicillin)

注射用粉针剂，1 g Ampicillin 溶于 5 mL 灭菌超纯水中，配成 200 mg/mL 的母液，保存于 −20℃。

②含氨苄青霉素 LB 平板的准备

在 250 mL LB 液体培养基中加入 1.5%的琼脂，装于一 500 mL 的三角瓶内，扎口，15 磅 30 min 高压灭菌后，取出，待温度降至大约 60℃时，加入氨苄青霉素(氨苄青霉素的最终浓度要求达到 50 μg/mL)，迅速倒入已备好的平皿内。室温静置，待培养基凝固后，标明培养基的类型、制作日期以及制作者后放入 37℃恒温培养箱内使其充分吸收剩余水分。

其中氨苄青霉素添加量的计算过程为：

设需要添加初始浓度(200 mg/mL)的氨苄青霉素 x mL，则：

$$x \times 200\ \text{mg/mL} \times 1\,000 = 250\ \text{mL} \times 50\ \mu\text{g/mL}$$
$$x = 0.062\,5\ \text{mL} = 62.5\ \mu\text{L}$$

【实验过程】

①在 200 μL 感受态细胞中加入 3～5 μL 的重组 DNA，轻弹混匀，于冰上放置 30 min。

温馨提示

实际工作中，应避免反复冻融，以免损伤感受态细胞。

②将离心管置于浮子上，迅速放入 42℃水浴中，热休克 2 min，使细胞吸收重组 DNA。

③迅速将离心管转移至冰上冷却 2 min。

④将 400 μL LB 液体培养基(无抗生素)加入离心管中，混匀。

⑤37℃，100 r/min，振荡培养 1 h，使细胞复苏。

⑥涂布含抗生素的 LB 培养基平板(应设 2～3 个浓度梯度涂布平皿，以防转化子过于密集而难以挑选单个菌落进行重组子的克隆和鉴定，同时还应设阴性及阳性对照平板)。

⑦用封口膜沿平皿边缘封好，倒置平板，37℃培养 12～16 h，观察菌落生长情况。

2. 电穿孔转化法

【实验材料】

大肠杆菌 DH 5α，重组 DNA，胰蛋白胨，酵母提取物，甘油，75%酒精

【实验器材】

超净工作台，恒温摇床，高速冷冻离心机，冰柜，电击转化仪，电击杯，移液器，培养皿，试管，三角瓶，50 mL 离心管，1.5 mL 离心管，Tip 头，酒精灯，火柴，废液杯，酒精棉球，一次性滤器，已处理无菌试剂瓶

【实验试剂】

10%无菌甘油，无菌水，LB 固体培养基，LB 液体培养基，GYT 培养液

GYT 培养液的配制：

①在 800 mL 去离子水中加入胰蛋白胨 2.5 g，酵母提取物 1.25 g，用玻璃棒搅动直至溶质溶解。

②加入甘油 100 mL，混匀。

③用 0.22 μm 滤器过滤除菌，分装后保存于 4℃备用。

【实验方法与步骤】

(1)大肠杆菌的处理

①大肠杆菌在 LB 培养基平板上划线培养 12～16 h。

②挑取单个菌落，接种至 2 mL 的 LB 培养基中，在 37℃，250 r/min，振荡培养过夜。

③取 200 μL 过夜培养物接种至含 20 mL LB 培养基的三角烧瓶中，37℃，250 r/min，振荡培养至 OD_{600}≈0.4(约 3 h)，此时细菌正处于对数生长期。

④将菌液分装至 10 mL 无菌离心管中，冰浴 10 min，期间轻摇离心管，使内容物充分冷却。

⑤在 4℃下以 4 000 r/min 离心 5 min。

⑥去掉上清液，倒置离心管，使残留的痕量培养液流尽。

⑦用 5 mL 冰冷的无菌水重悬菌体。

⑧在 4℃下以 4 000 r/min 离心 10 min，去掉上清液。

⑨用 5 mL 冰冷的 10%甘油重悬沉淀。

⑩在 4℃下以 4 000 r/min 离心 10 min，去掉上清液。

⑪用 1 mL 冰冷的 GYT 培养液重悬沉淀。

⑫将 40 μL 上述悬液转移到冰冷的电击杯中，检查电击时是否有短路现象。如果存在短路现象，则用冰冷的 GYT 培养液重悬细胞，以使细菌悬液的电导降低。

⑬将细菌悬液按 40 μL/份分装到无菌的 1.5 mL 离心管中，液氮冷冻后于－70℃贮存备用。

(2)转化

①取出浸泡于 75%酒精中的电击杯，置于超净工作台。吹干酒精后，放于－20℃预冷。

温馨提示

电穿孔转化应在 0～4℃下进行，如在室温下操作，转化效率将降低到原来的 1%。

②将重组 DNA 冰上化冻，取 5 μL 加入上述处理过的大肠杆菌悬液(40 μL)中，混匀。

③将此混合物转移至电击杯中，放置于电击转化仪槽中，设置电压为 2.35 kV，进行电击。

④加 400 μL LB 液体培养基于电击杯中，混匀，转移至无菌的 1.5 mL 离心管中，37℃，培养 2 h，使细胞复苏。

⑤涂布含抗生素的 LB 培养基平板。

⑥用封口膜沿平皿边缘封好，倒置平板，37℃培养 12～16 h，观察菌落生长情况。

◈工作实施

本实验实行分组教学，一个工作小组 5 人。实验对象为子情境三中已构建完毕的三种不同的重组子，同时还需提供大肠杆菌 DH 5α 或 TG1。首先统计每一位同学的工作兴趣，具体见附表 37。

统计完毕后，以“载体”、“感受态细胞制备方法”两个因素为依据进行一次分组，以“载体”、“转化方法”两个因素为依据进行二次分组。

分组完毕后学生即开始后续的工作(附表 38)。

◈检查与评价

一、检查

完成附表 39 的考核内容。

二、评价

任务结束后，参考附表 40 和附表 41 中评价内容对各小组的工作过程和工作结果进行分析评价。

◈分析与思考

一、选择题

1. 基因工程常用的受体有：(　　)。

①大肠杆菌　②枯草杆菌　③支原体　④动植物细胞

A. ①②③④　　B. ①②③　　C. ②③④　　D. ①②④

2. "工程菌"是指：(　　)。

A. 用物理或化学方法诱发菌类自身某些基因得到高效表达的菌类细胞株系

B. 用遗传工程的方法，把相同种类不同株系的菌类通过杂交得到新细胞株系

C. 用基因工程的方法，使外源基因得到高效表达的菌类细胞株系

D. 从自然界中选取能迅速增殖的菌类

3. 基因工程中常用细菌等原核生物作受体细胞的原因不包括：(　　)。

A. 繁殖速度快　　B. 遗传物质相对较少

C. 多为单细胞，操作简便　　D. DNA 为单链，变异少

4. 感受态大肠杆菌捕获和表达质粒载体 DNA 的生命过程称为：(　　)。

A. 转染　　B. 转录　　C. 转化　　D. 反转录

5. 在受体细胞中能检测出目的基因，因为：(　　)。

A. 目的基因上有标记　　B. 质粒具有某些特定基因

C. 重组质粒能够复制　　D. 以上都不正确

6. 下列说法正确的是：(　　)。

A. DNA 连接酶最初是在人体细胞中发现的

B. 限制酶的切口一定是 GAATTC 碱基序列

C. 质粒是基因工程中唯一用作运载目的基因的载体

D. 运用运载体在宿主细胞内对目的基因的大量复制可称为"克隆"

7. 基因工程是在 DNA 分子水平上进行设计施工的，在基因操作的基本步骤中，不进行碱基互补配对的步骤是：(　　)。

A. 人工合成基因　　B. 目的基因与运载体结合

C. 目的基因导入受体细胞　　D. 目的基因的检测和表达

8. 基因工程中科学家常采用细菌、酵母菌等微生物作为受体细胞，原因是：(　　)。

A. 结构简单，操作方便　　B. 繁殖速度快

C. 遗传物质含量少、简单　　　　　　　　　　D. 性状稳定,变异少

9. 下图表示一基因与载体的重组过程,对图中物质 a、b、c、d 的描述,正确的是:(　　)。

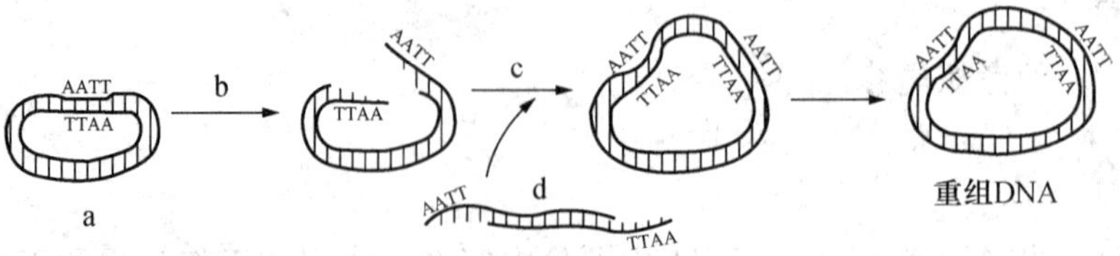

A. a 通常存在于细菌体内,目前尚未发现真核生物体内有类似的结构

B. b 识别特定的核苷酸序列,并将 A 与 T 之间的氢键切开

C. c 连接双链间的 A 和 T,使黏性末端处碱基互补配对

D. 若要获得真核生物的 d,则一般采用人工合成方法

10. 有关基因工程的叙述中,错误的是:(　　)。

A. DNA 连接酶将黏性末端的碱基对连接起来

B. 限制性内切酶用于目的基因的获得

C. 目的基因须由运载体导入受体细胞

D. 人工合成目的基因不用限制性内切酶

11. 为了培育节水高产品种,科学家将大麦中与抗旱节水有关的基因导入小麦,得到转基因小麦,其水分利用率提高了 20%。这项技术的遗传学原理是:(　　)。

A. 基因重组　　B. 基因突变　　C. 基因复制　　D. 基因分离

12.(多选)基因工程中获取真核细胞中的目的基因时,一般用人工合成基因的方法。这一方法涉及:(　　)。

A. 以信使 RNA 为模板反转录合成互补的单链 DNA

B. 根据已知的蛋白质的氨基酸序列,推测 RNA 的碱基序列

C. 按照 RNA 密码子的排列顺序合成蛋白质

D. 用限制酶将供体 DNA 切成许多片段并转入受体细胞进行复制

二、填空题

1. 基因克隆中三个基本要点是:__________、__________和__________。

2. 受体细胞的感受态是____。

3. 人工感受态的大肠杆菌细胞在温度为________时吸附 DNA,________时摄入 DNA。

4. 1979 年,科学家将动物体内的能够合成胰岛素的基因与大肠杆菌的 DNA 分子重组,并且在大肠杆菌体内表达成功。请根据图回答问题:

(1)此图表示的是采取________合成基因的方法获取________基因的过程。

(2)图中①DNA 是以__________为模板,__________形成单链 DNA,在酶的作用下合成双链 DNA,从而获得了所需要的基因。

(3)图中②代表的是____________,在它的作用下将质粒(________ DNA)切出____________末端。

(4)图中③代表________ DNA,含________。

(5)图中④表示将________。⑤表示________ DNA 随大肠杆菌的繁殖而进行________。

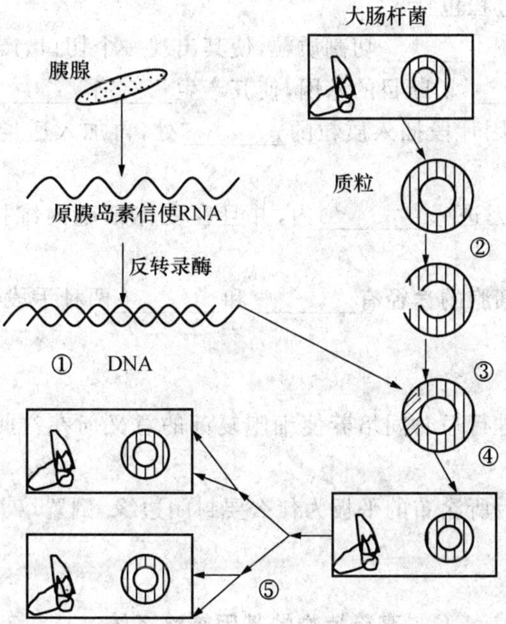

5. 科学家将人的生长素基因与大肠杆菌的 DNA 分子进行重组，并成功地在大肠杆菌中得以表达。过程如右图，据图回答：

(1)人的基因之所以能与大肠杆菌的 DNA 分子进行重组，原因是____。

(2)过程①表示的是采取________的方法来获取目的基因。

(3)图中③过程用人工方法，使体外重组的 DNA 分子转移到受体细胞内，主要是借鉴细菌或病毒________细胞的途径。一般将受体大肠杆菌用________处理，以增大________的通透性，使含有目的基因的重组质粒容易进入受体细胞。

(4)检测大肠杆菌 B 是否导入了质粒或重组质粒，可采用的方法是________，理由是：________________。

(5)如果把已经导入了普通质粒 A 或重组质粒的大肠杆菌，放在含有四环素的培养基上培养________，发生的现象是________，原因是________________：________________________。

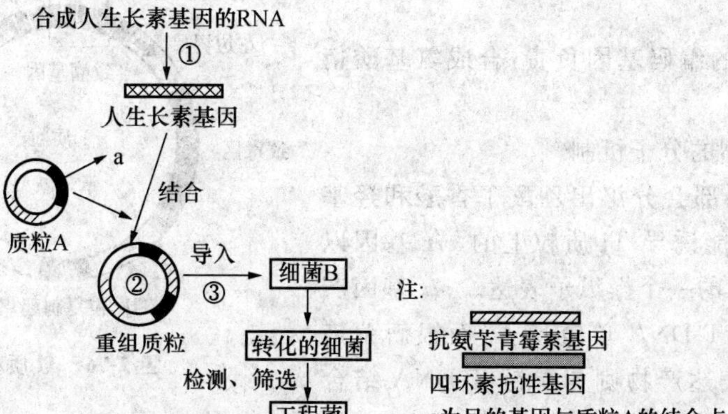

6. 重组质粒的构建过程包括：

(1)用一定的______________切割质粒，使其出现一个切口，产生______________。

(2)用______________切断目的基因，使其产生______________。

(3)将切下的目的基因片段插入质粒的________处，再加入适量________，形成了一个重组 DNA 分子(重组质粒)。

(4)转化——目的基因进入________内，并且在受体细胞内维持________和________的过程。

7. 重组体导入受体细胞的途径有________和________两种手段。

三、简答题

1. 转化之后首先要进行短时间培养使细胞复苏的意义何在？此时的液体培养基中为何不加抗生素？

2. 转化操作完成之后所涂布的平板为什么要封闭边缘、倒置培养？

◈拓展与链接

高等植物的基因转移系统

1. Ti 质粒介导的整合转化程序

Ti 质粒存在于能够引起植物形成冠瘿瘤的土壤农杆菌中，这种肿瘤的形成是由 Ti 质粒决定的，故称为肿瘤诱导质粒。

(1)Ti 质粒的结构与功能

几乎所有的双子叶植物尤其是豆科类植物的根部常常会形成根瘤，这是由于植物根部被一种革兰氏阴性土壤杆菌——农杆根瘤菌(*A. tumefaciens*)感染所致，其致瘤特性是由该菌细胞内的野生型质粒 Ti 介导的。

①Ti 质粒图谱

双链环状 DNA，可携带一般真核基因。整个质粒大小为 160～240 kb，其中 T-DNA 12～24 kb，具有整合到植物染色体 DNA 中的特性。另外还有两个功能，一是决定植物形成冠瘿瘤；二为控制冠瘿碱的合成。

tms(生长素)的编码基因负责：合成吲哚乙酸；

tmr(分裂素)的编码基因负责：合成植物分裂素；

tmt(有机碱)的编码基因负责：合成氨基酸衍生物——冠瘿碱

②Ti 质粒致瘤的分子机制

损伤的植物根部会分泌出乙酰丁香酸和羟基乙酰丁香酸，它们能诱导 Ti 质粒上的 *vir* 基因以及根瘤菌染色体上的一个操纵子表达。*vir* 基因产物将 Ti 质粒上的 T-DNA 单链切下，而根瘤菌染色体上的操纵子表达产物则与单链 T-DNA 结合形成复合物，后者转化植物根部细胞。

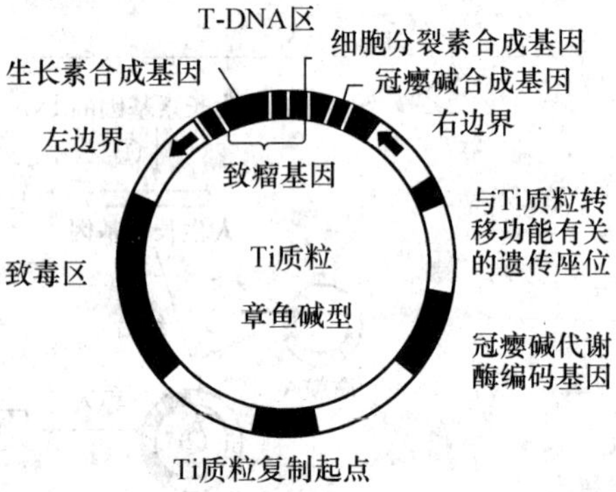

图 2-76　Ti 质粒图谱

③Ti 质粒的改造

Ⅰ. 除去 T-DNA 上的生长素和分裂素生物合成基因，因为大量的生长素和分裂素会抑制细胞再生长为整株植物；

Ⅱ. 除去 T-DNA 上的有机碱生物合成基因；因为有机碱的合成会大量消耗精氨酸和谷氨酸，影响植物细胞的生长；

Ⅲ. 除去 Ti 质粒上的其他非必需序列，最大限度地缩短载体的长度；

Ⅳ. 安装大肠杆菌复制子，使其能在大肠杆菌中复制，以利于克隆操作；

Ⅴ. 安装植物细胞的筛选标记，如 *neo*^{r}（新霉素抗性）基因，使用植物基因的启动子和 polyA 化信号序列；

Ⅵ. 安装多聚人工接头以利于外源基因的克隆。

2. 植物病毒介导的转染程序

随着植物病毒分子生物学及遗传学研究的不断深入，用病毒基因组作为载体转化植物细胞日益受到人们的重视，因为病毒载体能将外源基因导入植物的所有组织和细胞中，而且不受单子叶或双子叶的限制。

在大约 300 种特征清楚的植物病毒中，单链 RNA 病毒约占 91%，双链 RNA 病毒、双链 DNA 病毒、单链 DNA 病毒各占 3%。利用植物病毒载体转化植物细胞大致有以下两种战略：

(1)转染植物细胞原生质体

以双链 DNA 病毒花椰菜花斑病毒(CaMV)基因组作为载体，去除有关的致病性基因，重组入外源基因，体外包装成有感染力的病毒颗粒，转染植物细胞原生质体，并由此再生成整株植物。

(2)转染植物组织

植物双生病毒(geminiviruses)为一单链 DNA 病毒，成熟的双生病毒呈双颗粒状，每一个颗粒中含有一条不同的 DNA 单链。其中 A 链能单独在植物细胞中复制，并含有一部分病毒包衣蛋白基因；B 链编码另一部分包衣蛋白基因及感染性基因。A、B 两条链必须同处于一个植物细胞中，方能形成有感染力的病毒。双生病毒具有广泛的宿主细胞范围，因此是一种很有潜力的植物病毒载体。

3. 植物细胞的直接转化程序

(1)枪击法

将待转化的 DNA 沉淀在细小金属珠的表面，用特制枪将金属珠直接打入植物细胞，枪的威力为 430 m/s，植物细胞通常是胚胎细胞、玉米籽、叶子等，但进去的 DNA 片段整合效率极低。

(2)电击法

将高浓度的质粒 DNA 加入到植物细胞的原生质体悬浮液中，混合物在 200～600 V/cm 的电场中处理若干秒，然后将原生质体在组织培养基中生长 1～2 周，再生出整株植物。

(3)融合法

将外源 DNA 与特殊的疏水性高分子化合物混合，在水中这些疏水性化合物分子形成球状的脂质体，后者与植物细胞原生质体融合，筛选融合子，再生植物细胞壁。

所有涉及植物原生质体的基因转化方法均存在一个难题，即原生质体很难再生出整株植物。

4. 植物原生质体的再生程序

原生质体的再生效率在植物转基因技术中至关重要。标准的高等植物原生质体制备和再生程序是：将植物嫩叶、幼芽或愈伤组织切成碎片，浸入含有纤维素酶的缓冲液中保温；悬浮物离心除去细胞碎片；将原生体悬浮液滴在无菌滤纸片上，并置于含有普通植物细胞(即所谓的滋养细胞)的固体再生培养基的表面，使原生质体与滋养细胞不直接接触，但可吸收由滋养细胞分泌扩散出来的植物生长因子及其他化合物；培养 2～3 周后，将滤纸上的植物细胞簇转移至含有高浓度分裂素和低浓度生长素的固体培养基上继续培育 2～4 周，滤纸片上便长出嫩芽；将嫩芽置入含有低浓度生长素而无分裂素的固体培养基上，使其根部发育；大约 3 周后再将之移植在土壤中，长成整株植物。

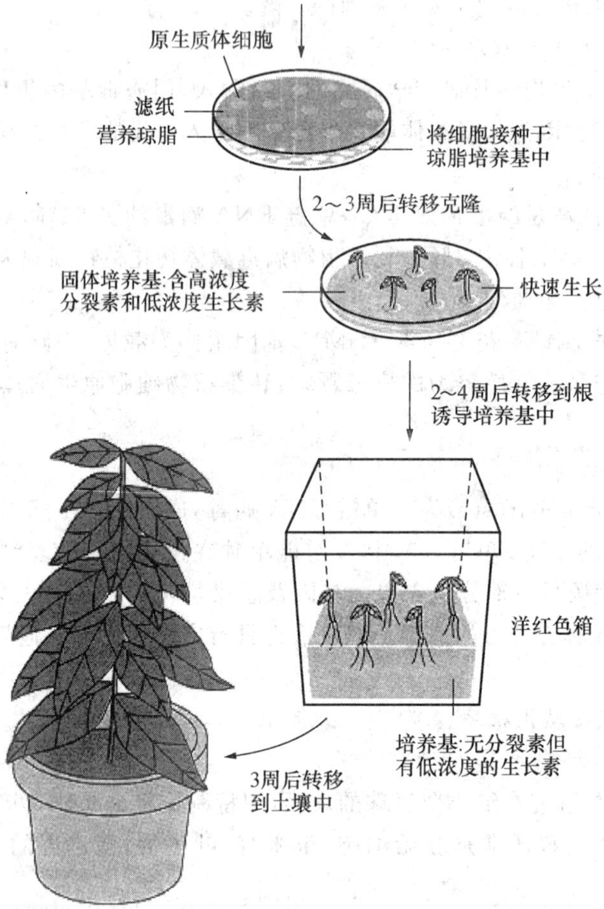

图 2-77　植物原生质体的再生程序

子情境五　转化体的筛选与鉴定

◆引言

在转化过程中，并非每个宿主细胞都能被转化，即使获得了转化的细胞，也并非每个细胞都含有目的基因，可能的情形有：

(1)转入了自身环化的载体分子。

(2)转入了一个载体与两个外源 DNA 形成的重组子。

(3)外源 DNA 以反方向插入到了载体中。因此转化实验后须在不同层次、不同水平上对重组子进行筛选，以区别转化体与非转化体、重组子与非重组子，以及鉴定所需的特异性重组子。

问题

1. 什么叫转化体?

2. 转化完成后，如何才能筛选并鉴定出含有目的基因的转化体呢?

工作任务

请根据实验室现有条件，对所转化的宿主细胞进行筛选并鉴定出含有目的基因的转化体。

信息获取

转化体(transformant)，又叫转化子，是指接受了外源遗传物质(如质粒 DNA 等)使遗传特性发生了改变的受体细胞，可以通过选择培养基等方法鉴定获得。

一、转化体筛选和鉴定方法

(一)根据重组子的遗传学特性筛选(平板筛选)

1. 抗生素平板筛选

克隆载体具有抗生素抗性基因，如：*Amp*、*Tet*、*Kan* 等。外源基因插入到抗性基因编码序列之外，获得的重组子转化入宿主细胞后，宿主细胞就具有了抗生素抗性，因而在含抗生素的培养基中，只有阳性重组子才能生长。

2. 插入失活(insertional inactivation)

若把外源 DNA 片段插入到载体的选择性标记基因之中从而使该基因失活，丧失其原有的表性特征，此方法叫插入失活，标记基因多为抗生素抗性基因。插入失活法是从不同的重组 DNA 分子获得的转化子中鉴定含有目的基因转化子(筛选)的主要方法。

外源 DNA 片段插入到位于筛选标记基因(抗生素基因或 β-半乳糖苷酶基因)的多克隆位点后，会造成标记基因失活，表现出转化子相应的抗生素抗性消失或转化子颜色改变，通过这些可以初步鉴定出转化子是重组子或非重组子。目前常用的是 β-半乳糖苷酶显色法即蓝白斑筛选法(见学习情境二之子情境三)和抗生素插入失活筛选法。

根据抗生素抗性基因插入失活原理而设计的插入失活法是重组体常用的筛选方法。如非重组的 pBR322 质粒 DNA 上的四环素抗性基因和氨苄青霉素抗性基因都是正常的，表型为 Amp^rTet^r，含有这种质粒的受体细胞可以在添加四环素和氨苄青霉素的双抗平板上生长。但如果在该质粒的四环素抗性基因编码序列内插入外源核苷酸片段，就会造成四环素抗性基因失活，变成 Amp^rTet^s，携带这种质粒的宿主细胞可以在氨苄青霉素平板上生长，而不能在四环素抗性平板上生长。

3. 插入表达

重组 DNA 转化到大肠杆菌寄主细胞后，如果外源基因能实现其功能性的表达，要分离此种克隆,最简便的途径是根据表型特征进行直接选择。该方法的基本原理是,外源基因能对突变体大肠杆菌寄主细胞发生体内抑制或互补效应,使寄主细胞表现出外源基因编码的表型特征。如筛选 λ 噬菌体重组体时,主要依赖重组 DNA 的大小及形成噬菌斑的能力,只有重组体 DNA 是野生型噬菌体 λDNA 的 75%~105%时,才能在培养平板上形成"清晰的噬菌斑",而单一噬菌体载体 DNA 不会被包装成活的噬菌体颗粒。对替换型 λ 噬菌体载体,经体外包装及转导后其能否形成清晰的噬菌斑,是一种可利用的选择标记。

(二)凝胶电泳检测法

质粒 DNA 的电泳迁移率与其分子质量大小成比例,因此带有外源 DNA 序列、分子质量相对较大的重组体 DNA 在凝胶中的迁移率,比不含外源 DNA 插入序列、分子质量相对较小的质粒 DNA 缓慢。根据这种差别即可容易地鉴定出哪些菌落是含有外源 DNA 插入序列、分子质量相对较大的重组质粒。

凝胶电泳筛选法比抗药性插入失活平板筛选更进了一步。对某些假阳性转化菌落,如携带自身环化的载体、未消化的载体、两个相互连接在一起的载体以及有两个外源 DNA 片段插入的载体等的菌落,用平板筛选法很难进行鉴别,但可以通过电泳法加以淘汰。这是因为从前两种假阳性转化菌落中分离出来的质粒 DNA 的分子大小各不相同,但和来自于阳性重组体的 DNA 分子相比,其 DNA 分子相对较小,在电泳场中的泳动率较大,在凝胶中的泳动距离大于阳性重组质粒载体 DNA 分子;相反,后两种重组 DNA 的分子较大,在凝胶中的泳动速率较小,其 DNA 条带的位置位于真阳性重组 DNA 带的后面(图 2-78)。所以,电泳法能筛选出携带外源 DNA 片段的阳性重组体。但如果插入的片段是大小相近的非目的基因片段,对这样的阳性重组体,电泳法就不能进行鉴别,这时只有用 Southern blot 杂交,才能最终确定真阳性重组体。

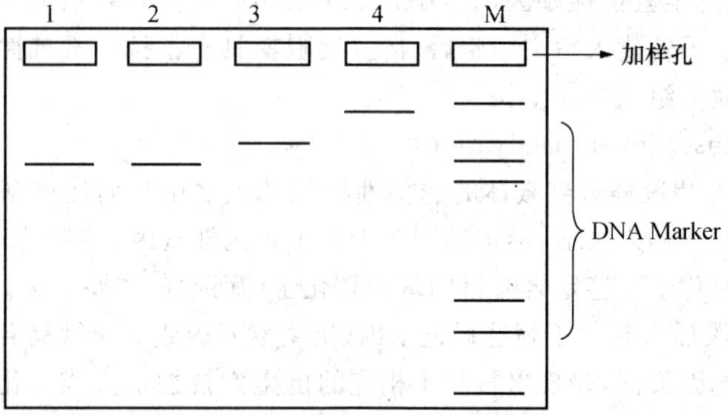

1.自身环化的载体DNA分子　2.未消化的载体DNA分子
3.携带有目的DNA片段的载体DNA分子　4.两个载体分子相连

图 2-78　凝胶电泳检测重组 DNA 分子示意图

在实际操作中通常一次制备 12 个不同菌落的溶菌样品,同时进行电泳分析。一个单菌落一般含有大量的质粒 DNA,这些载体 DNA 足以在菌体染色体 DNA 前面形成一条独立的清晰的电泳谱带。质粒 DNA 的电泳迁移率与其相对分子质量成比例,因此,那些带有外源 DNA 插入序列的、相对分子质量较大的重组体 DNA 在凝胶中的迁移速度,要比不含外源 DNA 插入序列、相对分子质量较小的质粒 DNA 的泳动要缓慢。根据这种差别,可容易地鉴定出哪些菌落是含有外源 DNA 插入序列且相对分子质量较大的重组质粒。

(三)PCR 法

如果已知插入 DNA 片段的某些序列,就可以通过 PCR 的方法进行鉴定。

(四)核酸序列分析

核酸序列分析也即核酸序列测定是指通过一定的方法确定 DNA 分子上核苷酸的排列顺序,确定 DNA 分子中 A、T、C、G 四种碱基的排列顺序。核酸序列测定的结果直接反映了转化子中有无目的基因的存在。

核苷酸序列分析的方法主要有 Maxam-Gilbert 化学降解法和 Sanger 双脱氧链终止法。这两种方法对 DNA 测序的原理不同,但都建立在高分辨率的变性聚丙烯酰胺凝胶电泳技术的基础上,将差别仅有一个核苷酸的单链 DNA 区分开来,其分离长度可达 300～500 bp。随着 DNA 测序技术的不断发展及其重要性的日益提高,DNA 序列分析已变得越来越简单快速,正朝着自动化和商品化的方向发展,从而极大地提高了 DNA 序列分析的速度及准确性。

1. Maxam-Gilbert 化学降解法

化学降解法是 Maxam 和 Gilbert 等于 1977 年创建的,用来测定 DNA 的序列。化学降解法是利用化学试剂在 A、G、C、T 处特异地降解 DNA 片段,产生一簇各种长度的短链(等差数列 $n=1$),经聚丙烯酰胺凝胶电泳和放射自显影后,可以直接读出 DNA 的顺序。

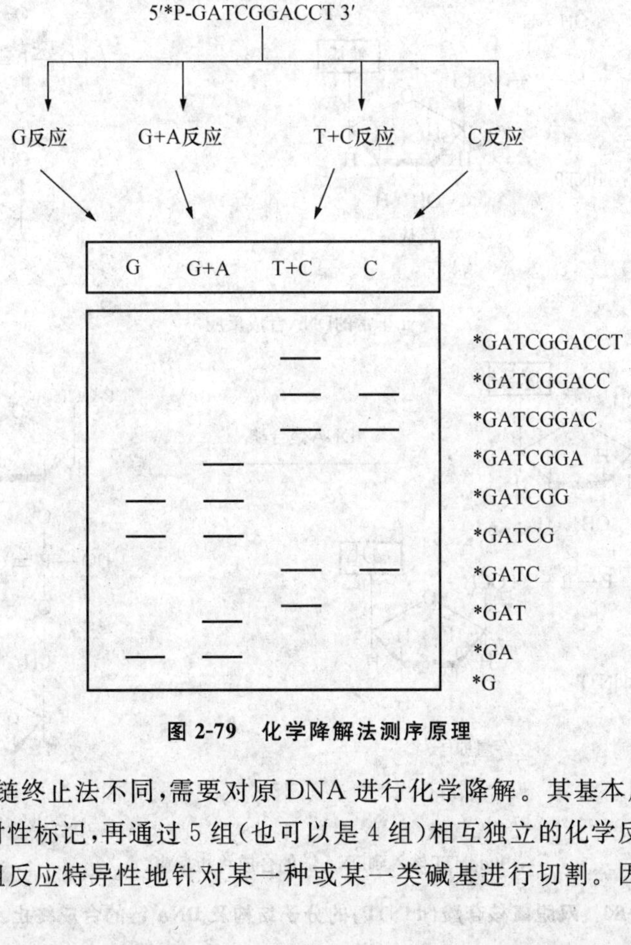

图 2-79　化学降解法测序原理

化学降解法与链终止法不同,需要对原 DNA 进行化学降解。其基本原理是,首先对待测 DNA 末端进行放射性标记,再通过 5 组(也可以是 4 组)相互独立的化学反应分别得到部分降解产物,其中每一组反应特异性地针对某一种或某一类碱基进行切割。因此,产生 5 组(或 4

组)不同长度的放射性标记的 DNA 片段,每组中的每个片段都有放射性标记的共同起点,但长度取决于该组反应针对的碱基在原样品 DNA 分子上的位置。此后各组反应物通过聚丙烯酰胺凝胶电泳进行分离,通过放射自显影检测末端标记的分子,并直接读取待测 DNA 片段的核苷酸序列。

2. Sanger 双脱氧链终止法

(1)基本原理

1977 年 Sanger 设计了一种通过 DNA 复制来识别 4 种碱基的方法,以此进行 DNA 序列的测定,即双脱氧链终止法。Sanger 法于 1980 年获得了诺贝尔化学奖。

其基本原理是:双脱氧核苷酸分子中脱氧核糖 3′-位置脱氧,由—OH 变成了—H。当它与其他正常核苷酸混合在同一个扩增反应体系中时,在 DNA 聚合酶的作用下,虽然它也能像正常核苷酸一样参与 DNA 合成,以其 5′-位置的磷酸基与上一个脱氧核苷酸 3′-位置的—OH 结合,但由于其自身 3′-位置—OH 的缺失,至使下一个核苷酸的 5′-磷酸基无法与之结合,如图 2-80 所示。

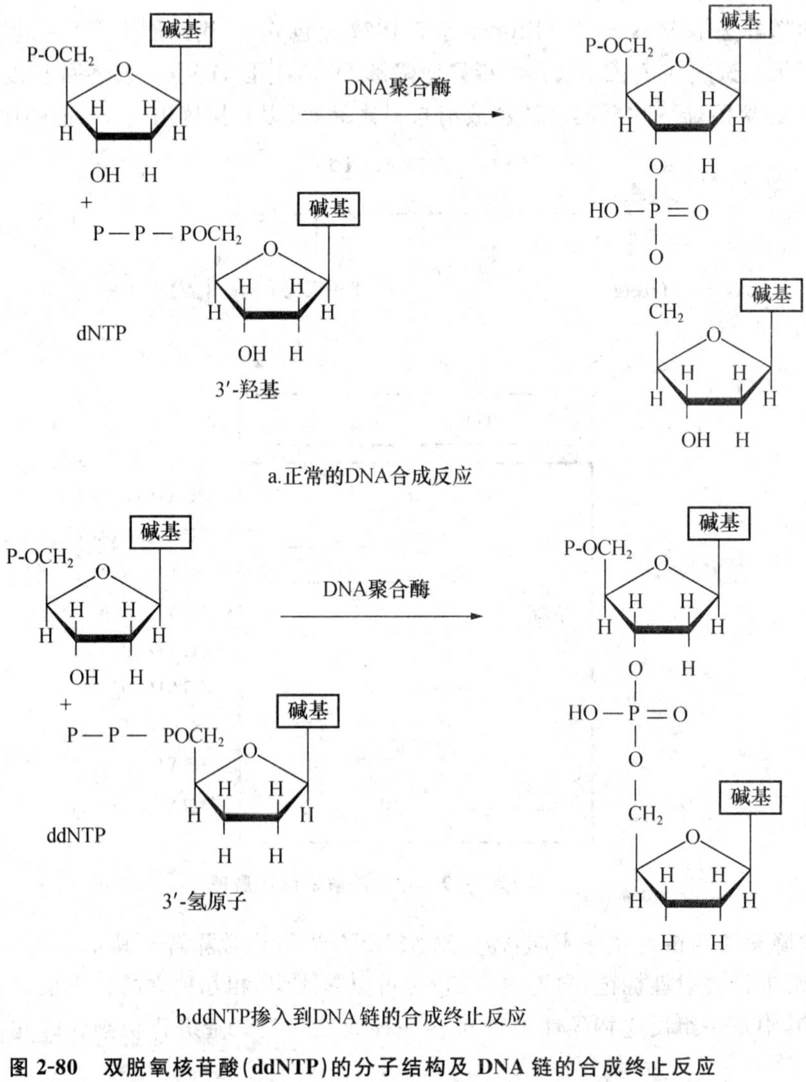

图 2-80 双脱氧核苷酸(ddNTP)的分子结构及 DNA 链的合成终止反应

(2)测序过程

基于双脱氧核苷酸的这种特性,Sanger 于 1977 年建立了以双脱氧链终止法为基础来测定 DNA 序列的方法。该方法以待测单链或双链 DNA 为模板,使用能与 DNA 模板结合的一段寡核苷酸为引物,在 DNA 聚后酶的催化作用下合成新的 DNA 链。正常情况下,DNA 聚合酶催化的反应在其反应体系中只含有四种脱氧核苷酸(dATP、dTTP、dCTP、和 dGTP),合成与模板 DNA 互补的新链。当这个反应体系中加入了一种经放射性同位素 ^{32}P 或 ^{35}S 标记的双脱氧核苷酸(* —ddATP 或 * — ddTTP * 或 — ddCTP 或 * — ddGTP)后,在 DNA 合成过程中,标记的 * —ddNTP(例如 * —ddATP)将与相应的 dNTP(例如 dATP)竞争掺入到新合成的 DNA 互补链中。如果是 dNTP 掺入其中,DNA 互补链则将继续延伸下去,如果是 * ddNTP 掺入其中,DNA 互补链的合成则到此终止。在第一个反应物中,ddATP 会随机地代替 dATP 参加反应,一旦 ddATP 加入到新合成的 DNA 链中,由于其 3′羟基变成了氢,所以不能继续延伸,所以第一个反应中所产生的 DNA 链都是到 A 就终止了;同理第二个反应产生的都是以 C 结尾的;第三个反应的都以 G 结尾,第四个反应的都以 T 结尾,电泳后就可以读出序列了。而双脱氧核苷酸的掺入是随机的,故各个新生 DNA 片段的长度互不相同,过程如图 2-81 所示。扩增所得的四组混合物全部平行地点样到变性聚丙烯酸凝胶上进行电泳,每组制品中的各个组分将按其链长的不同得到分离,从而制得相应的放射性自显影图谱。从所得图谱即可直接读得 DNA 的碱基序列。

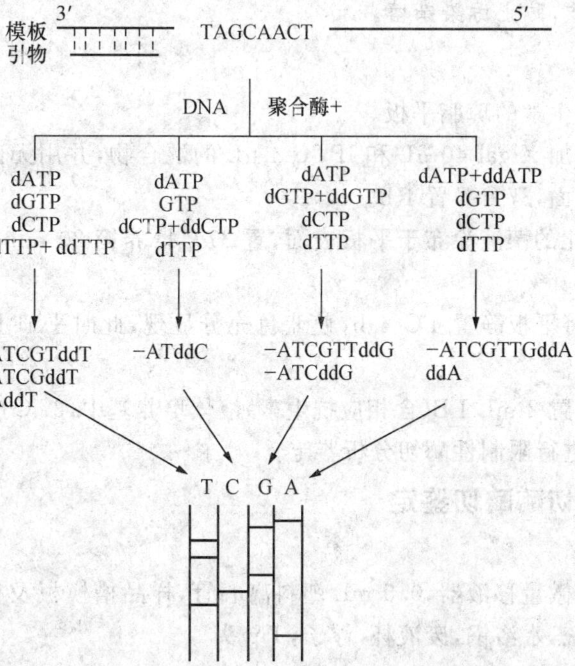

图 2-81　双脱氧链终止法测序原理示意图

二、应用举例

(一)蓝白斑筛选重组体

【原理解析】

适用于含有半乳糖苷酶基因(*LacZ*)的载体,如 pUC 系列等。其原理是:此类载体含有

LacZ 的调控序列和 N 端 146 个氨基酸的编码信息，在这个编码区中插入了一个多克隆位点。当这种载体进入可编码 β-半乳糖苷酶 C 端部分序列的宿主细胞后(质粒和宿主细胞编码的片段都没有酶活性)，它们可以融为一体，形成具有酶学活性的蛋白质，这种现象叫 α-互补。由 α-互补而产生的 Lac^+ 细菌在呈色底物 5-溴-4-氯-3-吲哚-β-半乳糖苷(X-gal)和诱导剂异丙基硫代-β-*D*-半乳糖苷(IPTG)存在下形成蓝色菌落。当外源 DNA 插入到质粒的多克隆位点后，导致产生无 α-互补能力的氨基端片段。因此，带有重组质粒的细菌形成白色菌落。通过呈色反应即可初步识别可能带有重组质粒的菌落。经小量制备质粒 DNA 进行限制酶切分析，可确定这些质粒的结构。

【实验试剂】

①X-gal(20 mg/mL)：将 20 mg X-gal 溶于 1 mL 二甲基甲酰胺中，－20℃避光保存。

②IPTG(200 mg/mL)：将 1 g IPTG 溶于 4 mL 去离子双蒸水中，定容至 5 mL，用 0.22 μm 过滤除菌，－20℃保存备用。

【操作步骤】

温馨提示

A. 实验所用的玻璃器皿，微量吸及 Eppendorf 管等，应进行高压消毒。

B. 注意无菌操作，防止污染杂菌。

①制备含相应抗生素的琼脂平板。

②于平板表面滴加 X-gal 40 μL 和 IPTG 4 μL 的混合物，并用无菌玻璃涂布器将试剂均匀涂布于整个平板表面，37℃静置 1 h。

③将 100 μL 转化的菌液涂布于平板表面，置 37℃培养箱 20 min 后，倒置平板继续培养 12～16 h。

④中止培养后，将平板静置 4℃ 4 h，使蓝色充分显现，此时平皿上显示蓝色和白色两种菌落。

⑤挑取白色菌落置 2 mL LB(含相应抗生素)液体培养基中，37℃摇床培养 8～12 h。

⑥提取质粒，并进行限制性酶切分析鉴定。

(二)限制性内切酶酶切鉴定

【实验器材】

电泳仪，电泳槽，微量移液器，0.5 mL 塑料离心管，样品槽模板及梳子，三角瓶，一次性塑料手套，凝胶成像系统，水浴锅，废液杯，浮子，Tip 头

【实验试剂】

LB 培养基(加抗生素)，质粒提取用试剂，限制性内切酶及其缓冲液，氨苄青霉素，染料，Marker，电泳缓冲液，上样缓冲液，去离子水

【操作方法与步骤】

①取无菌三角瓶，各加入 20 mL LB 液体培养基(含 50 μg/mL 氨苄青霉素)，用记号笔标好编号。

②在超净工作台中用灭过菌的接种环挑取一个白色转化菌落，然后将菌落接种到含有 LB

培养基的三角瓶中。用此法随机取若干个白色菌落，分别装入其他三角瓶中。

③37℃摇菌过夜后，用碱裂解法分别提取其中质粒。管中剩余菌液保留在4℃冰箱备用。

④酶切反应体系：

重组质粒	10 μL
10×Buffer	2 μL
ddH_2O	6 μL
Hind Ⅲ	1 μL
Kpn Ⅰ	1 μL
总体积	20 μL

⑤将上述试剂从大到小依次加入到0.2 mL离心管中，混匀，离心10 s。

温馨提示

A. 限制性内切酶需保存于－20℃，操作时应将酶液置于冰浴中，避免长时间置于高温中失活。

B. 限制性内切酶溶液通常含有50%甘油，加入反应管后，因密度较大，往往沉淀至溶液底部，所以要充分摇匀。

C. 加样时吸头垂直进入试剂管，避免碰到管壁，每加完一样要换一个吸头，吸头插入不可过深，同时在已加的样品前做个记号以防止错加或漏加，避免污染。

D. 酶(置于冰盒上)应最后加入，尽量减少与室温接触机会。

⑥置37℃下反应4 h。

温馨提示

酶解消化反应温度及时间根据该酶使用说明书而定。

⑦琼脂糖电泳检测酶切结果。

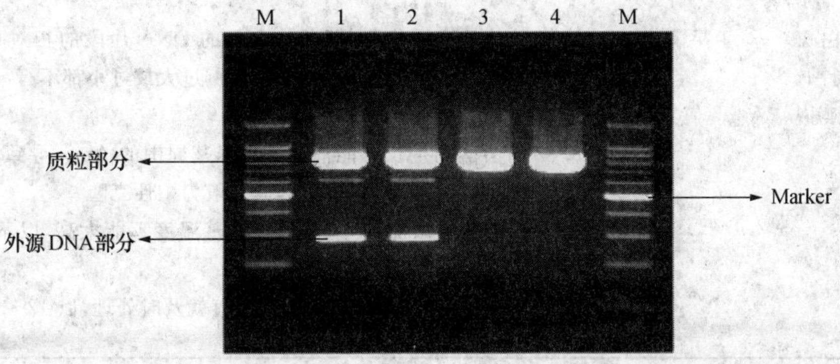

图 2-82　酶切结果图

三、转化体筛选与鉴定中出现的常见问题及处理方案

表 2-13 转化体筛选与鉴定中出现的常见问题及处理方案

问题	可能原因	处理方案
限制性内切酶法筛选中未发现目标带	未切开阴性结果	1. 限制性内切酶失活 2. DNA 连接酶用量与 DNA 片段的性质有关,连接平齐末端,必须加大酶量,一般使用量是连接黏性末端酶量的 10～100 倍
蓝白斑筛选中,白斑多但却没有阳性克隆	假阳性	1. 检查质粒载体和目的片段的连接情况,避免载体自连的发生 2. 检查载体的酶切位点,排除酶切位点不存在等设计问题 3. 控制好转化的时间和温度
蓝白斑筛选中出现很多浅蓝色菌斑	假阴性	在实际操作中发现,当插入小片段 DNA 时,重组子也有形成浅蓝斑的情况,即蓝色菌斑也有可能含外源基因。此时可用牙签挑取浅蓝色菌落,进行 PCR 扩增,同时设立阳性、阴性和空白对照。阳性对照为经测序确认含有相同大小插入片段的重组菌落,阴性对照为经测序确认不含插入片段的空载质粒菌落,空白对照为不加模板的 PCR 反应体系。PCR 扩增产物通过非变性 PAGE 条带分析,判断浅蓝色菌落是否为重组子
全是白斑,没有蓝斑		1. 可能是 Ampicillin 失效,使非抗性的菌种也生长出来。应该确定 Ampicillin 平板没有问题,并在 2 周之内使用完毕;用一个加抗生素、一个不加抗生素的平板做对照,用抗生素敏感菌种做进一步鉴定 2. 做空载背景对照,检查平板是否适合做蓝白斑筛选 3. 做转化之前,用 PCR 检测连接产物,确定是否连接成功,或者是否存在载体自连,这样就可提前减少假阳性的可能性 4. 用牙签挑取白色菌落,进行 PCR 扩增,同时设立阳性、阴性和空白对照。阳性对照为经测序确认含有相同大小插入片段的重组菌落,阴性对照为经测序确认不含插入片段的空载质粒菌落,空白对照为不加模板的 PCR 体系。PCR 扩增产物通过非变性 PAGE 分析,确定是否为重组菌。
蓝斑较大,白斑很小附在周围,还有蓝白镶嵌的斑	卫星菌落	1. 连接体系还需优化,即载体和目的 DNA 片段的相对比例必须适中,才会产生一定数量的转化子,比例过大或过小都不行 2. 可能是 Ampicillin 失效 3. 中间菌落的生长可能消耗了培养基周围的 Amp,导致了卫星菌落的出现,可小心挑取中间菌落,其一般为阳性克隆 4. 往培养基中添加抗生素时,培养基温度不能太高,以不烫手为宜,防止抗生素失效 5. 培养时间不宜过长,出现阳性菌落就及时处理,以 12～16 h 为宜。

◈工作实施

本实验实行分组教学,一个工作小组 5 人。教师可根据每一位同学的工作兴趣,分别确定

选择限制性内切酶法和蓝白斑筛选法筛选和鉴定转化体的学生数(附表 42),最后综合实验对象和实验方法两个因素协调进行分组实验(附表 43)。

分组完毕后学生即开始后续的工作(附表 44)。

◈检查与评价

一、检查

完成附表 45 的考核内容。

二、评价

任务结束后,参考附表 46A、附表 46B 和附表 47 中评价内容对各小组的工作过程和工作结果进行分析评价。

◈分析与思考

1. 影响限制性内切酶酶切的因素有哪些?在使用工具酶时应注意些什么?

2. 蓝白斑筛选中,蓝色菌落最有可能含有重组子?还是白色菌落最可能含有重组子?为什么?

3. 利用 α-互补现象筛选带有插入片段的重组克隆的原理是什么?

◈拓展与链接

报告基因

报告基因是某种生物的特定基因,装配在载体上成为载体结构的一部分,具有指示的功能。与抗药性基因相比较,报告基因作为筛选标记具有更高的灵敏度和准确性,在基因操作中意义重大。

报告基因的表达产物易被检测,受体细胞本身没有这种内源性产物。通过快速测定,"报告"外源基因是否已经重组到载体中,判断外源基因是否已成功地导入宿主细胞(器官或组织),或者在宿主细胞中是否得以表达。细胞内报告基因的产物常作为直接观察载体活动的指示分子。把已知的调控元件连接到报告基因上,控制后者的转录活性,对细胞中基因调控和表达的变化作出应答反应,从而直观地"报告"细胞内有关基因表达的信号传递。

在基因操作实验中,选用何种报告基因依赖于所使用的受体细胞和实验的目的,以及相应检测方法的应用。选择报告基因的依据包括:

①报告分子(报告基因的产物)应不存在于原有宿主细胞中,或者易与内源性基因产物相区别。

②报告分子应该有一个简单、快速、灵敏及经济的分析方法来检测。

③启动报告分子的表达应有很宽的信号范围,以便分析启动子活性的幅度变化。

④报告基因的表达必须不改变受体细胞本来的生理活动。

学习情境三　基因表达

学习目标

1. 能根据表达产物的特性及用途，选择合适的表达载体；
2. 能独立、熟练完成连接体系构建、转化实验操作过程；
3. 制定重组体筛选方案并执行之；
4. 能采取正确途径获取目的基因高效表达之条件并能满足之；
5. 与小组成员共同制定表达产物纯化与鉴定方案；
6. 能将实验室安全意识贯穿于整个实验操作过程中；
7. 清场工作认真、主动、科学。

学习内容

1. 解读分析常用表达载体图谱；
2. 选用有效的重组体筛选方法；
3. 优化目的基因高效表达的条件；
4. 表达产物的鉴定与初步纯化；
5. 聚丙烯酰胺凝胶电泳的原理、体系组成、结果分析。

具体见下图：

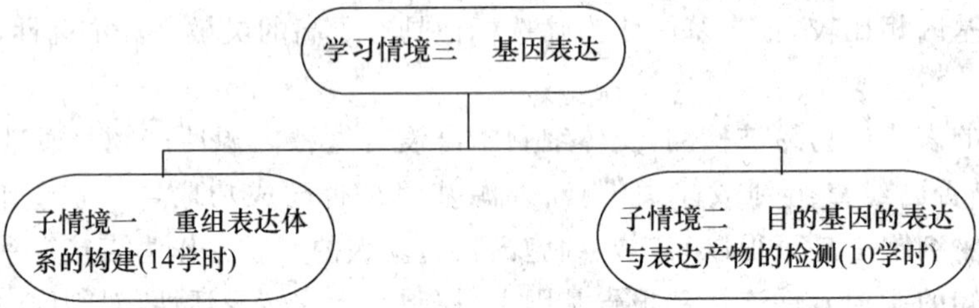

建议学时数

24 学时

子情境一　重组表达体系的构建

◈引言

随着生物技术的发展，基因工程已经开始在医药生产、疾病治疗中获得了较为广泛的应用，利用大肠杆菌来生产生物活性蛋白具有低成本、高效率、短周期的特点，目前正在逐渐形成产业化规模。但是在利用大肠杆菌表达外源基因产物的研究和生产过程中，往往会遇到许多困难，有许多因素会不同程度地影响外源基因的高效表达。要使外源基因在大肠杆菌中稳定、高效地表达，就涉及到表达体系的合理构建。那么：

问题

1. 重组表达体系是由哪些要素构成的呢？
2. 研究工作中如何构建重组表达体系？
3. 怎样的重组表达体系才能实现外源基因的稳定高效表达呢？

工作任务

请根据目的基因的结构特性，将目的基因与表达载体进行有效连接，并将其转化入适宜的感受态细胞中。

信息获取

基因表达是指基因的遗传信息经过转录、转译等极其复杂的生物化学反应，最终产生具有生物功能的蛋白质过程，即 DNA→RNA→蛋白质。基因的表达主要涉及转录和翻译两个过程。外源基因表达是基因操作的重要内容，也是工业、医疗和基础研究领域的重要技术。基因表达系统按照基因表达宿主的性质分为原核表达系统和真核表达系统两类，前者主要包括大肠杆菌表达系统和枯草杆菌表达系统，后者主要包括酵母表达系统、昆虫细胞表达系统和哺乳动物细胞表达系统等。

原核表达系统以大肠杆菌表达系统为代表，大肠杆菌是迄今为止研究得最为详尽的生物。作为一种成熟的基因克隆表达受体，大肠杆菌广泛应用于分子生物学研究的各个领域。由于大肠杆菌繁殖迅速，培养代谢易于控制，遗传背景清楚，成本低，利用 DNA 重组技术构建大肠杆菌工程菌，以规模化生产真核生物基因尤其是人类基因的表达产物，具有重大的经济价值。目前已经实现商品化的基因工程产品中，大部分是由重组大肠杆菌生产的。这个表达系统的缺点主要是蛋白质翻译后加工机制的缺乏，如二硫键的形成、蛋白的糖基化以及正确折叠。

真核生物表达系统以酵母表达系统为代表，其中甲醇酵母具有较大优势（主要包括毕赤酵母和汉森酵母）。甲醇酵母表达系统主要优点有：表达量高，表达可诱导，糖基化机制接近高等真核生物，分泌蛋白易纯化，容易实现高密发酵等。缺点是并非所有基因都可获得高表达，当然这是几乎所有表达系统的共同问题。

除了要选择合适的表达系统以外，构建合理高效的重组表达体系也至关重要。表达载体是在克隆载体的基本骨架基础上增加表达元件（如启动子、核糖体结合位点、终止子等），使组装的外源基因能在受体细胞中进行有效表达。表达载体构建难度较大，需要一个强启动子及其两侧的调控序列，在目的基因表达时需有正确的阅读框架，不能发生读框移位（frame shift）。对于原核表达系统还要求在 SD 序列和起始密码子 AUG 之间有合适的距离。表达载体不仅要能保证克隆所需的结构要求、重组 DNA 分子的转移及复制，而且还得使外源基因能在受体细胞中进行有效转录和正确翻译，并合成理想的功能性蛋白。因此在构建原核细胞理想的表达载体时，必须考虑多个因素，如选择适宜宿主菌、最优的调控序列、强启动子、全程的核糖体结合位点、载体质粒的拷贝能力及稳定性、合成蛋白的表达形式和分泌形式（分泌型/包涵体）、蛋白的性质和稳定性。

下面以目前研究最为详尽、应用最为广泛的大肠杆菌重组表达体系为例，对影响外源基因在大肠杆菌中有效表达的各个调控元件和各种类型的表达载体进行阐述。

一、外源基因在大肠杆菌中表达的调控元件

原核生物高效表达真核基因，涉及强化蛋白质生物合成、抑制蛋白质产物降解、维持或恢复蛋白质特异性空间构象三个方面的因素。其中强化异源蛋白的生物合成主要归结于外源基因拷贝数、基因转录水平、mRNA 翻译速率的时序性控制，而这种控制又是在重组 DNA 分子构建过程中通过相应表达调控元件的精确组装来实现的。

1. *启动子*

启动子是启动基因转录所必需的一段 DNA 顺式调控元件，位于转录起始点上游，是 DNA 链上一段能与 RNA 聚合酶特异结合并启动 mRNA 合成的序列。真核基因在原核细胞中表达必须使用原核启动子。原核启动子是由两段高度保守、彼此分开的核苷酸序列组成：一个是位于转录起始点上游 10 bp 处的 TATAAT 序列，常称为 pribnow box，又称－10 区，这是与 RNA 聚合酶核心酶结合的位点。另一个是保守序列位于起始点上游 35 bp 处，又称－35 区，常见序列为 TTGACA，它是与 RNA 聚合酶的 σ 亚基相结合的部位（见图 3-1）。当 RNA 聚合酶与上述两个部位正确结合以后，转录便开始进行。

启动子是控制外源基因转录的重要元件，在一定条件下，mRNA 的生成速率与启动子的强弱密切相关，而转录又在很大程度上影响基因的表达。大肠杆菌启动子的强弱取决于启动子本身的序列，尤其是－10 区和－35 区两个六聚体盒的碱基组成以及彼此间隔的距离，同时也与启动子和外源基因转录起始位点之间的距离有很大关系。

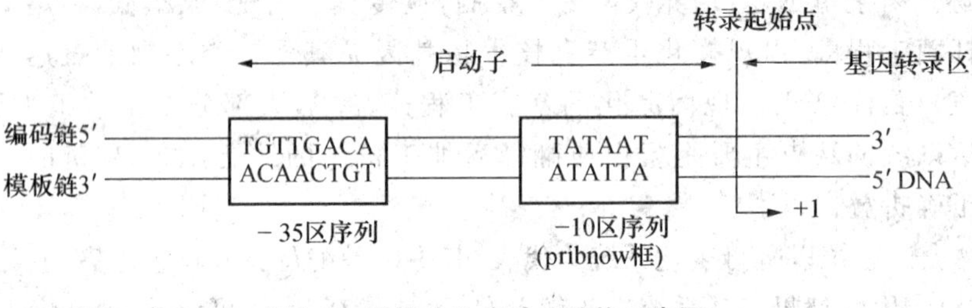

图 3-1　原核生物启动子结构示意图

当真核基因在原核细胞中有效表达时，只有将外源基因克隆在原核强启动子的下游，由原核 RNA 聚合酶识别原核启动子后，才能带动真核基因在原核细胞中高效转录。目前在表达型载体上应用最为广泛的大肠杆菌天然启动子有四种：即 P_{lac}、P_{trp}、P_{L}、P_{recA}，它们分别来自乳糖操纵子、色氨酸操纵子、λ 噬菌体早期操纵子、*recA* 基因，其－10 区和－35 区的保守序列并非完全相同（表 3-1），而且它们的相对强弱差别也较大。因此为了获得更强的启动子，除了从基因组 DNA 上进行筛选外，还可利用已知的启动子重新构建新的杂合启动子，以满足不同外源基因的表达要求。

由 P_{trp}－35 区序列和 P_{lac}－10 区序列重组而成的杂合启动子 P_{tac}，其相对强弱分别是 P_{trp} 的 3 倍和 P_{lac} 的 11 倍。在某些情况下，两种相同启动子的同向串联也可大幅度提高外源基因的表达水平，如双 P_{lac} 启动子的强度大约是单 P_{lac} 启动子的 2.4 倍，但这些结果与所控制的结构基因的性质密切相关。

表 3-1　大肠杆菌典型启动子的保守序列

启动子	保守序列	
	-35 区	-10 区
	TTGACA	TATAAT
P_L	TTGACA	GATACT
P_{recA}	TTGATA	TATAAT
P_{trp}	TTGACA	TTAACT
P_{lac}	TTTACA	TATAAT
P_{tac}	TTGACA	TATAAT

2. 终止子

基因终止是标记转录应该停止的位点，是位于一个基因编码区下游提供终止信号的DNA序列，它可被RNA聚合酶识别并发出停止mRNA合成的信号，通常终止信号是一小段DNA片段。现已发现某些基因进行转录时，当达到一定位点后，转录作用便自行终止，这种与终止作用有关的DNA序列称为终止子(terminator)。原核生物的终止子可分为两类：一类是不依赖蛋白质辅助因子而实现终止作用，又称强终止子；另一类是依赖蛋白质辅助因子才能实现终止作用，又称为弱终止子。外源基因在强启动子的介导下表达，容易发生转录过头现象，即RNA聚合酶滑过终止子结构继续转录载体上邻近的DNA序列，形成长短不一的mRNA混合物。过长转录物的产生不仅影响mRNA的翻译效率，同时也使外源基因的转录速度大幅度降低。首先，转录产物过长，RNA聚合酶转录一分子mRNA所需的时间就相应增加，使外源基因的转录效率下降；其次，如果外源基因下游紧邻载体上的其他重要基因或DNA功能区域(如选择性标记基因或复制子结构等)，RNA聚合酶在此处的转录可能干扰载体的复制及其他生物功能，甚至导致重组载体的不稳定性；再次，转录过长的mRNA往往会产生大量无用的蛋白质，增加工程菌的能量消耗；最后也是最为严重的是，过长的转录物往往不能形成理想的二级结构，从而大大降低外源基因编码产物的翻译效率。因此，重组表达载体的构建除了要安装强启动子以外，还必须注意强终止子的合理位置。目前在外源基因表达质粒载体上常用的终止子是来自大肠杆菌rRNA操纵子上的*rrnT*1*T*2以及T7噬菌体DNA上的$T\varphi$。

3. 核糖体结合位点(RBS)

外源基因在大肠杆菌中的高效表达不仅取决于转录启动频率，而且在很大程度上还与mRNA的翻译起始效率密切相关。大肠杆菌细胞中结构不同的mRNA分子具有不同的翻译效率，它们之间的差别有时可高达数百倍。mRNA的翻译起始效率主要由其5′端的结构序列所决定，称为核糖体结合位点(RBS)，它包括四个特征的结构要素：

(1)位于翻译起始密码子上游的6～8个碱基序列

5′-UAAGGAGG-3′，即Shine-Dalgarno(SD)序列。它通过与大肠杆菌核糖体小亚基中的16S rRNA 3′端序列3′-AUUCCUCC-5′互补，将mRNA定位于核糖体上，从而启动翻译。通常，mRNA与核糖体的结合程度越强，翻译的起始效率就越大，而这种结合程度主要取决于SD序列与16S rRNA的碱基互补性，其中以GGAG 4个碱基序列尤为重要。对多数基因而言，这4个碱基中任何一个换成C或T，均会导致翻译效率大幅度降低。

(2)翻译起始密码子

大肠杆菌绝大部分基因以 AUG 作为翻译起始密码子，但有些基因也使用 GUG 或 UUG。大肠杆菌的起始 tRNA 分子可同时识别 AUG、GUG、UUG 三种密码子，但其识别频率并不相同，通常 GUG 为 AUG 的 50%，而 UUG 只及 AUG 的 25%。

(3)SD 序列与翻译起始密码子之间的距离及碱基组成

实验结果表明，SD 序列后面的碱基若为 AAAA 或 UUUU，翻译效率最高；而 CCCC 或 GGGG 的翻译效率则分别是最高值的 50%和 25%。紧邻 AUG 的前 3 个碱基对翻译起始也有影响，对大肠杆菌 β-半乳糖苷酶的 mRNA 而言，在这个位置上最佳的碱基组合是 UAU 和 CUU，如果用 UUC、UCA 或 AGG 取代之，则该酶的表达水平降低 20 倍。SD 序列与起始密码子之间的精确距离保证了 mRNA 在核糖体上定位后，翻译起始密码子 AUG 正好处于核糖体中的 *P* 位(图 3-2)，这是翻译启动的前提条件。在很多情况下，SD 序列位于 AUG 之前大约 7 个碱基处，在此间隔中少一个或多一个碱基，均会导致翻译起始效率不同程度的降低。

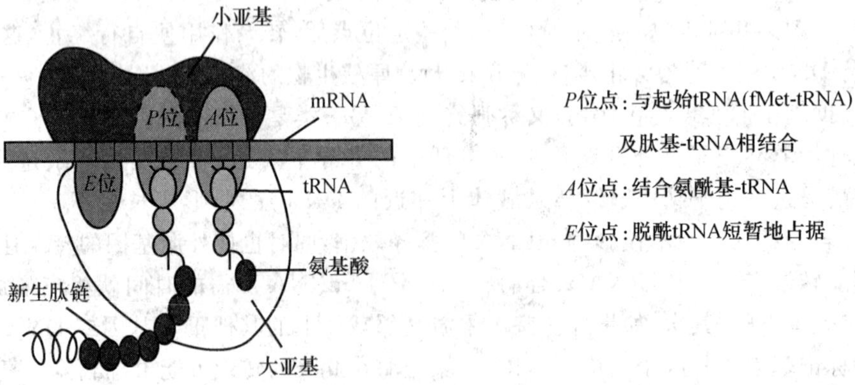

图 3-2　核糖体上的功能区域

(4)基因编码区 5′端若干密码子的碱基序列

mRNA 5′端非编码区自身形成的特定二级结构能协助 SD 序列与核糖体结合，任何错误的空间结构均会不同程度地削弱 mRNA 与核糖体的结合强度。由于真核生物和原核生物的 mRNA 5′端非编码区结构序列存在很大差异，因此，要使真核生物基因在大肠杆菌中高效表达，应尽量避免基因编码区内前几个密码子碱基序列与大肠杆菌核糖体结合位点之间可能存在的互补作用。

目前广泛用于外源基因表达的大肠杆菌表达型质粒上，均含有与启动子来源相同的核糖体结合位点序列。例如所有含 P_{Lac} 启动子以及由其构建的杂合启动子的质粒，均使用 *LacZ* 基因的 RBS。在一般情况下，这一序列能够高效表达多数真核生物基因，但应当指出的是，如果在排除了转录效率低下和表达产物不稳定等因素之后，外源基因的表达效果仍不理想，可以考虑修饰或更换核糖体结合位点序列，其中最为重要的是 SD 序列及其与起始密码子之间的间隔长度，因为对于相当一部分外源基因而言，*LacZ* 的 RBS 并非是最佳选择。

二、原核表达载体的类型

在原核表达系统中表达外源基因，目前有多种载体可供选择，但对重组质粒的基本要求是既要有较高的拷贝数又能在菌体内稳定存在。大体可分为四种类型：即①非融合型表达载体；②分泌型表达载体；③融合蛋白表达载体；④包涵体型表达载体。

非融合蛋白是指不与载体的任何蛋白或多肽融合在一起的表达蛋白，非融合蛋白的优点是其具有真核生物体内蛋白的结构，功能接近于生物体内天然蛋白质，但非融合蛋白最大的缺点是易被细菌蛋白酶破坏。融合蛋白则是指蛋白质的 N 端由原核 DNA 序列（如 β-半乳糖苷酶基因部分序列）或其他序列（拼接的 DNA 序列）编码，C 端由目的基因的完整序列编码。这样产生的融合蛋白 N 端多肽能抵御和避免细菌内源性蛋白酶降解，使 C 端真核蛋白不被分解仍保留完整的蛋白活性，但融合表达不利于目的蛋白的分离与纯化，有时可通过构建信号肽以便于外源蛋白被分泌到胞外，也可接上具协同效应的蛋白基因，使二者的阅读框架一致，保证目的基因的翻译相位不发生错位，这样产生的融合蛋白具有更强的生物学活性。

1. 非融合型表达载体 pKK223-3

由 Brosius 等在哈佛大学的 Gilbert 实验室组建。在大肠杆菌细胞中，它能高水平地表达外源基因，这个载体由 pBR322 构建，包括一个 P_{tac} 杂合强启动子、操纵子和 SD 序列。此外还包括 pUC18 的多接头位点（polylinker），它可使目的基因易于定位在启动子和 SD 序列后。在多克隆位点下游的一段 DNA 序列中，还包含一个很强的 rrnB rRNA 转录终止子，作用是为了稳定载体系统（图 3-3）。使用此质粒载体时，应相应使用 *Lac* Ⅰ宿主，例如 JM105。在大肠杆菌 JM105 中，此载体的启动基因被阻遏，但在适当时候，加入 IPTG 可解除阻遏。

2. 分泌型表达载体 pIN Ⅲ系统

这个载体系统带有大肠杆菌中很强的启动子——脂蛋白基因（*IPP*）的启动子。在启动子的下游装有 *Lac* UV-5 的启动子及操纵基因，这个质粒上还包括 *Lac* 阻遏基因（*Lac* Ⅰ）和大肠杆菌分泌蛋白基因——外膜蛋白基因（*Ompa*，编码信号肽序列）。信号肽编码序列下游是人工合成的多克隆位点，其中包含 *Eco*R Ⅰ、*Hin*d Ⅲ和 *Bam*H Ⅰ 3 个酶切位点。为了使目的基因的阅读框架都可在克隆位点上和信号肽密码子阅读框架正确衔接，因此分别合成适用于 3 种密码子阅读框架的多克隆位点，这些载体分别称为 pIN-ompA1、pIN-ompA2 和 pIN-ompA3（图 3-4）。表达产物通过胞膜被准确加工后，分泌到细胞间隙或培养液中，有利于蛋白正确结构的形成。

3. 融合蛋白表达载体 pGEX 系统

融合蛋白表达载体 pGEX 系统包括多种载体：pGEX-2T，pGEX-3X 和 pGEX-4T-1 等。载体含有 *tac* 启动子、*Lac* 操纵基因、SD 序列、*Lac* Ⅰ阻遏蛋白基因等（图 3-5）。这类载体的特殊之处在于 SD 序列的下游是谷胱甘肽巯基转移酶基因，克隆的外源基因能与这个酶基因相连接。其基因表达产物为谷胱甘肽巯基转移酶和目的基因的融合体。pGEX 载体系统具有许多优点：表达产率高，融合蛋白纯化方便，使用凝血酶和 Xa 因子就可从融合蛋白中切下所需要的蛋白和多肽链等。

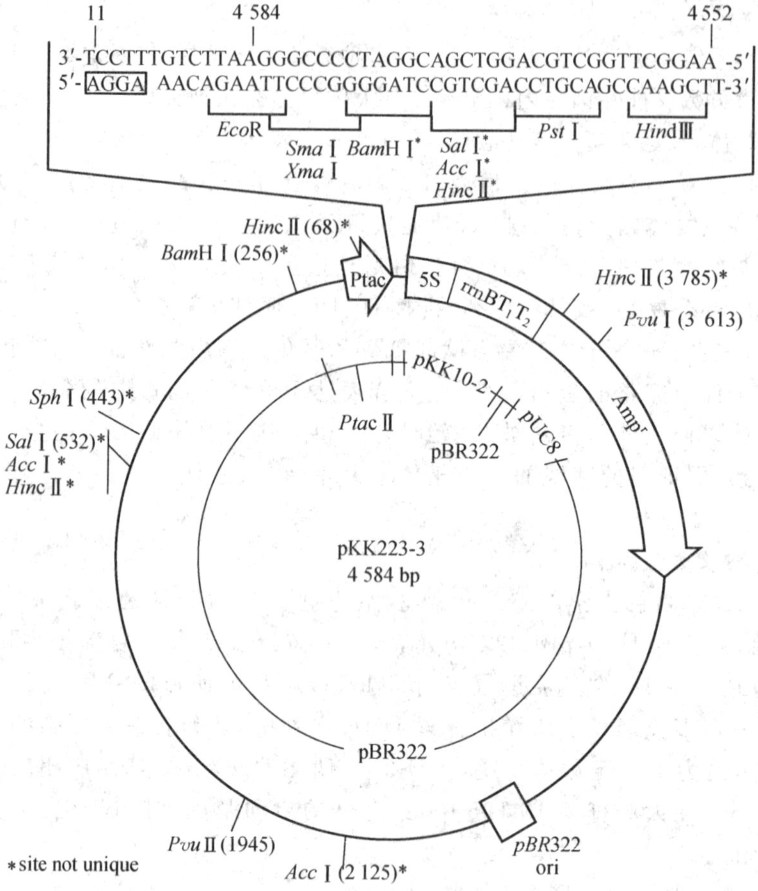

图 3-3 pKK223-3 表达载体结构图

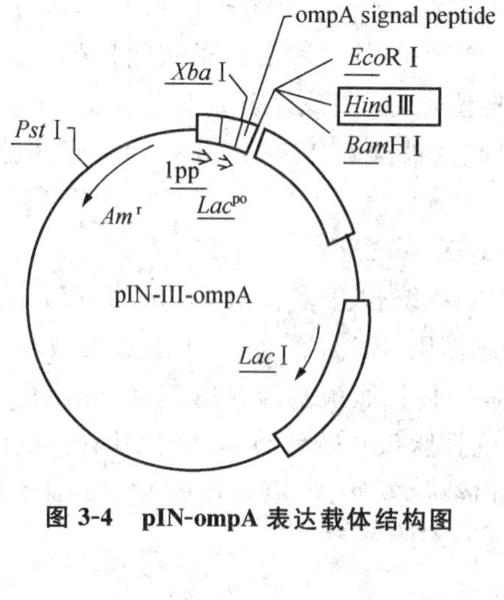

图 3-4 pIN-ompA 表达载体结构图

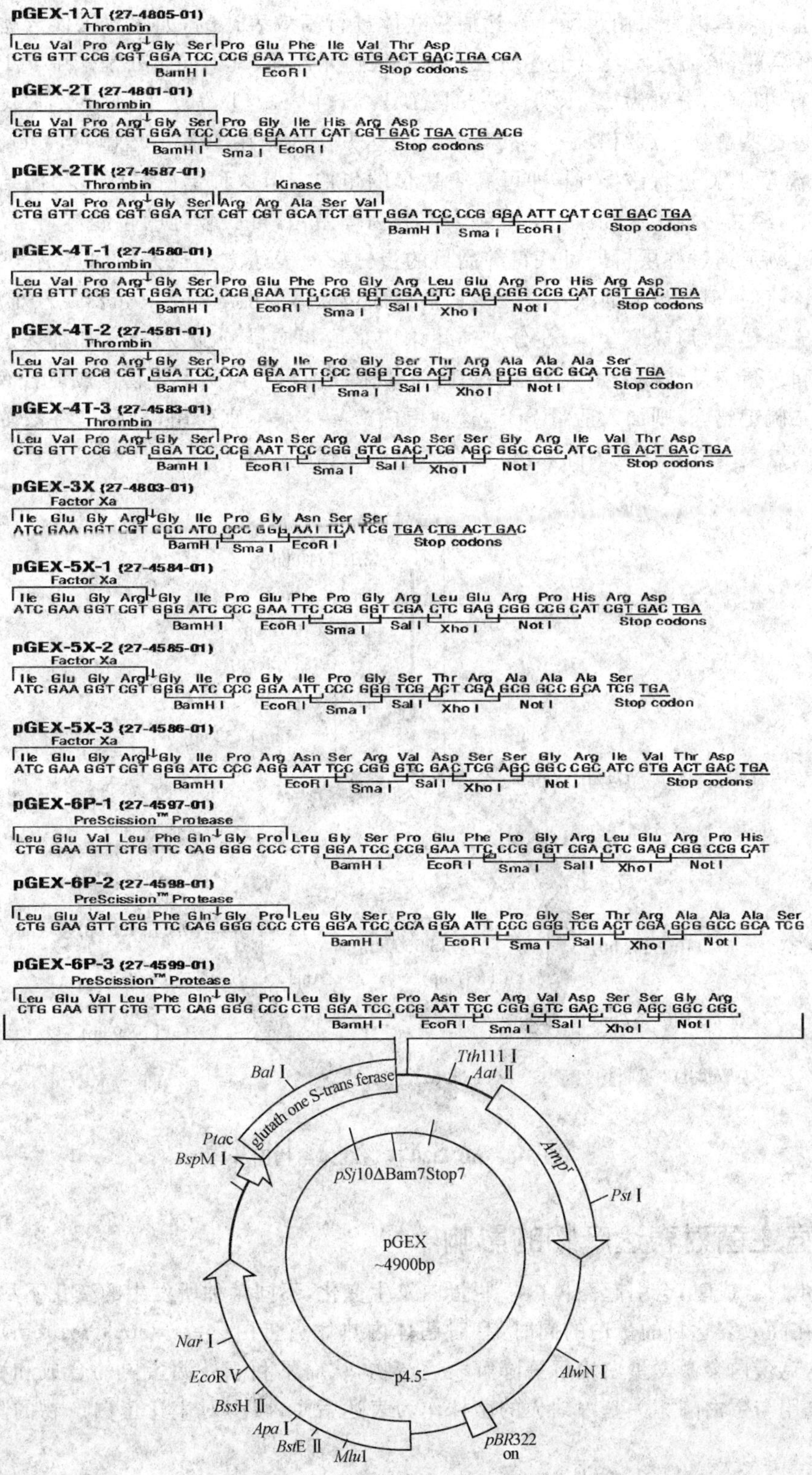

图 3-5　pGEX 系列表达载体结构图

4. 包涵体表达载体

目前有许多基因是采用包涵体表达质粒载体进行高效表达的，如由我国侯云德教授构建的 pBV220 质粒，该质粒除具有上述质粒通用的构建元件外，其不同之处是采用 P_RP_L 启动子，并有多聚酶切位点，分别为 *Eco*R Ⅰ，*Sna* Ⅰ，*Bam* H Ⅰ，*Sal* Ⅰ，*Pst* Ⅰ，*Hin*d Ⅲ（图 3-6）。目的基因通过这些酶切位点组装后，其转化子的表达方法为先在 30℃下增菌，当 OD_{600} 达 0.6～0.7 时，升温至 42℃进行诱导 5 h 即可高表达目的蛋白。但这种蛋白是以包涵体结晶形式存在于胞浆中，经去污剂多次洗涤可去除绝大部分菌体蛋白，可获较纯的包涵体，再经溶解包涵体、透析复性后，通过柱层析即可获得纯品目的蛋白。此表达方式最大的优点是表达效率高，蛋白纯化较简便，但其最大的缺点是无生物活性的包涵体变性溶解后其蛋白复性难度大，易发生游离二硫键错配，形成聚合体，在分离纯化中应采取相应措施加以避免，如加入 Cu^{2+}、谷胱甘肽等以利于蛋白复性或采用大量稀释后再逐步浓缩的程序以防聚合物生成。若有游离半胱氨酸引起二硫键错配，则加入适量 SDS，这种蛋白产品一般不宜药用，最好是将该游离半胱氨酸通过基因点突变方式加以去除，方可从根本上避免错配产生。

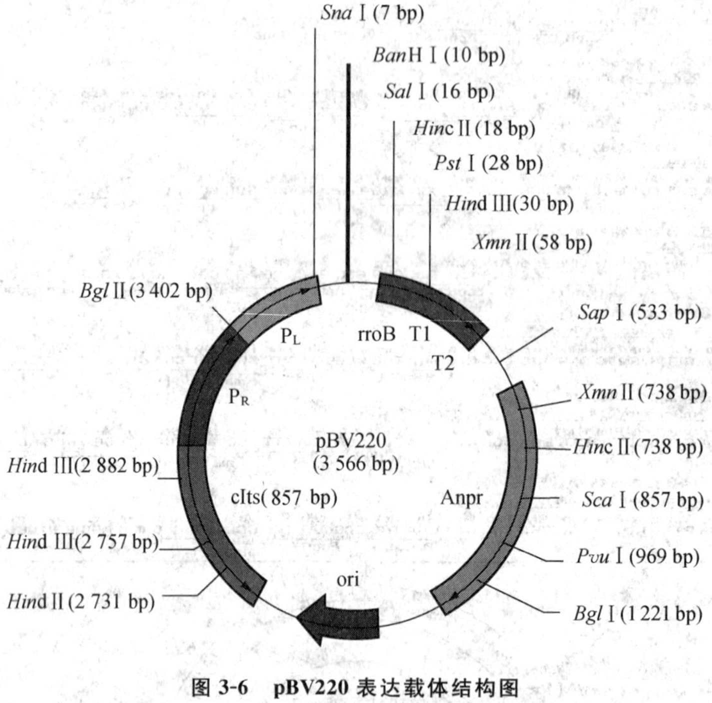

图 3-6 pBV220 表达载体结构图

三、宿主菌对表达产物的影响

外源蛋白合成时，会引起菌体内一些蛋白发生变化，不同菌种所发生的变化不尽相同。如某些细菌在高效表达目的蛋白的同时，有时菌体内热休克蛋白（heat shock protein）会成倍增加，而热休克蛋白会激发蛋白水解酶降解表达产物，从而不利于外源蛋白的合成和稳定存在。因此，可选用与蛋白酶相关基因缺失的菌株作为表达宿主，减少对表达蛋白产物的降解，提高表达产率。

某些特殊的启动子，需要特殊的宿主菌才能有效转录。如 pET 30α 载体是利用 T7 的 Φ_{10}

启动子，需 T7 RNA 聚合酶特异地合成 mRNA，这就要用带 T7 RNA 聚合酶基因的细菌作宿主，如 BL21（一种蛋白酶缺陷的菌株）作宿主。诱导表达时，先诱导 T7 RNA 合成聚合酶，再诱导表达外源基因，其表达量可达菌体总蛋白的 50％以上。

在蛋白表达过程中，为利于菌体扩增，在培养基中可不添加抗生素，同时为了防止细菌分裂过程中发生质粒丢失的现象，常选用一种带有 *CCd* 基因（与细菌分裂有关）的菌株及相应的表达载体，使不带有表达质粒的细菌停止分裂而死亡，带有质粒的细菌则可存活。

总之，外源基因在原核表达系统中表达效率的影响因素很多，它们之间有很大的相关性，仅改进其中一个方面的因素往往不能取得明显的效果，有时还存在一定的机遇性。但充分认识各因素的产生和作用方式，不断提出改进表达效率的方法，构建合理高效的重组表达体系，对外源基因表达的深入研究，有很深远的理论意义和实际应用价值。

◈工作实施

本工作过程以小组的形式进行，每小组 6 人，设一名小组长，负责实验用品的管理和本组工作的协调与组织。采取拼图的形式进行分组，具体如下：

1. 找 6 张图案迥异的图片，剪为不同的形状，切忌图案不要太复杂，否则拼图花费的时间会太长；

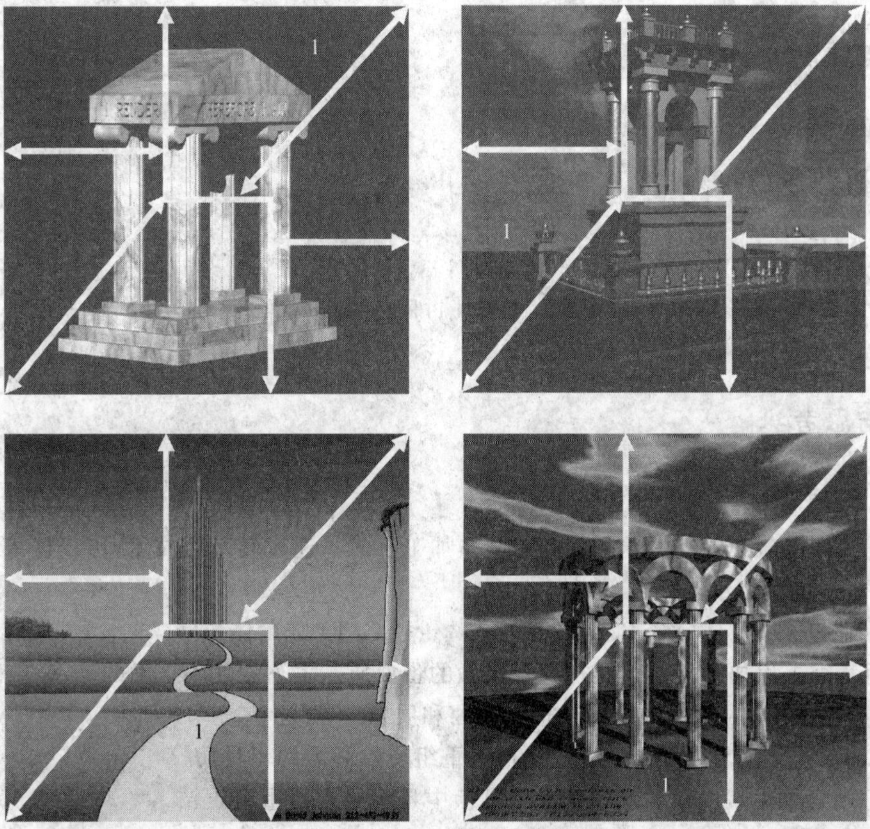

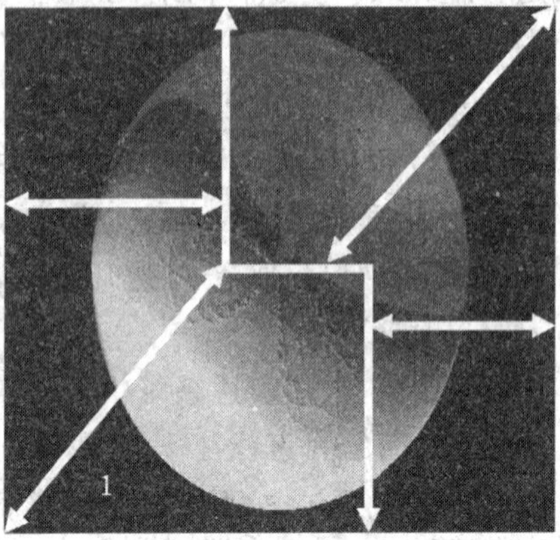

2. 将剪好的图片混匀，每人随机抓取一张，之后同学们进行拼图活动，凡完整拼成一幅图的同学即为一组，并且抓到上面标有数字“1”的同学为组长。

分组完毕后，学生们开始工作(附表 48)。

说明：本工作任务包括目的基因与表达载体的连接、受体细胞感受态的制备、转化实验三个子任务，在已有重组克隆载体构建的基础上，本工作任务全部交给学生去设计完成。实验需要真核受体菌酵母菌以及适合外源基因高效表达的原核受体细胞大肠杆菌 BL21(DE3)，学生自主选择载体、受体细胞以及转化方法。

◈检查与评价

一、检查

完成附表 49 的考核内容。

二、评价

任务结束后，参考附表 50 和附表 51 中评价内容对各小组的工作过程和工作结果进行分析评价。

◈分析与思考

一、选择题

1. 人的糖蛋白必须经内质网和高尔基体加工合成。通过转基因技术，可以使人的糖蛋白基因得以表达的受体细胞是：(　　)。

A. 大肠杆菌　　B. 酵母菌　　C. T4 噬菌体　　D. 质粒 DNA

2. 用基因工程技术可使大肠杆菌合成人的蛋白质。下列叙述不正确的是：(　　)。

A. 常用相同的限制性内切酶处理的基因和质粒

B. DNA 连接酶和 RNA 聚合酶是构建重组质粒必需的工具酶

C. 可用含抗生素的培养基检测大肠杆菌中是否导入了重组质粒

D. 导入大肠杆菌的目的基因不一定能成功表达

3. 科学家通过基因工程的方法，能使马铃薯块茎含有人奶主要蛋白。以下有关基因工程的叙述,错误的是:(　　)。

A. 采用反转录的方法得到的目的基因有内含子

B. 基因非编码区对于目的基因在块茎中的表达是不可缺少的

C. 马铃薯的叶肉细胞可用为受体细胞

D. 用同一种限制酶,分别处理质粒和含目的基因的DNA,可产生黏性末端而形成重组DNA分子

4.(多选)下列药物中,属于基因工程产生的药物是:(　　)。

A. 干扰素　　B. 白细胞介素　　C. 青霉素　　D. 乙肝疫苗

5. 目的基因导入受体细胞后,是否可以稳定维持和表达其遗传特性,只有通过鉴定和检测才能知道。下列属于目的基因检测和鉴定的是:(　　)。

①检测受体细胞是否有目的基因　　②检测受体细胞是否有致病基因

③检测目的基因是否转录　　④检测目的基因是否翻译蛋白质

A. ①②③　　B. ②③④　　C. ①③④　　D. ①②④

6. 有关基因工程的叙述正确的是:(　　)。

A. 限制酶只在获得目的基因时才用

B. 重组质粒的形成在细胞内完成

C. 质粒都可作为运载体

D. 蛋白质的结构可为合成目的基因提供资料

7. 正确表示基因操作"四步曲"的是:(　　)。

①提取目的基因　　②目的基因导入受体细胞

③目的基因与运载体的结合　　④目的基因的检测和表达

A. ①②③④　　B. ④①③②　　C. ①③②④　　D. ③①②④

8. 1976年,美国的H. Boyer教授首次将人的生长抑制素释放因子的基因转入大肠杆菌,并获得表达,这是人类第一次获得的转基因生物,此文中的表达是指该基因在大肠杆菌:(　　)。

A. 能进行DNA复制　　B. 能进行转录和翻译

C. 能控制合成抑制生长素释放因子　　D. 能合成人的生长激素

二、填空题

1. 目前,在重组体的筛选中,已经发展了许多构思巧妙、具有极高准确性的筛选方法。大致可以分为:(1)________、(2)________、(3)________、(4)________等。

2. PCR扩增筛选重组体是比较简便的筛选方法,它适合于____________________。

3. 下图是利用基因工程技术生产人胰岛素的操作过程示意图,请据图作答。

(1)能否利用人的皮肤细胞来完成①过程?____________________,为什么?________。

(2)过程②必需的酶是________酶,过程③必需的酶是________酶。

(3)若A中共有a个碱基对,其中鸟嘌呤有b个,则③④⑤过程连续进行4次,至少需要提供胸腺嘧啶________个。

(4)在利用AB获得C的过程中,必须用________切割A和B,使它们产生________,再加入________,才可形成C。

(5)为使过程⑧更易进行,可用________处理D。

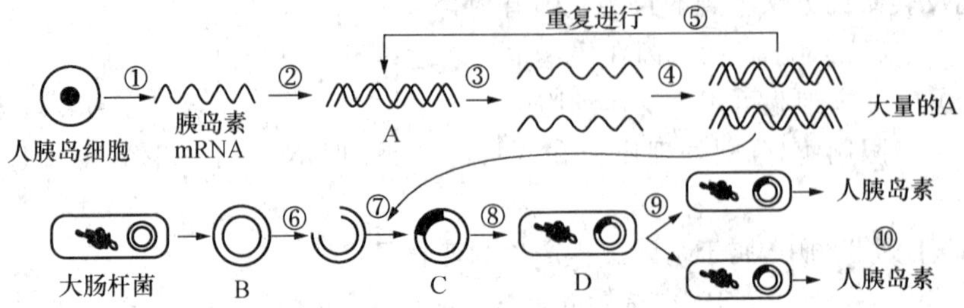

4. 基因工程技术又叫基因拼接技术。

(1)在该技术中,用人工合成方法获得目的基因的途径之一是:以目的基因转录的________为模板,________成互补的单链DNA,然后在酶的作用下合成________。

(2) 基因工程中常用的受体细胞有细菌、真菌、________。若将真核基因在原核细胞中表达,对该目的基因的基本要求是________。

(3) 假设以大肠杆菌质粒作为载体,并以同一种限制性内切酶切割载体与目的基因,将切割后的载体与目的基因片段混合,并加入DNA连接酶。连接产物至少有________种环状DNA分子,它们分别是________。

三、解答题

1. 哪些因素会影响外源基因的表达?

2. 原核表达载体的调控元件有哪些?

拓展与链接

巴斯德毕赤酵母表达系统

巴斯德毕赤酵母表达系统是近十多年发展起来的真核表达体系,是目前最为成功的外源蛋白表达系统之一,与现有的其他表达系统相比,巴斯德毕赤酵母在表达产物的加工、外分泌、翻译后修饰以及糖基化修饰等方面有明显的优势,现已广泛用于外源蛋白的表达。

1. 毕赤酵母表达系统的特点

自从1987年Cregg等首次用巴斯德毕赤酵母作为宿主表达外源蛋白以来,作为一种新型的高效表达系统,毕赤酵母越来越引起人们的重视,到1995年,已有40多种外源蛋白在该宿主菌中获得表达。而最近几年每年报道的在毕赤酵母中表达的外源基因就有几十种,且一年比一年多,与其他表达系统相比,毕赤酵母表达系统具有以下优势:

①含有特有的、强有力的AOX(醇氧化酶基因)启动子,用甲醇可严格地调控外源基因的表达。

②表达水平高,既可在胞内表达,又可进行分泌型表达。绝大多数外源基因的表达量比在细菌、酿酒酵母、动物细胞中表达水平高。一般转入毕赤酵母中的外源基因都带有指导分泌的信号肽序列,使表达的外源目的蛋白能分泌到发酵液中,有利于分离纯化。

③发酵工艺成熟,易放大。已经有大规模工业化高密度生产的发酵工艺,且细胞干重达100 g/L以上,表达重组蛋白时,已成功放大到10 000 L。

④培养成本低,产物易分离。毕赤酵母所用发酵培养基十分廉价,一般碳源可用甘油、葡

萄糖或甲醇，其余为无机盐，培养基中不含蛋白，有利于下游产品分离纯化；而酿酒酵母所用诱导物一般为价格较高的半乳糖。

⑤外源蛋白基因遗传稳定。一般外源蛋白基因整合到毕赤酵母染色体上，随染色体复制而复制，不易丢失。

⑥作为真核表达系统，毕赤酵母具有真核生物的亚细胞结构，具有糖基化、脂肪酰化、蛋白磷酸化等翻译后修饰加工功能。

2. 巴斯德毕赤酵母表达菌株的培养条件

适宜的培养液缓冲系统及适当的发酵液 pH，以降低蛋白酶的活性；最大的通气量；添加适量的蛋白胨或酪蛋白水解物以避免产物被蛋白酶降解并为外源蛋白的合成及分泌提供氨基酸和能量。在甘油作碳源的培养液中，细胞迅速生长，菌体密度逐渐增大，但此时外源基因的表达被完全抑制；而当甘油缺失或被完全消耗时，甲醇被添加到培养液中，诱导产生外源蛋白。此阶段菌群生长迟缓，但产物表达旺盛。

子情境二　目的基因的表达与表达产物的检测

◈引言

绝大多数的基因工程研究是以获得基因表达产物（蛋白质）为目的的，所以将体外获得的目的基因重组到合适的载体，导入受体细胞，实现克隆基因的表达，产生出所需的目的蛋白，是基因工程的中心工作。不同的表达体系各有特点，如外源基因在原核细胞中表达时，有的能表达出融合蛋白，融合蛋白在宿主体内一般较为稳定，不被菌体自身的酶所降解；有的则能表达出非融合蛋白（如可溶性蛋白），但非融合蛋白容易被细菌蛋白酶破坏。在基因工程研究中，一般先表达出融合蛋白，后经处理加工，除去融合蛋白中的非必需成分，得到基因工程产品。如人胰岛素、生长激素释放因子、乙型肝炎病毒表面抗原等，均可通过上述过程制得。

目前，利用基因工程生产蛋白制品主要是以原核细胞为受体细胞，用发酵法大规模生产。但这种生产方式还存在一些问题，如目的基因如何最大限度地得到表达、蛋白质的正确修饰方式等，此外，融合蛋白的后处理过程通常非常复杂，不便于基因工程产品的大量生产和提纯，而且，某些真核基因产品还没有有效的后处理手段，需要一些特殊的表达体系，以表达出非融合蛋白。因此开发合适的外源基因表达体系将会使基因工程在工业生产领域的应用变得更加广泛。

问题

1. 如何提高表达效率？
2. 表达产物纯化的方法和措施有哪些？

◈工作任务

请设计一方案使子情境一中构建的表达载体能有效表达，并采取有效手段分离与纯化目的蛋白。

◆信息获取

一、提高外源基因表达的措施

理论上，增加表达质粒的拷贝数、提高外源基因的转录水平、翻译水平以及防止外源蛋白或多肽的降解就可获得外源基因的高效表达。但实际上 mRNA 的翻译效率低、RNA 不稳定、外源蛋白在原核细胞中不稳定，这些都可能导致外源基因在原核细胞中的低水平表达，所以要提高翻译水平，可通过调整 SD 序列与起始密码子 AUG 之间的距离，或用点突变的方法改变某些碱基，以增加 mRNA 的稳定性。若通过减轻细胞代谢负荷以提高外源基因的表达水平，可采用以下方法：①诱导表达，使细菌的生长与外源基因的表达分开；②对表达载体进行诱导复制，即将宿主菌的生长和表达质粒的复制分开；③改变表达蛋白的表达形式：要提高外源蛋白的稳定性、防止其降解，可通过表达融合蛋白、采用某种突变株保护表达蛋白不被降解或表达分泌蛋白的手段提高表达效率。

虽然原核表达系统还存在一些不完善之处，但它仍是基因工程中使用最多的蛋白质表达体系，人们运用大肠杆菌表达外源基因已有 20 多年的经验。目前以细菌作为表达系统的基因工程，可用发酵法生产高利润的商业新药品，如用于人和动物的激素等。现在胰岛素、干扰素 C 及其他蛋白质产品已达到数 g/L 细胞的水平，这说明原核细胞表达技术已经达到了相当高的水平。

二、蛋白质的分离纯化和活性鉴定

在细胞提取物中，除含有待研究的蛋白质外，还含有数千种其他性质不同的蛋白质，它们与核酸、多糖、脂质及小分子物质混在一起。在细胞中，某一蛋白质可能占总蛋白的 10%以上，也可能在 0.001%以下，因此，对纯化的要求是以合理的效率、速度、收率和纯度为原则，将目的蛋白从细胞中分离出来，同时要求保留被纯化蛋白的生物学活性和化学完整性。

(一)能用作纯化依据的蛋白质性质

能从成千上万种蛋白质混合物中纯化出特定蛋白的原因在于不同蛋白在物理和化学性质上存在着极大的差异，而这些性质差异是由组成蛋白质的氨基酸的数目和种类不同造成的。连接在多肽主链上的氨基酸残基可以是带正电的亦或带负电的、极性的或非极性的、亲水性的或疏水性的，此外，多肽链可折叠成非常确定的二级结构和三级结构，形成大小、形状和残基的方布状况都一定的蛋白质分子。利用待分离蛋白与其他蛋白在性质上的差异，可设计出一组合理的分级分离步骤。可作为蛋白质纯化依据的性质主要包括：

(1)大小

各蛋白质分子大小不一，从只由几个氨基酸组成的小肽到含有 10 000 多个氨基酸的巨大蛋白不等。由多亚基形成的蛋白质复合物，其分子质量可能较大。利用聚丙烯酰胺凝胶电泳技术或(凝胶)过柱技术可以把形状相似而分子质量不同的蛋白质分开。

(2)形状

蛋白质的形状有近似球状的(球蛋白)，也有结构极不对称的。蛋白质在通过溶液运动或通过膜、凝胶过滤填料颗粒或电泳凝胶的小孔时，都会受到它的形状的影响。两种质量相同的单体蛋白，由于形状的不同，在甘油密度梯度离心中，球状蛋白具有较小的有效半径，通过溶液沉降时遇到的摩擦力较小，会沉降得较快，似乎比线状蛋白分子质量大；反之，在大小排阻层析时，半径较小的球状蛋白更容易扩散入凝胶过滤填料颗粒的小孔内，相对较迟被洗脱出来，又显得比线状蛋白要小。

(3)电荷

蛋白质的净电荷取决于组成蛋白质的氨基酸残基所带正、负电荷的总和。在蛋白质中，若天冬氨酸和谷氨酸残基占优势，在 pH 7.0 时，蛋白带负电荷，称之为酸性蛋白质；若赖氨酸和精氨酸残基占优势，则为碱性蛋白质。蛋白质所带电荷的多寡，由溶液的 pH 决定。这也正是聚丙烯酰胺凝胶电泳技术分离蛋白质的理论根据。

(4)等电点

等电点(pI)是蛋白质净电荷为零时的 pH，由蛋白质所带正、负电荷的氨基酸残基数和滴定曲线决定。蛋白质的 pI 一般在 4.0～10.0 之间。在等电点，蛋白质会发生等电沉积，可通过离心将其和其他杂蛋白分离开。

(5)电荷分布

带电的氨基酸残基可均匀地分布于蛋白质的表面，亦可成簇地集中于某一区域，使某一区域带强正电荷而另一区域带强负电荷，这种非随机的电荷分布可用来鉴别某些蛋白质。大肠杆菌的 σ^{32}，在 pH7.9 时，σ^{32} 的负电荷为－46，正电荷为＋40，净电荷为－6，它既能以适当的强度与阳离子交换柱结合，也能以适当的强度与阴离子交换柱结合，这是其带电残基不均匀分布于表面的证明，这一性质可用来纯化 σ^{32} 这种蛋白质；而钙调蛋白是强酸性的，它只能在极端的 pH(pH＝2.0)条件下与阳离子交换树脂结合。

(6)疏水性

多数疏水性氨基酸残基藏在蛋白质内部，但也有一些分布于表面。分布于蛋白质表面的疏水性氨基酸残基的数目和空间分布决定了该蛋白质是否具有与疏水柱填料结合来进行分级分离的能力。

(7)溶解度

蛋白质在不同溶剂中的溶解度差异极大，从基本不溶(＜10 μg/mL)到极易溶解(＞300 mg/mL)不等。影响蛋白质溶解度的可变因素包括 pH、离子强度、离子性质、温度和溶剂的极性。蛋白质在其等电点处一般不溶。

(8)密度

多数蛋白质的密度在 1.3～1.4 g/cm^3 之间，在分级分离蛋白质时一般不会用到这个性质。但含有大量磷酸盐(卵黄高磷蛋白，密度为 1.8)或脂质部分(脂蛋白，密度为 1.03)的蛋白质，其密度与一般蛋白质存在显著差异，用密度梯度法可将它们从大部分蛋白质中分离出来。

(9)配体结合能力

许多酶能相当紧密地与底物、效应分子、辅助因子和 DNA 模板结合。这种结合的亲和性可用来将酶结合于已固定有相应配体或模板的柱上。

(10)金属结合能力

许多酶能通过其胱氨酸或组氨酸残基与某些金属离子(Cu^{2+}、Zn^{2+}、Ca^{2+}、Co^{2+}、Ni^{2+})紧密结合，这种亲和性可用来将酶结合于已固定有相应螯合金属离子的柱子上。

(11)可逆性缔合

在一定的溶液条件下，某些酶能聚集成二聚体、四聚体等。如大肠杆菌 RNA 聚合酶在含 0.05 mol/L NaCl 的溶液中能形成二聚体，而在 0.3 mol/L NaCl 溶液中形成单体，利用该性质，可在这两种条件下分别分离二聚体或单体状的 RNA 聚合酶。

(12)翻译后修饰

许多前体蛋白在合成后要进行翻译后修饰(加入糖基、酰基、磷酸基团)等,这些后修饰为蛋白质的纯化提供了依据。凝集素是一类能与某些糖基牢固结合的分子,若某种蛋白被糖基化,其可与填有凝集素的柱子结合;磷蛋白结合某些糖基后能与螯合有 Fe^{2+} 的柱子结合。

(13)特异性序列或结构

氨基酸残基在蛋白质表面精确的几何表象可用来进行分级分离。利用抗体只能识别蛋白质特定部位(表位)的特性,把只能与待分离蛋白结合的单特异性抗体连接于填料上,可制备成免疫亲和柱。免疫亲和层析可获得高选择性分离,它提供了一种极有效的纯化途径。

(14)非寻常性质

此外,某些蛋白质还有一些不寻常的性质,可在蛋白质纯化时加以利用。①热稳定性。大多数蛋白质在95℃时会发生变性,利用这一性质,可容易地将一种经热处理后仍保持可溶性和活性的蛋白从大部分细胞蛋白质中分离出来。②抗蛋白酶酶解的性质。在实际工作中,这两种性质常常联合使用。利用这两种性质的一个典型的例子是大肠杆菌碱性磷酸酯酶的纯化。细胞提取物加热后离心除去变性蛋白质,之后用蛋白酶处理含有磷酸酯酶的上清液,该酶消化剩余的杂蛋白,留下基本纯净的碱性磷酸酯酶制品。

(15)基因工程构建的纯化标记

随着基因工程技术的发展,克隆编码某一蛋白质的 cDNA 已变得比较容易。最常用的标记是在蛋白质的氨基端加上 6～10 个组氨酸,可利用其与 Ni^{2+} 螯合柱紧紧结合的能力,将目的蛋白结合于 Ni^{2+} 螯合柱,之后经淋洗,用游离咪唑洗脱,或通过将 pH 降至 5.9,使组氨酸充分质子化,不再与 Ni^{2+} 结合,而使这种蛋白质得以纯化。

(二)分离方法的类型

以蛋白质的各性质为基础,现已发展出多种分离方法可用来分离纯化蛋白质。这些方法列于表 3-2。依次选用其中的若干方法,几乎可纯化出任何一种蛋白质。慎重选择分离方法、优化分离条件、保持蛋白质的稳定性,是获得合理的效率、速度、得率和纯度的技术保证,同时亦是保持多肽链生物学活性和化学完整性的必要条件。

表 3-2　蛋白质分级分离的方法

分离方法	原　理	分离方法	原　理
沉淀法		层析法	
硫酸铵	溶解度	离子交换层析	电荷,电荷分布
丙酮	溶解度	疏水作用层析	疏水性
聚乙烯亚胺	电荷,大小	反相 HPLC	疏水性,大小
等电点	溶解度,pI	亲和层析	配体结合位点
相分配法	溶解度	DNA 亲和层析	DNA 结合位点
电泳法		外源凝集素亲和层析	糖基内容和种类
凝胶电泳	电荷,大小,形状	固定化金属亲和层析	金属结合能力
等电聚焦电泳	pI	免疫亲和层析	特异抗原位点
离心法	大小,形状,密度	层析聚焦	pI
超滤法	大小,形状	凝胶过虑层析	大小形状

(三)基因表达产物的检测与分离纯化

1. 基因表达产物的检测

外源基因的表达包括转录和翻译两个过程,因此,外源基因表达产物的检测就是对特异性mRNA或蛋白质的检测。检测特异性mRNA的方法主要有Northern杂交法;检测特异蛋白的方法包括生化反应检测法、免疫学检测法和生物活性检测法等。当外源表达产物没有可供直接检测的性质时,可把外源基因与标记基因或报告基因一起构成嵌合基因,通过检测嵌合基因中的标记基因或报告基因而间接确定外源目的基因的存在和表达。

(1)外源基因转录产物的检测

外源基因转化入受体细胞后可能有多种命运,一是外源基因与表达载体一起游离于染色体外进行转录;二是外源基因整合到染色体上并进行转录;三是外源基因整合到染色体上后不进行转录,而表现为基因沉默。由此可见,外源基因在受体细胞中的存在并不意味着外源基因能有效表达。通过Southern杂交可检测外源基因是否存在于受体细胞中,但并不能确定外源基因是否转录,利用Northern杂交技术可以检测外源基因的转录与否。Northern杂交技术的原理和操作步骤如下:

Northern杂交技术的原理:在变性条件下将待检的RNA样品进行琼脂糖凝胶电泳,然后将分离的RNA转移到尼龙膜,然后用放射性标记的探针进行杂交检测,最后进行放射性自显影。Northern杂交技术主要用于检测样品中是否含有目的基因的转录产物(mRNA)及其含量。

Northern杂交技术操作过程:

①提取细胞总RNA。

②利用polyd(T)亲和层析的原理分离并纯化mRNA。

③制备DNA探针,根据mRNA序列合成同源DNA探针,或以相应的cDNA为探针。

④Northern杂交:Northern杂交包括点杂交和印迹杂交,两者都能鉴定外源基因是否得到转录,但印迹杂交还能确定mRNA的分子质量及mRNA的丰度。

检测外源基因的转录产物还可采用RT-PCR法。从转化的受体细胞中提取总RNA或mRNA,然后以它为模板进行反转录,并进行PCR扩增,若扩增获得了特异的cDNA片段则表明外源基因在受体细胞中已转录。

(2)免疫学检测

免疫学检测是基因表达产物检测中最常用的方法之一。以表达产物为抗原,通过与特异性抗体发生免疫反应来确定基因表达的情况。对特定基因表达产物的免疫学检测包括免疫沉淀法、酶联免疫吸附法、Western印迹法和固相放射免疫法等。

①免疫沉淀法,该方法可用于对表达产物的定性与定量检测,其优点是选择性好,灵敏度高,可检测出100 pg水平的放射性标记蛋白,并可从蛋白质混合物中提纯出抗原-抗体复合物。免疫沉淀法包括以下步骤:

Ⅰ. 对靶细胞进行放射性标记。通常以同位素^{35}S标记靶蛋白,在培养基中加入[^{35}S]甲硫氨酸或[^{35}S]甲硫氨酸和[^{35}S]半胱氨酸的混合物,通过代谢使培养的哺乳动物细胞标记上放射性同位素;由于酵母和细菌能合成甲硫氨酸和半胱氨酸,可使用^{35}S标记的硫酸盐来标记表达蛋白。

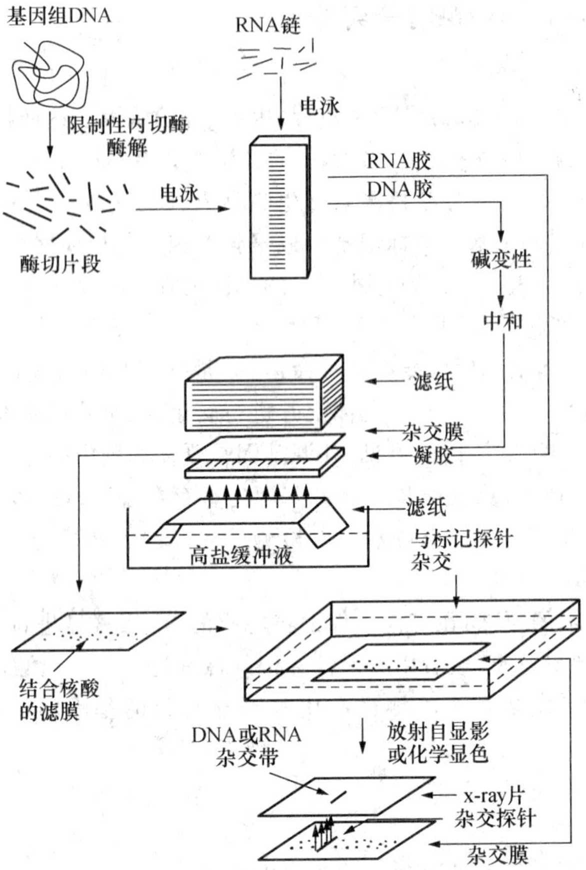

图 3-7 Southern/Northern 杂交技术示意图

Ⅱ. 细胞裂解。通过一定的方法将细胞裂解但要尽可能保证靶抗原的溶解性和免疫活性。

Ⅲ. 形成特异性免疫复合物。将抗靶蛋白的特异性抗体加入细胞裂解物中形成抗原一抗体复合物，通过 A 蛋白-Sepharose 等进行回收。

Ⅳ. 蛋白质的聚丙烯酰胺凝胶电泳分析。对获得的蛋白质沉淀进行 SDS 变性处理，然后进行 SDS-聚丙烯酰胺凝胶电泳分析。

②酶联免疫吸附法(enzyme-linked immunosorbent assay，ELISA)，该方法是利用免疫学原理对表达的特异性蛋白进行检测。它与经典的以同位素标记为基础的液-液抗原-抗体反应体系的区别是建立了固-液抗原-抗体反应体系，并采用酶标记，抗体与抗原的结合通过酶反应来检测。由于酶催化的反应具有放大作用，使检测的灵敏度大大提高，可检出 1 pg 的目的蛋白，同时由于酶反应还具有很强的特异性，因此 ELISA 法是基因表达研究中最常用的方法。具体的实验步骤包括以下四步：

Ⅰ. 抗体制备。ELISA 检测中的抗体包括普通抗体和酶标抗体，其中酶标抗体又分为针对特异抗原的酶标一抗和针对一抗的酶标二抗；针对特异抗原的抗体可通过免疫反应来制备，它包括抗原制剂的制备、免疫动物、抗血清制备及特异性抗体纯化等步骤；酶标特异抗体是使酶与抗体交联，常用的标记酶有辣根过氧化物酶(HRP)和碱性磷酸酶(AKP)。

Ⅱ. 抗体或抗原的包被。该过程是通过物理吸附法和共价交联法将抗原或抗体固定在固相载体的表面。常用的固相载体是多孔的聚苯乙烯微量反应板，此外还包括纤维素、聚丙烯酸酯、聚乙烯、聚丙烯和琼脂糖凝胶等。

Ⅲ. 免疫反应。在免疫反应体系中必须调整抗原、抗体和酶标抗体三者的适合浓度。检测可溶性抗原主要有两种方法，其一是将抗体包被在固相载体上，样品中的抗原与抗体特异性结合后形成抗体-抗原复合物，再加入酶标抗体(酶标一抗)，形成抗体-抗原-酶标抗体复合物，也可在形成抗体-抗原复合物的反应体系中先加入非酶标的抗体，再加入酶标的抗抗体；检测可溶性抗原的另一种方法是将样品中的抗原包被在固相载体上，然后加入特异性一抗，再加入酶标二抗。

Ⅳ. 特异性表达产物的检测。免疫反应结束后，洗去未发生反应的抗体，加入显色剂或荧光底物，通过酶促反应的颜色或荧光强度变化来确定抗原的含量。ELISA 检测常用的酶—底物系统如表 3-3 所示。

表 3-3　ELISA 检测中的酶-底物系统

标记酶	酶促底物	产物颜色	测定波长/nm
辣根过氧化物酶(HRP)	3,3-二氨基联苯胺	深褐色	沉淀
	5-氨基水杨酸	棕色	449
	邻苯二胺	橘红色	492,460
	邻联甲苯胺	蓝色	425
碱性磷酸酶(AKP)	4-硝基酚磷酸	黄色	400
	萘酚-As-MX 磷酸盐＋重氮盐	红色	500

③Westhern 印迹法，Western 印迹技术不仅可用于核酸的分子杂交，也可用于蛋白质的分析和鉴定。研究发现蛋白质在电泳后也可以转移和固定于膜上，再与溶液中相应的蛋白分子相互结合，其中最常用的是用抗体来检测，因此被称为免疫印迹(immune blot)或蛋白印迹。相对应于 DNA 的 Southern blot 和 RNA 的 Northern blot，蛋白印迹技术也被称为 Western blot。

蛋白质印迹技术的原理与 DNA 和 RNA 印迹类似，所不同的是 Western 印迹的被检测物是蛋白质，采用聚丙烯酰胺凝胶电泳(PAGE)，“探针”是抗体，“显色”用标记的二抗。它是免疫学中抗原—抗体结合反应的发展。

在 Western 印迹中，首先将混合蛋白质用聚丙烯酰胺凝胶电泳按分子大小分开，再将蛋白质转移到 NC 膜或其他膜上。与 DNA 和 RNA 不同的是，蛋白质的转移只有靠电转移方可完成；另外蛋白质的分析主要靠抗体来进行。特异性抗体(称为第一抗体)首先与转移膜上相应的蛋白分子结合，然后用碱性磷酸酶、辣根过氧化物酶标记或放射性核素标记的第二抗体与之结合。反应之后用放射自显影或底物显色来检测蛋白质区带的信号，底物亦可与化学发光剂结合以提高敏感度。

Western 印迹法是将蛋白质电泳、印迹和免疫测定结合在一起的一种检测方法，该方法具有很高的灵敏度，可从总蛋白中检测出 50 ng 的特异性目的蛋白。Western 印迹法包括五个实验过程：

Ⅰ. 总蛋白质的提取。在这一过程中，通过调整 Buffer 的盐浓度、pH 和温度，防止蛋白质的变性和降解。

Ⅱ. SDS-聚丙烯酰胺凝胶电泳分离目的蛋白。

Ⅲ. 蛋白质印迹。电泳结束后将蛋白质转移到固相膜上。印迹使用的固相膜包括硝酸纤维素膜、重氮化纤维素膜等。蛋白质印迹法有电印迹法和被动扩散印迹法等。

Ⅳ. 探针的制备。探针是针对目的蛋白的特异抗体（一抗），一般不对它进行标记，而标记与一抗结合的二抗，放射性标记主要采用 ^{125}I、^{32}P 等，非放射性标记主要采用过氧化物酶和碱性磷酸酶等。

Ⅴ. 杂交和检出。将印迹后的固相膜浸入非特异性蛋白质溶液中，使固相膜上未与目的蛋白结合的位点被非特异性蛋白结合，以阻止抗体蛋白与固相膜结合，然后分别加入一抗和酶标二抗进行免疫反应，最后进行显色反应。

(3)表达产物的生物学活性检测

当目的产物是酶蛋白时，可根据酶的催化反应来确定外源基因表达与否以及表达的程度，这种方法简单易行。在反应系统中加入酶蛋白的底物和基因表达产物的抽提物，可根据反应现象进行酶蛋白的定性或定量分析。目前，利用基因工程表达酶蛋白非常普遍，常见的产品有淀粉酶、碱性磷酸酶、脂肪酶等，这些酶都可通过测定其酶活来进行检测。

2. 基因表达产物的分离纯化

将生长激素基因转入动物受体细胞或将抗虫基因转入植物细胞后，并不需要对外源基因的表达产物进行纯化，只需检测是否有相应的基因产物即可，但若为了商业或其他目的，要获得较纯的外源表达产物，则要根据具体情况对表达产物进行不同程度的纯化。基因表达产物的分离纯化一般包括细胞破碎、离心分离、柱层析和电泳等过程。

(1)细胞的破碎

常见的细胞破碎方式有变性剂裂解法、超声波破碎法、机械破碎法和酶裂解法等。

(2)离心

离心是基因表达产物分离纯化的重要步骤，它包括高速离心和超速离心。高速离心主要用来除去未破碎的细胞和细胞壁碎片等，经高速离心后，可溶性蛋白主要存在于上清液中。如果表达产物为可溶性小分子蛋白，还可进行超速离心以除去细胞膜碎片等高分子复合物。

(3)特异性目的蛋白的初步分离

特异性目的蛋白的分离纯化是一个复杂的过程，它包括多种技术方法，有时要几种纯化方法结合使用才能达到最佳效果。蛋白质初步分离的常见技术包括沉淀法和超滤浓缩法等，这些技术利用不同蛋白分子特性的差异来达到分离目的。

沉淀法是一种简便有效的方法，它能处理大量样品，并除去绝大多数杂蛋白。在蛋白质的纯化过程中常用硫酸铵或有机溶剂进行分步沉淀。该方法也常用于蛋白质的浓缩。

超滤浓缩法是根据蛋白质分子大小的不同而进行初步分离的一种方法。由于滤膜存在一定规格孔径的微孔，当含有目的蛋白的溶液在一定的驱动力下通过滤膜时，水分子、盐和小分子蛋白可透过滤膜，较大的蛋白质分子则无法通过微孔而被截留下来。通过选择合适孔径的滤膜不但可以有目的地收集目的蛋白，还可以稀释蛋白质溶液中的盐浓度，这有利于目的蛋白的后续纯化。

(4)目的蛋白的进一步纯化

由于某种目的，需要对特异性蛋白作进一步的分离纯化，这就需要分离效果较好的柱层析技术。柱层析技术是蛋白质分离纯化的重要手段，它包括凝胶柱层析、离子交换层析、吸附层析、金属螯合层析、共价层析、疏水层析以及亲和层析等。尽管层析的方法多种多样，但原理却基本一致。所有的层析系统都由互不相溶的两相组成，一相是固定相即层析介质，一相是流动相，利用蛋白质分子理化特性的差异，使各组分以不同的程度分布在两相中，并以不同的速度移动，最终彼此分开。利用柱层析纯化蛋白质包括装柱、柱平衡、上样、洗脱、分部收集与检测等过程。

(5)聚丙烯酰胺凝胶电泳

聚丙烯酰胺凝胶电泳(polyacrylamide gel electrophoresis，PAGE)不仅是检测蛋白质的重要手段，也可用来少量制备或纯化蛋白质。PAGE 可分为非变性 PAGE 和变性 PAGE 两种，前者主要用于分离和纯化有活性的目的蛋白，后者则用于变性蛋白的分离纯化。经柱层析获得的特异性目的蛋白经 PAGE、转膜和洗脱后，可获得电泳纯的样品，该电泳纯的样品可用来进行氨基酸序列分析、免疫学分析和医学研究等。

三、应用举例——聚丙烯酰胺凝胶电泳

【实验原理】

聚丙烯酰胺凝胶电泳是以聚丙烯酰胺凝胶作为支持介质的一种常用电泳技术。聚丙烯酰胺凝胶由单体丙烯酰胺(简称 Acr)和甲叉双丙烯酰胺(简称 Bis)聚合而成，聚合过程由自由基催化完成。催化聚合的常用方法有两种：化学聚合法和光聚合法。化学聚合以过硫酸铵(AP)为催化剂，以四甲基乙二胺(TEMED)为加速剂。在聚合过程中，TEMED 催化过硫酸铵产生自由基，后者引发丙烯酰胺单体聚合，同时甲叉双丙烯酰胺与丙烯酰胺链间产生甲叉键交联，从而形成三维网状结构。聚丙烯酰胺凝胶具有三维网状结构，具有分子筛作用。用它作电泳支持物，对样品的分离取决于各组分所带电荷的多少及分子大小。不同浓度的聚丙烯酰胺凝胶，其有效分离范围各异(表 3-4)。工作中应根据实际需分离分子的大小选择合适的凝胶浓度。核酸电泳常用的指示剂有溴酚蓝和二甲苯青，在不同浓度的凝胶电泳中，指示剂的迁移率与对应的 DNA 分子相等(表 3-4)。

表 3-4　不同浓度聚丙烯酰胺凝胶的 DNA 有效分离范围

丙烯酰胺/%	有效分离范围/bp	溴酚蓝*	二甲苯青*
3.5	100～2 000	100	460
5.0	80～500	65	260
8.0	60～400	45	160
12.0	40～200	30	70
15.0	25～150	15	60
20.0	10～100	12	45

说明：* 表示表中给出的数字为与指示剂迁移率相等的双链 DNA 分子所含碱基对数目(bp)。

和琼脂糖凝胶相比，聚丙烯酰胺凝胶难于制备和处理，分离范围也较窄。但聚丙烯酰胺凝

胶具备以下3个方面的优点：①分辨力强，尤其对小DNA片段(5～500 bp)的分析，在这一范围内，仅差1 bp的DNA分子也能清晰地分开。②负载容量高，多达10 μg的DNA可以加样于聚丙烯酰胺凝胶的一个标准加样槽(1 cm×1 mm)而不致显著影响分辨力。③从聚丙烯酰胺凝胶中回收的DNA纯度很高，适用于各种后续实验。

【实验器材】

垂直平板电泳仪全套，微波炉，移液器，白光灯，三角瓶，烧杯，天平，托盘，保鲜膜，废液杯，Tip头，小刀

【实验试剂】

①RAPD产物

②Tris-硼酸(TBE) 5×贮存液1 L

准确称取54 g Tris碱，27.5 g硼酸盐，溶于水中，加入20 mL 0.5 mol/L EDTA(pH 8.0)，加水补足至1 L

③30%丙烯酰胺/N，N′-亚甲双丙烯酰胺

以去离子水配制成含29%(*m*/*V*)丙烯酰胺和1%(*m*/*V*) N，N′-亚甲双丙烯酰胺的贮存液，过滤后入棕色瓶中置4℃冰箱贮存。丙烯酰胺和双丙烯酰胺在贮存过程中会在光催化或碱催化下缓慢转变为丙烯酸和双丙烯酸，故溶液的pH不亦超过7.0，且应避光保存。一般在棕色瓶、4℃条件下可保存数月。

④10%过硫酸铵

1 g过硫酸铵定容至10 mL，4℃密封瓶内可保存数周(现用现配)。

⑤TEMED(N，N，N′，N′-四甲基乙二胺)

TEMED通过催化过硫酸铵形成自由基而加速丙烯酰胺与双丙烯酰胺的聚合，TEMED原液可在4℃冰箱保存。

⑥0.5%冰乙酸

⑦0.2%硝酸银溶液

⑧0.002%(*m*/*V*)硫代硫酸钠溶液

⑨1.5%氢氧化钠

⑩0.4%甲醛

⑪0.75%碳酸钠溶液

⑫其他：10%乙醇，蒸馏水，超纯水

【实验步骤】

(1)电泳前准备工作

①玻璃板用稀碱液或洗液浸泡，专用软布擦洗，依次用自来水和纯净水冲洗干净，晾干；再用75%酒精擦洗玻璃板，晾干；每块玻璃板的一面均匀涂少许硅烷化试剂，晾干。

温馨提示

勿用手接触灌胶面的玻璃，以防凝胶板和玻璃板剥离，产生气泡和滑胶，或者剥胶时凝胶板易断裂，故所用器材均应严格清洗。

②配制实验所需各种试剂。

(2)胶的制备

①根据厂家说明书安装好玻璃板和电泳槽。

②竖直电泳槽,用融化的1%琼脂封住电泳槽的缝隙。

温馨提示

用琼脂糖封底及灌胶时不能有气泡,以免影响电泳时电流的通过。

③配制胶溶液(表3-5)。配胶时先加其他试剂,再加过硫酸铵,最后加TEMED。一旦加入TEMED后,立即快速旋动混合物并进行下一步制胶操作。

温馨提示

A. 丙烯酰胺和双丙烯酰胺具有很强的神经毒性并容易吸附于皮肤,操作时应避免沾在脸、手等皮肤上;操作时要戴一次性塑料手套和口罩。

B. 过硫酸铵的主要作用是提供自由基以引发丙烯酰胺和双丙烯酰胺的聚合反应,故一定要现用现配,贮存过久的过硫酸铵药品不能使用。此外,10%过硫酸铵必须现用现配,4℃冰箱贮存不超过48 h。

④迅速在两玻璃板间隙中灌注胶溶液。灌胶动作要连贯,小心在灌胶过程中有气泡产生。如有气泡产生,用橡皮锤或铅笔头从下至上轻敲胶板将气泡赶出。胶灌满后小心插入梳子,室温让其凝固1 h。

温馨提示

凝胶完全凝固后,必须放置30 min左右,使其充分"老化"后,才能轻轻取出样品梳,切勿破坏加样孔底部的平整,以免电泳后条带扭曲。

(3)预电泳

将凝固好的胶板取下梳子后装在电泳装置上,用1×TBE电泳缓冲液于恒定功率60 W条件下预电泳,待胶板温度上升至约50℃时暂停电泳,用50 mL注射器吸取电泳缓冲液反复冲洗加样槽。

(4)上样

取10 μL PCR产物加入2 μL甲酰胺变性上样缓冲液,94℃变性10 min后迅速放于冰水中,然后迅速加样,每孔加样8 μL;接通电源,恒定功率60 W条件下电泳,根据指示剂的泳动位置判断何时停止电泳。

温馨提示

聚丙烯酰胺凝胶电泳耗时长,电泳过程中产热多,特别是夏天产热更多,故电泳过程中应安装循环冷却水以带走热量。

(5)银染

将胶板从电泳装置上取下后，抽去两侧的胶条，小心揭开玻璃板，凝胶黏附于短玻璃板上。用刀在紧靠最左边一孔凝胶下部切去一角以标注凝胶的方位。立即进行银染。

①固定：10%乙醇、0.5%冰乙酸，固定 6 min，两次。

②渗透：0.2%硝酸银水溶液，10～12 min；蒸馏水漂洗 3 min，两次；0.002%(m/V)硫代硫酸钠的水溶液漂洗 2 min。

③显色：1.5%氢氧化钠，0.4%甲醛，适度。

④0.75%碳酸钠水溶液终止显色。

⑤洗涤：超纯水清洗两次。

(6)记录

用保鲜膜将胶封好，作上标记。在白光灯上观察 DNA 条带并记录。

表 3-5　各种浓度 PAGE 胶的配制(DNA 电泳用，50 mL 体系)

凝胶浓度/%	30%丙烯酰胺/mL	5×TBE/mL	ddH_2O/mL	10%过硫酸铵/μL	TEMED/μL
3.5	5.83	10	39.17	250	25.0
5.0	8.33	10	36.67	250	25.0
8.0	13.33	10	31.67	250	25.0
12.0	20.0	10	25.00	250	25.0
15.0	25.0	10	20.00	250	25.0
20.0	33.33	10	11.67	250	25.0

◆工作实施

请同学们自行设计工作方案，完成含北京鸭 INH-α 亚基基因的重组表达体系的表达，并选择适宜有效的措施分离纯化目的蛋白，具体内容可参考附表 52 提供的内容要求进行。

◆检查与评价

一、检查

完成附表 53 的考核内容。

二、评价

任务结束后，参考附表 54 和附表 55 中评价内容对各小组的工作过程和工作结果进行分析评价。

◆分析与思考

一、选择题

1. 用免疫化学法筛选重组体的原理是：(　　)

A. 根据外源基因的表达　　B. 根据载体基因的表达

C. 根据 mRNA 同 DNA 的杂交　　D. 根据 DNA 同 DNA 的杂交

2. 用下列方法进行重组体的筛选，只有(　　)说明外源基因进行了表达

A. Southern 印迹杂交　　B. Northern 印迹杂交

C. Western 印迹　　D. 原位菌落杂交

3. 水母发光蛋白由 236 个氨基酸构成，其中有三种氨基酸构成发光环，现已将这种蛋白质的基因作为生物转基因的标记。在转基因技术中，这种蛋白质的作用：(　　)

A. 促使目的基因导入宿主细胞中　　B. 促使目的基因在宿主细胞中复制

C. 使目的基因容易被检测出来　　D. 使目的基因容易成功表达

二、填空题

1. 干扰素是治疗癌症的重要物质，人的血液每升只能提取 0.05 mg 干扰素，因而其价格昂贵，一般人用不起。但美国有一家公司用基因工程的方法合成了价格低廉、药性一样的干扰素，其具体做法是：

(1)从人的淋巴细胞中提取能指导干扰素合成的________，并使之与一种叫质粒的 DNA 结合，然后移植到酵母菌内，从而让酵母来________。

(2)酵母菌能以________方式繁殖，速度很快，所以能在较短的时间内大量生产________。利用这种方法不仅产量高，并且成本较低。

(3)我国科学家陈炬在这方向也做出了突出贡献，他成功地把人的干扰素基因嫁接到了烟草的 DNA 分子上，其物质基础和结构基础是________。

(4)含有干扰素基因的烟草具有了抗病毒能力，这表明烟草体内产生了________，由此可见，烟草和人体合成蛋白质的方式是________，从进化的角度来考虑，证明了人和植物的起源是________。

2. 放射免疫筛选的原理基于以下三点：(1)________、(2)________、(3)________。

三、解答题

1. 请查阅相关资料，说明放射性抗体检测法(radioactive antibody test)的原理及优缺点。

2. 说明 Southern 杂交的原理和方法。

◈拓展与链接

外源蛋白在大肠杆菌中的表达部位

1. 细胞质中表达

表达产物常会形成包涵体(inclusion body)，这是一种存在于细胞质中不溶性蛋白质聚集折叠而成的晶体结构物。

优点：使重组蛋白易于分离、免受蛋白酶降解、不损害寄主细胞。

缺点：回收的蛋白生物活性差。

2. 周质中表达

(1)周质(periplasm)

大肠杆菌位于内膜和外膜之间的细胞结构部分。

蛋白质从细胞质转运到周质的复杂机理目前不完全清楚。

优点：容易被浓缩和纯化、有利于正确折叠、被降解的少。

(2)信号肽(signal peptide)

分泌性蛋白在合成前通常会在N-端合成一段能被细胞转运系统识别的含疏水氨基酸的肽段,其作用是负责把合成的蛋白转运到细胞外。信号肽段约由15～30个氨基酸残基组成,信号肽一般在肽链合成结束前即被切除。

常用的原核信号肽:

①大肠杆菌的信号肽phoA、OmpA、OmpT、OmpF、LamB、β-内酰胺酶(lactamase)、肠毒素(enterotoxin)ST-II、LT-B等。

②金黄色葡萄球菌的蛋白A。

③枯草芽孢杆菌的内切葡聚糖酶(endoglucanase)。

④胡萝卜欧氏杆菌的PelB蛋白。

3. 细胞外表达

在大肠杆菌细胞中表达的外源蛋白能被分泌到细胞外的培养基中。由于需要穿过两层膜,大肠杆菌只能分泌极少的蛋白质到培养基中,故表达效果都不太理想。

学习情境四　基因操作相关应用

学习目标

1. 熟练利用互联网进行核酸序列的查询；
2. 能应用专业软件分析目的核酸序列；
3. 能清楚准确阐述 RFLP 技术、RAPD 技术、AFLP 技术的理论区别；
4. 叙述基因芯片技术的原理、基因芯片的制备过程以及基因芯片的应用；
5. 能将实验室安全意识贯穿于整个实验操作过程中；
6. 清场工作认真、主动、科学。

学习内容

1. 利用 Entrez 检索系统和 SRS 检索系统查询目的核酸序列；
2. 借助 DNAMAN、CLUSTALW 等生物软件进行核酸序列碱基组成、碱基分布、限制性酶切分析、核酸序列比对等信息分析；
3. 分子标记技术种类、原理、实验思路；
4. 基因芯片技术概念、原理、制备及应用。

具体见下图：

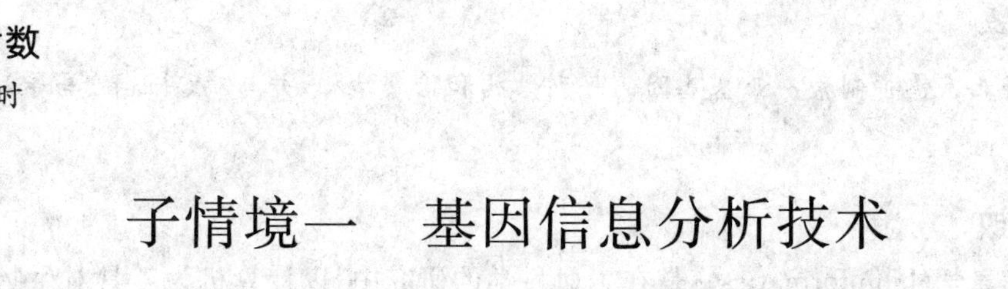

建议学时数

22 学时

子情境一　基因信息分析技术

◆引言

虽然人类已经努力多年，但解开生命之谜的愿望还未实现。以往的失败使大家认识到，单靠一门学科的独自努力太局限了，难以完成人类对自身的认识和保护，美国投巨资的肿瘤十年计划基本上以失败告终就说明这个问题。研究者们意识到先认识全局再研究局部也许会更讯捷和方便。于是决定开始进行人类基因组计划研究，由此形成了基因组学(genomics)和人类基因组计划。

经典的“基因学”与“基因组学”的相同之处都是研究基因，不同之处是在策略上，前者是“零敲碎打”，而后者是“整体阐明”，从整体上研究人类整个基因组的序列。

1. 基因组学

是以分子生物学技术，计算机技术和信息网络技术为研究手段，以生物体内全部基因为研究对象，在全基因背景下和整体水平上探讨生命活动的内在规律及其与内外环境关系的一门科学。

2. 基因组学的分类

根据研究目的可分为：

结构基因组学：建立高分辨率的遗传、物理转录和序列等图谱。

功能基因组学：确定并分析基因组的全部功能。

3. 人类基因组计划

1985 年美国能源部正式提出开展人类基因组的测序工作，形成了能源部的“人类基因组计划”草案。1990 年 10 月 1 日被誉为生命科学“阿波罗登月计划”的国际人类基因组计划启动。该计划制定了如下的研究目标：基因组作图；测序；基因识别；模式生物；发展生物信息学和计算生物学；基因组研究对伦理、法律和社会产生的影响。2001 年 2 月 15 日在英国《自然》杂志上发表了由中、美、英、法、德、日 6 个国科学家组成的“人类基因组测序国际协作组”关于人类基因组框架图的数据。

基因工程的发展带动和促进了众多的相关学科。随着人类基因组计划的完成，从低等生物到高等生物的基因组不断被揭秘，由此孕育产生了基因组学。面对 30 亿个字符组成的人类遗传密码，以及自动测序仪中源源不断涌现出的其他生物的基因组信息，对生物信息学工作者提出了严峻的挑战：

问题

1. 数以亿计的 ACGT 序列中包含有哪些信息？
2. 基因组中的这些信息怎样控制有机体的发育？
3. 基因组本身又是怎样进化的？

◈工作任务

请分析北京鸭抑制素 α-亚基基因的序列结构和信息结构，并与鸡、牛、羊、马等动物进行同源性比较。

◈信息获取

生物信息学(bioinformatics)，是在生命科学的研究中，以计算机为工具对生物信息进行储存、检索和分析的科学。它是当今生命科学和自然科学的重大前沿领域之一，同时也是 21 世纪自然科学的核心领域之一。其研究重点主要体现在基因组学和蛋白组学(proteomics)两方面，具体讲就是从核酸和蛋白序列出发，分析序列中储存的结构与功能的生物信息。

生物信息学是一门利用计算机技术研究生物系统之规律的学科。

目前的生物信息学基本上是分子生物学与信息技术(尤其是因特网技术)的结合体。生物信息学的研究对象是各种各样的生物学数据，其研究工具是计算机，研究方法包括对生物学数据的搜索(收集和筛选)、处理(编辑、整理、管理和显示)及利用(计算、模拟)。

基因组不仅是基因的简单排列,它有其特有的组织结构和信息结构,这种结构是在长期的演化过程中产生的,也是基因发挥其功能所必需的。弄清楚生物体基因组特有的组织结构和信息结构,是解译生命遗传语言的关键。

目前在数据库中已经有越来越多的模式生物全基因组序列,第一个人类染色体全序列——第22号染色体的测序工作已经在1999年12月完成,整个人类基因组计划工作草图已已完成。这无疑给基因组组织结构和信息结构的研究提供了大量的第一手材料,同时也为基因组研究取得突破性进展提供了可能。人类对基因的认识,将从以往的对单个基因的了解,上升到在整个基因组水平上考察基因的组织结构和信息结构,考察基因之间在位置、结构和功能上的相互关系。

从目前生物信息学的研究情况来看,国际上公认的生物信息学的研究内容,大致包括以下几个方面:

1. 生物信息的收集、存储、管理与提供

包括建立国际基本生物信息库和生物信息传输的国际联网系统;建立生物信息数据质量的评估与检测系统;生物信息的在线服务;生物信息可视化和专家系统。

2. 基因组序列信息的提取和分析

包括基因的发现与鉴定,如利用国际EST数据库(dbEST)和各自实验室测定的相应数据,经过大规模并行计算发现新基因和新SNPs(single nucleotide polymorphism)以及各种功能位点;基因组中非编码区的信息结构分析,提出理论模型,阐明该区域的重要生物学功能;进行模式生物完整基因组的信息结构分析和比较研究;利用生物信息研究遗传密码起源、基因组结构的演化、基因组空间结构与DNA折叠的关系以及基因组信息与生物进化关系等生物学的重大问题。

3. 功能基因组相关信息分析

包括与大规模基因表达谱分析相关的算法、软件研究,基因表达调控网络的研究;与基因组信息相关的核酸、蛋白质空间结构的预测和模拟,以及蛋白质功能预测的研究。

4. 生物大分子结构模拟和药物设计

包括RNA(核糖核酸)的结构模拟和反义RNA的分子设计;蛋白质空间结构模拟和分子设计;具有不同功能域的复合蛋白以及连接肽的设计;生物活性分子的电子结构计算和设计;纳米生物材料的模拟与设计;基于酶和功能蛋白结构、细胞表面受体结构的药物设计;基于DNA结构的药物设计等。

5. 生物信息分析的技术与方法研究

包括发展有效的能支持大尺度作图与测序需要的软件、数据库以及若干数据库工具,诸如电子网络等远程通讯工具;改进现有的理论分析方法,如统计方法、模式识别方法、隐马尔科夫过程方法、分维方法、神经网络方法、复杂性分析方法、密码学方法、多序列比较方法等;创建一切适用于基因组信息分析的新方法、新技术。包括引入复杂系统分析技术、信息系统分析技术等;建立严格的多序列比较方法;发展与应用密码学方法以及其他算法和分析技术,用于解释基因组的信息,探索DNA序列及其空间结构信息的新表征;发展研究基因组完整信息结构和信息网络的研究方法等;发展生物大分子空间结构模拟、电子结构模拟和药物设计的新方法与新技术。

6. 应用与发展研究

汇集与疾病相关的人类基因信息，发展患者样品序列信息检测技术和基于序列信息选择表达载体、引物的技术，建立与动植物良种繁育相关的数据库以及与大分子设计和药物设计相关的数据库。

利用生物信息学方法进行结构功能预测要注意的是同一问题采用不同算法，可能产生相同或不同的结果。因此，必要弄清楚某种方法的基本原理，而不是仅把算法当作一个"黑箱"，因为一种方法可能对特定实例很合适，而对另一个则完全不适用。

一、生物信息数据库与查询

近年来大量生物学实验数据的积累，形成了当前数以百计的生物信息数据库。它们各自按一定的目标收集和整理生物学实验数据，并提供相关的数据查询与数据处理的服务。随着因特网的普及，这些数据库大多可以通过网络来访问，或者通过网络下载。

(一)基因和基因组数据库

1. GenBank

GenBank 库包含了所有已知的核酸序列和蛋白质序列，以及与它们相关的文献著作和生物学注释。它是由美国国立生物技术信息中心(NCBI)建立和维护的，它的数据直接来源于测序工作者提交的序列；由测序中心提交的大量 EST 序列和其他测序数据；以及与其他数据机构协作交换的数据。GenBank 每天都会与欧洲分子生物学实验室(EMBL)、日本的 DNA 数据库(DDBJ)交换数据，保证这三个数据库的数据同步。GenBank 的数据可以从 NCBI 的 FTP 服务器上免费下载，或下载积累的新数据。NCBI 还提供广泛的数据查询、序列相似性搜索以及其他分析服务，用户可以从 NCBI 的主页上找到这些服务。

GenBank 库里的数据来源于约 55 000 个物种，其中 56%是人类的基因组序列(所有序列中的 34%是人类的 EST 序列)。每条 GenBank 数据记录包含了对序列的简要描述，它的科学命名，物种分类名称，参考文献，序列特征表，以及序列本身。序列特征表里包含对序列生物学特征注释如：编码区、转录单元、重复区域、突变位点或修饰位点等。所有数据记录被划分在若干个文件里，如细菌类、病毒类、灵长类、啮齿类，以及 EST 数据、基因组测序数据、大规模基因组序列数据等 16 类，其中 EST 数据等又被各自分成若干个文件。

(1)GenBank 数据检索

NCBI 数据库检索查询系统是 Entrez，Entrez 是基于 Web 界面的综合生物信息数据库检索系统。利用 Entrez 系统，用户不仅可以方便地检索 GenBank 的核酸数据，还可以检索来自 GenBank 和其他数据库的蛋白序列数据、基因组图谱数据、来自分子模型数据库(MMDB)的蛋白质三维结构数据、种群序列数据集、以及由 PubMed 获得 Medline 的文献数据。

Entrez 提供了方便实用的检索服务，所有操作都可以在网络浏览器上完成。用户可以利用 Entrez 界面上提供的限制条件(limits)、索引(index)、检索历史(history)和剪贴板(clipboard)等功能来实现复杂的检索查询工作。对于检索获得的记录，用户可以选择需要显示的数据，保存查询结果，甚至以图形方式观看检索获得的序列。

(2)向 GenBank 提交序列数据

测序工作者可以把自己工作中获得的新序列提交给 NCBI，添加到 GenBank 数据库。这个任务可以由基于 Web 界面的 BankIt 或独立程序 Sequin 来完成。

NCBI 的网址：http：//www. ncbi. nlm. nih. gov。

Entrez 的网址：http：//www. ncbi. nlm. nih. gov/entrez/。

BankIt 的网址：http：//www. ncbi. nlm. nih. gov/BankIt。

Sequin 的相关网址：http：//www. ncbi. nlm. nih. gov/sequin/。

2. EMBL 核酸序列数据库

EMBL 核酸序列数据库由欧洲生物信息学研究所（EBI）维护的核酸序列数据构成，由于与 GenBank 和 DDBJ 的数据合作交换，它也是一个全面的核酸序列数据库。该数据库由 Oracal 数据库系统管理维护，查询检索可以通过因特网上的序列提取系统（SRS）服务完成。向 EMBL 核酸序列数据库提交序列可以通过基于 Web 的 WEBIN 工具，也可以用 Sequin 软件来完成。

数据库网址：http：//www. ebi. ac. uk/embl/。

SRS 的网址：http：//srs. ebi. ac. uk/。

WEBIN 的网址：http：//www. ebi. ac. uk/embl/Submission/webin. html。

3. DDBJ 数据库

日本 DNA 数据仓库（DDBJ）也是一个全面的核酸序列数据库，与 GenBank 和 EMBL 核酸库合作交换数据。可以使用其主页上提供的 SRS 工具进行数据检索和序列分析。可以用 Sequin 软件向该数据库提交序列。

DDBJ 的网址：http：//www. ddbj. nig. ac. jp/。

4. GDB

基因组数据库（GDB）主要保存人类基因组计划（HGP）数据和处理基因组图谱数据。GDB 的目标是构建关于人类基因组的百科全书，除了构建基因组图谱之外，还开发了描述序列水平的基因组内容的方法，包括序列变异、其他对功能和表型的描述。目前 GDB 中有：人类基因组区域（包括基因、克隆、amplimers PCR 标记、断点 breakpoints、细胞遗传标记 cytogenetic markers、易碎位点 fragile sites、EST 序列、综合区域 syndromic regions、contigs 和重复序列）；人类基因组图谱（包括细胞遗传图谱、连接图谱、放射性杂交图谱、content contig 图谱和综合图谱等）；人类基因组内的变异（包括突变和多态性，等位基因频率数据）。GDB 数据库以对象模型来保存数据，提供基于 Web 的数据对象检索服务，用户可以搜索各种类型的对象，并以图形方式观看基因组图谱。

GDB 的网址：http：//www. gdb. org。

GDB 的国内镜像：http：//gdb. pku. edu. cn/gdb/。

（二）蛋白质数据库

1. PIR 和 PSD

PIR 国际蛋白质序列数据库（PSD）是由蛋白质信息资源（PIR）、慕尼黑蛋白质序列信息中心（MIPS）和日本国际蛋白质序列数据库（JIPID）共同维护的国际上最大的公共蛋白质序列数据库。这是一个全面的、经过注释的、非冗余的蛋白质序列数据库，包含超过 142 000 条蛋白质序列（至 1999 年 9 月），其中包括来自几十个完整基因组的蛋白质序列。所有序列数据都经过整理，超过 99%的序列已按蛋白质家族分类，一半以上还按蛋白质超家族进行了分类。PSD 的注释中还包括对许多序列、结构、基因组和文献数据库的交叉索引，以及数据库内部条目之间的索引，这些内部索引帮助用户在包括复合物、酶一底物相互作用、活化和调控级联、具有共同特征的条目之间方便的检索。每季度都发行一次完整的数据库，每周可以得到更新部分。

PSD数据库有几个辅助数据库，如基于超家族的非冗余库等。PIR提供三类序列搜索服务：基于文本的交互式检索；标准的序列相似性搜索，包括BLAST、FASTA等；结合序列相似性、注释信息和蛋白质家族信息的高级搜索，包括按注释分类的相似性搜索、结构域搜索GeneFIND等。

PIR和PSD的网址：http://pir.georgetown.edu/。

数据库下载地址：ftp://nbrfa.georgetown.edu/pir/。

2. SWISS-PROT

SWISS-PROT是经过注释的蛋白质序列数据库，由欧洲生物信息学研究所(EBI)维护。数据库由蛋白质序列条目构成，每个条目包含蛋白质序列、引用文献信息、分类学信息、注释等，注释中包括蛋白质的功能、转录后修饰、特殊位点和区域、二级结构、四级结构、与其他序列的相似性、序列残缺与疾病的关系、序列变异体和冲突等信息。SWISS-PROT中尽可能减少了冗余序列，并与其他30多个数据建立了交叉引用，其中包括核酸序列库、蛋白质序列库和蛋白质结构库等。

利用序列提取系统(SRS)可以方便地检索SWISS-PROT和其他EBI的数据库。

SWISS-PROT只接受直接测序获得的蛋白质序列，序列提交可以在其Web页面上完成。

SWISS-PROT的网址：http://www.ebi.ac.uk/swissprot/。

3. PROSITE

PROSITE数据库收集了生物学有显著意义的蛋白质位点和序列模式，并能根据这些位点和模式快速和可靠地鉴别一个未知功能的蛋白质序列应该属于哪一个蛋白质家族。有的情况下，某个蛋白质与已知功能蛋白质的整体序列相似性很低，但由于功能的需要保留了与功能密切相关的序列模式，这样就可能通过PROSITE的搜索找到隐含的功能motif，因此是序列分析的有效工具。PROSITE中涉及的序列模式包括酶的催化位点、配体结合位点、与金属离子结合的残基、二硫键的半胱氨酸、与小分子或其他蛋白质结合的区域等；除了序列模式之外，PROSITE还包括由多序列比对构建的profile，能更敏感地发现序列与profile的相似性。

PROSITE的网址：http://www.expasy.ch/prosite/。

4. PDB

蛋白质数据仓库(PDB)是国际上唯一的生物大分子结构数据档案库，由美国Brookhaven国家实验室建立。PDB收集的数据来源于X光晶体衍射和核磁共振(NMR)，经过整理和确认后存档而成。目前PDB数据库的维护由结构生物信息学研究合作组织(RCSB)负责。RCSB的主服务器和世界各地的镜像服务器提供数据库的检索和下载服务，以及关于PDB数据文件格式和其他文档的说明，PDB数据还可以从发行的光盘获得。使用Rasmol等软件可以在计算机上按PDB文件显示生物大分子的三维结构。

RCSB的PDB数据库网址：http://www.rcsb.org/pdb/。

二、序列比对和数据库搜索

比较是科学研究中最常见的方法，通过将研究对象相互比较来寻找对象可能具备的特性。在生物信息学研究中，比对是最常用和最经典的研究手段。

最常见的比对是蛋白质序列之间或核酸序列之间的两两比对，通过比较两个序列之间的相似区域和保守性位点，寻找二者可能的分子进化关系。进一步的比对是将多个蛋白质或核酸同时进行比较，寻找这些有进化关系序列之间共同的保守区域、位点和 profile，从而探索导致它们产生共同功能的序列模式。此外，还可以把蛋白质序列与核酸序列相比来探索核酸序列可能的表达框架；把蛋白质序列与具有三维结构信息的蛋白质相比，从而获得蛋白质折叠类型的信息。

比对还是数据库搜索算法的基础，将查询序列与整个数据库的所有序列进行比对，从数据库中获得与其最相似序列的已有数据，能最快速的获得有关查询序列的大量有价值的参考信息，对于进一步分析其结构和功能都会有很大的帮助。近年来随着生物信息学数据大量积累和生物学知识的整理，通过比对方法可以有效地分析和预测一些新发现基因的功能。

(一)序列两两比对

序列比对的理论基础是进化学说，如果两个序列之间具有足够的相似性，就推测二者可能有共同的进化祖先，经过序列内残基的替换、残基或序列片段的缺失、以及序列重组等遗传变异过程分别演化而来。序列相似和序列同源是不同的概念，序列之间的相似程度是可以量化的参数，而序列是否同源需要有进化事实的验证。在残基－残基比对中，可以明显看到序列中某些氨基酸残基比其他位置上的残基更保守，这些信息揭示了这些保守位点上的残基对蛋白质结构和功能是至关重要的，例如它们可能是酶的活性位点残基、形成二硫键的半胱氨酸残基、与配体结合部位的残基、与金属离子结合的残基、形成特定结构 motif 的残基等等。但并不是所有保守的残基都一定是结构功能重要的，可能它们只是由于历史的原因被保留下来，而不是由于进化压力保留下来。因此，如果两个序列有显著的保守性，要确定二者具有共同的进化历史，进而认为二者有近似的结构和功能还需要更多实验和信息的支持。通过大量实验和序列比对的分析，一般认为蛋白质的结构和功能比序列具有更大的保守性，因此不确定地讲，如果序列之间的相似性超过 30%，它们就很有可能是同源的。

GenBank、SWISS-PROT 等序列数据库提供的序列搜索服务都是以序列两两比对为基础的。不同之处在于为了提高搜索的速度和效率，通常的序列搜索算法都进行了一定程度的优化，如最常见的 FASTA 工具和 BLAST 工具。FASTA 是第一个被广泛应用的序列比对和搜索工具包，包含若干个独立的程序。FASTA 为了提供序列搜索的速度，会先建立序列片段的“字典”，查询序列先会在字典里搜索可能的匹配序列，字典中的序列长度由 ktup 参数控制，缺省的 ktup=2。FASTA 的结果报告中会给出每个搜索到的序列与查询序列的最佳比对结果，以及这个比对的统计学显著性评估 *E* 值。FASTA 工具包可以在大多提供下载服务的生物信息学站点上找到。

BLAST 是现在应用最广泛的序列相似性搜索工具，相比 FASTA 有更多改进，速度更快，并建立在严格的统计学基础之上。NCBI 提供了基于 Web 的 BLAST 服务，用户可以把序列填入网页上的表单里，选择相应的参数后提交到数据服务器上进行搜索，从电子邮件中获得序列搜索的结果。BLAST 包含五个程序(表 4-1)和若干个相应的数据库(表 4-2)，分别针对不同的查询序列和要搜索的数据库类型(表 4-3)。其中翻译的核酸库指搜索比对时会把核酸数据按密码子所有可能的阅读框架转换成蛋白质序列。

表 4-1 BLAST 程序

程序	数据库	查询	简述
blastp	蛋白质	蛋白质	可能找到具有远源进化关系的匹配序列
blastn	核酸	核苷酸	适合寻找分值较高的匹配，不适合远源关系
blastx	蛋白质	核酸(翻译)	适合新 DNA 序列和 EST 序列的分析
tblastn	核苷酸(翻译)	蛋白质	适合寻找数据库中尚未标注的编码区
tblastx	核酸(翻译)	核酸(翻译)	适合分析 EST 序列

表 4-2 BLAST 的蛋白质数据库

数据库	简述
nr	汇集了 SWISS-PROT，PIR，PRF 以及从 GenBank 序列编码区中得到的蛋白质和 PDB 中拥有原子坐标的蛋白质，并去除了冗余的序列
month	nr 中过去 30 d 内的最新序列
swissprot	SWISS-PROT 数据库
pdb	PDB 结构数据库中的蛋白质序列
yeast	酵母基因组中编码的全部蛋白质
E. coli	大肠杆菌基因组中编码的全部蛋白质
Kabat	Kabat 的免疫学相关蛋白质序列
alu	由 REPBASE 中的 Alu 重复序列翻译而来，用来遮蔽查询序列中的重复片段

表 4-3 BLAST 的核酸数据库

数据库	简述
nr	非冗余的 GenBank＋EMBL＋DDBJ＋PDB 序列，除了 EST、STS、GSS 和 0，1，2 阶段的 HTGS 序列
month	nr 中过去 30 d 的最新序列
dbest	非冗余的 GenBank＋EMBL＋DDBJ＋PDB 的 EST 部分
dbsts	非冗余的 GenBank＋EMBL＋DDBJ＋PDB 的 STS 部分
htgs	0，1，2 阶段的高产量基因组序列(3 阶段完成的 HTG 序列在 nr 库里)
yeast	酵母的全基因组序列
E. coli	大肠杆菌的全基因组序列
pdb	由三维结构库来的核酸序列
kabat	Kabat 的免疫学相关序列库
vector	GenBank 的载体子集
mito	线粒体核酸序列
alu	REPBASE 中 Alu 重复序列翻译而来，用来遮蔽查询序列中的重复片段
gss	基因组勘测序列(genome survey sequence)

注：BLAST 对序列格式的要求是常见的 FASTA 格式。FASTA 格式第一行是描述行，第一个字符必须是“>”字符；随后的行是序列本身，一般每行序列不要超过 80 个字符，回车符不会影响程序对序列连续性的看法。序列由标准的 IUB/IUPAC 氨基酸和核酸代码代表；小写字符会全部转换成大写；单个“－”号代表不明长度的空位；在氨基酸序列里允许出现“U”和“*”号；任何数字都应该被去掉或换成字母(如不明核酸用“N”，不明氨基酸用“X”)。此外，对于核酸序列，除了 A、C、G、T、U 分别代表各种核苷酸之外，R 代表 G 或 A(嘌呤)；Y 代表 T 或 C(嘧啶)；K 代表 G 或 T(带酮基)；M 代表 A 或 C(带氨基)；S 代表 G 或 C(强)；W 代表 A 或 T(弱)；B 代表 G、T 或 C；D 代表 G、A 或 T；H 代表 A、C 或 T；V 代表 G、C 或 A；N 代表 A、G、C、T 中任意一种。对于氨基酸序列，除了 20 种常见氨基酸的标准单字符标识之外，B 代表 Asp 或 Asn；U 代表硒代半胱氨酸；Z 代表 Glu 或 Gln；X 代表任意氨基酸；“*”代表翻译结束标志。

NCBI 的 BLUST 网址：http://www.ncbi.nlm.nih.gov/BLAST/。

下载 BLUST 的网址：ftp://ncbi.nlm.nih.gov/blast/。

下载 FASTA 的网址：ftp://ftp.virginia.edu/pub/fasta/。

（二）多序列比对

顾名思义，多序列比对就是把两条以上可能有系统进化关系的序列进行比对的方法。目前对多序列比对的研究还在不断发展中，现有的大多数算法都基于渐进的比对思想，在序列两两比对的基础上逐步优化多序列比对的结果。进行多序列比对后可以对比对结果进行进一步处理，例如构建序列模式的 profile，将序列聚类构建分子进化树等等。

目前使用最广泛的多序列比对程序是 CLUSTALW（它的 PC 版本是 CLUSTALX）。CLUSTALW 是一种渐进的比对方法，先将多个序列两两比对构建距离矩阵，反应序列之间两两关系；然后根据距离矩阵计算产生系统进化指导树，对关系密切的序列进行加权；然后从最紧密的两条序列开始，逐步引入临近的序列并不断重新构建比对，直到所有序列都被加入为止。

CLUSTALW 的程序可以自由使用，在 NCBI 的 FTP 服务器上可以找到下载的软件包。CLUSTALW 程序用选项单逐步指导用户进行操作，用户可根据需要选择打分矩阵、设置空位罚分等。EBI 的主页还提供了基于 Web 的 CLUSTALW 服务，用户可以把序列和各种要求通过表单提交到服务器上，服务器把计算的结果用 E-mail 返回用户。

CLUSTALW 输入序列的格式比较灵活，可以是前面介绍过的 FASTA 格式，还可以是 PIR、SWISS－PROT、GDE、Clustal、GCG/MSF、RSF 等格式。输出格式也可以选择，有 ALN、GCG、PHYLIP 和 GDE 等，用户可以根据自已的需要选择合适的输出格式。

用 CLUSTALW 得到的多序列比对结果中，所有序列排列在一起，并以特定的符号代表各个位点上残基的保守性，“*”号代表保守性极高的残基位点；“.”号代表保守性略低的残基位点。

EBI 的 CLUSTALW 网址：http://www.ebi.ac.uk/clustalw/。

下载 CLUSTALW 的网址：ftp://ftp.ebi.ac.uk/pub/software/。

三、核酸与蛋白质结构和功能的预测分析

人们获得各种核酸和蛋白质序列的目的是了解这个序列在生物体中充当了怎样的角色。例如，DNA 序列中重复片段、编码区、启动子、内含子/外显子、转录调控因子结合位点等信息；蛋白质的分子质量、等电点、二级结构、三级结构、四级结构、膜蛋白的跨膜区段、酶的活性位点以及蛋白质之间相互作用等结构和功能信息。虽然用实验的方法是多年以来解决这类问题的主要途径，但新的思路是利用已有的对生物大分子结构和功能特性的认识，用生物信息学的方法通过计算机模拟和计算来“预测”出这些信息或提供与之相关的辅助信息。由于生物信息学的特点，可以用较低的成本和较快的时间就能获得可靠的结果。近 10 年来生物学序列信息的爆炸性增长大大促进了各种序列分析和预测技术的发展，目前已经可以用理论预测的方法获得大量的结构和功能信息。要注意的是，尽管各种预测方法都基于现有的生物学数据和已有的生物学知识，但在不同模型或算法基础上建立的不同分析程序有其一定的适用范围和相应的限制条件，因此最好对同一个生物学问题尽量多用几种分析程序，综合分析各种方法得到的结果和结果的可靠性。此外，生物信息学的分析只是为生物学研究提供参考，这些信息能提高研究的效率或提供研究的思路，但很多问题还需要通过实验的方法得到验证。

针对核酸序列的预测方法

针对核酸序列的预测就是在核酸序列中寻找基因，找出基因的位置和功能位点的位置，以及标记已知的序列模式等过程。在此过程中，确认一段 DNA 序列是一个基因需要有多个证据的支持。一般而言，在重复片段频繁出现的区域里，基因编码区和调控区不太可能出现；如果某段 DNA 片段的预测产物与某个已知的蛋白质或其他基因的产物具有较高序列相似性的话，那么这个 DNA 片段就非常可能属于外显子片段；在一段 DNA 序列上出现统计上的规律性，即所谓的"密码子偏好性"，说明这段 DNA 是蛋白质编码区的有力证据；其他的证据包括与"模板"序列的模式相匹配、简单序列模式如 TATA Box 等相匹配。一般而言，确定基因的位置和结构需要多个方法综合运用，而且需要遵循一定的规则：对于真核生物序列，在进行预测之前先要进行重复序列分析，把重复序列标记出来并除去；选用预测程序时要注意程序的物种特异性；要弄清程序适用的是基因组序列还是 cDNA 序列；很多程序对序列长度也有要求，有的程序只适用于长序列，而对 EST 这类残缺的序列则不适用。

1. 重复序列分析

对真核生物的核酸序列而言，在进行基因辨识之前应该把简单的大量的重复序列标记出来并除去，因为很多情况下重复序列会对预测程序产生很大的干扰，尤其是涉及数据库搜索的程序。常见的重复序列分析程序有 CENSOR 和 RepeatMasker，可以在 Web 界面上使用这些程序，或者用 E-mail 来进行。如果有大量序列需要处理，可以使用 XBLAST 程序，它可以从 Internet 上下载得到。把克隆载体也加入重复序列中，这样就可以在处理重复序列时顺便把克隆载体也一同除去。经处理的序列中重复序列所在位置会一律由"X"代替。

CENSOR 和 Repbase 的网址：http://www.girinst.org/。

CENSOR 的 E-mail 服务地址：censor@sharon.lpi.org。

RepeatMasker 的网址：http://ftp.genome.washington.edu/cgi-bin/RepeatMasker。

下载 XBLAST 的网址：ftp://ncbi.nlm.nih.gov/pub/jmc。

下载 Repbase 的网址：ftp://ncbi/nlm.nih.gov/repository/repbase/REF。

2. 数据库搜索

把未知核酸序列作为查询序列，在数据库里搜索与之相似的已有序列是序列分析预测的有效手段。但值得注意的是，由相似性分析作出的结论可能导致错误的发生；有一定比例的序列很难在数据库里找到合适的同源伙伴。

3. 编码区统计特性分析

DNA 中密码子的使用频率不是均等的，某些密码子会以较高的频率被使用而另一些则较少出现，这样就使得编码区的序列呈现出可察觉的统计特异性，即所谓的"密码子偏好性"。利用这一特性对未知序列进行统计学分析可以发现编码区的粗略位置。这一类技术包括：双密码子计数（统计连续两个密码子的出现频率）；核苷酸周期性分析（分析同一个核苷酸在 3，6，9，……位置上周期性出现的规律）；均一/复杂性分析（长同聚物的统计计数）；开放可读框架分析等。

常见的编码区统计特性分析工具将多种统计分析技术组合起来，给出对编码区的综合判别。著名的程序有 GRAIL 和 GenMark 等，GRAIL 提供了基于 Web 的服务。

GRAIL 的网址：http://compbio.ornl.gov/Grail-1.3/。

4. 启动子分析

启动子是基因表达所必需的重要序列信号，识别启动子对基因辨识十分重要。有一些程序根据实验获得的转录因子结合特性来描述启动子的序列特征,并依次作为启动子预测的依据,但实际的效果并不十分理想,遗漏和假阳性都比较严重。总的来说,启动子仍是值得继续研究探索的难题。

5. 内含子/外显子剪接位点

剪接位点一般具有较明显的序列特征,但要注意可变剪接的问题。由于可变剪接在数据库里的注释非常不完整,因此很难评估剪接位点识别程序预测剪接位点的敏感性和精确度。如果把剪接位点及其两侧的编码特性结合起来分析则有助于提供剪接位点的识别效果。

常见的基因识别工具很多包含了剪接位点识别功能,独立的剪接位点识别工具有 NetGene 等。

NetGene 服务的 E-mail 地址:netgene@cbs. dtu. dk。

6. 翻译起始位点

对于真核生物,如果已知转录起始点,并且没有内含子打断 5′非翻译区的话,"Kozak 规则"可以在大多数情况下定位起始密码子。原核生物一般没有剪接过程,但在开放阅读框中找到正确的起始密码子仍很困难。由于多顺反操纵子的存在,原核启动子的定位没有真核生物那样重要。对于原核生物,关键是核糖体结合点的定位,可以由多个程序提供解决方案。

7. 翻译终止信号

PolyA 和翻译终止信号不像起始信号那么重要,但也可以辅助划分基因的范围。

8. 其他综合基因预测工具

除了上面提到的程序之外,还有许多用于基因预测的工具,它们大多把各个方面的分析综合起来,对基因进行整体的分析和预测。多种信息的综合分析有助于提高预测的可靠性,但也有一些局限:物种适用范围的局限;对多基因或部分基因,有时预测出的基因结构不可靠;预测的精确度对许多新发现基因比较低;对序列中的错误很敏感;对可变剪接、重叠基因和启动子等复杂基因语法效果不佳。

相对不错的工具有 GENSCAN,可以通过 Web 页面或 E-mail 获得 GENSCAN 服务。

GENSCAN 的网址:http://ccr-081. mit. edu/GENSCAN. html。

9. tRNA 基因识别

tRNA 基因识别比蛋白质编码基因的识别简单,目前基本已经解决了用理论方法预测 tRNA 基因的问题。tRNAscan-SE 工具中综合了多个识别和分析程序,通过分析启动子元件的保守序列模式、tRNA 二级结构分析、转录控制元件分析和除去绝大多数假阳性的筛选过程,可以在 Web 上使用这个工具,也可以下载这个程序。

tRNAscan-SE 的网址:http://www. genetics. wustl. edu/eddy/tRNAscan-SE/。

四、实际应用——DNAman 软件的使用

【软件简介】

DNAman 是一个专业序列分析软件包,与 Windows95/98Me/NT/2000 完美兼容,功能强大且容易上手;更难能可贵的是,它提供了目前最好的质粒作图及克隆路线绘制组件。DNAman 的功能包括:DNA 和蛋白质序列的编辑;DNA 序列文件格式的转换;多个序列(包括 DNA 和蛋白质序列)的同源比较以及对比较结果的编辑分析等;进化树的绘制和分析;DNA 或蛋白质序列的点阵比较;DNA 序列的拼接及分析;实现与 Internet 的无缝连接,直接

完成 Blast 等工作；Motif 查找；限制性酶谱分析；根据不同密码子表完成 DNA—蛋白质的翻译；蛋白质理化特性分析及二级结构预测；PCR 引物及探针的设计和评估；绘制高质量的质粒图谱和克隆路线图。

网址：http：//www.lynnon.com/pc/framepc.html。

【实验条件】

①能与网络自由连接的计算机。

②DNAman 软件。

③已整理好的、来源于不同物种的、但决定或控制同一性状的某一基因的成熟区核苷酸序列。

【实验步骤】

(1)开机

(2)安装软件

(3)软件使用

①限制性核酸内切酶分析。运行软件(图 4-1a)→输入/导入核苷酸序列(图 4-1b)→序列暂命名为 DNA1(图 4-1c)→限制性核酸内切酶切割分析(图 4-1d)→酶切结果(图 4-1e)。

②同源性比较。输入/导入不同生物同一基因的同源核苷酸序列(图 4-2a)→序列分别暂命名为 DNA1 和 DNA2(图 4-2b)→同源性分析(图 4-2c)→比较结果(图 4-2d)。

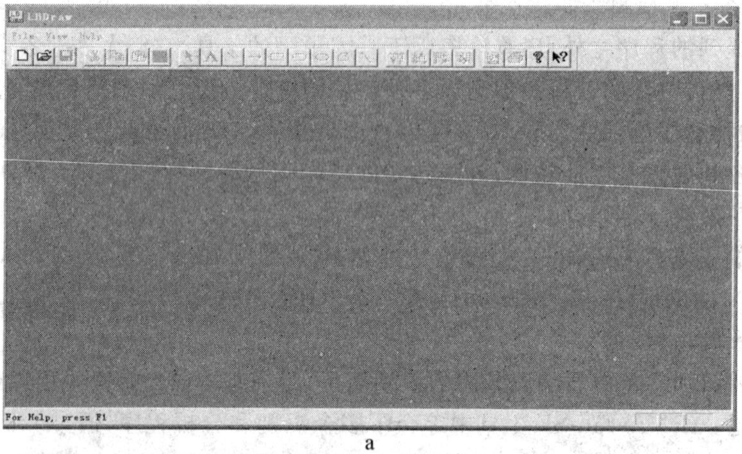

a

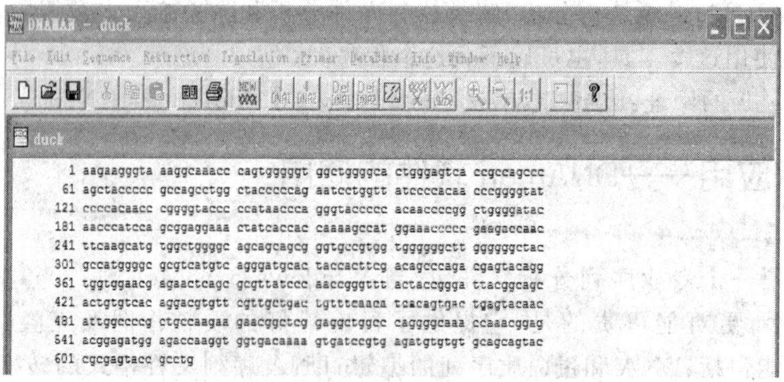

b

图 4-1　酶切分析过程图(一)

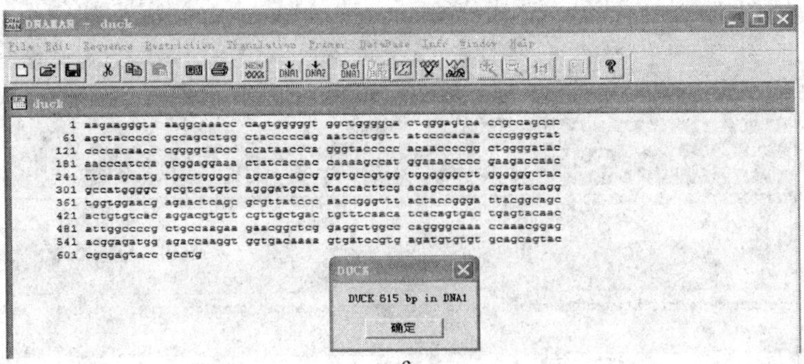

c

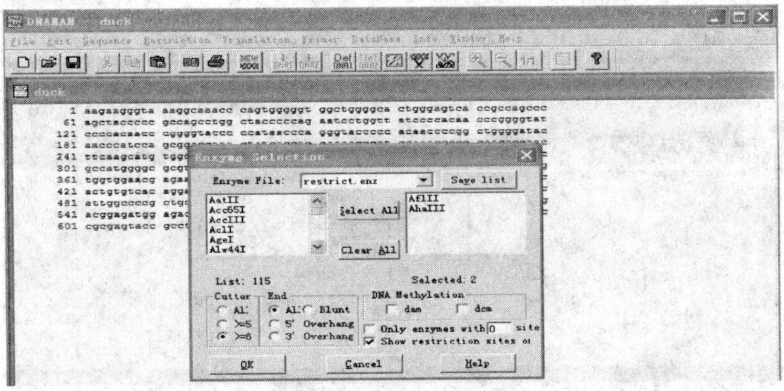

d

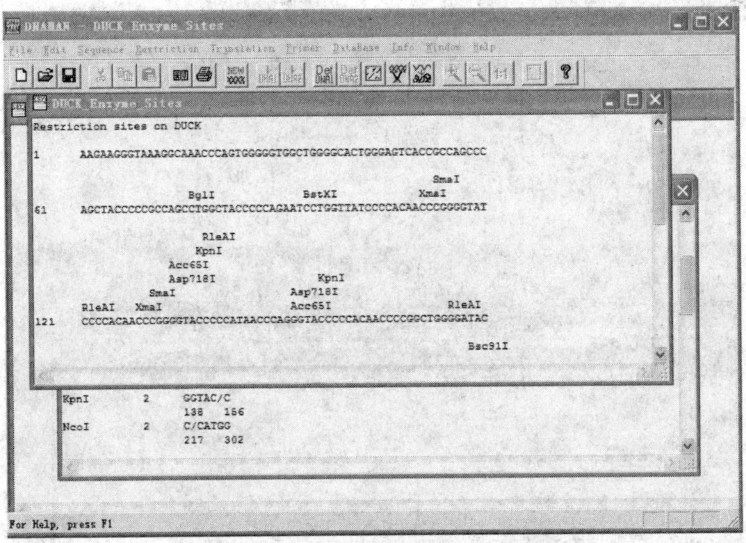

e

图 4-1　酶切分析过程图(二)

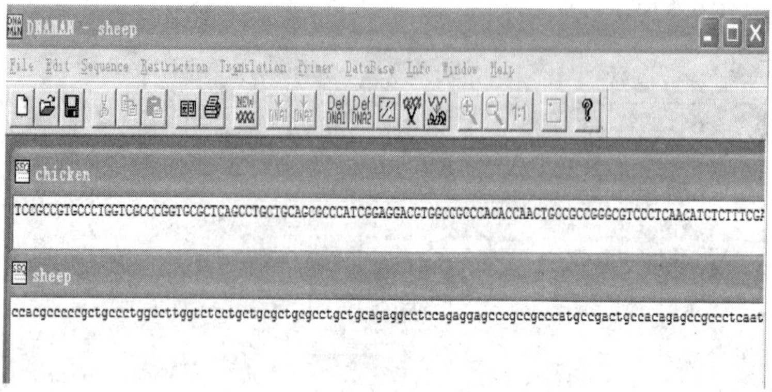

a

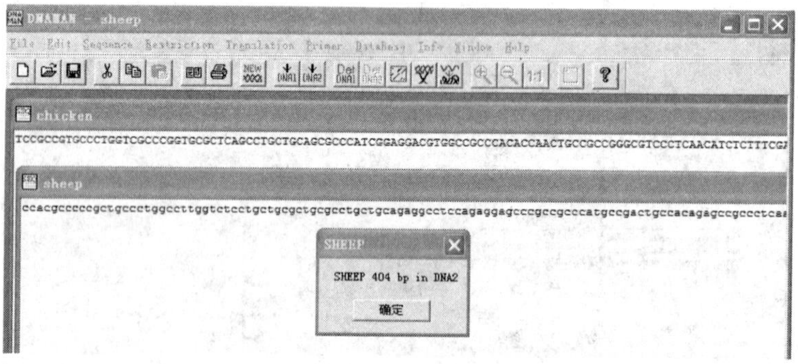

b

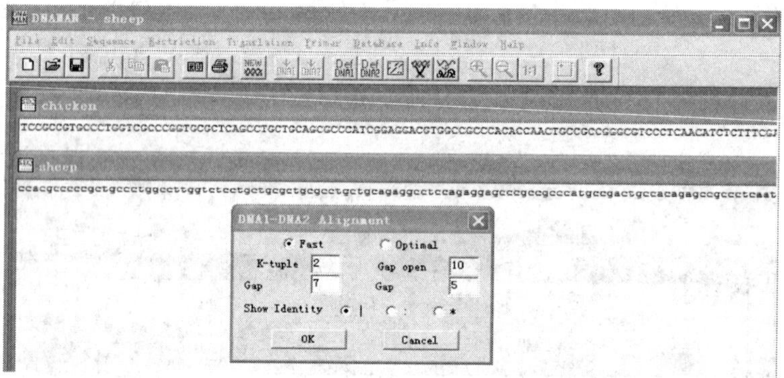

c

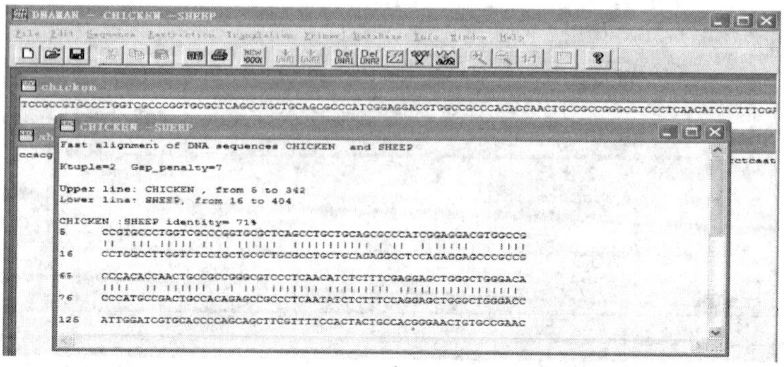

d

图 4-2 鸡、绵羊 INH α-亚基成熟区编码序列同源性比较

◆工作实施

本情境需在计算机机房实施，并要求 Internet 网络畅通。教师需要准备常用的核酸分析软件，指导学生安装软件→熟悉软件→开始完成工作任务→保存结果→教师检查→反馈检查结果。在上机操作前学生需先了解有关生物信息学的一般知识，这项内容可以以小组的形式开展。

◆分析与思考

1. 简述人类基因组计划与生物信息学之间的相互促进关系。
2. DNA 序列比较的根本任务和目的分别是什么？
3. DNAman 软件的主要作用都有哪些？
4. 简述 NCBI Entrez 系统的功能。

◆拓展与链接

常用生物学软件简介

1. Oligo 6

是目前使用最为广泛的一款引物设计软件，除了可以简单快捷地完成各种引物和探针的设计与分析外，还具有很多其他同类软件所不具有的高级功能。

①已知一个 PCR 引物的序列，搜寻和设计另一个引物的序列。②按照不同的物种对密码子的偏好性设计简并引物。③对环型 DNA 片段设计反向 PCR 引物。④设计多重 PCR 引物。⑤为 PCR 反应设计探针，以检测某个突变是否出现。⑥分析和评价用其他途径设计的引物是否合理。⑦同源序列查找，并根据同源区设计引物。⑧增强了的引物/探针搜寻手段。设计引物过程中，可以“Lock”每个参数，如 Tm 值范围和引物 3′端的稳定性等。⑨以多种形式存储结果；支持多用户，每个用户可保存自己的特殊设置。网址：http://www.oligo.net/(图 4-3)。

2. DNAStar

是一款基于 Windows 和 Macintosh 平台的序列分析软件，特点是操作简单，功能强大。主要由七部分组成。

①EditSeq：用来将 DNA 或蛋白质序列数据输入计算机的工具，同时还具有编辑已有序列的功能。EditSeq 可识别 FASTA，Genbank，ABI，GCG 以及 ASCII Text 文件，同时也支持键盘输入和直接从自动序列分析图谱上读取序列。②MapDraw：酶切图谱分析，克隆实验设计，分析及处理实验结果等。同时还具有绘制质粒图谱的功能。③GeneQuest：帮助查找和注释 DNA 序列中的基因和其他特征序列，包括 ORFs，剪接位点，转录因子结合位点，重复序列和酶切位点等。④MegAlign：对 DNA 或蛋白质序列进行同源比较，有六种不同的对准算法供用户选择。在同源比较的同时，能很快输出进化树和进化距离等数据。⑤Protean：分析和预测蛋白质结构，提供各种分析方法并以图形的格式输出结果，显示蛋白质分子的各种理化特性以及例如抗原决定族等功能区的预测功能。⑥PrimerSelect：设计 PCR 引物、测序引物和探针。⑦SeqMan Ⅱ：多序列拼接。最多支持 64 000 条序列的同时拼接。在拼接前可以对序列进行修正，对自动测序的序列结果可除去污染序列或载体序列。网址：http://www.dnastar.com/。

图 4-3　Oligo 软件网络界面

子情境二　分子标记技术

◆引言

2010 年 5 月 1 日，第 41 届世界博览会在上海开幕。共有来自全球的 189 个国家和 57 个国际组织参展，园区内约有 154 个展馆。在引人关注的中国国家馆三楼，灯光幽静的展室一角，一块长得郁郁葱葱的稻田吸引了众多参观者的目光。这片稻田面积约 10 m^2，周围被玻璃罩着，全天都有白炽灯光呵护。高及膝盖的水稻种在白色的椭圆形花盆里，与盆栽鲜花一样，盆里有人工放置的营养土。这是“杂交水稻之父”袁隆平先生的超级杂交水稻稻田，是袁隆平教授从其杂交水稻工程技术研究中心培育到一定时期，直接空运到上海世博会的，亩产达 800 kg 左右，而通常的杂交水稻平均亩产不过 450 kg。

事实上，我国杂交水稻技术在国际上遥遥领先，但颇有忧患意识的袁隆平老先生在 2010 年 2 月 7 日接受新华社记者采访时说：“虽然我国杂交水稻技术目前在国际上领先，但如果不加强分子育种技术研究，短则 5 年、长则 10 年，我国的杂交水稻技术就要落后国际水平了。”由此可见分子育种技术在作物育种领域的重要性。

分子标记辅助选择（molecular-assisted-selection，MAS）是分子育种的一种重要途径，它是由现代生物技术与传统遗传育种相结合而形成的。它可以减少传统回交育种过程中很难消除的连锁累赘，还可以把相同抗性的不同基因聚合到同一优良品种中，实现同效基因的累加作用，获得持久抗性。目前，分子标记技术已开始应用于育种实践，并表现出其独特的优越性。那么：

问题

1. 什么是分子标记？
2. 实际应用的分子标记技术有哪些呢？
3. 除了应用于作物育种之外，分子标记还可以应用到哪些领域？

◈工作任务

请选择适宜的分子标记技术，分析经济作物棉花、大豆、玉米、番茄、油菜、水稻的遗传多态性。

◈信息获取

分子标记的概念有广义和狭义之分，广义的分子标记是指可遗传的并可检测的 DNA 序列或蛋白质。狭义的分子标记是指能反映生物个体或种群间基因组中某种差异的特异性 DNA 片段，它是以个体间遗传物质内核苷酸序列变异为基础的遗传标记，是 DNA 水平遗传多态性的直接反映。

DNA 分子标记具有诸多优点：大多数分子标记为共显性，对隐性性状的选择十分便利；基因组变异极其丰富，分子标记的数量几乎是无限的；在生物发育的不同阶段，不同组织的 DNA 都可用于标记分析；分子标记揭示来自 DNA 的变异；检测手段简单、迅速。

随着分子生物学技术的发展，现在 DNA 分子标记技术已有数十种，广泛应用于遗传育种、基因组作图、基因定位、物种亲缘关系鉴别、基因库构建、基因克隆等方面。

一、以分子杂交为基础的分子标记技术(hibridisation-based markers)

此类标记技术是利用限制性内切酶酶解及凝胶电泳分离不同的生物 DNA 分子，然后用经标记的特异 DNA 探针与之进行杂交，通过放射自显影或非同位素显色技术来揭示 DNA 的多态性。

1. 限制性片段长度多态性(restriction fragment length polymorphism，RFLP)

在生物进化过程中，由于各种原因引起染色体 DNA 中核苷酸排列顺序发生改变。当这种碱基的改变涉及限制性内切酶识别位点时，利用限制性内切酶可将 DNA 切割成长度不同的限制性片段。这类不同长度的限制性片段类型，在某一类生物群体中所呈现的多态频率分布现象，称为 RFLP。

1974 年 Grodzicker 等创立了限制性片段长度多态性技术，它是一种以 DNA-DNA 杂交为基础的第一代遗传标记。RFLP 基本原理是利用特定的限制性内切酶识别并切割不同生物个体的基因组 DNA，得到大小不等的 DNA 片段，所产生的 DNA 数目和各个片段的长度反映了 DNA 分子上不同酶切位点的分布情况。通过凝胶电泳分析这些片段，就形成不同谱带，然后与克隆 DNA 探针进行 Southern 杂交和放射自显影，即获得反映个体特异性的 RFLP 图谱。它所代表的是基因组 DNA 在限制性内切酶消化后产生的片段在长度上的差异。由于不同个体等位基因之间碱基的替换、重排、缺失等变化导致限制性内切酶识别和酶切发生改变从而造成基因型间限制性片段长度的差异(图 4-4)。

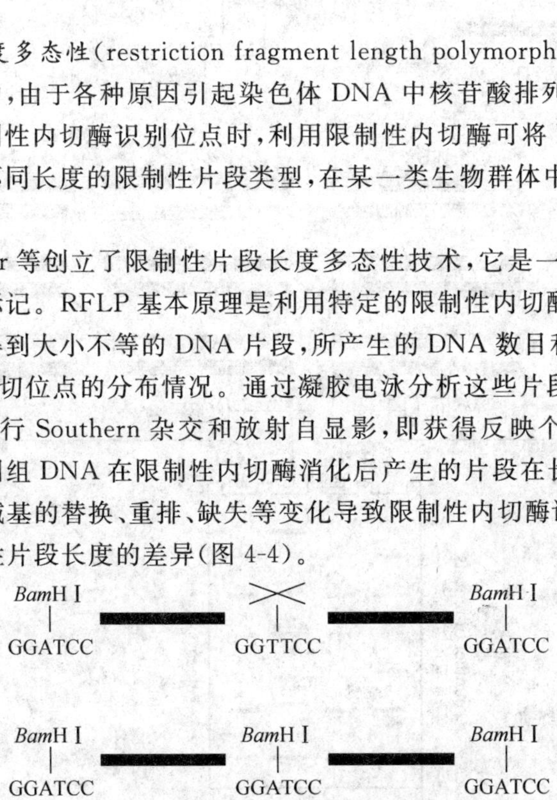

图 4-4　由于单个碱基的替换造成 *Bam*H Ⅰ 切割结果的不同

图 4-5 DNA 序列中插入其他 DNA 片段，造成切割结果不同

RFLP 的等位基因有共显性特点。RFLP 标记位点数量不受限制，通常可检测到的基因座位数为 1～4 个。自 RFLP 问世以来，已经在基因定位及分型、遗传连锁图谱的构建、疾病的基因诊断等研究中得到了广泛的应用。RFLP 技术也存在一些缺陷，主要是克隆可表现基因组 DNA 多态性的探针较为困难；另外，实验操作较繁琐，检测周期长，成本费用也很高。

2. 数目可变串联重复多态性(variable number of tandem repeats，VNTR)

数目可变串联重复序列又称小卫星 DNA(minisatellite DNA)，是一种重复 DNA 序列，长度为 10 到上百个核苷酸，拷贝数随个体差异很大。VNTR 基本原理与 RFLP 大致相同，只是对限制性内切酶和 DNA 探针有特殊要求。

①限制性内切酶的酶切位点必须不在重复序列中，以保证小卫星序列的完整性。

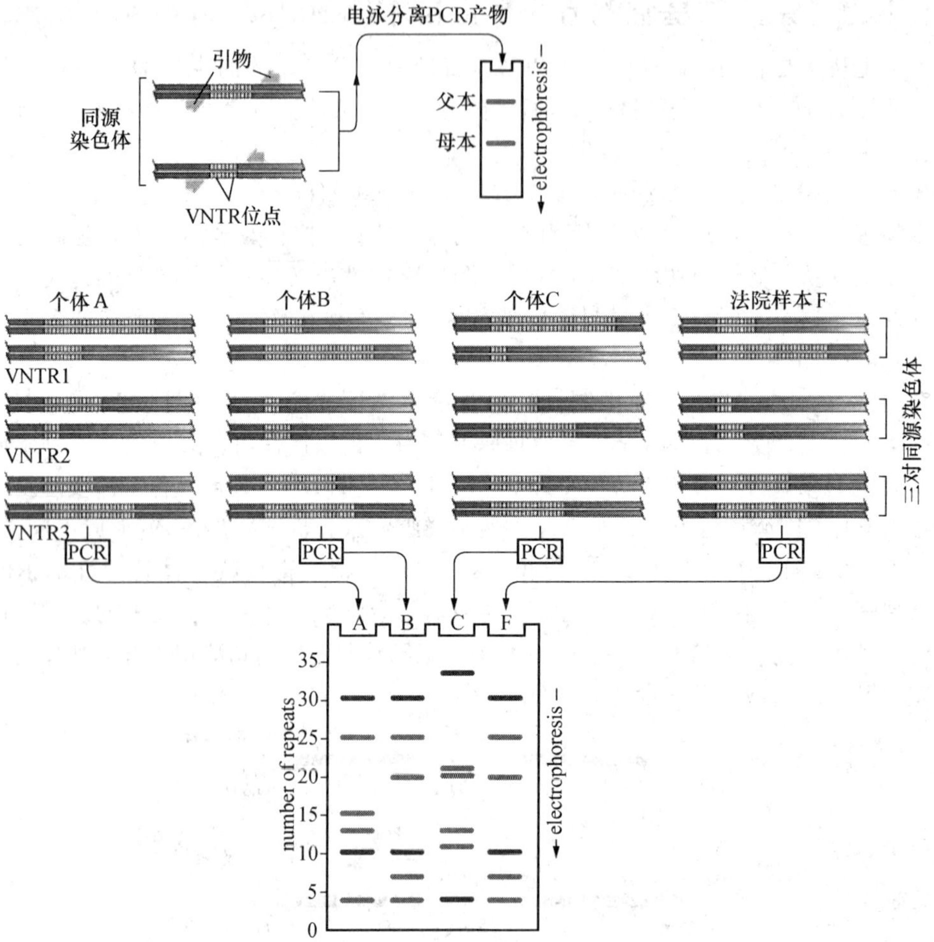

图 4-6 VNTR 原理

②内切酶在基因组的其他部位有较多酶切位点，以使卫星序列所在片段含有较少无关序列，通过电泳可充分显示不同长度重复序列片段的多态性。

③分子杂交所用DNA探针核苷酸序列必须是小卫星序列，通过分子杂交和放射自显影后，就可一次性检测到众多小卫星位点，得到个体特异性的DNA指纹图谱。

小卫星标记的多态信息含量较高，但是数量有限，而且在基因组上分布不均匀，这就极大地限制了其在基因定位中的应用。VNTR也存在实验操作繁琐、检测时间长、成本高的缺点。

二、以PCR反应为基础的分子标记技术(PCR-based markers)

(一)随机引物的PCR标记

所用引物的核苷酸序列是随机的，其扩增的DNA区域事先未知。随机引物PCR扩增的DNA区段产生多态性的分子基础是模板DNA扩增区段上引物结合位点的碱基序列的突变，不同来源的基因组在该区段上表现为扩增产物有无差异或扩增片段大小的差异。随机引物PCR标记表现为显性或共显性。

1. 随机扩增多态性DNA(random amplified polymorphism DNA，RAPD)

是将随机引物与PCR反应相结合，扩增基因组DNA的不同位点。如果基因组某些区域发生变异而导致特定结合位点的分布发生相应变化，会使产物增加、减少或发生分子质量的变化，从而检测基因组DNA的多态性。

RAPD技术是1990年由Wiliam和Welsh等在PCR技术基础上检测DNA多态性的方法。基本原理是利用随机引物(一般为8～10 bp)通过PCR反应非定点扩增DNA片段，然后用凝胶电泳分析扩增产物DNA片段的多态性。扩增片段多态性便反映了基因组相应区域的DNA多态性(图4-7)。RAPD所使用的引物各不相同，但对某一特定引物，它在基因组DNA

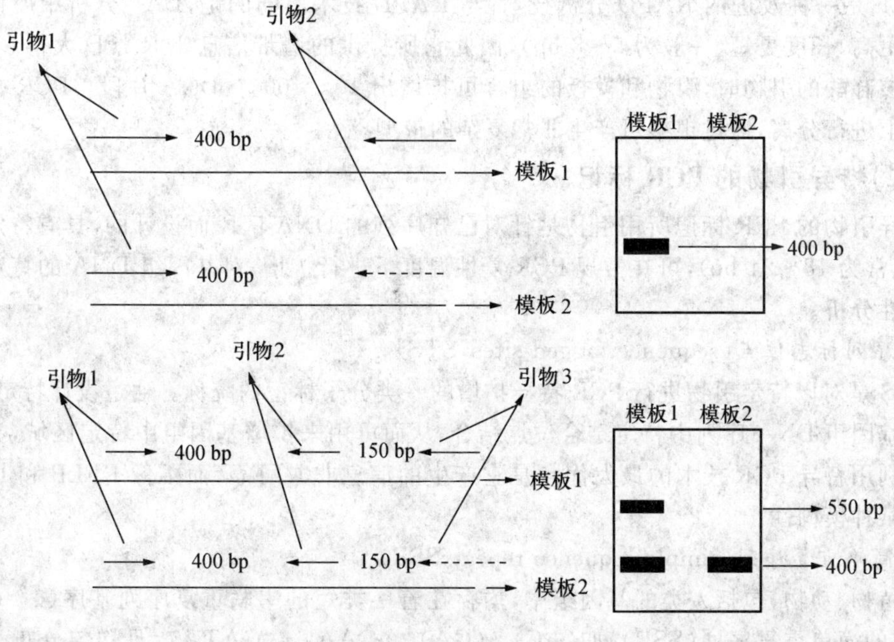

图4-7　RAPD原理图

序列上有其特定的结合位点，一旦基因组在这些区域发生 DNA 片段插入、缺失或碱基突变，就可能导致这些特定结合位点的分布发生变化，从而导致扩增产物数量和大小发生改变，表现出多态性。就单一引物而言，其只能检测基因组特定区域 DNA 多态性，但利用一系列引物则可使检测区域扩大到整个基因组。因此，RAPD 可用于对整个基因组 DNA 进行多态性检测，也可用于构建基因组指纹图谱。

与 RFLP 相比，RAPD 具有以下优点：技术简单，检测速度快；RAPD 分析只需少量 DNA 样品；不依赖于种属特异性和基因组结构，一套引物可用于不同生物基因组分析；成本较低。但 RAPD 也存在一些缺点：RAPD 标记是一个显性标记，不能鉴别杂合子和纯合子；存在共迁移问题，凝胶电泳只能分开不同长度 DNA 片段，而不能分开那些分子质量相同但碱基序列组成不同的 DNA 片段；RAPD 技术中影响因素很多，所以实验的稳定性和重复性差。

尽管 RAPD 技术诞生时间很短，但由于其独特的检测 DNA 多态性的方式以及快速、简便的特点，使这个技术已渗透于基因组研究的各个方面。

2. *任意引物 PCR*(arbitrarily primed polymerase chain reaction，AP-PCR)

在 AP-PCR 分析中，所使用的引物较长(10～50 bp)，PCR 反应分为两个阶段，首先寡核苷酸引物在低严谨条件下与模板 DNA 退火，此时发生了一些合成，以便稳定模板与引物之间的相互作用。然后进行高严谨退火条件的循环，两个位点间那些序列在低严谨退火条件下发生的引物延伸可继续在高严谨条件下扩增。采用变性聚丙烯酰胺凝胶电泳分析 PCR 产物，最终反应结果与 RAPD 类似。

AP-PCR 方法不需预知序列资料，而且检测的基因组样本是任意的，能够用于检测近等基因系(或同类系)中的多态性。AP-PCR 的缺点是每个新的多态性都必须经纯化后才能进一步使用，另外，此方法在杂合体中仅可辨别长度多态性。

3. *DNA 扩增指纹印迹*(DNA amplification fingerprinting，DAF)

DAF 是一种改进的 RAPD 分析技术，与 RAPD 技术不同的是，DAF 分析中所使用的引物浓度更高，长度更短(一般为 5～8 bp)，因此它所提供的谱带信息比 RAPD 大得多，如当使用 5 个核苷酸的引物时，引物和模板的组合可扩增出 10～100 个 DNA 片段。PCR 扩增产物在凝胶上进行分离，通过银染可产生非常复杂的带型。

(二)特异引物的 PCR 标记

特异引物的 PCR 标记所用引物是针对已知序列的 DNA 区段而设计的，具有特定核苷酸序列(通常为 18～24 bp)，可在常规 PCR 复性温度下进行扩增，对基因组 DNA 的特定区域进行多态性分析。

1. *序列标志位点*(sequence tagged sites，STS)

STS 是对以特定引物进行 PCR 特异扩增的一类分子标记的统称。通过设计特定的引物，使其与基因组 DNA 序列中特定结合位点结合，从而可用来扩增基因组中特定区域，分析其多态性。利用特异 PCR 技术的最大优点是它产生的信息非常可靠，而不像 RFLP 和 RAPD 那样存在某种模糊性。

2. *简单重复序列*(simple sequence repeat，SSR)

在植物、动物，包括人类的基因组中，均存在着一类短的串联重复序列基序(1～6 个核苷酸)组成的简单重复序列(SSR)，如$(AC)_n$、$(GA)_n$、$(GAA)_n$、$(GATA)_n$且均匀分布于整个真核生物基因组中，其侧面有保守的 DNA 序列。这类序列被称为微卫星 DNA，每个微卫星

DNA的核心序列结构相同,重复单位数目10~60个,其高度多态性主要来源于串联数目的不同。鉴于微卫星DNA侧面区域的DNA序列具有保守性和专一性,因此可以以与两侧保守DNA序列相互补的特定寡核苷酸为引物进行PCR扩增。不同基因型微卫星DNA结构中的基序重复序列不同,重复单位数量不同,SSR显示出较强的多态性。

将扩增产物进行凝胶电泳,根据分离片段的大小决定基因型并计算等位基因频率(图4-8)。与其他分子标记相比,SSR标记具有以下优点:数量丰富,覆盖整个基因组,揭示的多态性高;一般可检测一个单一的多等位基因位点;呈共显性遗传,故可鉴别杂合子和纯合子。

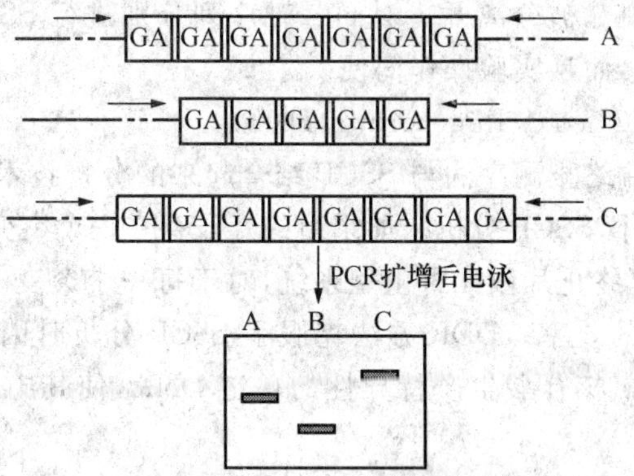

图4-8 SSR标记示意图

备注:⟶引物;- - - -保守序列;A、B、C分别代表不同的基因型。

目前该技术已广泛用于遗传图谱的构建、目标基因的标定、指纹图谱的绘制等研究中。但SSR标记的建立首先要对微卫星侧翼序列进行克隆、测序、人工设计合成引物以及标记的定位、作图等基础性研究,因而其开发费用相当高,各个实验室必须进行合作才能开发出更多的标记。由于SSR标记具有较大的应用价值,且种属特异性较强,目前在一些主要的农作物中SSR标记研究都进行了合作,共同进行引物的开发。

3. 序列特异性扩增区(sequence-characterized amplified region,SCAR)

SCAR标记是在RAPD技术基础上发展起来的。SCAR标记是将目标RAPD片段进行克隆并对其末端测序,根据RAPD片段两端序列设计特异引物,对基因DNA片段再进行PCR特异扩增,把与原RAPD片段相对应的单一位点鉴别出来。SCAR标记呈共显性遗传,待检DNA间的差异可直接通过有无扩增产物来显示。SCAR标记方便、快捷、可靠,可以快速检测大量个体,结果稳定性好,重现性高。

4. 单引物扩增反应(single primer amplification reaction,SPAR)

SPAR技术是与RAPD技术相似的一种标记技术,SPAR只用一个引物,但所用的引物是在SSR基础上设计的。这些引物能与SSR之间的间隔序列进行特异性结合,然后通过PCR技术扩增SSR之间的DNA序列,凝胶电泳分离扩增产物,分析其多态性。此外,还有一种与SPAR技术非常相似的标记技术,即ISTR(inverse sequence-tagged repeat)技术,ISTR所用的引物是在反向重复序列基础上设计的,PCR扩增的是反向重复序列之间的DNA序列。

5. DNA单链构象多态性(single strand conformation polymorphism,SSCP)

SSCP是指等长的单链DNA因核苷酸序列的差异而产生构象变异,在非变性聚丙烯酰胺中表现为电泳迁移率的差异。单链DNA构象分析对DNA序列的改变非常敏感,常常一个碱基差别都能显示出来。在 SSCP 分析中,利用 PCR 技术定点扩增基因组 DNA 中某一目的片段,将扩增产物进行变性处理,双链 DNA 分开成单链,再用非变性聚丙烯酰胺凝胶电泳分离,根据条带位置变化来判断目的片段中是否存在突变。SSCP 结果判定是通过多个样品之间对比,观察条带之间位置改变,从而显示出不同生物个体的 DNA 特异性,达到指纹分析的目的。为了进一步提高 SSCP 的检出率,可将 SSCP 分析与其他突变检测方法相结合。其中与杂交双链分析(heterocluplex analysis,Het)法结合可大大提高检出率。Het 法是用探针与要检测的单链 DNA 或 RNA 进行杂交,含有一对碱基对错配的杂交链可以和完全互补的杂交链在非变性 PAGE 凝胶上通过电泳被分离开。对同一靶序列分别进行 SSCP 和 Het 分析可以使点突变的检出率接近 100%,而且实验操作简便。

6. 双脱氧化指纹法(dideoxy fingerprints,DDF)

DDF 是将双脱氧末端终止测序法与 SSCP 结合起来的分析技术,对由双脱氧末端终止的长短不一的单链 DNA 进行 SSCP 分析。如果目的片段存在一个突变,则所有大于某一长度对应于主突变位置的双脱氧终止片段无野生型系统,对于每一个突变有多次机会检测其迁移率的改变,可提高检测突变的效率。DDF 方法克服了 SSCP 分析时因 DNA 长度影响 SSCP 显示的困难,通过一种双脱氧核苷酸生产特异性的单链 DNA,使其中长度合适的 DNA 片段显示 SSCP 改变。

7. 扩增片段长度多态性(amplified fragment length polymorphism,AFLP)

AFLP 是 1993 年荷兰科学家 Zbaeau 和 Vos 发展起来的一种检测 DNA 多态性的新方法。AFLP 是 RFLP 与 PCR 相结合的产物,其基本原理是先利用限制性内切酶降解基因组 DNA 产生大小不同的 DNA 片段,再将双链人工接头与酶切片段相连接,作为扩增反应的模板。以人工接头的互补链为引物进行预扩增,最后在接头互补链的基础上添加 1~3 个选择性核苷酸作引物,对模板 DNA 基因再进行选择性扩增,通过聚丙烯酰胺凝胶电泳分离检测获得的 DNA 扩增片段,根据扩增片段长度的不同检测出多态性(图 4-9)。

在 AFLP 引物中,3′末端上选择性核苷酸数目的多少决定了 AFLP 扩增核苷酸的数目。一般大于 10^8 bp 的基因组 DNA 可以用 3 个选择性核苷酸;10^5～10^8 的基因组 DNA 可以用 2 个选择性核苷酸。

引物长度一般 18~20 个核苷酸,由核心序列、内切酶位点序列和选择性核苷酸序列三部分组成。

该技术的独特之处在于所用的专用引物可在不清楚 DNA 信息的前提下对酶切片段进行 PCR 扩增。为使酶切位点浓度大小分布均匀,一般采用两个限制性内切酶,一个酶为多切点,另一个酶切点数较少,因而 AFLP 分析产生的主要是由两个酶共同酶切的片段。AFLP 结合了 RFLP 和 RAPD 两种技术的优点,具有分辨率高、稳定性好、效率高的优点。但它的技术费用昂贵,对 DNA 的纯度和内切酶的质量要求很高。尽管 AFLP 技术诞生时间较短,但可称之为分子标记技术的又一次重大突破,被认为是目前一种十分理想、有效的分子标记。

8. 酶切扩增多态性序列(cleaved amplified polymorphism sequences,CAPS)

CAPS 技术又称为 PCR-RFLP,它实质上是 PCR 技术与 RFLP 技术结合的一种方法。CAPS 的基本原理是利用已知位点的 DNA 序列资源设计出一套特异性的 PCR 引物(19~27 bp),然后用这些引物扩增该位点上的某一 DNA 片段,接着用一种专一性的限制性内切酶切割所得扩增产物,凝胶电泳分离酶切片段,染色并进行 RFLP 分析。CAPS 标记揭示的是特

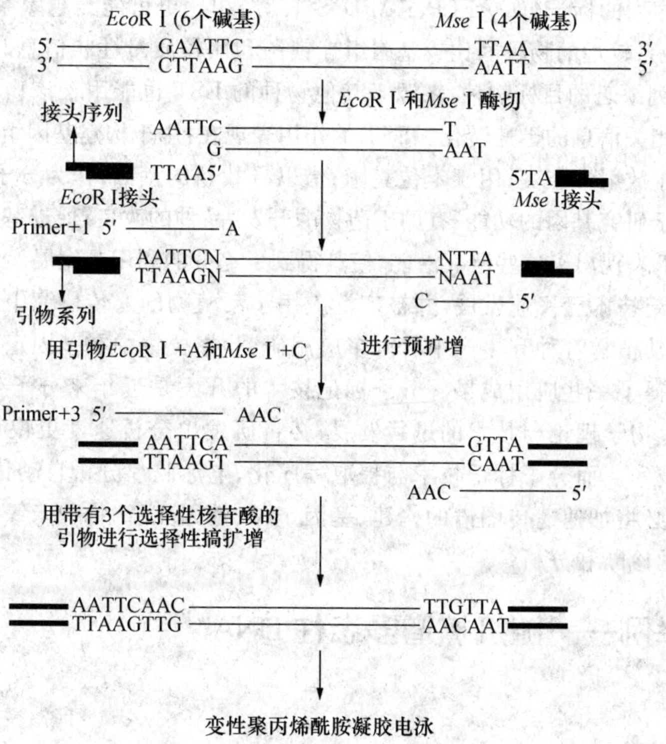

图 4-9　AFLP 原理示意图

异 PCR 片段的限制性长度变异的信息。CAPS 是一类共显性分子标记，其优点是避免了 RFLP 分析中膜转印这一步骤，又能保持 RFLP 分析的精确度。

三、以核苷酸序列为基础的分子标记技术(sequencing-based markers)

1. 单核苷酸多态性(single nucleotide polymorphism，SNP)

SNP 标记是美国学者 Lander E 于 1996 年提出的第三代 DNA 遗传标记。SNP 是指同一位点的不同等位基因之间仅有个别核苷酸的差异或只有小的插入、缺失等。从分子水平上对单个核苷酸的差异进行检测，SNP 标记可帮助区分两个个体遗传物质的差异。人类基因组大约每 1 000 bp SNP 出现一次，已有 2 000 多个标记定位于人类染色体，对人类基因组学研究具有重要意义。检测 SNP 的最佳方法是 DNA 芯片技术。随着高通量 SNP 检测技术方法的发展，作为数量最多且易于批量检测的多态标记，SNP 在连锁分析与基因定位，包括复杂疾病的基因定位、关联分析、个体和群体对环境致病因子与药物的易感性研究中将发挥越来越重要的作用，其有望成为最重要、最有效的分子标记技术。

2. 表达序列标签(expressed sequence tag，EST)

EST 是从一个随机选择的 cDNA 克隆进行 5′端和 3′端单一测序获得的短 cDNA 部分序列，代表一个完整基因的一小部分，在数据库中其长度一般从 20～7 000 bp 不等，平均长度为 (360±120) bp。EST 来源于一定环境下一个组织总 mRNA 所构建的 cDNA 文库，因此 EST 也能说明该组织中各基因的表达水平。

EST 作为表达基因所在区域的分子标签，因编码 DNA 序列高度保守而具有自身的特殊性质，与来自非表达序列的标记（如 AFLP、RAPD、SSR 等）相比更可能穿越家系与种的限制，因此 EST 标记在亲缘关系较远的物种间比较基因组连锁图和比较质量性状信息时特别有用。同样，对于一个 DNA 序列缺乏的目标物种，来源于其他物种的 EST 也能用于该物种有益基因的遗传作图，加速物种间相关信息的迅速转化。EST 的作用表现在：用于构建基因组的遗传图谱与物理图谱；作为探针用于放射性杂交；用于定位克隆；借以寻找新的基因；作为分子标记；用于研究生物群体多态性；用于研究基因的功能；有助于药物的开发、品种的改良；促进基因芯片的发展等方面。正是因为 EST 表现出了这些巨大潜能，使其得到了充分的利用与发展。

目前，分子标记技术已飞速发展，并被广泛应用于动植物的遗传研究中。分子标记已在玉米、大豆、鸡、猪等动植物育种和生产中有许多应用研究，主要集中在基因定位、辅助育种、疾病治疗等方面，并取得了一些应用成果。分子标记技术的开发是近年来分子生物学领域研究的热点。随着分子生物学理论与技术的迅猛发展，必将研发出分析速度更快、成本更低、信息量更大的分子标记技术。而分子标记技术与提取程序化、电泳胶片分析自动化、信息（数据）处理计算机化的结合，必将加速遗传图谱的构建、基因定位、基因克隆、物种亲缘关系鉴别及与人类相关的致病基因的诊断和分析。

四、应用举例——随机扩增多态性 DNA

【实验材料】

（1）生物材料

中国普通野生稻和籼稻基因组 DNA（50 ng/μL）

（2）仪器设备

PCR 仪，PCR 管或硅化的 0.5 mL Eppendorf 管，电泳装置，移液器，吸头，废液杯，火柴，酒精灯，凝胶成像分析系统，超净工作台

（3）试剂

①随机引物（10 mer，5 μmol/L）：购买成品

②*Taq* DNA 聚合酶：购买成品

③10×PCR 缓冲液：随 *Taq* DNA 聚合酶赠送

④$MgCl_2$：25 mmol/L

⑤dNTP：每种 2.5 mmol/L

⑥无菌超纯水

⑦电泳所用的全部试剂

【实验步骤】

温馨提示

RAPD 技术是多组分参加的生化反应，反应中各成分均为微量，尽管其反应灵敏度高，但影响因素较多，会出现重复性差等一些问题。为了得到较稳定的结果，各种反应参数必须事先优化选择，操作中每一步都必须小心谨慎，以防止出现差错。

污染问题：实验中应设空白对照，因为引物、各种缓冲液、*Taq* DNA 聚合酶和双蒸水都会造成污染，给分析带来困难，所以必须设置对照以排除系统误差。

①在 25 μL 反应体系中，加入以下成分：

模板 DNA	1 μL(50 ng)
随机引物	1 μL(约 5 pmol)
10×PCR Buffer	2.5 μL
$MgCl_2$	2 μL
dNTP	2 μL
Taq DNA 聚合酶	1 U

加 ddH_2O 至 25 μL，稍离心混匀，根据 PCR 仪的性能决定是否需要加入矿物油。

温馨提示

反应物的影响：PCR 扩增受多种成分制约，产物仅在部分循环中呈指数式增长，逐渐将达到一个平台期，而模板是关键制约因素之一，RAPD 产物量取决于模板，实验中非常精确的模板浓度是十分关键的一个步骤。浓度过低，分子碰撞几率减少，偶然性大，扩增产物不稳定；浓度过高，会增加非专一性扩增产物。更重要的是，若循环次数控制不好，引物过早消耗完毕，后续循环中，PCR 扩增产物的 3′端会和原模板及每一次循环的扩增产物退火，造成不等长度的延伸。因此，如果原模板浓度过高，非专一性扩增产物就足以形成背景，这是高浓度模板造成弥散型产物的原因。相对而言，模板纯度影响不大，即反应液中蛋白质、多糖、RNA 等大分子物质的影响不大。理想的模板和引物浓度能产生多态性丰富、强弱带分明的 RAPD 图谱。

②在加热至 90℃以上的 PCR 仪中预变性 94℃ 2 min，然后循环：94℃ 1 min，36℃ 1 min，72℃ 1 min，共 40 次循环。

温馨提示

RAPD 一般反应条件是：变性 92～95℃，常用 94℃，时间 30～60 s；延伸 72℃，时间 60～120 s；退火 35～37℃，时间 30～60 s。变性温度和延伸温度一般没有太大变化，而退火温度影响较大。退火温度低，引物和模板结合特异性较差，出现的条带可能增多；退火温度高，引物和模板结合特异性增加，可得到少而清晰的条带，一般会高于建议值 33～34℃。温度的梯度率也十分重要，特别是退火与延伸之间的梯度尤为重要。各种仪器的控温、升降温性能均有差别，某些仪器（如一些旧型号的仪器）在到达特定的温度前就开始计时，一些 PCR 仪显示的温度与实际温度会有差异。这些在设计程序和结果分析时有必要考虑，所以注明所用仪器的生产厂家、品牌、规格，很有必要，对于同一批实验，注意控制在同样的温度条件下进行反应，结果才有可比性。

③循环结束后，72℃ 10 min，4℃保存。

④取 PCR 产物 15 μL 加 3 μL 上样缓冲液（6×）于 2%琼脂糖胶上电泳，稳压 50～100 V（电压低带型整齐，分辨率高）。

温馨提示

A. 电泳时,基因组不同位置的扩增产物有共同移动的可能性,即不同分子质量的扩增产物可能在电泳时没有分开而形成一条带,凝胶分离系统有可能提高这种概率。一般而言,聚丙烯酰胺凝胶和银染的分辨效果比琼脂糖和溴化乙锭要高,用较长(可达到 20 cm)或浓度更高(2%)的琼脂糖凝胶有助于提高分辨率。当然,随着分辨率和灵敏度的提高,有可能出现实验误差。

B. 电泳时一般 RAPD 有 5～15 条谱带,大小 0.1～2.0 kb。

⑤电泳结束,观察、拍照。

温馨提示

A. 扩增条带的取舍,重复性问题。为了克服 RAPD 重复性差的问题,应设置重复实验。作为 DNA 多态性标记位点的条带是可重复的,重复性好是最重要的取舍指标,而带的强弱不应该作为取舍的指标。分析一个位点时,要全面,若某一个体的全部谱带均弱,其模板可能有问题(浓度、分子质量);若某一个体的大部分带与其他个体强度一致,仅有一条或少数几条带弱,可能存在拷贝数差异。重复性不好的弱带(无规律出现的带)可能由非专一性扩增、产物间退火或其他人为因素造成,不能记录。

B. 显性标记问题。RAPD 标记源于对模板 DNA 的复制,经过 30～40 次循环,扩增条带数理论上可达 2×10^6～2×10^7。原模板中扩增位点是纯合状态还是杂合状态已无法判断,因为纯合位点的扩增条带只相当于杂合位点的 2 倍,电泳时无法检测到其差别。

C. 特异性的 DNA 谱带可被克隆作为新的分子标记应用。

◆工作实施

本工作任务分小组实施,分组完毕后,6 个小组的小组长以抽签的形式确定本组工作对象,并组织本组同学查阅专业文献资料,了解并讨论分析研究对象,制定本组的工作方案(附表 56)。

◆检查与评价

一、检查

可以参考附表 57 的考核内容进行考核。

二、评价

任务结束后,参考附表 58 和附表 59 中评价内容对各小组的工作过程和工作结果进行分析评价。

◆分析与思考

一、选择题

1. 在人类染色体 DNA 不表达的碱基对中,有一部分是串联重复的短序列,它们在个体之间有显著的差异性,这种短序列可用于:(　　)。

A. 生产基因工程药物　　　　B. 侦查罪犯

C. 遗传病的产前诊断　　　　　　　　　　D. 基因治疗

2. 有两种确定核酸中核苷酸序列的方法：化学序列分析法（Maxam-Gilbert）和酶学序列分析法（Sanger）。酶学测序法的基本原理、优点是：（　　）。

A. 碱基与特殊染料间不同的相互作用

B. 一个合成引物的延伸和 DNA 修复合成的可靠终止

C. 限制性位点与 DNA 末端标记的相关性

D. 可同时对 DNA 双螺旋的两条链进行测序

E. 反应是 DNA 特异的，RNA 不会带来干扰。这样既减少纯化步骤，也节约了开支

二、填空题

1. 通过比较用不同组合的限制性内切核酸酶处理某一特定基因区域所得到的不同大小的片段，可以构建显示该区域各限制性内切核酸酶切点相互位置的________。

2. RAPD 又称随机扩增的多态性 DNA，运用________扩增寻找________片段可作为分子标记，这种方法即为 RAPD 技术。

三、解答题

1. 什么是随机引物（random primer）？如何标记 DNA？

2. 电泳前用少许硅烷化试剂均匀涂布每块玻璃板的一面，其作用是什么？

3. 为什么要进行预电泳？

4. RFLP、RAPD、AFLP、SSR 代表什么含义？

5. RFLP 标记时，可用作探针的 DNA 克隆有哪些？

6. RAPD 与标准 PCR 区别有哪些？

7. 简述 SSR 标记的原理。

◆拓展与链接

常用分子标记

1. STS 标记

序列标签位点（sequence tag site，STS）标记是根据单拷贝 DNA 片段两端的序列，设计一对特异引物，扩增基因组 DNA 而产生的一段长度为几百 bp 的特异序列。STS 标记采用常规 PCR 所用的引物长度，因此分析结果稳定可靠。RFLP 标记经两端测序，可转化为 STS 标记。STS 在基因组中往往只出现一次，从而能够界定基因组的特异位点。用 STS 进行物理作图，可通过 PCR 或杂交途径来完成。STS 标记可作为比较遗传图谱和物理图谱的共同位标，这在基因组作图上具有非常重要的作用。

实际上，任何一个唯一的 DNA 序列均可作为 STS。一个 DNA 序列要成为 STS，须满足两个前提。首先它的序列必须是已知的，以便于用 PCR 方法检测 STS 在不同 DNA 片段中存在与否。第二个要求是 STS 必须在待研究的染色体上有唯一的定位，或当 DNA 片段群覆盖全基因组时，STS 在整个基因组中具有唯一的定位位点。如果 STS 序列具有多个定位点，那么作图数据将会模糊不清，因此需要确保 STS 不包含重复 DNA 的序列。

2. His-tag

金属螯合亲和层析，又称固定化金属离子亲和层析（immobilized metalion affinity chromatography,IMAC),是近30年发展起来的一种新型分离技术,最早由Paroth等提出。该方法利用蛋白质表面的一些氨基酸,如组氨酸、色氨酸、半胱氨酸等能和金属离子发生特殊相互作用的原理,从而对蛋白质加以分离。这些作用包括配价键结合、静电吸附、共价键结合,其中以配价键结合为主,而且这其中又以6组氨酸标签(His-Tag)应用最为广泛。以His-Tag纯化标签结合金属螯合亲和层析,为重组蛋白的分离纯化提供了一个有力的工具。由于金属螯合亲和层析具有配体简单、吸附量大、分离条件温和、通用性强等特点,上样条件可选择范围广,在高盐、一定浓度的变性剂以及去垢剂的条件下,带6-His纯化标签的蛋白质都可以和亲合填料特异性结合,逐渐成为分离纯化蛋白质等生物工程产品最有效的技术之一。主要有五方面的因素:N-端的His-Tag与细菌的转录翻译机制兼容,有利于蛋白表达;采用固定化金属离子亲和层析纯化His-Tag融合蛋白操作简便;His-Tag对目的蛋白本身特性几乎没有影响,而不像GST标签那样容易形成二聚体,从而影响蛋白的特性;His-Tag非常小,不会改变目的蛋白自身的可溶性,相反,一些大的标签如MBP,可大大提高融合蛋白的可溶性,尽管目的蛋白本身是不可溶或者折叠不正确;His-Tag非常小,在融合蛋白结晶后对蛋白结构没有影响。

3. GST Tag

谷胱甘肽S-转移酶(GST)亲和标签从1988年开始使用,至今已经成为纯化重组蛋白的常用方法,该方法以GST能够与偶联在介质上的谷胱甘肽配体结合为基础。带有GST标签的蛋白与配体的结合是可逆的,能够在温和、非变形的条件下通过加入还原剂谷胱甘肽被洗脱下来,因此这一纯化过程使得蛋白的抗原性能以及功能得以保护。

子情境三　基因芯片技术

◈引言

案例一:

小白今年25岁,母亲不久前死于胃癌,其家族中也有好几个成员死于恶性肿瘤。尽管她现在身体健康,但她很担心自己身上是否遗传了致癌基因,将来会不会重复家人的命运。为此,她去做了基因芯片检测,结果找到了与胃癌相关的*CDH*1、*IL*1*B*、*COX*2、*STCH*等基因。分析报告指出,她患胃癌的风险很高,医生建议她戒烟限酒,避免食用熏烤腌制食品,定期做胃部检查。此外,检测结果还显示小白有较高的乳腺癌风险。小白预知了未来的风险,虽然有些苦闷,但从此防癌意识大增,懂得有的放矢地定期检查胃部和乳腺,把命运掌握在自己手中。

案例二:

2008年6月22日,于北京召开的以"探讨耳聋基因诊断平台和系统的建立及其在听力障碍预防和优生优育工作中的意义,并就我国听力障碍预防体系的建立达成共识"为主题的"中国首届听力障碍预防与基因诊断战略峰会"于6月21日在清华大学医学院隆重召开。本次峰会由中国人民解放军总医院和中国听力医学发展基金会主办,中华医学会耳鼻咽喉头颈外科分会、中国残联中国聋儿康复研究中心及中国医药生物技术协会生物芯片分会协办,清华大学医学院和生物芯片北京国家工程研究中心承办,大会主席由中国人民解放军总医院耳鼻喉头颈外科韩东一主任、生物芯片北京国家工程研究中心程京主任和中国残疾人联合会办公厅刘金峰主任联合担任。科技部、卫生部、国家人口与计划生育委员会、中国残疾人联合会等国家相关部门领导及相关领域的院士、专家，会同来自中国人民解放军总医院（301 医院）、北京协和医院、北京同仁医院、吉林大学第一医院等全国各地 30 多家大型三级甲等综合医院耳鼻咽喉头颈外科的科主任、临床专家及其他相关单位的专家代表近 80 人参加了此次会议。

图 4-10　中国首届听力障碍预防与基因诊断战略峰会

在我国每年患有各种出生缺陷和先天残疾的 80 万～120 万名新生儿中，听力残疾是最常见的，也是情况最严重的。2006 年第二次全国残疾人抽样调查权威专家介绍，我国有听力障碍患者多达 2 780 万人，占全国 8 296 万残疾人的 33.5%，列各类残疾之首。在我国的听力残疾者当中，0～6 岁听障儿童有 80 万人，每年新生听障儿童在 3 万人（比例为 3‰）以上，如果加上迟发性耳聋及药物性耳聋患者，每年新增的听障儿童可达 6 万多人。在所有致聋原因中，遗传因素是导致聋儿出生的主要原因，比例高达 60%，而且其导致的残疾并不仅限于一代人，还会通过父母传递给子女后代，其危害最大也最广。与 1987 年第一次残疾人抽样调查相比，因遗传因素而致聋的发病人数呈明显的上升态势。正因为如此，国家对残疾预防工作非常重视，通过 2008 年 3 月 28 日发布的“中共中央、国务院关于促进残疾人事业发展的意见”和 2008 年 4 月 24 日经十一届全国人大常委会第二次会议表决通过的“中华人民共和国残疾人保障法”修订案的颁布，已将出生缺陷预防和早期发现列为全国残疾人保障工作的重点。

此次峰会的主办方中国人民解放军总医院自 2003 年起进行的全国聋病分子流行病学调查，收集了全国 28 个省市自治区 3 500 例的耳聋样本，结果显示中国聋人群体中遗传性耳聋比例高，通过常见耳聋基因筛查策略可以诊断其中 40%的病例，GJB2、SLC26A4、线粒体基因突变是造成中国人聋病的主要遗传致病因素。调查所产生的重要意义在于揭示了中国聋人中可预防比例高，在此基础上可形成中国耳聋预防策略，有可能通过规模化预防使中国耳聋发生人数逐年减少。

此次峰会的主办方中国听力医学发展基金会成立 10 年来在防治听力残损方面开展了一系列卓有成效的活动。近年来发起的中国贫困聋儿救助行动，救助了上千名聋儿，更是产生了巨大的社会影响。这一救助行动由第十届全国人大常委会副委员长顾秀莲任指导委员会名誉主任，陶斯亮任救助行动执委会主席，许多开国元勋的子女都给予了支持。这一行动还开展了市长倡议签名活动和万名企业一对一救助万名聋儿活动等。聋儿救助和康复工作还得到了党和国家领导人的关怀，国家卫生部、民政部、教育部、全国妇联等十二部委复函成为救助行动的指导单位。2008 年基金会在北京、山东、云南、上海开展了一系列救助聋儿的大型公益活动。汶川地震后基金会在第一时间发起呼吁，为灾区募捐并开展一系列活动募集资金为灾区筹建聋儿康复学校。

生物芯片北京国家工程研究中心、清华大学医学系统生物学研究中心、中国人民解放军总医院耳鼻喉科研究所及中南大学湘雅医学院的科研人员依靠自主创新，经过几年艰苦努力，研发出了"遗传性耳聋基因芯片检测系统"。该系统结合了传统测序技术和基因芯片技术的优势，可以同时快速准确地对与遗传性耳聋密切相关基因的突变位点进行测序，帮助临床医生从病因学角度辅助耳聋诊断，帮助耳聋患者寻找确切的病因，同时也可以指导患者用药，评价电子耳蜗疗效，指导生活注意事项，指导生育等。这些热点基因是针对中国人群遗传性耳聋的特点而选定的，覆盖了药物性聋、先天性重度以上感音神经性聋、大前庭导水管综合征、后天高频感音神经性聋等遗传性耳聋疾病。与国内外同类技术相比，该系统进行基因检测不仅准确可靠、速度快、操作简单而且价格低廉，对于全国范围内的出生缺陷预防和早期发现工作具有很强的可操作性。

图 4-11　博奥生物有限公司暨生物芯片北京国家工程研究中心

（引自博奥生物有限公司暨生物芯片北京国家工程研究中心）

基因芯片技术经过短短 10 余年的发展，其研究范围和应用价值已扩展到生命科学研究的各个领域，在生命科学、医药研究、环境保护和现代农业等领域日益展现出其广阔的应用前景。那么：

问题

1. 什么是基因芯片？
2. 基因芯片是如何制成的呢？
3. 基因芯片的工作依据是什么？在哪些领域有应用呢？它的前景如何？

工作任务

1. 在计算机房完成"基因芯片技术虚拟仿真软件"操作过程，并完成软件提供的考核题目（已购买了软件的院校选择该任务）。

2. 组织学生到从事基因芯片研究或应用的单位参观实践（未购买软件的院校选择该任务）。

◈信息获取

一、基因芯片概述

基因芯片(gene chip)或 DNA 芯片(DNA chip)是在固体支持物上高密度排列的 DNA 片段或寡核苷酸,所以又称 DNA 微阵列(DNA array)或寡核苷酸微阵列(oligonuleotide array)。通过与被检测核酸的序列互补配对,从而探知检测对象的存在和数量。基因芯片技术真正实现了对基因大规模、高通量的平行分析。

基因芯片可分为三种主要类型:①固定在聚合物基片(尼龙膜,硝酸纤维膜等)表面上的核酸探针或 cDNA 片段,通常用同位素标记的靶基因与其杂交,通过放射显影技术进行检测。这种方法的优点是所需检测设备与目前分子生物学所用的放射显影技术相一致,相对比较成熟。但芯片上探针密度不高,样品和试剂的需求量大,定量检测存在较多问题。②用点样法固定在玻璃板上的 DNA 探针阵列,通过与荧光标记的靶基因杂交进行检测。这种方法点阵密度可有较大的提高,各个探针在表面上的结合量也比较一致,但在标准化和批量化生产方面仍有不易克服的困难。③在玻璃等硬质表面上直接合成寡核苷酸探针阵列,与荧光标记的靶基因杂交进行检测。该方法把微电子光刻技术与 DNA 化学合成技术相结合,可以使基因芯片的探针密度大大提高,减少试剂的用量,实现标准化和批量化大规模生产,有着非常重要的发展潜力。

二、微阵列芯片的制备

微阵列芯片是目前应用较广的一类芯片。微阵列芯片的主要原理是在活化处理后的基片上利用机械或化学的方法制备各种生物分子包括 DNA、蛋白质等的矩阵排列。微阵列芯片的制备方法主要包括基片处理、点样、固定和封闭、封装等步骤。为保证芯片质量,制备环境必须是洁净的,目前有很多公司在百级洁净间内进行芯片制备(图 4-12)。

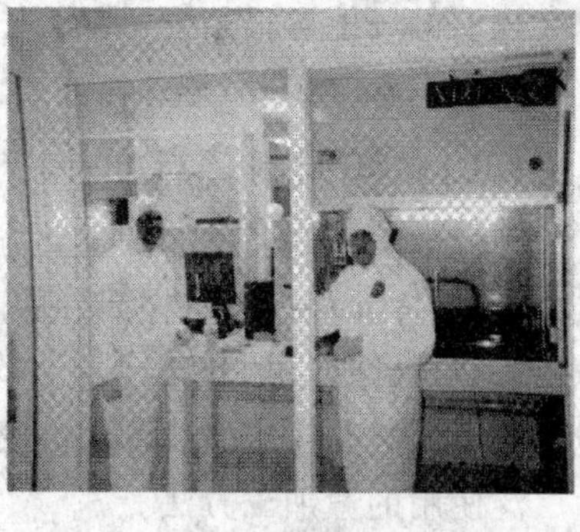

图 4-12 百级洁净间

(一)基片处理

制备微阵列芯片常用的材料包括无机材料如玻璃、硅、金、聚合物材料等。目前采用较多的原料是玻璃,要得到好的微阵列芯片,玻璃表面必须平滑、平整、均一且低自发荧光。用化学试剂对玻璃表面进行表面修饰或表面涂敷可以制备表面富含活性基团的基片。

表面修饰是指反应活性基团通过共价键直接连接于基片表面分子之上形成化学活性单分子层,有机硅烷化试剂是一类常用的表面处理化学试剂,目前生物芯片常用的氨基基片、醛基基片、环氧基片都用到了这种方法。表面涂覆指的是通过非共价方式在基片材料表面形成薄膜层,丙烯酰胺、聚赖氨酸、硝酸纤维素和琼脂糖是常用的表面涂覆材料,研究较早的多聚赖氨酸基片(也即 PLL 基片)就采用了这种方式。

常用基片的处理方法

(1)氨基基片和环氧基基片的制备

将清洗干净的玻璃(—OH 表面)在硅烷化试剂(含有氨基或环氧基基团)溶液中反应一定时间后就可以得到氨基或环氧基基片,其他如巯基基片也可通过类似反应得到。

(2)醛基基片的制备

在完成氨基基片或环氧基基片制备后,用戊二醛作用氨基基片,或者用 $NaIO_4$ 作用于环氧基基片均可以得到醛基基片。

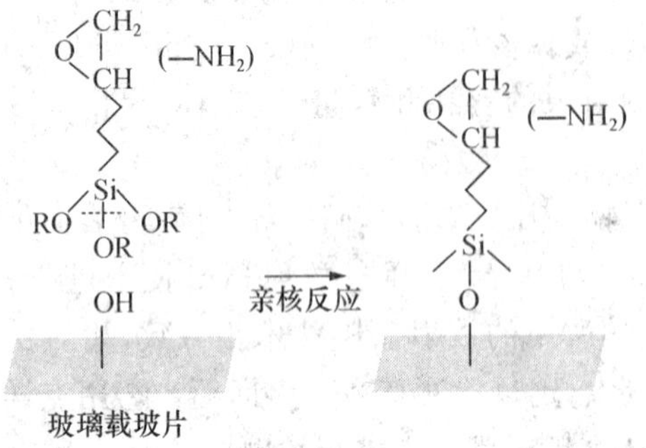

图 4-13　氨基基片和环氧基片反应原理

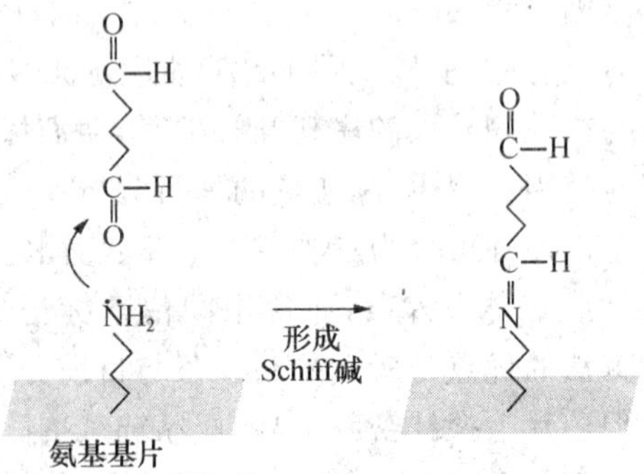

图 4-14　醛基基片制备原理

(3)PLL 基片的制备

将清洁的玻璃在聚赖氨酸溶液浸泡处理即可得到聚赖氨酸基片,而且 PLL 基片的制备过程较醛基基片、环氧基基片都要简单得多,因此在生物芯片尤其是 cDNA 芯片中常常用到。

赖氨酸是一种碱性氨基酸,在通常 pH 环境下带正电。多聚赖氨酸带有大量的正电荷,经过清洗处理过的玻璃表面(富含—OH)带有大量的负电荷,所以多聚赖氨酸可以以静电相互作用力结合于玻璃表面,而 DNA 分子的核糖骨架链带有大量的负电荷,可以被多聚赖氨酸吸附在玻璃表面。

目前市场上有很多公司都可以提供不同种类的基片,如 Telechem、FullMoon、Perkin Elmer、博奥(CapitalBio)等。

(二)微阵列制备点样

现代微阵列制备的 3 种主要方法是接触式点样、非接触式点样和半导体技术。在接触式点样中,点样元件或者点样元件中的液体需要与基片表面直接接触。常用的接触式点样元件包括微点样针、镊子、开叉针、毛细管、实心针和针环结构。可以连续点样的非接触式点样方法包括基于压电晶体或微线圈阀的喷样技术和热气泡喷射技术。半导体方法是基于微电子工业中广泛使用的微加工方法。

1. 接触式点样法

在 3 种主要微阵列制备方法中,接触式点样方式应用最为广泛。由 Telechem 公司发明的微点样技术已成为广泛应用的微阵列制备方法。这种接触式点样方法中,运动控制系统上装有夹具或者点样头以及一根或者多根微点样针(图 4-15),根据需要制备化学或者生物样品的微阵列。点样头上用来放置钢针的各个孔的尺寸公差很小,这样使得钢针与孔间形成一个"气垫"。这个气垫使得针与孔间几乎没有摩擦,从而根本上避免了钢针的磨损和润滑剂的使用。针的尾部有一个方形限位块,可以在点样头的方形槽中上下滑动,并防止点样过程中钢针在孔中转动,从而大大提高点样的精度。

微点样针的头部有一个样品通道,用来存放一定体积的样品。因为针尖用电火花方法加工,样品通道可以定制以存放特定量的液体。设计的关键是每根钢针都有一个平头,这样吸样后钢针的头部就会形成一个薄膜。因为尖部有样品存在，微点样针可以按照印章的方法进行点样，即钢针尖部的样品在样品和玻片间的表面张力作用下被“拉”下来从而点制到玻片上(图4-16)。

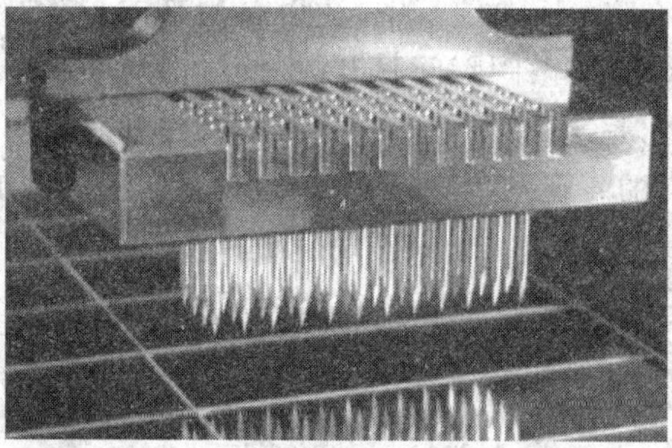

图 4-15 材料为黄铜的夹具和 48 根钢针

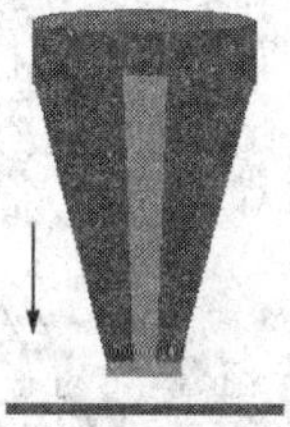

图 4-16 点制过程(包括由运动控制系统控制的3个环节：向下运动、接触和向上运动)

毛细管是最早的通过毛细作用装样的微阵列点样工具。毛细管是中空的圆柱体，在毛细作用下可以将液体吸入管内，最早的应用是在20世纪80年代中期的Chloramphenicol Acetyl Transferase实验中用毛细管把样品点在基片上。20世纪90年代初期，Engelhardt分子生物学研究所(莫斯科)的Mirzabekov和他的同事第一次将毛细管作为微阵列制备工具使用。在他们的工作中，毛细管被用来将DNA溶液转移在用丙烯酰胺包覆的玻片表面上。在20世纪90年代中期，Molecular Dynamics公司的研究人员则用毛细管直接在玻片上点样(图4-17)。毛细管的优势在于可加工性相对好，同时寿命较长；劣势在于其严密的结构造成点样循环间清洗困难。尽管如此，毛细管点样方法已在很多公司得到应用，制备的微阵列质量也很好。

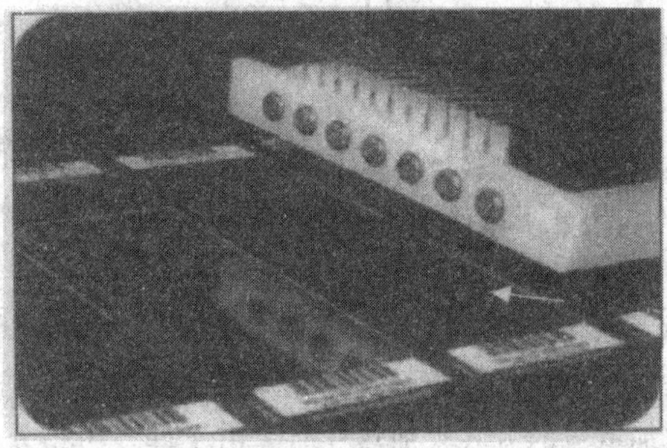

图 4-17 通道的毛细管点样头固定在夹具上并与运动控制系统相连

2. 非接触式点样

(1)喷样技术

非接触式微阵列制备方法包括各种微阵列制备中不需点样元件和微阵列基片间直接接触的各种技术。在3种主要微阵列制备技术中，非接触式在硬性表面上点样的速度最快。

压电喷样系统利用了陶瓷等特殊物质在电压脉冲作用下变形的特性，产生压电效应的原件被称为压电传感器。如果压电传感器环绕充有试剂的毛细管，电压脉冲施加在压电传感器上可以使毛细管内产生瞬间压力波，而每个压力波都可以从喷嘴内喷出一小滴液体(图4-18a)。

用于微阵列制备的喷样技术先后被多个研究组改进过。压电喷射方法的喷样量为300～500 pL。因为喷样不需要喷头和微阵列基片表面直接接触，这样喷样过程中就不需要在X和Y方向进行起停动作而连续可以将样品喷到基片表面上。通过连续喷样，喷样头可以在1 min

内制备包含同一种样品的数千个样品点微阵列。喷样头可以实现一种或几种样品的快速喷射，适合于样品种类不多的微阵列芯片的制备。

用微线圈阀分配液体这种极具创新的喷样系统是由 Cartesian Technologies 的工作人员发明。这种基于微阀的系统有两个关键组成部分(图 4-18b)。其中，注射泵用来向与微阀相连的喷嘴进给并压缩样品。当给微阀施以电压脉冲时，微阀瞬间打开、一滴样品从喷嘴中喷出。将微阀和注射泵整合到高精度的运动控制系统上，喷头就可以在三维方向快速移动。这种基于微阀喷样头的分样量为 1～10 nL，样品斑点的直径约为 300 μm。这种系统的成本低、可重复性好，广泛用于微阵列制备和疾病诊断中。

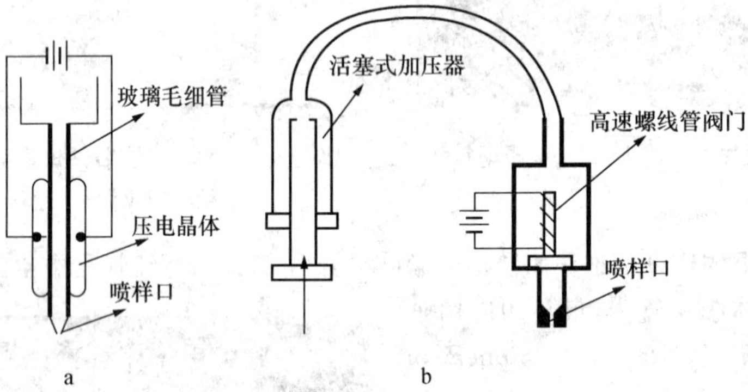

图 4-18　常见的两种非接触式点样方式

(2)热气泡喷射技术

基于热气泡技术的喷样系统由 Canon 公司在美国 20 世纪 70 年代研究的基础上加以完善。热气泡喷印技术的基本原理是不同温度下液体的黏度会发生变化，这样通过提高样品的温度、从而降低其黏度的方法有选择性地将被压缩液体从喷嘴喷出。热气泡喷样头通过瞬间施加电流的方式来加热样品。由于许多生物分子对热敏感，用于生物学应用场合的热气泡喷头还没有开发出来，而氨基酸原位合成则取得了一定成功。

3. 半导体技术

借鉴计算机芯片制造业中的微型化加工方法的微阵列制备技术被称为半导体技术。尽管微阵列本身并不是微处理器，但其制造方法与微电子工业是相同的。各种半导体技术都是将 4 种 DNA 碱基逐步固相合成来制备微阵列。因为掩膜和碱基可以以不同方式获得相当多的不同组合，这种半导体方法一般被称为合成方法。

Affymetrix 的研究人员在微电子工业的光刻技术基础上做了极具创意的改进，发明了光引导原位合成法，用紫外光和固相化学合成的方法制作微阵列(图 4-19)。这种发明于 20 世纪 90 年代初期发展非常迅速，已经成为应用最为广泛的微阵列制备方法之一。Affymetrix 公司利用光引导原位合成技术制备核酸微阵列芯片(图 4-20)，仅 2000 年一年就售出了超过 200 000 片这种微阵列芯片。相比接触式和非接触式点样方法，光引导原位合成的主要优势是任何序列的微阵列都可以用 4 种碱基(A,G,C 和 T)来构建。虽然光引导原位合成法是最为经济的制备大量全基因组微阵列芯片的方法，但光掩膜和微阵列芯片的加工成本却相当昂贵。

(三)固定和封闭

处理好的基片可以用来固定各种生物分子如 DNA、蛋白质、多肽、酶、抗原、抗体甚至细胞

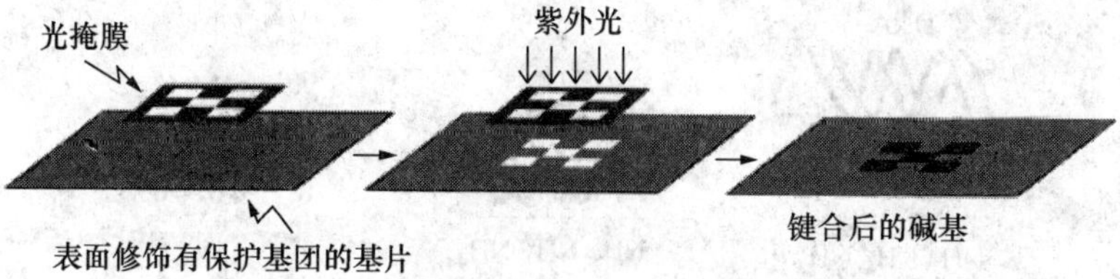

图 4-19　紫外光和固相化学合成的方法制作微阵列

(注:表面修饰有光保护基团的玻片上放置一块光掩膜,光掩膜上镀铬区域(黑色)和不镀铬区域相互间隔。紫外光照射光掩膜时(箭头方向),微阵列芯片上选中的部分被去除保护并激化对化学键合的活性。在被激活的微阵列芯片上注以活性的 DNA 碱基,从而按光掩膜定义的方式进行键合。)

等。不同种类的基片在固定不同生物分子时固定方法也有差异,这跟每种基片的固定反应原理有很大关系。

醛基基片的固定和封闭

氨基基片上的氨基基团(—NH_2)与戊二醛分子中的一个醛基反应,形成希夫(Schiff)键(—N ═C—),适当的还原剂如硼氢化钠可将双键还原成单键,将戊二醛分子牢固的连接到氨基基片表面,形成醛基基片。

图 4-20　微阵列芯片有一个盒子,用来保护微阵列芯片并提供合适的杂交温度

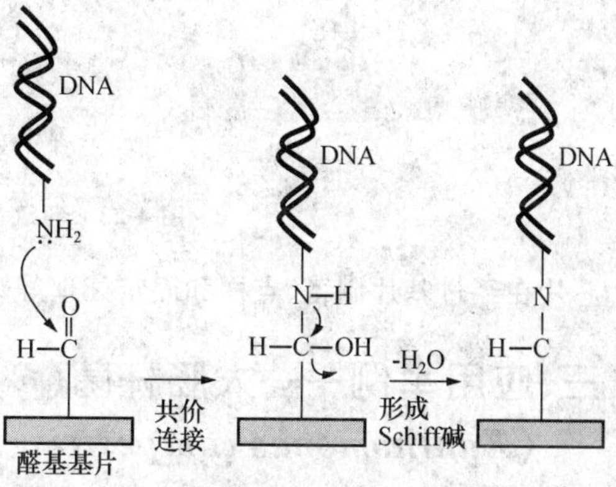

图 4-21　醛基基片固定 DNA 机理

需要注意的是,不论是固定 DNA 样品还是蛋白质样品,都要选用适当的封闭剂如 $NaBH_4$(同时起还原剂作用)、Tris、BSA(牛血清白蛋白)等将基片上未反应的醛基封闭以减少基片对样品的非特异吸附,从而去除不必要的背景干扰等。

(2)氨基基片的固定和封闭

在中性条件下,氨基基片表面大量的伯胺带正电荷(NH_3^+),而 DNA 分子的磷酸骨架带有负电荷,这种正负电荷的静电吸引可以将大量的 DNA 分子固定在氨基基片表面。而且对芯片进行紫外照射或者加热,还可进一步促进 DNA 分子和氨基基片之间共价键的形成(图 4-21)。这两种作用使 DNA 分子在氨基基片表面的固定变得非常牢固。

(3)环氧基基片的固定和封闭

环氧基基片在固定 DNA 或蛋白等生物大分子的机理是相同的:通过生物分子上的氨基基团亲核进攻导致环氧基开环后将生物分子连接到环氧基基片表面(图 4-23)。

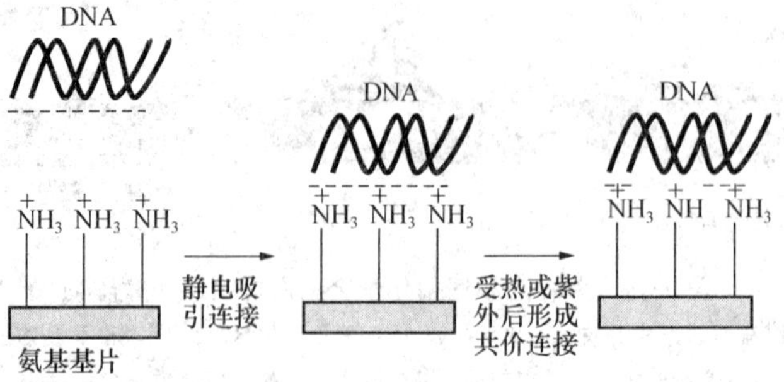

图 4-22 氨基基片固定 DNA 机理

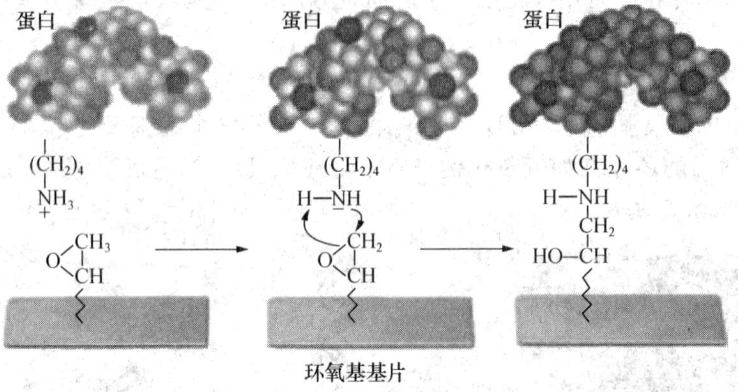

图 4-23 环氧基基片固定机理

芯片在经过基片制备、点样和固定处理等步骤后，就可以用于杂交检测、免疫反应等。

三、应用举例——大肠杆菌（*Escherichia coli*）和野油菜黄单胞菌（*Xanthomonas campestris* , *Xcc*）的鉴别

【实验思路】

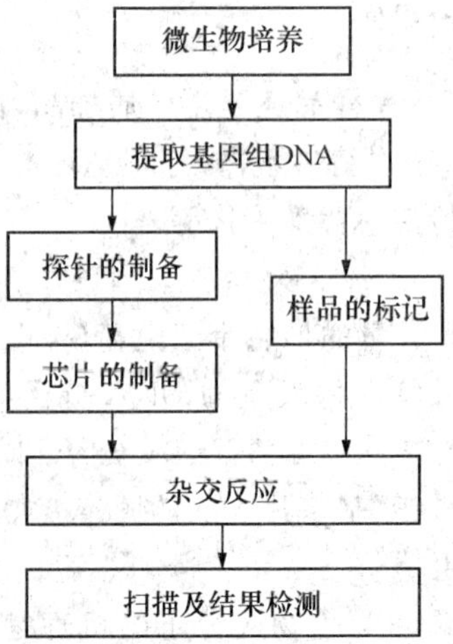

图 4-24 细菌鉴定实验基本流程图

【实验试剂】

①无菌水。来源：自制；规格：电阻率≥18.2 MΩ·cm。

②10×PCR 缓冲液。供货商：TaKaRa。

③dNTP(10 mmol/L)。供货商：TaKaRa。

④*E. coli* 正反向引物(10 μmol/L)。供货商：上海生物工程有限公司。

⑤r*Taq* 酶(5 U/μL)。供货商：TaKaRa。

⑥*E. coli* 基因组 DNA 模板。来源：自制。

⑦*Xcc* 基因组 DNA 模板。来源：自制。

⑧琼脂糖。级别：分析纯；生产商：Shanghai Yito Enterprise Company limited。

⑨电泳缓冲液 Tris-硼酸(1×TBE)。来源：自制。

⑩10 mg/mL 溴化乙锭。来源：市场购买。

⑪上样缓冲液(0.25%溴酚蓝、0.25%二甲苯青 FF、30%甘油)。来源：随酶一起赠送。

⑫Marker DL2000。来源：市场购买。DL2000 是由已经纯化的单一 DNA 片段以 0.049 2 mg/mL 的浓度混合而成，片段容易分离，适用于快速电泳。该产品已含上样缓冲液，可直接电泳分析。取 5 μL 上样时，各条带为 50 ng。该产品在－20℃可保存 1 年以上，4℃可保存 1 个月。

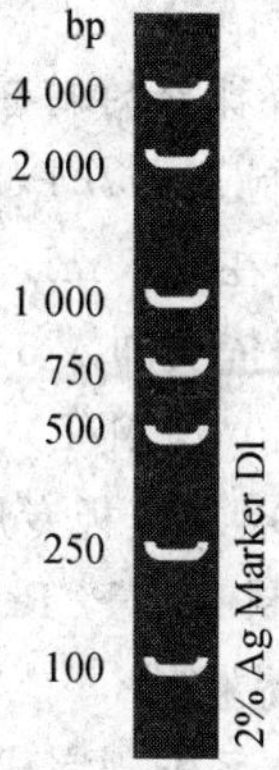

图 4-25　Marker DL2000 图谱

⑬1×TE。来源：自制。参考学习情境一之子情境一。

⑭100% DMSO。生产商：AMRESCO。

⑮Cy5(1：100 000)。Cy5 是近年新开发的一种荧光素，激发后呈现蓝色荧光。其激发波长与其他短波长荧光素相差较大，不易相互干扰，常用于多标记实验。使用 Cy5 的优点在于在其光谱范围内，受样本自发荧光干扰较小。

⑯2,4,5-涕酸甲酯 Hex(10 μmol/L)。供货商：TaKaRa。

⑰*E. coli* 纯化产物。来源：自制。

⑱*Xcc* 纯化产物。来源：自制。

⑲100%甲酰胺。级别：分子生物学级；生产商：Sigma。

⑳10% SDS。来源：自制。

㉑20×SSC。来源：自制。3 mol/L NaCl 和 0.3 mol/L 柠檬酸钠：准确称取 175.4 g NaCl 和 88.2 g 柠檬酸钠，用重蒸水溶解后定容至 1 000 mL。

㉒*E. coli* 荧光标记物。供货商：TaKaRa。

㉓*Xcc* 荧光标记物。供货商：TaKaRa。

㉔洗液Ⅰ(2×SSC、0.2% SDS)：20×SSC 50 mL、10% SDS 10 mL 加超纯水 440 mL 混匀备用。

㉕洗液Ⅱ(0.2×SSC)。来源：自制。根据需要量用超纯水稀释 20×SSC 配制而成：20×SSC 5 mL 加超纯水 495 mL 混匀备用。

【实验器材】

1.5 mL 离心管：干燥洁净；移液器：量程 2.5～1 000 μL，配套枪头；离心管架：干燥洁净；冰盒；量筒：100 mL，干燥洁净；三角瓶：250 mL，干燥洁净；0.2 mL 离心管：干燥洁净；384 孔板；薄膜贴；镊子：干燥洁净；芯片离心架：干燥洁净；胶带纸；氨基基片：生产商：博奥生物有限公司；围栏粘贴工具：生产商：博奥生物有限公司；样品围栏：生产商：博奥生物有限公司；芯片杂交盒：干燥洁净；样品盖片：生产商：博奥生物有限公司。

【实验仪器】

超净工作台；灭菌锅；PCR 仪；Y-50 超滤管；离心机；电泳仪；水平电泳槽；透射紫外灯；电子天平；制胶模具；梳子；紫外分光光度计；涡旋混合器；点样仪：晶芯® SmartArrayer-48 点样仪，生产商：博奥生物有限公司；扫描仪：晶芯® LuxScan-10K/A 扫描仪，生产商：博奥生物有限公司；紫外交联仪：型号 CL-1000，生产商：UVP(USA)；真空干燥箱；水合架；水浴锅；摇床；芯片清洗盒。

【实验步骤】

1. 点样探针的制备

(1)配制 *E. coli* PCR 反应体系 50 μL(操作过程在超净工作台冰盒上进行)

①首先在 1.5 mL 离心管中加入 38 μL 无菌水。

②然后依次加入 5 μL 的 10×PCR 缓冲液、1 μL 的 dNTP(10 mmol/L)、2 μL 的 *E. coli* 正向引物(10 μmol/L)、2 μL 的 *E. coli* 反向引物(10 μmol/L)、1 μL 的 r*Taq* 酶(5 U/μL)。

③在 DNA 模板专用超净台加入 1 μL 的 *E. coli* 基因组 DNA 模板。

(2)配制 *Xcc* PCR 反应体系 50 μL，操作过程同(1)

(3)样品扩增

PCR 体系配制完成后，尽快放入 PCR 仪，编制反应程序进行反应，PCR 反应过程见表 4-4。

表 4-4　探针制备 PCR 反应程序

1	94℃	3 min	—
2	94℃	30 s	变性
3	60℃	30 s	退火
4	72℃	45 s	延伸
2～4：重复 40 次循环			
5	72℃	10 min	—
6	4℃	for ever	—

(4)PCR 产物的纯化(使用 Y-50 超滤管)

①分别取 2 个样品储存管放入离心管中，并标记为 *E. coli*、*Xcc*。

②2 种 PCR 产物各两管分别加入 300 μL 水后加入样品储存管，枪头不要接触储存管中超滤膜，盖紧管盖。

③放入离心机，室温 10 000 r/min 离心 8 min。

④取出后，分别将样品储存管倒转放入另一干净离心管中，1 000 r/min 离心 3 min。

⑤取出后，两种 PCR 产物各收集到约 12 μL。

(5)PCR 产物电泳检测

分别取 *E. coli* 和 *Xcc* 的 PCR 纯化产物各 5 μL 进行琼脂糖凝胶电泳检测扩增情况。

(6)PCR 纯化产物浓度的测定

取 1 μL PCR 纯化产物至 1.5 mL 离心管中,用 1×TE 稀释 50 倍;然后用 1×TE 做参比溶液,用紫外分光光度计测定稀释后溶液的 OD_{260} 和 OD_{300}。分别计算出 *E. coli* 和 *Xcc* 探针的浓度。

计算公式:[dsDNA]=50×(OD_{260} − OD_{300})×稀释倍数　单位:ng/μL

2. 基因芯片的点样

(1)点样液的配制

E. coli 和 *Xcc* 各设两个梯度,配制 10 μL 体系,具体见表 4-5:

表 4-5　点样液的配制　μL

点样液	*E. coli* 纯化产物	*Xcc* 纯化产物	100% DMSO	Cy5 (1∶100 000)	Hex (10 μmol/L)	H_2O
阳性体系	—	—	4.5	0.5	2	3
E. coli 体系 1	5	—	4.5	0.5	—	—
E. coli 体系 2	2.5	—	4.5	0.5	—	2.5
Xcc 体系 1	—	5	4.5	0.5	—	—
Xcc 体系 2	—	2.5	4.5	0.5	—	2.5
阳性体系	—	—	4.5	0.5	2	3

(2)点样

在万级洁净区内,将以上 6 种点样液依次转入 384 孔板,转板体积 8 μL/孔,样品加完后用薄膜贴在 384 孔板表面。

点样时将薄膜取下,将配制好的 6 种点样液点到制备好的氨基基片上,共点 5 张基片。

点阵设计标准:点阵数目为 4 行×1 列;点阵大小为 6 行×6 列;每个样品重复次数 1 行×6 列;点间距 350 μm。

点阵设计如图 4-26 和图 4-27 所示。

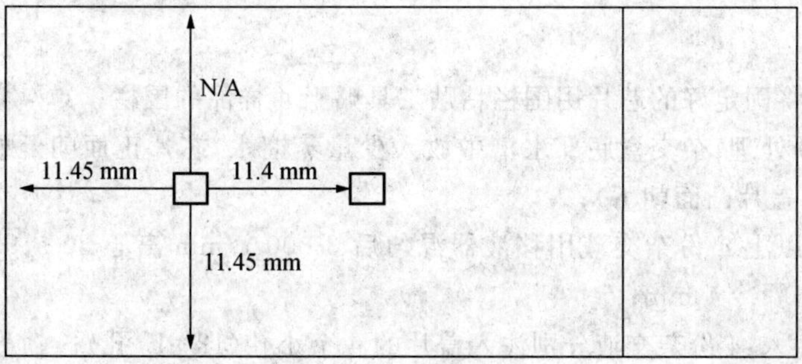

图 4-26　点阵间距示意图

(3)芯片预扫

扫描仪参数:LuxSan 10K/B Power = 95 Laser = 700 Cy5 通道(红光通道)。

(4)芯片固定

工作原理:通过紫外光的照射(紫外交联),使基因芯片上的核酸探针与基片上的氨基形成

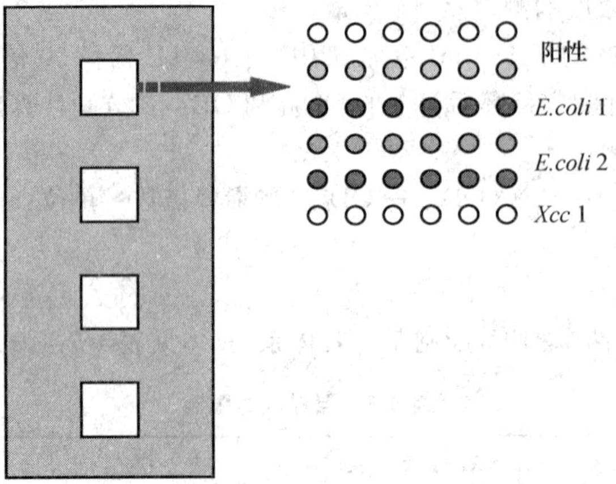

图 4-27 点阵排布示意图

共价连接，牢固地结合在基因芯片上，以便与样品进行杂交。

操作步骤 Ⅰ. 高温处理：芯片盒放入已升温至 80℃烘箱中 1 h，之后放置室温不烫手时操作；Ⅱ. 芯片的交联：将芯片连同水合架一起放入交联仪 350 MJ/cm^2，点阵向上。

(5)芯片杂交

①杂交液的配制见表 4-6（杂交 1 片理论量 12 μL 体系）。

表 4-6 杂交液配制 μL

杂交液	100% 甲酰胺	10% SDS	20× SSC	*E. coli* 荧光标记物	*Xcc* 荧光标记物	无菌水
杂交液 1	6	0.24	1.8	4	—	—
杂交液 2	6	0.24	1.8	—	4	—
杂交液 3	6	0.24	1.8	2	2	—
杂交液 4	6	0.24	1.8	—	—	4

②杂交过程。

Ⅰ. 贴围栏：将固定好的芯片用围栏粘贴工具贴上 4 样品的围栏；

Ⅱ. 杂交盒预处理：杂交盒底部水槽中放入少量蒸馏水，芯片正面朝上放入杂交盒，盖上盖片形成杂交室（盖片凸面朝下）；

Ⅲ. 变性：将以上 4 份杂交液用移液器混匀后 3 000 r/min 离心 30 s，95℃热变性 3 min（PCR 仪中），冰浴骤冷 1 min；

Ⅳ. 杂交液注入：4 份杂交液分别注入盖片的 4 个小孔（12 μL/孔）；

Ⅴ. 组装及反应：扣上盖板，将两个金属夹卡进两侧，42℃水浴 2 h，使样品与探针充分反应。

温馨提示

操作要平缓，防止液体溅出点阵。

③清洗(洗液Ⅰ、Ⅱ各取 100 mL 且预热至 42℃)。

Ⅰ. 将芯片从杂交盒取出放入洗液Ⅰ清洗盒中,摇床 4 min;

Ⅱ. 用镊子将芯片转入洗液Ⅱ清洗盒中,摇床 4 min;

Ⅲ. 清洗完毕后将芯片放入芯片离心架中(标签朝下)1 500 r/min 离心 1 min(直至芯片表面液体被甩干)。

(6)结果检测

将杂交后的芯片放入扫描仪进行扫描。

扫描仪参数:LuxSan 10 K/B Power＝90 Laser＝800 Cy3 通道(绿光通道)

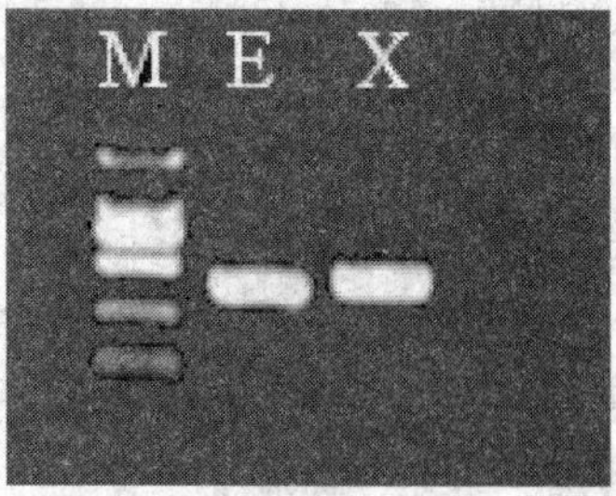

图 4-28　PCR 纯化产物电泳结果图

注:M(第 1 列),Marker;
E(第 2 列):*E. coli* 样品标记;
X(第 3 列):*Xcc* 样品标记。

3. 实验结果

(1)电泳结果

两种样品均有明显条带,见图 4-28。

(2)点样探针结果检测

将杂交后的芯片放入扫描仪进行扫描。扫描图像如图 4-29 至 4-32 所示。

图 4-29　*E. coli* 阳性扫描图(点阵 1)

图 4-30　*Xcc* 阳性扫描图(点阵 2)

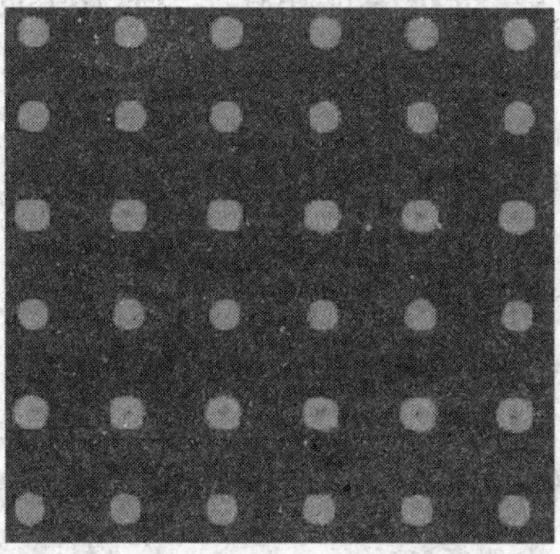

图 4-31　*E. coli*、*Xcc* 阳性扫描图(点阵 3)

图 4-32　*E. coli*、*Xcc* 阴性扫描图(点阵 4)

数据分析见表 4-7。

表 4-7 扫描结果数据统计表

点阵排布	点阵 1		点阵 2		点阵 3		点阵 4	
	AV	CV%	AV	CV%	AV	CV%	AV	CV%
阳性对照	7 521	9	7 878	8	7 602	11	7 487	8
E. coli 1	8 012	5	258	12	8 023	6	354	9
E. coli 2	3 659	11	389	9	3 520	8	268	11
Xcc 1	356	6	8 587	4	8 284	5	357	8
Xcc 2	258	8	3 210	9	3 420	6	258	10
阳性对照	7 870	8	7 698	6	7 229	8	7 965	9

注：AV 表示信号平均值；CV 表示变异。

从图像及数据结果分析可知，*E. coli* 1 浓度点样后杂交信号值较 *E. coli* 2 浓度明显提高，可达到阳性对照信号强度；*Xcc* 1 浓度点样后杂交信号值较 *Xcc* 2 浓度明显提高，可达到阳性对照信号强度；同时，信号 CV 值均小于 15%，结果可靠。如果要确定一个最适点样浓度，则可选 *E. coli* 1 和 *Xcc* 1。

◈工作实施

因基因芯片技术相对于其他实验项目，在设备和试剂耗材方面均要求高得多，而且费用也较昂贵，各学校可依据具体教学情况，选择完成工作任务中设置的工作内容。

◈分析与思考

一、选择题

1. 基因芯片技术是近几年才发展起来的崭新技术，涉及生命科学、信息学、微电子学、材料学等众多的学科，固定在芯片上的各个探针是已知的单链 DNA 分子，而待测 DNA 分子被用同位素或能发光的物质标记。如果这些待测的 DNA 分子中正好有能与芯片上的 DNA 配对的，它们就会结合起来，并在结合的位置发出荧光或者射线，出现“反应信号”，下列说法中错误的是：(　　)。

A. 基因芯片的工作原理是碱基互补配对

B. 待测的 DNA 分子可以直接用基因芯片测序

C. 待测的 DNA 分子首先要解旋变为单链，才可用基因芯片测序

D. 由于基因芯片技术可以检测未知 DNA 碱基序列，因而具有广泛的应用前景，好比能识别身份的“基因身份证”

2. 应用基因工程技术诊断疾病的过程中必须使用基因探针才能达到检测疾病的目的。这里的基因探针是指：(　　)。

A. 人工合成的免疫球蛋白的 DNA 分子

B. 人工合成的苯丙氨酸羟化酶的 DNA 分子

C. 用放射性同位素或荧光分子等标记的蛋白质分子

D. 用放射性同位素或荧光分子等标记的 DNA 分子

3. 下列技术依据 DNA 分子杂交原理的是：(　　)。
①用 DNA 分子探针诊断疾病
②B 淋巴细胞与骨髓瘤细胞杂交
③快速灵敏的检测饮用水中病毒的含量
④目的基因与载体结合形成重组 DNA 分子
A. ②③　　B. ①③　　C. ③④　　D. ①④
4. 在基因诊断技术中，所用 DNA 探针必须存在一定的放射性同位素，其作用是：(　　)。
A. 为形成杂交 DNA 分子提供能量
B. 引起探针 DNA 产生不定向的基因突变
C. 作为探针 DNA 的示踪元素
D. 增加探针 DNA 的分子质量
5. 下列关于基因工程应用的叙述，正确的是：(　　)。
A. 基因治疗就是把缺陷基因诱变成正常基因
B. 基因诊断的基本原理是 DNA 分子杂交
C. 一种基因探针能检测水体中的各种病毒
D. 原核基因不能用来进行真核生物的遗传改良
6. 下列有关基因工程的叙述中，错误的是：(　　)。
A. 蛋白质中氨基酸序列可为合成目的基因提供资料
B. 基因探针是指用放射性同位素或荧光分子等标记的 DNA 分子
C. 相同黏性末端只是通过碱基对的配对而连接的
D. 基因治疗主要是把健康的外源基因导入有基因缺陷的细胞中
7. 用于核酸分子杂交的探针可以是放射性标记的：(　　)。
A. DNA　　B. RNA　　C. 抗体　　D. 抗原
8. Southern 印迹是用 DNA 探针检测 DNA 片段，而 Northern 印迹则是：(　　)。
A. 用 RNA 探针检测 DNA 片段　　B. 用 RNA 探针检测 RNA 片段
C. 用 DNA 探针检测 RNA 片段　　D. 用 DNA 探针检测蛋白质片段
9. Southern 印迹的 DNA 探针(　　)杂交。
A. 只与完全相同的片段
B. 可与任何含有相同序列的 DNA 片段
C. 可与任何含有互补序列的 DNA 片段
D. 可与用某些限制性内切核酸酶切成的 DNA 片段
E. 以上都是
10. 下列哪一个不是 Southern 印迹法的步骤？(　　)。
A. 用限制酶消化 DNA　　B. DNA 与载体的连接
C. 用凝胶电泳分离 DNA 片段　　D. DNA 片段转移至硝酸纤维素膜上
E. 用一个标记的探针与膜杂交

二、填空题

1. 基因芯片一个非常重要的用途就是用于疾病的基因诊断。

(1)基因诊断:也称为 DNA 诊断或基因探针技术,即在________分析检测某一基因,从而对特定的疾病进行诊断。

(2)探针制备:________(如^{32}P)、________等标记的 DNA 分子。

(3)原理:利用________________原理。

(4)基因探针:基因探针就是一段与目的基因或 DNA ________。它包括整个基因,或基因的一部分;可以是 DNA 本身,也可以是由之转录而来的________。

(5)DNA 分子杂交原理:

DNA 分子杂交是基因诊断最基本的方法之一。其基本原理是:互补的 DNA ________能够在一定条件下结合成________,即能够进行杂交。这种结合是特异的,即严格按照________进行。因此,当用一段已知基因的核苷酸序列作为探针,与被测基因进行接触,若两者的碱基________,则表明被测基因中含有已知的基因序列。

2. 核酸杂交探针可分为两大类:DNA 探针和 RNA 探针。其中 DNA 探针又分为:________探针和________探针。

3. Northern 印迹和 Southern 印迹有两点根本的区别:(1)________、(2)________。

4. 根据 Northern 杂交的结果可以说明:________。

5. RNA 分子经凝胶电泳后按大小不同分开,然后被转移到一张硝酸纤维素膜(尼龙膜)上,同一放射 DNA 探针杂交的技术称________。

6. 在________技术中,DNA 限制性片段经凝胶电泳分离后,被转移到硝酸纤维素膜(或尼龙膜)上,然后与放射性的 DNA 探针杂交。

7. 基因芯片的制备方法大致可分为点样法和________。

8. 根据探针来源和性质基因芯片可以分成寡核苷酸芯片和________;根据功能可分为________和 DNA 测序芯片;根据用途又可分为________、DNA 多态性分析芯片和________。

三、解答题

1. 你在做 Southern 印迹分析,并且刚完成了凝胶电泳这一步。根据方案,下面一步骤是用 NaOH 溶液浸泡凝胶,使 DNA 变性为单链。为了节省时间,你略过了这一步,直接将 DNA 从凝胶转至硝酸纤维素膜上。然后用标记探针杂交,最后发现放射自显影片是空白。错在哪里?

2. Northern 印迹与 Southern 印迹有什么不同?

◈拓展与链接

基因芯片的应用领域

基因芯片技术将为人类认识生命的起源、遗传、发育与进化、为人类疾病诊断、治疗和防治开辟全新的途径,为生物大分子的全新设计和药物开发中先导化合物的快速筛选和药物基因组学研究提供技术支撑平台。

1. 在医药行业可用于疾病诊断和药物筛选

由于所有药物都是直接或间接地通过修饰、改变人类或相关动物基因的表达及表达产物的功能而生效,芯片技术拥有高通量、大规模、平行性的特性,在药物筛选方面具有巨大的优势。它可用于比较不同组织基因的表达模式,研究正常组织与病理组织基因表达的差异;它是超高通量药物筛选的技术平台，同时检测成千上万的基因变化；用芯片作大规模的筛选研究可以省略大量的动物试验甚至临床实验，缩短药物筛选所用时间，提高效率，降低风险。

随着人类基因图谱的绘就，基因工程药物将进入一个大发展时期，在基因工程药物的研制和生产中，生物芯片也有着较大的市场。以基因工程产品胰岛素为例，当把人的胰岛素基因转移到大肠杆菌细胞后，需要用某种方法对工程菌的基因型进行分析，以便确证胰岛素基因是否转移成功。过去人们采取的方法是限制性片段长度多态性，这种方法非常繁琐复杂，在成本和效率方面都不如基因芯片，今后被基因芯片技术取代是必然的趋势。基因芯片筛选药物的巨大优势决定了其将成为目前药物研究的趋势。

2. 在食品科学上的应用

在食品工业中，生物芯片技术可以对食品的安全状态有一个快速的、科学的、量化的了解，可以及时准确地检测出食品中的病原微生物，可以利用其具有高通量并行检测的优点对转基因食品进行筛选。此外，生物芯片还广泛应用于食品营养成分的分析、食品毒理学的研究等方面，生物芯片在食品科学研究领域有着广泛的发展空间和应用前景。将为人类的营养健康做出无可估计的贡献。

3. 在环境保护中的应用

在环境保护方面，基因芯片的应用也十分广泛，一方面可快速检测污染微生物或有机化合物对环境、人体、动植物的污染和危害，另一方面也能通过大规模的筛选寻找保护基因，制备防治危害的基因工程药品、治理污染源的基因产品。

4. 在基因表达研究中的应用

基因芯片应用于基因表达研究的领域包括人类基因组和微生物组。对基因组进行杂交分析以检测 DNA 编码区和非编码区单个碱基改变、缺失和插入，DNA 杂交分析还可用于对 DNA 进行定量。用于 DNA 序列分析的通用芯片虽尚有技术障碍，但最终可能成为强有力的 DNA 序列分析工具，将以 DNA 芯片为核心技术，建立生物特种或生命个体的 DNA 指纹图谱等。

附　　录

附录一　基因组DNA提取技术

附表1　学生工作对象和工作方法选择登记表

学生姓名	学号	实验方法	实验对象	实验方法	学生姓名	学号
			北京鸭			
			草莓			
			大肠杆菌			

附表 2 分组结果统计

实验对象	实验方法	学生 1	学生 2	学生 3	学生 4	学生 5
北京鸭	方法 1…					
	方法 2…					
草莓	方法 1…					
	方法 2…					
大肠杆菌	方法 1…					
	方法 2…					

附表 3　实施方案与工作过程记录表

<table>
<tr><td colspan="2">学生姓名</td><td colspan="3"></td><td>学号</td><td></td></tr>
<tr><td colspan="2">组别</td><td colspan="3"></td><td>组长</td><td></td></tr>
<tr><td colspan="2">工作任务</td><td colspan="3"></td><td>时间</td><td></td></tr>
<tr><td>实施计划</td><td colspan="6"></td></tr>
<tr><td rowspan="2">生物材料</td><td colspan="2">来源</td><td></td><td colspan="2">取样量</td><td></td></tr>
<tr><td>取样过程</td><td colspan="5"></td></tr>
<tr><td rowspan="3">仪器设备</td><td colspan="3">1.</td><td colspan="2">4.</td><td>7.</td></tr>
<tr><td colspan="3">2.</td><td colspan="2">5.</td><td>8.</td></tr>
<tr><td colspan="3">3.</td><td colspan="2">6.</td><td>⋮</td></tr>
<tr><td rowspan="6">器材准备</td><td colspan="2">器材名称</td><td>需要量</td><td colspan="3">处置过程</td></tr>
<tr><td colspan="2">1.</td><td></td><td colspan="3"></td></tr>
<tr><td colspan="2">2.</td><td></td><td colspan="3"></td></tr>
<tr><td colspan="2">3.</td><td></td><td colspan="3"></td></tr>
<tr><td colspan="2">4.</td><td></td><td colspan="3"></td></tr>
<tr><td colspan="2">⋮</td><td></td><td colspan="3"></td></tr>
</table>

续附表 3

<table>
<tr><td rowspan="16">试剂准备</td><td rowspan="5">不需配制试剂</td><td>试剂名称</td><td>用量</td><td colspan="2">处置过程</td></tr>
<tr><td>1.</td><td></td><td colspan="2"></td></tr>
<tr><td>2.</td><td></td><td colspan="2"></td></tr>
<tr><td>3.</td><td></td><td colspan="2"></td></tr>
<tr><td>⋮</td><td></td><td colspan="2"></td></tr>
<tr><td rowspan="11">需配制试剂</td><td>试剂名称</td><td colspan="3">需要药品</td></tr>
<tr><td rowspan="5">试剂 1：</td><td>序号</td><td>级别要求</td><td>取样量</td></tr>
<tr><td>1.</td><td></td><td></td></tr>
<tr><td>2.</td><td></td><td></td></tr>
<tr><td>3.</td><td></td><td></td></tr>
<tr><td>⋮</td><td></td><td></td></tr>
<tr><td>计算过程</td><td colspan="3"></td></tr>
<tr><td>配制过程</td><td colspan="3"></td></tr>
<tr><td>结果记录</td><td colspan="3"></td></tr>
<tr><td colspan="2">操作者：</td><td colspan="2">复核者：</td></tr>
<tr><td colspan="4">……</td></tr>
</table>

续附表 3

<table>
<tr><td rowspan="2">实验过程记录</td><td colspan="2">正常操作过程记录</td><td>事故记录</td></tr>
<tr><td colspan="2"></td><td></td></tr>
<tr><td>结果记录</td><td colspan="3"></td></tr>
<tr><td rowspan="2">问题与策略</td><td>存在的问题</td><td colspan="2" rowspan="2"></td></tr>
<tr><td>拟解决之策</td></tr>
<tr><td>创新点</td><td colspan="3"></td></tr>
<tr><td rowspan="2">分析评议</td><td colspan="3"></td></tr>
<tr><td colspan="3">操作者签字：</td></tr>
<tr><td>教师审核</td><td colspan="3">教师签字：</td></tr>
</table>

附表 4 检查单

学习情境一	核酸提取与鉴定				
子情境一	基因组 DNA 提取技术		学时	6	
序号	检查项目	标准分值	检查标准	学生自检	教师检查
1	基因组的定义	5 分	十分明确(5 分) 基本清楚(1～4 分)		
2	基因组 DNA 提取的方法	5 分	答出不少于 5 种方法(5 分) 答出 5 种以下(2～4 分)		
3	CTAB 法提取基因组 DNA 的原理	10 分	完全理解(10 分) 基本理解(1～9 分)		
4	传统提取方法的优缺点	5 分	完全答对(5 分) 基本答对(1～4 分)		
5	新提取方法的优缺点	5 分	完全答对(5 分) 基本答对(1～4 分)		
6	导致基因组 DNA 量很少或没有的可能原因及解决方案	10 分	答出 5 个可能原因及解决方案(10 分) 答出 1～4 个可能原因及解决方案(1～9 分)		
7	导致基因组 DNA 降解的可能原因及解决方案	10 分	全部回答正确(10 分) 部分回答正确(1～9 分)		
8	导致基因组 DNA 难溶的可能原因及解决方案	10 分	全部回答正确(10 分) 部分回答正确(1～9 分)		
9	导致基因组 DNA 难以进行后续试验的可能原因及解决方案	10 分	全部回答正确(10 分) 部分回答正确(1～9 分)		
10	DNA 提取过程中各试剂的作用	10 分	全部回答正确(10 分) 部分回答正确(1～9 分)		
11	DNA 提取过程中的注意事项	10 分	完全正确(10 分) 部分正确(1～9 分)		
12	酸度计、离心机、移液器的使用	10 分	全部回答正确(10 分) 部分回答正确(1～9 分)		
总计		100 分			
检查评价	班级		日期		
	组别		组长签字		
	评语：				
	教师签字：				

附表 5　工作过程评价表

情境	评价指标	考核内容	标准分值	考核记录	得分
基因组DNA提取技术	溶液的配制	准备工作(计算,玻璃器皿的洗涤)	10 分		
		配制过程(称量,溶解,转移,洗涤,定容)	15 分		
		溶液名称、浓度、pH、配制日期、配制者姓名等信息标示明确	5 分		
	仪器的使用	正确使用高压灭菌锅(用前准备、使用过程、用后处理)	7 分		
		正确使用涡漩振荡器(用前准备、使用过程、用后处理)	4 分		
		正确使用电子天平(用前准备、使用过程、用后处理)	4 分		
		正确使用离心机(用前准备、使用过程、用后处理)	7 分		
		正确使用水浴锅(用前准备、使用过程、用后处理)	4 分		
		正确使用移液器(用前准备、使用过程、用后处理)	4 分		
	DNA 提取操作	液氮使用的规范操作	6 分		
		样品的预处理	4 分		
		取样、研磨迅速	6 分		
		温和操作,避免 DNA 受到机械损伤	10 分		
		严格控制反应温度、时间	6 分		
		严谨操作,避免污染	8 分		
合计			100 分		

附表 6　综合评价表

学习情境一		核酸提取与鉴定							
子情境一		基因组 DNA 提取技术	学时	6					
评价类别		评价标准							
		A	B	C	D	A	B	C	D
工作态度(20%)		态度端正,积极认真,操作规范、细心,遵守纪律,记录真实、详细,注重安全、卫生	较好	一般	较差	20	16	12	8
工作过程(40%)		掌握基因组 DNA 的提取方法和原理。注重 DNA 提取过程中的细节。实验操作规范,正确使用各种实验仪器设备	较好	一般	较差	40	32	18	12
工作成果(40%)	专业知识成果(20%)	1. 理解基因组的定义,知道一些常用的基因组 DNA 提取方法	较好	一般	较差	4	3	2	1
		2. 理解 CTAB 法提取基因组 DNA 的原理并熟练掌握此方法	较好	一般	较差	8	6	4	2
		3. 明确基因组 DNA 提取中容易出现的问题及相应的解决方案	较好	一般	较差	8	6	4	2
		4. 在技能报告上对实验结果及实验过程中存在的问题或异常现象进行分析并讨论	较好	一般	较差	10	8	6	4
	非专业知识成果(20%)	1. 积极参与试验项目的分工与讨论	较好	一般	较差	3	2	1	0
		2. 具备创新精神,善于分析问题和解决问题	较好	一般	较差	2	1	0.5	0
		3. 具有良好的团队合作能力和组织协调能力	较好	一般	较差	2.5	1	0.5	0
		4. 展现出良好的语言组织与表达能力、对知识点的理解能力	较好	一般	较差	2.5	1	0.5	0
合计									

评价	班级		日　期	
	组别		组长签字	
	评语:			
	教师签字:			

附录二 总 RNA 提取技术

附表 7 学生工作方法选择登记表

学生姓名	学号	实验方法	学生姓名	学号	实验方法

附表 8 工作方法统计表

实验方法 学生	方法 1	方法 2	方法 3
学生 1			
学生 2			
学生 3			
学生 4			
学生 5			
学生 6			
学生 7			
学生 8			
学生 9			
学生 10			
学生 11			
学生 12			
学生 13			
学生 14			
学生 15			

附表9 实施方案与工作过程记录表

<table>
<tr><td colspan="3">学生姓名</td><td colspan="2"></td><td>学号</td><td></td></tr>
<tr><td colspan="3">组别</td><td colspan="2"></td><td>组长</td><td></td></tr>
<tr><td colspan="3">工作任务</td><td colspan="2"></td><td>时间</td><td></td></tr>
<tr><td>实施计划</td><td colspan="6"></td></tr>
<tr><td rowspan="2">生物材料</td><td colspan="2">来源</td><td colspan="2"></td><td>取样量</td><td></td></tr>
<tr><td>取样过程</td><td colspan="5"></td></tr>
<tr><td rowspan="3">仪器设备</td><td colspan="3">1.</td><td colspan="2">4.</td><td>7.</td></tr>
<tr><td colspan="3">2.</td><td colspan="2">5.</td><td>8.</td></tr>
<tr><td colspan="3">3.</td><td colspan="2">6.</td><td>⋮</td></tr>
<tr><td rowspan="6">器材准备</td><td colspan="2">器材名称</td><td>需要量</td><td colspan="3">处置过程</td></tr>
<tr><td colspan="2">1.</td><td></td><td colspan="3"></td></tr>
<tr><td colspan="2">2.</td><td></td><td colspan="3"></td></tr>
<tr><td colspan="2">3.</td><td></td><td colspan="3"></td></tr>
<tr><td colspan="2">4.</td><td></td><td colspan="3"></td></tr>
<tr><td colspan="2">⋮</td><td></td><td colspan="3"></td></tr>
</table>

续附表 9

<table>
<tr><td rowspan="17">试剂准备</td><td rowspan="7">不需配制试剂</td><td>试剂名称</td><td>用量</td><td colspan="2">处置过程</td></tr>
<tr><td>1.</td><td></td><td colspan="2"></td></tr>
<tr><td>2.</td><td></td><td colspan="2"></td></tr>
<tr><td>3.</td><td></td><td colspan="2"></td></tr>
<tr><td>4.</td><td></td><td colspan="2"></td></tr>
<tr><td>5.</td><td></td><td colspan="2"></td></tr>
<tr><td>⋮</td><td></td><td colspan="2"></td></tr>
<tr><td rowspan="10">需配制试剂</td><td>试剂名称</td><td colspan="3">需要药品</td></tr>
<tr><td rowspan="4">试剂 1：</td><td>序号</td><td>级别要求</td><td>取样量</td></tr>
<tr><td>1.</td><td></td><td></td></tr>
<tr><td>2.</td><td></td><td></td></tr>
<tr><td>⋮</td><td></td><td></td></tr>
<tr><td>计算过程</td><td colspan="3"></td></tr>
<tr><td>配制过程</td><td colspan="3"></td></tr>
<tr><td>结果记录</td><td colspan="3"></td></tr>
<tr><td colspan="2">操作者：</td><td colspan="2">复核者：</td></tr>
<tr><td colspan="4">……</td></tr>
</table>

续附表 9

<table>
<tr><td></td><td colspan="2">正常操作过程记录</td><td>事故记录</td></tr>
<tr><td>实验
过程
记录</td><td colspan="2"></td><td></td></tr>
<tr><td>结果
记录</td><td colspan="3"></td></tr>
<tr><td rowspan="2">问题
与策
略</td><td>存在的
问题</td><td colspan="2"></td></tr>
<tr><td>拟解决
之策</td><td colspan="2"></td></tr>
<tr><td>创
新点</td><td colspan="3"></td></tr>
<tr><td rowspan="2">分析
评议</td><td colspan="3"></td></tr>
<tr><td colspan="3">操作者签字：</td></tr>
<tr><td>教师
审核</td><td colspan="3">教师签字：</td></tr>
</table>

附表 10 检查单

学习情境一	核酸提取与鉴定				
子情境二	总 RNA 提取技术			学时	6
序号	检查项目	标准分值	检查标准	学生自检	教师检查
1	RNA 分类及特性	5 分	全部答对(5 分) 答出部分(1～4 分)		
2	RNA 提取原理	10 分	完全理解(10 分) 基本理解(1～9 分)		
3	微生物材料的获取	8 分	完全答对(8 分) 基本答对(1～7 分)		
4	动植物培养材料的处理	10 分	完全答对(10 分) 基本答对(1～9 分)		
5	导致 RNA 降解原因及解决方案	10 分	完全答对(10 分) 基本答对(1～9 分)		
6	实验材料、试剂的准备	10 分	完全答对(10 分) 基本答对(1～9 分)		
7	导致 RNA 提取得率低可能原因及解决方案	10 分	全部回答正确(10 分) 部分回答正确(1～9 分)		
8	如何避免 RNase 的污染	10 分	全部回答正确(10 分) 部分回答正确(1～9 分)		
9	提取 RNA 过程中各种试剂的作用	10 分	全部回答正确(10 分) 部分回答正确(1～9 分)		
10	RNA 提取过程中的注意事项	10 分	完全正确(10 分) 部分正确(1～9 分)		
11	提取总 RNA 的意义	7 分	全部回答正确(7 分) 部分回答正确(1～6 分)		
总计		100 分			

检查评价				
	班级		日　期	
	组别		组长签字	
	评语：			
	教师签字：			

附表 11　工作过程评价表

任务	评价指标	考核内容	标准分值	考核记录	得分
总 RNA 提取技术	溶液的配制(30 分)	准备工作(计算,玻璃器皿的洗涤)	8 分		
		配制过程(称量,溶解,调 pH,定容,转移)	10 分		
		标示溶液名称、浓度、pH、配制日期、配制者姓名等信息	5 分		
		RNase 灭活处理	7 分		
	仪器的使用(30 分)	正确使用高压灭菌锅(用前准备、使用过程、用后处理)	7 分		
		正确使用涡漩振荡器(用前准备、使用过程、用后处理)	4 分		
		正确使用电子天平(用前准备、使用过程、用后处理)	4 分		
		正确使用离心机(用前准备、使用过程、用后处理)	5 分		
		正确使用移液器(用前准备、使用过程、用后处理)	4 分		
		正确使用组织匀浆机(用前准备、使用过程、用后处理)	6 分		
	RNA 提取操作(40 分)	液氮罐的规范使用	6 分		
		样品的预处理	6 分		
		提取过程	10 分		
		防护 RNase 污染措施	10 分		
		温度、时间、试剂剂量等参数的控制	4 分		
		产物处置	4 分		
合计			100 分		

附表12　综合评价表

<table>
<tr><td colspan="2">学习情境一</td><td colspan="9">核酸提取与鉴定</td></tr>
<tr><td colspan="2">子情境二</td><td colspan="3">总RNA提取技术</td><td colspan="2">学时</td><td colspan="4">6</td></tr>
<tr><td colspan="2" rowspan="2">评价类别</td><td colspan="8">评价标准</td></tr>
<tr><td>A</td><td>B</td><td>C</td><td>D</td><td>A</td><td>B</td><td>C</td><td>D</td></tr>
<tr><td colspan="2">工作态度(20%)</td><td>态度端正,积极认真,操作规范、细心,遵守纪律,记录真实、详细,注重安全、卫生</td><td>较好</td><td>一般</td><td>较差</td><td>20</td><td>16</td><td>12</td><td>8</td></tr>
<tr><td colspan="2">工作过程(40%)</td><td>熟知总RNA提取的方法和原理,注重RNA提取过程中关键点的把握,实验操作规范,正确使用各种实验仪器设备</td><td>较好</td><td>一般</td><td>较差</td><td>40</td><td>32</td><td>18</td><td>12</td></tr>
<tr><td rowspan="7">工作成果(40%)</td><td rowspan="3">专业知识成果</td><td>1. 能准确说出提取总RNA准备工作中的注意事项,以及能够正确配制RNA提取所需的各种试剂</td><td>较好</td><td>一般</td><td>较差</td><td>4</td><td>3</td><td>2</td><td>1</td></tr>
<tr><td>2. 能够准确表述各种提取方法的原理;能运用其中一种常用的提取方法提取到高质量的总RNA产物</td><td>较好</td><td>一般</td><td>较差</td><td>8</td><td>6</td><td>4</td><td>2</td></tr>
<tr><td>3. 在技能报告上对总RNA提取技术中存在的问题或异常现象进行分析并讨论,寻求解决之策</td><td>较好</td><td>一般</td><td>较差</td><td>8</td><td>6</td><td>4</td><td>2</td></tr>
<tr><td rowspan="4">非专业知识成果</td><td>1. 积极参与实验项目的分工、操作与讨论</td><td>较好</td><td>一般</td><td>较差</td><td>5</td><td>4</td><td>3</td><td>2</td></tr>
<tr><td>2. 具备创新精神,善于分析问题和解决问题</td><td>较好</td><td>一般</td><td>较差</td><td>5</td><td>4</td><td>3</td><td>2</td></tr>
<tr><td>3. 具有良好的团队合作能力和组织协调能力</td><td>较好</td><td>一般</td><td>较差</td><td>5</td><td>4</td><td>3</td><td>2</td></tr>
<tr><td>4. 展现出良好的语言组织与表达能力、对知识点的理解能力</td><td>较好</td><td>一般</td><td>较差</td><td>5</td><td>4</td><td>3</td><td>2</td></tr>
<tr><td rowspan="4">评价</td><td>班级</td><td></td><td colspan="3">日　期</td><td colspan="4"></td></tr>
<tr><td>组别</td><td></td><td colspan="3">组长签字</td><td colspan="4"></td></tr>
<tr><td colspan="9">评语:</td></tr>
<tr><td colspan="9">教师签字:</td></tr>
</table>

附录三 DNA/RNA 浓度测定与纯度检测

附表 13 学生工作方法选择登记表

学生姓名	学号	工作方法	学生姓名	学号	工作方法

附表 14　分组结果统计

实验方法	组别	学生 1	学生 2	学生 3	学生 4	学生 5
方法 1:分光光度法	第一组					
	第二组					
	第三组					
方法 2:荧光光度法	第一组					
	第二组					
	第三组					

附表 15　实施方案与工作过程记录表

<table>
<tr><td colspan="2">学生姓名</td><td colspan="3"></td><td>学号</td><td colspan="2"></td></tr>
<tr><td colspan="2">组别</td><td colspan="3"></td><td>组长</td><td colspan="2"></td></tr>
<tr><td colspan="2">工作任务</td><td colspan="3"></td><td>时间</td><td colspan="2"></td></tr>
<tr><td>实施计划</td><td colspan="7"></td></tr>
<tr><td rowspan="2">生物材料</td><td colspan="2">样品类别
(DNA/RNA)</td><td></td><td colspan="2">取样量</td><td colspan="2"></td></tr>
<tr><td>样品稀释过程</td><td colspan="6"></td></tr>
<tr><td rowspan="2">仪器设备</td><td colspan="3">1.</td><td colspan="2">3.</td><td colspan="2">5.</td></tr>
<tr><td colspan="3">2.</td><td colspan="2">4.</td><td colspan="2">⋮</td></tr>
<tr><td rowspan="5">器材准备</td><td colspan="2">器材名称</td><td>需要量</td><td colspan="4">处置过程</td></tr>
<tr><td colspan="2">1.</td><td></td><td colspan="4"></td></tr>
<tr><td colspan="2">2.</td><td></td><td colspan="4"></td></tr>
<tr><td colspan="2">3.</td><td></td><td colspan="4"></td></tr>
<tr><td colspan="2">⋮</td><td></td><td colspan="4"></td></tr>
</table>

续附表 15

<table>
<tr><td rowspan="14">试剂准备</td><td rowspan="4">不需配制试剂</td><td>试剂名称</td><td>用量</td><td colspan="2">处置过程</td></tr>
<tr><td>1.</td><td></td><td colspan="2"></td></tr>
<tr><td>2.</td><td></td><td colspan="2"></td></tr>
<tr><td>⋮</td><td></td><td colspan="2"></td></tr>
<tr><td rowspan="10">需配制试剂</td><td>试剂名称</td><td colspan="3">需要药品</td></tr>
<tr><td rowspan="4">试剂 1：</td><td>序号</td><td>级别要求</td><td>取样量</td></tr>
<tr><td>1.</td><td></td><td></td></tr>
<tr><td>2.</td><td></td><td></td></tr>
<tr><td>⋮</td><td></td><td></td></tr>
<tr><td>计算过程</td><td colspan="3"></td></tr>
<tr><td>配制过程</td><td colspan="3"></td></tr>
<tr><td>结果记录</td><td colspan="3"></td></tr>
<tr><td colspan="2">操作者：</td><td colspan="2">复核者：</td></tr>
<tr><td colspan="4">……</td></tr>
</table>

续附表 15

实验过程记录	正常操作过程记录		事故记录
结果记录			
问题与策略	存在的问题		
	拟解决之策		
创新点			
分析评议			
	操作者签字：		
教师审核	教师签字：		

附表 16　检查单

学习情境一	核酸提取与鉴定				
子情境三	DNA/RNA 浓度测定与纯度检测		学时	4	
序号	检查项目	标准分值	检查标准	学生自检	教师检查
1	浓度测定与纯度检测方法	5 分	十分明确(5 分) 基本清楚(1～4 分)		
2	浓度测定与纯度检测的原理	10 分	十分明确(10 分) 基本清楚(1～9 分)		
3	各个波长测定值的含义	10 分	完全理解(10 分) 基本理解(1～9 分)		
4	分光光度计的操作前准备	5 分	完全答对(5 分) 基本答对(1～4 分)		
5	分光光度计的使用与维护	10 分	完全答对(10 分) 基本答对(1～9 分)		
6	对 DNA 样品，OD_{260}/OD_{280} 大于 2.0 的原因	10 分	答出可能原因及解决方案(10 分) 基本答对(1～9 分)		
7	对 DNA 样品，OD_{260}/OD_{280} 小于 1.8 的原因	10 分	答出可能原因及解决方案(10 分) 部分回答正确(1～9 分)		
8	对 RNA 样品，OD_{260}/OD_{280} 比值小于 2 的原因	10 分	答出可能原因及解决方案(10 分) 部分回答正确(1～9 分)		
9	分光光度法测定 DNA/RNA 浓度和纯度的操作过程	10 分	全部回答正确(10 分) 部分回答正确(1～9 分)		
10	荧光光度法测定 DNA/RNA 浓度和纯度的操作过程	10 分	全部回答正确(10 分) 部分回答正确(1～9 分)		
11	DNA/RNA 浓度和纯度测定的注意事项	10 分	全部回答正确(10 分) 部分回答正确(1～9 分)		
总计		100 分			
检查评价	评语：				
	教师签字：				

附表 17 工作过程评价表

项目	评价指标	考核内容	标准分值	考核记录	得分
荧光光度法	操作过程	标准 DNA 样品溶解	12 分		
		EB 溶液的配制	8 分		
		加样操作	30 分		
		结果观察	20 分		
		确定浓度	12 分		
		严谨操作，避免污染	8 分		
		操作熟练程度（熟练、一般、不熟练）	10 分		
	合计		100 分		
分光光度法	操作过程	准备（预热、比色皿的洗涤、调零）	10 分		
		测定操作（样品的稀释、记录编号和稀释倍数、紫外波长的设定）	20 分		
		操作熟练程度（熟练、一般、不熟练）6 分	10 分		
	结果计算及判定	DNA 样品的浓度	12 分		
		RNA 样品的浓度	8 分		
		结果判定（DNA 样品：$OD_{260}/OD_{280}>1.8$、$OD_{260}/OD_{280}<1.6$、RNA 样品：$OD_{260}/OD_{280}>2.0$）	12 分		
		操作熟练程度（熟练、一般、不熟练）	10 分		
		DNA 样品的浓度	10 分		
		严谨操作，避免污染	8 分		
	合计		100 分		

附表 18　综合评价表

学习情境一		核酸提取与鉴定							
子情境三		DNA/RNA 浓度测定与纯度检测	学时		4				
评价类别		评价标准							
		A	B	C	D	A	B	C	D
工作态度(20%)		态度端正,积极认真,操作规范、细心,遵守纪律,记录真实、详细,注重安全、卫生	较好	一般	较差	20	16	12	8
工作过程(40%)		实验操作规范,正确使用各种实验仪器设备	较好	一般	较差	40	32	18	12
工作成果(40%)	专业知识成果(30%)	1. 掌握 DNA/RNA 浓度测定与纯度检测方法	较好	一般	较差	4	3	2	1
		2. DNA/RNA 浓度测定与纯度检测方法的原理并熟练掌握此方法	较好	一般	较差	8	6	4	2
		3. 明确 DNA/RNA 浓度测定与纯度检测过程中容易出现的问题及相应的解决方案	较好	一般	较差	8	6	4	2
		4. 在技能报告上对实验结果及实验过程中存在的问题或异常现象进行分析并讨论	较好	一般	较差	10	8	6	4
	非专业知识成果(10%)	1. 积极参与试验项目的分工与讨论	较好	一般	较差	3	2	1	0
		2. 具备创新精神,善于分析问题和解决问题	较好	一般	较差	2	1	0.5	0
		3. 具有良好的团队合作能力和组织协调能力	较好	一般	较差	2.5	1	0.5	0
		4. 展现出良好的语言组织与表达能力、对知识点的理解能力	较好	一般	较差	2.5	1	0.5	0
评价	班级		日　期						
	组别		组长签字						
	评语:								
	教师签字:								

附录四　引物的设计与合成

附表 19　班级同学年龄登记表

学生姓名	学号	出生年月	学生姓名	学号	出生年月

附表 20　抽签结果统计

组别	学号	姓名	抽签号	组别	学号	姓名	抽签号
第一大组				第二大组			

附表 21　分组结果统计

组别	学号	姓名	小分组	组别	学号	姓名	小分组
第一大组				第二大组			

附表 22　检查单

学习情境二	基因克隆				
子情境一	引物设计与合成		学时	4	
序号	检查项目	标准分值	检查标准	学生自检	教师检查
1	PCR 概念	5 分	十分明确(5 分) 基本清楚(3 分)		
2	上、下游引物	5 分	十分明确(5 分) 基本清楚(3 分)		
3	引物设计原则	10 分	完全理解(10 分) 基本理解(1～9 分)		
4	Primer Premier 软件使用	20 分	操作正确(20 分) 基本操作正确(1～18 分)		
5	目的片段检索	15 分	操作正确(15 分) 基本操作正确(1～3 分)		
6	检索资料解读	15 分	完全理解(15 分) 基本理解(1～13 分)		
7	稀释引物	10 分	计算结果正确(10 分) 计算过程、思路不是很清楚(1～9 分)		
8	设计结果分析	10 分	分析正确(10 分) 分析基本正确(1～9 分)		
9	学习方法运用	10 分	理解并正确实施(10 分) 有的不是很明确(1～9 分)		
总计		100 分			
检查评价	班级		日期		
	组别		组长签字		
	评语：				
	教师签字：				

附表 23 工作过程评价表

情境	评价指标	考核内容	标准分值	考核记录	得分
引物设计与合成	知识把握	能正确理解上、下游引物概念	5 分		
		深刻领会引物设计原则	11 分		
		熟悉 NCBI 资源库	5 分		
		Primer Premier 软件特性	5 分		
	资料检索	正确登录 NCBI 网站	3 分		
		能解读 NCBI 网站界面内容	7 分		
		会正确检索目的片段	10 分		
		会筛选、下载、保存有用信息	6 分		
		会解读所下载资料	12 分		
	引物设计	正确安装软件	4 分		
		输入待扩增序列	5 分		
		解读软件各功能板块和各菜单功能	9 分		
		设计引物序列	6 分		
		分析引物各项参数	8 分		
		保存设计结果、打印结果	4 分		
合计			100 分		

附表 24　综合评价表

<table>
<tr><td colspan="2">学习情境二</td><td colspan="8">基因克隆</td></tr>
<tr><td colspan="2">子情境一</td><td>引物设计与合成</td><td colspan="2">学时</td><td colspan="5">4</td></tr>
<tr><td colspan="2" rowspan="2">评价类别</td><td colspan="8">评价标准</td></tr>
<tr><td>A</td><td>B</td><td>C</td><td>D</td><td>A</td><td>B</td><td>C</td><td>D</td></tr>
<tr><td colspan="2">工作态度(20%)</td><td>态度端正,积极认真,操作规范、细心,遵守纪律,记录真实、详细,注重安全、卫生</td><td>较好</td><td>一般</td><td>较差</td><td>20</td><td>16</td><td>12</td><td>8</td></tr>
<tr><td colspan="2">工作过程(40%)</td><td>能根据待扩增核酸片段的特征、用途,为其设计特异性引物</td><td>较好</td><td>一般</td><td>较差</td><td>40</td><td>32</td><td>18</td><td>12</td></tr>
<tr><td rowspan="8">工作成果(40%)</td><td rowspan="4">专业知识成果(20%)</td><td>1. 深刻领会引物、有意义链、模板链等名词概念</td><td>较好</td><td>一般</td><td>较差</td><td>4</td><td>3</td><td>2</td><td>1</td></tr>
<tr><td>2. 能快速准确检索到目的片段</td><td>较好</td><td>一般</td><td>较差</td><td>8</td><td>6</td><td>4</td><td>2</td></tr>
<tr><td>3. 准确解读资料</td><td>较好</td><td>一般</td><td>较差</td><td>8</td><td>6</td><td>4</td><td>2</td></tr>
<tr><td>4. 在准确把握引物设计原则的基础上为目的片段设计引物</td><td>较好</td><td>一般</td><td>较差</td><td>10</td><td>8</td><td>6</td><td>4</td></tr>
<tr><td rowspan="4">非专业知识成果(20%)</td><td>1. 积极参与实验项目的分工与讨论</td><td>较好</td><td>一般</td><td>较差</td><td>3</td><td>2</td><td>1</td><td>0</td></tr>
<tr><td>2. 具备创新精神,善于分析问题和解决问题</td><td>较好</td><td>一般</td><td>较差</td><td>2</td><td>1</td><td>0.5</td><td>0</td></tr>
<tr><td>3. 具有良好的团队合作能力和组织协调能力</td><td>较好</td><td>一般</td><td>较差</td><td>2.5</td><td>1</td><td>0.5</td><td>0</td></tr>
<tr><td>4. 展现出良好的语言组织与表达能力、对知识点的理解能力</td><td>较好</td><td>一般</td><td>较差</td><td>2.5</td><td>1</td><td>0.5</td><td>0</td></tr>
<tr><td colspan="6">合计</td><td></td><td></td><td></td><td></td></tr>
</table>

<table>
<tr><td rowspan="4">评价</td><td>班级</td><td></td><td>日　　期</td><td></td></tr>
<tr><td>组别</td><td></td><td>组长签字</td><td></td></tr>
<tr><td colspan="4">评语:</td></tr>
<tr><td colspan="4">教师签字:</td></tr>
</table>

附录五 基因扩增、检测与纯化

附表 25 分组结果登记表

组别	学生 1	学生 2	学生 3	学生 4	学生 5
第一组					
第二组					
第三组					
第四组					
第五组					
第六组					

附表 26 实施方案、工作过程记录表

<table>
<tr><td>学生姓名</td><td colspan="4"></td><td>学号</td><td></td></tr>
<tr><td>组别</td><td colspan="4"></td><td>组长</td><td></td></tr>
<tr><td>工作任务</td><td colspan="4"></td><td>时间</td><td></td></tr>
<tr><td rowspan="3">实施计划</td><td colspan="6">PCR 扩增计划：</td></tr>
<tr><td colspan="6">产物检测方案：</td></tr>
<tr><td colspan="6">产物纯化方案：</td></tr>
<tr><td rowspan="3">仪器设备</td><td colspan="2">1.</td><td colspan="2">4.</td><td colspan="2">7.</td></tr>
<tr><td colspan="2">2.</td><td colspan="2">5.</td><td colspan="2">8.</td></tr>
<tr><td colspan="2">3.</td><td colspan="2">6.</td><td colspan="2">⋮</td></tr>
<tr><td rowspan="6">器材准备</td><td>器材名称</td><td>需要量</td><td colspan="4">处置过程</td></tr>
<tr><td>1.</td><td></td><td colspan="4"></td></tr>
<tr><td>2.</td><td></td><td colspan="4"></td></tr>
<tr><td>3.</td><td></td><td colspan="4"></td></tr>
<tr><td>4.</td><td></td><td colspan="4"></td></tr>
<tr><td>⋮</td><td></td><td colspan="4"></td></tr>
</table>

续附表 26

<table>
<tr><td rowspan="19">试剂准备</td><td rowspan="8">不需配制试剂</td><td>试剂名称</td><td>用量</td><td colspan="2">处置过程</td></tr>
<tr><td>1.</td><td></td><td colspan="2"></td></tr>
<tr><td>2.</td><td></td><td colspan="2"></td></tr>
<tr><td>3.</td><td></td><td colspan="2"></td></tr>
<tr><td>4.</td><td></td><td colspan="2"></td></tr>
<tr><td>5.</td><td></td><td colspan="2"></td></tr>
<tr><td>6.</td><td></td><td colspan="2"></td></tr>
<tr><td>⋮</td><td></td><td colspan="2"></td></tr>
<tr><td rowspan="11">需配制试剂</td><td>试剂名称</td><td colspan="3">需要药品</td></tr>
<tr><td rowspan="5">试剂 1：</td><td>序号</td><td>级别要求</td><td>取样量</td></tr>
<tr><td>1.</td><td></td><td></td></tr>
<tr><td>2.</td><td></td><td></td></tr>
<tr><td>3.</td><td></td><td></td></tr>
<tr><td>⋮</td><td></td><td></td></tr>
<tr><td>计算过程</td><td colspan="3"></td></tr>
<tr><td>配制过程</td><td colspan="3"></td></tr>
<tr><td>结果记录</td><td colspan="3"></td></tr>
<tr><td colspan="2">操作者：</td><td colspan="2">复核者：</td></tr>
<tr><td colspan="4">……</td></tr>
<tr><td>实验过程记录</td><td colspan="3">正常操作过程记录：</td><td colspan="2">事故记录：</td></tr>
</table>

续附表 26

<table>
<tr><td>结果
记录</td><td colspan="2"></td></tr>
<tr><td rowspan="2">问题与
策略</td><td>存在
的问题</td><td></td></tr>
<tr><td>拟解决
之策</td><td></td></tr>
<tr><td>创新点</td><td colspan="2"></td></tr>
<tr><td rowspan="2">分析
评议</td><td colspan="2"></td></tr>
<tr><td colspan="2">操作者签字：</td></tr>
<tr><td>教师
审核</td><td colspan="2">教师签字：</td></tr>
</table>

附表 27 检查单

学习情境二	基因克隆				
子情境二	基因扩增、检测与纯化		学时	8	
序号	检查项目	标准分值	检查标准	学生自检	教师检查
1	PCR 概念	5	十分明确(5 分) 基本清楚(3 分)		
2	电泳概念	5	十分明确(5 分) 基本清楚(2～4 分)		
3	PCR 实验原理	10	完全理解(10 分) 基本理解(1～9 分)		
4	PCR 体系组成	8	完全答对(8 分) 基本答对(1～7 分)		
5	模板对反应的影响	7	完全答对(7 分) 基本答对(1～6 分)		
6	Mg^{2+} 对反应的影响	8	完全答对(8 分) 基本答对(1～7 分)		
7	反应程序设定	10	操作正确(10 分) 部分操作正确(1～9 分)		
8	电泳缓冲液成分	5	全部回答正确(5 分) 部分回答正确(1～4 分)		
9	染料作用	6	全部回答正确(6 分) 部分回答正确(1～5 分)		
10	Marker 的作用	6	全部回答正确(6 分) 部分回答正确(1～5 分)		
11	试剂盒解读	7	完全正确(7 分) 部分正确(1～6 分)		
12	电泳结果分析	10	分析正确(10 分) 基本正确(1～9 分)		
13	*Taq* 聚合酶的特性	6	完全正确(6 分) 部分正确(1～5 分)		
14	各种计算问题	7	完全掌握(7 分) 部分掌握(1～6 分)		
	总计	100			
检查评价	班级		日期		
	组别		组长签字		
	评语：				
	教师签字：				

附表 28　工作过程评价表

情境	评价指标	考核内容	标准分值	考核记录	得分
基因扩增、检测与纯化	溶液的配制	准备工作(计算,玻璃器皿的洗涤)	6 分		
		配制过程(称量,溶解,转移,洗涤,定容)	15 分		
		溶液名称、浓度、配制日期、配制者姓名等信息标示明确	5 分		
	仪器的使用	正确使用 PCR 仪(用前准备、使用过程、用后处理)	10 分		
		正确使用电泳仪(用前准备、使用过程、用后处理)	8 分		
		正确使用紫外透射仪(用前准备、使用过程、用后处理)	7 分		
	PCR 体系构建	各反应成分的准备	7 分		
		根据反应体系要求,确定各成分需要量	5 分		
		构建体系	6 分		
		离心、放入 PCR 仪	4 分		
		严谨操作,避免污染	6 分		
	电泳过程	确定凝胶浓度,计算琼脂糖粉需要量	6 分		
		稀释 TAE,配制凝胶	4 分		
		规范点样	6 分		
		设置参数	5 分		
		分析电泳结果	5 分		
合计			100 分		

附表 29　综合评价表

学习情境二		基因克隆							
子情境二		基因扩增、检测与纯化		学时		8			
评价类别		评价标准							
		A	B	C	D	A	B	C	D
工作态度(20%)		态度端正,积极认真,操作规范、细心,遵守纪律,记录真实、详细,注重安全、卫生	较好	一般	较差	20	16	12	8
工作过程(40%)		根据工作任务要求,设计合理可行的实施方案,发挥团队各成员优势,完成从目的基因扩增、检测到纯化系列工作内容,注意实验操作规范,正确使用各种实验仪器设备	较好	一般	较差	40	32	18	12
工作成果(40%)	专业知识成果(20%)	1. 理解 PCR 技术概念,深刻领会扩增原理	较好	一般	较差	4	3	2	1
		2. 构建一 PCR 反应体系,明白各成分对反应的影响	较好	一般	较差	8	6	4	2
		3. 分析 PCR 反应结果,对不理想的结果查找可能的原因	较好	一般	较差	8	6	4	2
		4. 熟练操作 PCR 仪、电泳仪等仪器设备	较好	一般	较差	10	8	6	4
	非专业知识成果(20%)	1. 积极参与实验项目的分工与讨论	较好	一般	较差	3	2	1	0
		2. 具备创新精神,善于分析问题和解决问题	较好	一般	较差	2	1	0.5	0
		3. 具有良好的团队合作能力和组织协调能力	较好	一般	较差	2.5	1	0.5	0
		4. 展现出良好的语言组织与表达能力、对知识点的理解能力	较好	一般	较差	2.5	1	0.5	0
合计									
评价	班级		日　期						
	组别		组长签字						
	评语: 教师签字:								

附录六　连接技术

附表 30　学生工作对象统计表

学生姓名	学号	实验对象	学生姓名	学号
		载体 1…		
		载体 2…		
		载体 3…		

附表 31　随机抓牌登记表

选择载体 1 的学生										
红桃 ♥										
学号										
选择载体 2 的学生										
梅花 ♣										
学号										
选择载体 3 的学生										
方片 ♦										
学号										

附表 32　最终分组统计表

载体类型	组别	学号				
载体 1：	第一组					
	第二组					
载体 2：	第三组					
	第四组					
载体 3：	第五组					
	第六组					

附表 33　实施方案与工作过程记录表

<table>
<tr><td>学生姓名</td><td></td><td>学号</td><td></td></tr>
<tr><td>组别</td><td></td><td>组长</td><td></td></tr>
<tr><td>工作任务</td><td></td><td>时间</td><td></td></tr>
<tr><td>实施计划</td><td colspan="3">整个工作过程计划，重组克隆载体的构建方案：</td></tr>
<tr><td rowspan="2">仪器设备</td><td>1.</td><td>3.</td><td>5.</td></tr>
<tr><td>2.</td><td>4.</td><td>⋮</td></tr>
<tr><td rowspan="6">器材准备</td><td>器材名称</td><td>需要量</td><td>处置过程</td></tr>
<tr><td>1.</td><td></td><td></td></tr>
<tr><td>2.</td><td></td><td></td></tr>
<tr><td>3.</td><td></td><td></td></tr>
<tr><td>4.</td><td></td><td></td></tr>
<tr><td>⋮</td><td></td><td></td></tr>
<tr><td rowspan="9">试剂准备</td><td>试剂名称</td><td>用量</td><td>处置过程</td></tr>
<tr><td>1.</td><td></td><td></td></tr>
<tr><td>2.</td><td></td><td></td></tr>
<tr><td>3.</td><td></td><td></td></tr>
<tr><td>4.</td><td></td><td></td></tr>
<tr><td>5.</td><td></td><td></td></tr>
<tr><td>6.</td><td></td><td></td></tr>
<tr><td>⋮</td><td></td><td></td></tr>
<tr><td colspan="2">操作者：</td><td>复核者：</td></tr>
<tr><td rowspan="2">实验过程记录</td><td colspan="2">正常操作过程记录</td><td>事故记录</td></tr>
<tr><td colspan="2"></td><td></td></tr>
</table>

续附表 33

<table>
<tr><td rowspan="1">结果
记录</td><td colspan="2"></td></tr>
<tr><td rowspan="2">问题与
策略</td><td>存在的
问题</td><td></td></tr>
<tr><td>拟解决
之策</td><td></td></tr>
<tr><td>创新点</td><td colspan="2"></td></tr>
<tr><td rowspan="2">分析
评议</td><td colspan="2"></td></tr>
<tr><td colspan="2">操作者签字：</td></tr>
<tr><td>教师
审核</td><td colspan="2">教师签字：</td></tr>
</table>

附表 34 检查单

学习情境二	基因克隆				
子情境三	连接技术		学时	4	
序号	检查项目	检查标准	标准分值	学生自检	教师检查
1	克隆载体的定义和类型	明确克隆载体的定义,知道克隆载体的类型	9 分		
2	克隆载体需满足的条件	清楚基因克隆载体需具备的条件	7 分		
3	DNA 连接酶的种类、作用特点	掌握连接酶的种类,知道酶的基本特性	7 分		
4	酶切图谱绘制	能绘制常用限制性内切酶切割结果	11 分		
5	目的基因与克隆载体体外连接的方式	知道各种连接方式及其特点	10 分		
6	限制性核酸内切酶的特性	清楚各种特性	6 分		
7	影响限制性核酸内切酶活性的因素	明确温度、离子浓度、核酸纯度等对酶活性的影响	9 分		
8	载体图谱解读	给定一个载体图谱,能解读图谱的构成要素以及功能作用	11 分		
9	连接反应体系构建	根据要求能构建出一连接反应体系	15 分		
10	酶切反应体系构建	根据给定载体,设计一合理的酶切反应	15 分		
合计			100 分		
检查评价	班级		组长签字		
	组别		日期		
	评语:				
	教师签字:				

附表 35 工作过程评价表

情境	评价内容	考核内容	标准分值	考核记录	得分
连接技术	酶切反应	正确取放 Eppendorf 小管并进行编号	3 分		
		合理设计反应体系，按顺序加样，有条不紊	10 分		
		正确使用移液器（用前准备、使用过程、用后处理）	6 分		
		正确使用离心机（用前准备、使用过程、用后处理）	6 分		
		正确使用恒温水浴锅（用前准备、使用过程、用后处理）	5 分		
		熟练使用 PCR 清洁试剂盒终止酶切反应	10 分		
	琼脂糖凝胶电泳	制备适合本实验用的高品质凝胶	6 分		
		正确使用电泳仪（用前准备、使用过程、用后处理）	8 分		
		点样规范	5 分		
		正确使用凝胶成像仪或紫外检测仪（用前准备、使用过程、用后处理）	6 分		
		分析琼脂糖凝胶电泳后的 DNA 区带图谱	5 分		
	连接反应	正确取放 Eppendorf 小管并进行编号	3 分		
		合理设计反应体系，按顺序加样，有条不紊	10 分		
		正确使用离心机和保温瓶	12 分		
		反应所需温度的调节和控制	5 分		
合计			100 分		

附表36 综合评价表

<table>
<tr><td colspan="2">学习情境二</td><td colspan="9">基因克隆</td></tr>
<tr><td colspan="2">子情境三</td><td>连接技术</td><td colspan="3">学时</td><td colspan="5">4</td></tr>
<tr><td colspan="2" rowspan="2">评价类别</td><td colspan="9">评价标准</td></tr>
<tr><td>A</td><td>B</td><td>C</td><td>D</td><td>A</td><td>B</td><td>C</td><td>D</td></tr>
<tr><td colspan="2">工作态度(20%)</td><td>态度端正,积极认真,操作规范、细心,遵守纪律,记录真实、详细,注重安全、卫生</td><td>较好</td><td>一般</td><td>较差</td><td>20</td><td>16</td><td>12</td><td>8</td></tr>
<tr><td colspan="2">工作过程(40%)</td><td>根据DNA连接酶的使用原则和连接反应的条件。了解影响目的的基因和克隆载体的连接反应效率的因素。实验操作规范,正确使用各种实验仪器设备</td><td>较好</td><td>一般</td><td>较差</td><td>40</td><td>32</td><td>18</td><td>12</td></tr>
<tr><td rowspan="7">工作成果(40%)</td><td rowspan="3">专业知识成果(20%)</td><td>1. 理解反应体系中各组分的作用,合理设计反应体系</td><td>较好</td><td>一般</td><td>较差</td><td>6</td><td>5</td><td>3</td><td>1</td></tr>
<tr><td>2. 能够根据琼脂糖凝胶电泳图像判断酶切反应结果,以确定酶切反应产物是否可用于后续连接反应</td><td>较好</td><td>一般</td><td>较差</td><td>7</td><td>5</td><td>3</td><td>1</td></tr>
<tr><td>3. 在技能报告上对实验过程中存在的问题或异常现象进行分析并讨论</td><td>较好</td><td>一般</td><td>较差</td><td>7</td><td>5</td><td>3</td><td>1</td></tr>
<tr><td rowspan="4">非专业知识成果(20%)</td><td>1. 积极参与试验项目的分工、制作与讨论</td><td>较好</td><td>一般</td><td>较差</td><td>5</td><td>4</td><td>3</td><td>2</td></tr>
<tr><td>2. 具备创新精神,善于分析问题和解决问题</td><td>较好</td><td>一般</td><td>较差</td><td>5</td><td>4</td><td>3</td><td>2</td></tr>
<tr><td>3. 具有良好的团队合作能力和组织协调能力</td><td>较好</td><td>一般</td><td>较差</td><td>5</td><td>4</td><td>3</td><td>2</td></tr>
<tr><td>4. 展现出良好的语言组织与表达能力、对知识点的理解能力</td><td>较好</td><td>一般</td><td>较差</td><td>5</td><td>4</td><td>3</td><td>2</td></tr>
<tr><td colspan="6">合计</td><td></td><td></td><td></td><td></td></tr>
</table>

<table>
<tr><td rowspan="4">评价</td><td>班级</td><td></td><td>日期</td><td></td></tr>
<tr><td>组别</td><td></td><td>组长签字</td><td></td></tr>
<tr><td colspan="4">评语:</td></tr>
<tr><td colspan="4">教师签字:</td></tr>
</table>

附录七 外源基因导入受体细胞

附表 37 学生工作兴趣统计表

工作任务	外源基因导入受体细胞	工作时间	
学生姓名		学号	
载体类型	载体 1	载体 2	载体 3
你的选择(打√)			
感受态细胞制备方法	$CaCl_2$ 法	超级感受态细胞的制备	其他
你的选择(打√)			
转化方法	热击法	电穿孔转化法	其他
你的选择(打√)			

附表 38　实施方案与工作过程记录表

学生姓名		学号	
组别		组长	
工作任务四	外源基因导入受体细胞	时间	

实施计划	

仪器设备	1.	4.	7.
	2.	5.	8.
	3.	6.	⋮

器材准备	器材名称	需要量	处置过程
	1.		
	2.		
	3.		
	4.		
	⋮		

试剂准备	不需配制试剂	试剂名称	用量	处置过程
		1.		
		2.		
		3.		
		⋮		

试剂准备	需配制试剂	试剂名称	需要药品		
		试剂 1：	序号	级别要求	取样量
			1.		
			2.		
			⋮		

续附表 38

<table>
<tr><td rowspan="5">试剂准备</td><td rowspan="5">需配制试剂</td><td>计算过程</td><td colspan="2"></td></tr>
<tr><td>配制过程</td><td colspan="2"></td></tr>
<tr><td>结果记录</td><td colspan="2"></td></tr>
<tr><td colspan="2">操作者：</td><td>复核者：</td></tr>
<tr><td colspan="3">……</td></tr>
<tr><td rowspan="2">实验过程记录</td><td colspan="3">正常操作过程记录</td><td>事故记录</td></tr>
<tr><td colspan="3"></td><td></td></tr>
<tr><td>结果记录</td><td colspan="4"></td></tr>
</table>

续附表 38

<table>
<tr><td rowspan="2">问题与策略</td><td>存在的问题</td><td></td></tr>
<tr><td>拟解决之策</td><td></td></tr>
<tr><td>创新点</td><td colspan="2"></td></tr>
<tr><td rowspan="2">分析评议</td><td colspan="2"></td></tr>
<tr><td colspan="2">操作者签字：</td></tr>
<tr><td>教师审核</td><td colspan="2">教师签字：</td></tr>
</table>

附表 39 检查单

学习情境二	基因克隆				
子情境四	外源基因导入受体细胞		学时	8	
序号	检查项目	检查标准	标准分值	学生自检	教师检查
1	各种导入方法的原理	基本掌握各种方法的原理	8 分		
2	受体细胞需满足的条件	完全理解	8 分		
3	常用的受体细胞种类	知道常用的受体细胞种类	8 分		
4	不同培养基的灭菌方法	知道如何选择适当的灭菌方法	12 分		
5	细菌的接种和培养方式	掌握细菌的各种接种和培养方式	15 分		
6	感受态细胞的定义、制备、保存	明确定义，知道感受态细胞的制备、保存原理	18 分		
7	影响转化效率的因素及改进措施	理解各种因素对转化的影响，知道合理改进措施	15 分		
8	转化试验操作	操作规范、动作迅速、严格把握试验时间			

检查评价	班级		日　期	
	组别		组长签字	
	评语：			
	教师签字：			

附表 40　工作过程评价表

情境	评价指标	考核内容	标准分值	考核记录	得分
外源基因导入受体细胞	仪器使用	正确使用超净工作台(用前准备、使用过程、用后处理)	4分		
		正确使用恒温摇床(用前准备、使用过程、用后处理)	4分		
		正确使用分光光度计(用前准备、使用过程、用后处理)	8分		
		正确使用电热培养箱(用前准备、使用过程、用后处理)	4分		
		正确使用高速冷冻离心机(用前准备、使用过程、用后处理)	4分		
		正确使用恒温水浴锅(用前准备、使用过程、用后处理)	3分		
		正确使用电击转化仪(用前准备、使用过程、用后处理)	8分		
		正确使用移液器(用前准备、使用过程、用后处理)	3分		
	培养基的制备	LB培养基的配制、分装、灭菌	10分		
		GYT培养基的配制、分装、灭菌	10分		
	细菌的接种和培养	细菌的平板划线操作规范	5分		
		单菌落接种到液体培养基的操作规范	3分		
		涂布平板操作规范	4分		
		正确的细菌平板培养方法(封闭边缘,倒置)	3分		
	感受态细胞制备	尽量除去残留培养基(倒置、重复洗涤)	5分		
		用于电穿孔转化的感受态细胞电导的检测	5分		
		感受态细胞的分装、冷冻与保存	5分		
	转化操作	DNA样品的正确化冻(冰上化冻)	2分		
		感受态细胞与重组DNA的混匀	3分		
		电击杯的预处理(吹干、预冷)	3分		
		动作迅速,样品处理时间严格把握	4分		
合计			100分		

附表 41　综合评价表

学习情境二		基因克隆							
子情境四		外源基因导入受体细胞	学时			8			
评价类别		评价标准							
		A	B	C	D	A	B	C	D
工作态度（20%）		态度端正，积极认真，操作规范、细心，遵守纪律，记录真实、详细，注重安全、卫生	较好	一般	较差	20	16	12	8
工作过程（40%）		掌握重组 DNA 导入受体细胞的方法，理解各种导入方法的原理和影响转化效率的因素。实验操作规范，正确使用各种实验仪器设备	较好	一般	较差	40	32	18	12
工作成果（40%）	专业知识成果	1. 实际工作中，能够根据受体细胞和重组 DNA 的特性选择适当的导入方法	较好	一般	较差	7	6	4	2
		2. 严格把握转化试验条件，尽可能提高转化效率	较好	一般	较差	6	4	3	1
		3. 在技能报告上对实验过程中存在的问题或异常现象进行分析并讨论	较好	一般	较差	7	6	5	3
	非专业知识成果	1. 积极参与试验项目的分工、制作与讨论	较好	一般	较差	5	4	3	2
		2. 具备创新精神，善于分析问题和解决问题	较好	一般	较差	5	4	3	2
		3. 具有良好的团队合作能力和组织协调能力	较好	一般	较差	5	4	3	2
		4. 展现出良好的语言组织与表达能力、对知识点的理解能力	较好	一般	较差	5	4	3	2
合计									

评价评语				
	班级		日　期	
	组别		组长签字	
	评语：			
	教师签字：			

附录八　转化体的筛选与鉴定

附表 42　学生工作对象和工作方法选择登记表

学生姓名	学号	出生年月	学生姓名	学号	出生年月

附表 43　分组结果统计

实验方法	组别	学生 1	学生 2	学生 3	学生 4	学生 5
方法 1　限制性内切酶法						
方法 2　蓝白斑筛选法						
方法 1　限制性内切酶法						
方法 2　蓝白斑筛选法						
方法 1　限制性内切酶法						
方法 2　蓝白斑筛选法						

附表 44 实施方案与工作过程记录表

<table>
<tr><td colspan="3">学生姓名</td><td colspan="2"></td><td>学号</td><td></td></tr>
<tr><td colspan="3">组别</td><td colspan="2"></td><td>组长</td><td></td></tr>
<tr><td colspan="3">工作任务</td><td colspan="2"></td><td>时间</td><td></td></tr>
<tr><td>实施计划</td><td colspan="6"></td></tr>
<tr><td rowspan="3">仪器设备</td><td colspan="2">1.</td><td colspan="2">4.</td><td colspan="2">7.</td></tr>
<tr><td colspan="2">2.</td><td colspan="2">5.</td><td colspan="2">8.</td></tr>
<tr><td colspan="2">3.</td><td colspan="2">6.</td><td colspan="2">⋮</td></tr>
<tr><td rowspan="6">器材准备</td><td colspan="2">器材名称</td><td>需要量</td><td colspan="3">处置过程</td></tr>
<tr><td colspan="2">1.</td><td></td><td colspan="3"></td></tr>
<tr><td colspan="2">2.</td><td></td><td colspan="3"></td></tr>
<tr><td colspan="2">3.</td><td></td><td colspan="3"></td></tr>
<tr><td colspan="2">4.</td><td></td><td colspan="3"></td></tr>
<tr><td colspan="2">⋮</td><td></td><td colspan="3"></td></tr>
<tr><td rowspan="10">试剂准备</td><td rowspan="5">不需配制试剂</td><td>试剂名称</td><td>用量</td><td colspan="3">处置过程</td></tr>
<tr><td>1.</td><td></td><td colspan="3"></td></tr>
<tr><td>2.</td><td></td><td colspan="3"></td></tr>
<tr><td>3.</td><td></td><td colspan="3"></td></tr>
<tr><td>⋮</td><td></td><td colspan="3"></td></tr>
<tr><td rowspan="5">需配制试剂</td><td>试剂名称</td><td colspan="4">需要药品</td></tr>
<tr><td rowspan="4">试剂 1：</td><td>序号</td><td>级别要求</td><td colspan="2">取样量</td></tr>
<tr><td>1.</td><td></td><td colspan="2"></td></tr>
<tr><td>2.</td><td></td><td colspan="2"></td></tr>
<tr><td>⋮</td><td></td><td colspan="2"></td></tr>
</table>

续附表 44

<table>
<tr><td rowspan="5">试剂
准备</td><td rowspan="5">需配
制试剂</td><td>计算
过程</td><td colspan="2"></td></tr>
<tr><td>配制
过程</td><td colspan="2"></td></tr>
<tr><td>结果
记录</td><td colspan="2"></td></tr>
<tr><td colspan="2">操作者：</td><td>复核者：</td></tr>
<tr><td colspan="3">……</td></tr>
<tr><td rowspan="2">实验
过程
记录</td><td colspan="3">正常操作过程记录</td><td>事故记录</td></tr>
<tr><td colspan="3"></td><td></td></tr>
<tr><td>结果
记录</td><td colspan="4"></td></tr>
</table>

续附表 44

<table>
<tr><td rowspan="2">问题与策略</td><td>存在的问题</td><td></td></tr>
<tr><td>拟解决之策</td><td></td></tr>
<tr><td>创新点</td><td colspan="2"></td></tr>
<tr><td rowspan="2">分析评议</td><td colspan="2"></td></tr>
<tr><td colspan="2">操作者签字：</td></tr>
<tr><td>教师审核</td><td colspan="2">教师签字：</td></tr>
</table>

附表 45　检查单

学习情境二	基因克隆				
子情境五	转化体的筛选与鉴定		学时	8	
序号	检查项目	标准分值	检查标准	学生自检	教师检查
1	转化体的筛选与鉴定检测方法	10 分	十分明确(10 分) 基本清楚(1～9 分)		
2	蓝白斑筛选与鉴定转化体的原理	10 分	十分明确(10 分) 基本清楚(1～9 分)		
3	限制性内切酶法筛选与鉴定转化体的原理	10 分	完全理解(10 分) 基本理解(1～9 分)		
4	限制性内切酶法筛选与鉴定转化体的注意事项	10 分	完全答对(10 分) 基本答对(2～9 分)		
5	蓝白斑筛选中，白斑多但是却没有阳性克隆的原因及解决方案	13 分	完全答对(10 分) 基本答对(1～9 分)		
6	蓝白斑筛选，出现很多浅蓝色菌斑的原因及解决方案	12 分	答出可能原因及解决方案(10 分) 基本答对(1～9 分)		
7	全是白斑，没有蓝斑的原因及解决方案	12 分	答出可能原因及解决方案(10 分) 部分回答正确(1～9 分)		
8	蓝斑较大，白斑很小附在周围，还有蓝白镶嵌的原因及解决方案	13 分	答出可能原因及解决方案(10 分) 部分回答正确(1～9 分)		
9	蓝白斑筛选法中各个试剂的作用	10 分	全部回答正确(10 分) 部分回答正确(1～9 分)		
总计		100 分			
检查评价	评语： 教师签字：				

附表 46　工作过程评价表 A

任务	评价指标	考核内容	标准分值	考核记录	得分
蓝白斑筛选和鉴定转化体	操作过程	溶液的配制	10 分		
		菌斑的涂布	20 分		
		菌斑的挑取	20 分		
		菌液的培养	10 分		
		质粒的提取过程	12 分		
		内切酶酶切操作	10 分		
		操作熟练程度(熟练、一般、不熟练)	10 分		
		严谨操作，避免污染	8 分		
合计			100 分		

附表 46　工作过程评价表 B

任务	评价指标	考核内容	标准分值	考核记录	得分
限制性内切酶法筛选和鉴定转化体	操作过程	氨苄青霉素的配制	8 分		
		菌斑的挑取	12 分		
		质粒的提取	20 分		
		酶切的加样过程	30 分		
		酶切温度	8 分		
		严谨操作，避免污染	12 分		
		操作熟练程度(熟练、一般、不熟练)	10 分		
合计			100 分		

附表 47　综合评价表

<table>
<tr><td colspan="2">学习情境二</td><td colspan="8">基因克隆</td></tr>
<tr><td colspan="2">子情境五</td><td>转化体的筛选和鉴定</td><td colspan="3">学时</td><td colspan="4">8</td></tr>
<tr><td colspan="2" rowspan="2">评价类别</td><td colspan="8">评价标准</td></tr>
<tr><td>A</td><td>B</td><td>C</td><td>D</td><td>A</td><td>B</td><td>C</td><td>D</td></tr>
<tr><td colspan="2">工作态度(20%)</td><td>态度端正，积极认真，操作规范、细心，遵守纪律，记录真实、详细，注重安全、卫生</td><td>较好</td><td>一般</td><td>较差</td><td>20</td><td>16</td><td>12</td><td>8</td></tr>
<tr><td colspan="2">工作过程(40%)</td><td>实验操作规范，正确使用各种实验仪器设备</td><td>较好</td><td>一般</td><td>较差</td><td>40</td><td>32</td><td>18</td><td>12</td></tr>
<tr><td rowspan="8">工作成果(40%)</td><td rowspan="4">专业知识成果</td><td>1. 掌握转化体的筛选和鉴定检测方法</td><td>较好</td><td>一般</td><td>较差</td><td>4</td><td>3</td><td>2</td><td>1</td></tr>
<tr><td>2. 转化体的筛选和鉴定检测方法的原理并熟练掌握此方法</td><td>较好</td><td>一般</td><td>较差</td><td>8</td><td>6</td><td>4</td><td>2</td></tr>
<tr><td>3. 明确转化体的筛选和鉴定过程中容易出现的问题及相应的解决方案</td><td>较好</td><td>一般</td><td>较差</td><td>8</td><td>6</td><td>4</td><td>2</td></tr>
<tr><td>4. 在技能报告上对实验结果及实验过程中存在的问题或异常现象进行分析并讨论</td><td>较好</td><td>一般</td><td>较差</td><td>10</td><td>8</td><td>6</td><td>4</td></tr>
<tr><td rowspan="4">非专业知识成果</td><td>1. 积极参与试验项目的分工与讨论</td><td>较好</td><td>一般</td><td>较差</td><td>3</td><td>2</td><td>1</td><td>0</td></tr>
<tr><td>2. 具备创新精神，善于分析问题和解决问题</td><td>较好</td><td>一般</td><td>较差</td><td>2</td><td>1</td><td>0.5</td><td>0</td></tr>
<tr><td>3. 具有良好的团队合作能力和组织协调能力</td><td>较好</td><td>一般</td><td>较差</td><td>2.5</td><td>1</td><td>0.5</td><td>0</td></tr>
<tr><td>4. 展现出良好的语言组织与表达能力、对知识点的理解能力</td><td>较好</td><td>一般</td><td>较差</td><td>2.5</td><td>1</td><td>0.5</td><td>0</td></tr>
</table>

<table>
<tr><td rowspan="4">评价</td><td>班级</td><td></td><td>日期</td><td></td></tr>
<tr><td>组别</td><td></td><td>组长签字</td><td></td></tr>
<tr><td colspan="4">评语：</td></tr>
<tr><td colspan="4">教师签字：</td></tr>
</table>

附录九 重组表达体系的构建

附表 48 实施方案与工作过程记录表

学生姓名			学号	
组别			组长	
工作任务			时间	
实施计划				
仪器设备	1.	4.	7.	
	2.	5.	8.	
	3.	6.	⋮	
器材准备	器材名称	需要量	处置过程	
	1.			
	2.			
	3.			
	4.			
	⋮			

续附表 48

<table>
<tr><td rowspan="17">试剂准备</td><td rowspan="7">不需配制试剂</td><td>试剂名称</td><td>用量</td><td colspan="2">处置过程</td></tr>
<tr><td>1.</td><td></td><td colspan="2"></td></tr>
<tr><td>2.</td><td></td><td colspan="2"></td></tr>
<tr><td>3.</td><td></td><td colspan="2"></td></tr>
<tr><td>4.</td><td></td><td colspan="2"></td></tr>
<tr><td>5.</td><td></td><td colspan="2"></td></tr>
<tr><td>⋮</td><td></td><td colspan="2"></td></tr>
<tr><td rowspan="10">需配制试剂</td><td>试剂名称</td><td colspan="3">需要药品</td></tr>
<tr><td rowspan="4">试剂 1：</td><td>序号</td><td>级别要求</td><td>取样量</td></tr>
<tr><td>1.</td><td></td><td></td></tr>
<tr><td>2.</td><td></td><td></td></tr>
<tr><td>⋮</td><td></td><td></td></tr>
<tr><td>计算过程</td><td colspan="3"></td></tr>
<tr><td>配制过程</td><td colspan="3"></td></tr>
<tr><td>结果记录</td><td colspan="3"></td></tr>
<tr><td colspan="2">操作者：</td><td colspan="2">复核者：</td></tr>
<tr><td colspan="4">……</td></tr>
</table>

续附表 48

<table>
<tr><td rowspan="2">实验
过程
记录</td><td colspan="2">正常操作过程记录</td><td>事故记录</td></tr>
<tr><td colspan="2"></td><td></td></tr>
<tr><td rowspan="2">问题与
策略</td><td>存在的
问题</td><td colspan="2"></td></tr>
<tr><td>拟解决
之策</td><td colspan="2"></td></tr>
<tr><td>创新点</td><td colspan="3"></td></tr>
<tr><td>结果
记录</td><td colspan="3"></td></tr>
<tr><td rowspan="2">分析
评议</td><td colspan="3"></td></tr>
<tr><td colspan="3">操作者签字：</td></tr>
<tr><td>教师
审核</td><td colspan="3">教师签字：</td></tr>
</table>

附表 49　检查单

<table>
<tr><td>学习情境三</td><td colspan="5">基因表达</td></tr>
<tr><td>子情境一</td><td colspan="3">重组表达体系的构建</td><td>学时</td><td>14</td></tr>
<tr><td>序号</td><td>检查项目</td><td colspan="2">检查标准</td><td>学生自检</td><td>教师检查</td></tr>
<tr><td>1</td><td>基因表达的概念及过程</td><td colspan="2">明确基因表达的概念，知道基因表达的过程</td><td></td><td></td></tr>
<tr><td>2</td><td>表达系统的种类</td><td colspan="2">知道常用表达系统的种类</td><td></td><td></td></tr>
<tr><td>3</td><td>大肠杆菌作为表达系统的优缺点</td><td colspan="2">知道大肠杆菌作为表达系统的优缺点</td><td></td><td></td></tr>
<tr><td>4</td><td>外源基因在大肠杆菌表达的调控元件</td><td colspan="2">掌握主要调控元件的作用和结构特点</td><td></td><td></td></tr>
<tr><td>5</td><td>影响启动子强弱的因素</td><td colspan="2">理解各因素对启动子强弱的影响</td><td></td><td></td></tr>
<tr><td>6</td><td>广泛用于表达载体的启动子</td><td colspan="2">知道目前应用广泛的启动子</td><td></td><td></td></tr>
<tr><td>7</td><td>原核表达载体的类型</td><td colspan="2">掌握原核表达载体的类型并能举例说明</td><td></td><td></td></tr>
<tr><td>8</td><td>宿主的选择对基因表达的影响</td><td colspan="2">知道不同宿主会对基因表达有影响</td><td></td><td></td></tr>
<tr><td rowspan="4">检查评价</td><td>班级</td><td></td><td>日期</td><td colspan="2"></td></tr>
<tr><td>组别</td><td></td><td>组长签字</td><td colspan="2"></td></tr>
<tr><td colspan="5">评语：</td></tr>
<tr><td colspan="5">教师签字：</td></tr>
</table>

附表 50 工作过程评价表

情境	评价指标	评价内容	标准分值	备注	得分
重组表达体系的构建	影响外源基因稳定高效表达的主要调控元件	启动子的作用、保守序列组成、分布以及常用的启动子类型	8分		
		受体细胞的类型、特点	6分		
		终止子的作用和类型	8分		
		核糖体结合位点的特征结构要素	8分		
		SD序列的作用和序列组成	10分		
	常用的表达载体类型及其特点	知道常用的表达载体的类型	8分		
		知道应用各种类型表达载体产生的蛋白质的存在形式	10分		
		了解各种类型表达载体的优缺点	8分		
		能举例说明各类型的表达载体	8分		
	重组表达体系构建的基本方法	根据实验目的，选择适当类型的载体	8分		
		通过酶切、连接实现目的基因与载体的重组	10分		
		经过转化、筛选，获得转化成功的重组体细胞	8分		
合计			100分		

附表 51　综合评价表

<table>
<tr><td>学习情境三</td><td colspan="9">重组表达体系的构建</td></tr>
<tr><td>子情境一</td><td colspan="4">重组表达体系的构建</td><td>学时</td><td colspan="4">14</td></tr>
<tr><td colspan="2" rowspan="2">评价类别</td><td colspan="8">评价标准</td></tr>
<tr><td>A</td><td>B</td><td>C</td><td>D</td><td>A</td><td>B</td><td>C</td><td>D</td></tr>
<tr><td colspan="2">工作态度(20%)</td><td>态度端正,积极认真,操作规范、细心,遵守纪律,记录真实、详细,注重安全、卫生</td><td>较好</td><td>一般</td><td>较差</td><td>20</td><td>16</td><td>12</td><td>8</td></tr>
<tr><td colspan="2">工作过程(40%)</td><td>掌握影响外源基因稳定高效表达的主要调控元件,知道重组表达体系构建的基本方法,了解常用的表达载体类型及其特点</td><td>较好</td><td>一般</td><td>较差</td><td>40</td><td>32</td><td>18</td><td>12</td></tr>
<tr><td rowspan="9">工作成果(40%)</td><td rowspan="5">专业知识成果</td><td>1. 明确基因表达的概念,知道基因表达的过程</td><td>较好</td><td>一般</td><td>较差</td><td>4</td><td>3</td><td>2</td><td>1</td></tr>
<tr><td>2. 知道常用的表达系统,并能说出其优缺点</td><td>较好</td><td>一般</td><td>较差</td><td>4</td><td>3</td><td>2</td><td>1</td></tr>
<tr><td>3. 掌握外源基因在大肠杆菌中表达的各调控元件的作用及特点</td><td>较好</td><td>一般</td><td>较差</td><td>4</td><td>3</td><td>2</td><td>1</td></tr>
<tr><td>4. 能举例说明原核表达载体的类型</td><td>较好</td><td>一般</td><td>较差</td><td>4</td><td>3</td><td>2</td><td>1</td></tr>
<tr><td>5. 在技能报告上对实验过程中存在的问题或异常现象进行分析并讨论</td><td>较好</td><td>一般</td><td>较差</td><td>4</td><td>3</td><td>2</td><td>1</td></tr>
<tr><td rowspan="4">非专业知识成果</td><td>1. 积极参与试验项目的分工、制作与讨论</td><td>较好</td><td>一般</td><td>较差</td><td>5</td><td>4</td><td>3</td><td>1</td></tr>
<tr><td>2. 具备创新精神,善于分析问题和解决问题</td><td>较好</td><td>一般</td><td>较差</td><td>5</td><td>4</td><td>3</td><td>1</td></tr>
<tr><td>3. 具有良好的团队合作能力和组织协调能力</td><td>较好</td><td>一般</td><td>较差</td><td>5</td><td>4</td><td>3</td><td>1</td></tr>
<tr><td>4. 展现出良好的语言组织与表达能力、对知识点的理解能力</td><td>较好</td><td>一般</td><td>较差</td><td>5</td><td>4</td><td>3</td><td>1</td></tr>
<tr><td colspan="6">合计</td><td>100</td><td></td><td></td><td></td></tr>
<tr><td rowspan="4">评价评语</td><td>班级</td><td colspan="2"></td><td colspan="3">日期</td><td colspan="3"></td></tr>
<tr><td>组别</td><td colspan="2"></td><td colspan="3">组长签字</td><td colspan="3"></td></tr>
<tr><td colspan="9">评语:</td></tr>
<tr><td colspan="9">教师签字:</td></tr>
</table>

附录十　目的基因的表达与表达产物的检测

附表 52　实施方案与工作过程记录表

学生姓名			学号	
组别			组长	
工作任务			时间	
实施计划				
仪器设备	1.	4.	7.	
	2.	5.	8.	
	3.	6.	⋮	
器材准备	器材名称	需要量	处置过程	
	1.			
	2.			
	3.			
	4.			
	⋮			

续附表 52

<table>
<tr><td rowspan="17">试剂准备</td><td rowspan="7">不需配制试剂</td><td>试剂名称</td><td>用量</td><td colspan="2">处置过程</td></tr>
<tr><td>1.</td><td></td><td colspan="2"></td></tr>
<tr><td>2.</td><td></td><td colspan="2"></td></tr>
<tr><td>3.</td><td></td><td colspan="2"></td></tr>
<tr><td>4.</td><td></td><td colspan="2"></td></tr>
<tr><td>5.</td><td></td><td colspan="2"></td></tr>
<tr><td>⋮</td><td></td><td colspan="2"></td></tr>
<tr><td rowspan="10">需配制试剂</td><td>试剂名称</td><td colspan="3">需要药品</td></tr>
<tr><td rowspan="4">试剂 1：</td><td>序号</td><td>级别要求</td><td>取样量</td></tr>
<tr><td>1.</td><td></td><td></td></tr>
<tr><td>2.</td><td></td><td></td></tr>
<tr><td>⋮</td><td></td><td></td></tr>
<tr><td>计算过程</td><td colspan="3"></td></tr>
<tr><td>配制过程</td><td colspan="3"></td></tr>
<tr><td>结果记录</td><td colspan="3"></td></tr>
<tr><td colspan="2">操作者：</td><td colspan="2">复核者：</td></tr>
<tr><td colspan="4">……</td></tr>
</table>

续附表 52

<table>
<tr><td rowspan="2">实验过程记录</td><td colspan="2">正常操作过程记录</td><td>事故记录</td></tr>
<tr><td colspan="2"></td><td></td></tr>
<tr><td rowspan="2">问题与策略</td><td>存在的问题</td><td colspan="2"></td></tr>
<tr><td>拟解决之策</td><td colspan="2"></td></tr>
<tr><td>创新点</td><td colspan="3"></td></tr>
<tr><td>结果记录</td><td colspan="3"></td></tr>
<tr><td rowspan="2">分析评议</td><td colspan="3"></td></tr>
<tr><td colspan="3">操作者签字：</td></tr>
<tr><td>教师审核</td><td colspan="3">教师签字：</td></tr>
</table>

附表 53 检查单

学习情境三	基因表达			
子情境二	目的基因的表达与表达产物的检测		学时	10
序号	检查项目	检查标准	学生自检	教师检查
1	提高表达效率的措施	表述正确(10 分) 基本正确(1～9 分)		
2	产物纯化的依据	表述正确(10 分) 基本正确(1～9 分)		
3	免疫学检测表达产物的原理	理解正确(15 分) 基本正确(1～14 分)		
4	产物纯化的手段	陈述正确(15 分) 基本正确(1～14 分)		
5	层析法的原理与操作	表述正确(12 分) 基本正确(1～9 分)		
6	ELISA 检测中的酶-底物系统都有哪些	表述正确(13 分) 基本正确(1～9 分)		
7	领会真核原核表达产物的差异	完全理解(12 分) 基本理解(1～9 分)		
8	表达产物活力鉴定	完全把握(13 分) 基本把握(1～9 分)		
检查评价	班级		日期	
	组别		组长签字	
	评语：			
	教师签字：			

附表54 工作过程评价表

情境	评价指标	评价内容	标准分值	备注	得分
目的基因的表达与表达产物的检测	提高表达效率的因素	启动子特性研究	10分		
		诱导条件探索	15分		
	用于纯化的理论依据	分子大小	5分		
		形状	5分		
		电荷	5分		
		等电点	5分		
		疏水性	5分		
		溶解度	5分		
		特异性序列或结构	5分		
		非寻常性质	5分		
	产物检测	分离方法选择	10分		
		转录产物检测	10分		
		免疫学方法检测	15分		
合计			100分		

附表 55　综合评价表

<table>
<tr><td colspan="2">学习情境三</td><td colspan="8">重组表达体系的构建</td></tr>
<tr><td colspan="2">子情境二</td><td>目的基因的表达与表达产物的检测</td><td colspan="2">学时</td><td colspan="5">10</td></tr>
<tr><td colspan="2" rowspan="2">评价类别</td><td colspan="8">评价标准</td></tr>
<tr><td>A</td><td>B</td><td>C</td><td>D</td><td>A</td><td>B</td><td>C</td><td>D</td></tr>
<tr><td colspan="2">工作态度(20%)</td><td>态度端正,积极认真,操作规范、细心,遵守纪律,记录真实、详细,注重安全、卫生</td><td>较好</td><td>一般</td><td>较差</td><td>20</td><td>16</td><td>12</td><td>8</td></tr>
<tr><td colspan="2">工作过程(40%)</td><td>知道提高表达产物的手段,理解纯化的依据,会正确运用产物检测手段</td><td>较好</td><td>一般</td><td>较差</td><td>40</td><td>32</td><td>18</td><td>12</td></tr>
<tr><td rowspan="7">工作成果(40%)</td><td rowspan="3">专业知识成果</td><td>1. 会选择适宜的纯化手段</td><td>较好</td><td>一般</td><td>较差</td><td>8</td><td>6</td><td>4</td><td>2</td></tr>
<tr><td>2. 深刻理解免疫学筛选的原理</td><td>较好</td><td>一般</td><td>较差</td><td>4</td><td>3</td><td>2</td><td>1</td></tr>
<tr><td>3. 会根据目的蛋白选择理想的纯化产物活力检测方法</td><td>较好</td><td>一般</td><td>较差</td><td>8</td><td>6</td><td>4</td><td>2</td></tr>
<tr><td rowspan="4">非专业知识成果</td><td>1. 积极参与试验项目的分工、制作与讨论</td><td>较好</td><td>一般</td><td>较差</td><td>5</td><td>4</td><td>3</td><td>1</td></tr>
<tr><td>2. 具备创新精神,善于分析问题和解决问题</td><td>较好</td><td>一般</td><td>较差</td><td>5</td><td>4</td><td>3</td><td>1</td></tr>
<tr><td>3. 具有良好的团队合作能力和组织协调能力</td><td>较好</td><td>一般</td><td>较差</td><td>5</td><td>4</td><td>3</td><td>1</td></tr>
<tr><td>4. 展现出良好的语言组织与表达能力、对知识点的理解能力</td><td>较好</td><td>一般</td><td>较差</td><td>5</td><td>4</td><td>3</td><td>1</td></tr>
<tr><td colspan="6">合计</td><td>100</td><td></td><td></td><td></td></tr>
<tr><td rowspan="4">评价评语</td><td>班级</td><td colspan="2"></td><td colspan="3">日期</td><td colspan="3"></td></tr>
<tr><td>组别</td><td colspan="2"></td><td colspan="3">组长签字</td><td colspan="3"></td></tr>
<tr><td colspan="9">评语：</td></tr>
<tr><td colspan="9">教师签字：</td></tr>
</table>

附录十一　分子标记技术

附表 56　实施方案与工作过程记录表

<table>
<tr><td colspan="3">学生姓名</td><td colspan="2"></td><td>学号</td><td></td></tr>
<tr><td colspan="3">组别</td><td colspan="2"></td><td>组长</td><td></td></tr>
<tr><td colspan="3">工作任务</td><td colspan="2"></td><td>时间</td><td></td></tr>
<tr><td>实施计划</td><td colspan="6"></td></tr>
<tr><td rowspan="3">仪器设备</td><td colspan="2">1.</td><td colspan="2">4.</td><td colspan="2">7.</td></tr>
<tr><td colspan="2">2.</td><td colspan="2">5.</td><td colspan="2">8.</td></tr>
<tr><td colspan="2">3.</td><td colspan="2">6.</td><td colspan="2">⋮</td></tr>
<tr><td rowspan="6">器材准备</td><td>器材名称</td><td>需要量</td><td colspan="4">处置过程</td></tr>
<tr><td>1.</td><td></td><td colspan="4"></td></tr>
<tr><td>2.</td><td></td><td colspan="4"></td></tr>
<tr><td>3.</td><td></td><td colspan="4"></td></tr>
<tr><td>4.</td><td></td><td colspan="4"></td></tr>
<tr><td>⋮</td><td></td><td colspan="4"></td></tr>
</table>

续附表 56

<table>
<tr><td rowspan="17">试剂准备</td><td rowspan="7">不需配制试剂</td><td>试剂名称</td><td>用量</td><td colspan="2">处置过程</td></tr>
<tr><td>1.</td><td></td><td colspan="2"></td></tr>
<tr><td>2.</td><td></td><td colspan="2"></td></tr>
<tr><td>3.</td><td></td><td colspan="2"></td></tr>
<tr><td>4.</td><td></td><td colspan="2"></td></tr>
<tr><td>5.</td><td></td><td colspan="2"></td></tr>
<tr><td>⋮</td><td></td><td colspan="2"></td></tr>
<tr><td rowspan="10">需配制试剂</td><td>试剂名称</td><td colspan="3">需要药品</td></tr>
<tr><td rowspan="4">试剂 1：</td><td>序号</td><td>级别要求</td><td>取样量</td></tr>
<tr><td>1.</td><td></td><td></td></tr>
<tr><td>2.</td><td></td><td></td></tr>
<tr><td>⋮</td><td></td><td></td></tr>
<tr><td>计算过程</td><td colspan="3"></td></tr>
<tr><td>配制过程</td><td colspan="3"></td></tr>
<tr><td>结果记录</td><td colspan="3"></td></tr>
<tr><td colspan="2">操作者：</td><td colspan="2">复核者：</td></tr>
<tr><td colspan="4">……</td></tr>
</table>

续附表 56

		正常操作过程记录	事故记录
实验过程记录			
问题与策略	存在的问题		
	拟解决之策		
创新点			
结果记录			
分析评议			
	操作者签字：		
教师审核	教师签字：		

附表 57　检查单

学习情境四	基因操作相关应用				
子情境二	分子标记技术		学时	6	
序号	检查项目	检查标准	标准分值	学生自检	教师检查
1	分子标记的定义	明确广义和狭义的分子标记	5 分		
		基本说出分子标记的内涵	3 分		
2	分子标记的优点	答出 3 个以上优点	5 分		
		答出 1～3 个优点	1～4 分		
3	分子标记的应用领域	答出 4 个以上	4 分		
		答出 1～4 个	1～3 分		
4	RFLP 的原理及特点	图示 RFLP 的原理，知道其优缺点	10 分		
5	RAPD 的原理及特点	图示 RAPD 的原理，知道其优缺点	8 分		
6	AFLP 的原理及特点	图示 AFLP 的原理，知道其优缺点	8 分		
7	SSR 的原理及特点	图示 SSR 的原理，知道其优缺点	10 分		
8	SCAR 的原理及特点	图示 SCAR 的原理，知道其优缺点	8 分		
9	SNP 的原理及特点	图示 SNP 的原理，知道其优缺点	8 分		
10	EST 的原理及特点	图示 EST 的原理，知道其优缺点	10 分		
11	其他分子标记的原理	了解其他分子标记的原理	12 分		
12	聚丙烯酰胺凝胶电泳的原理	掌握聚丙烯酰胺凝胶电泳的原理	8 分		
13	聚丙烯酰胺凝胶电泳的特点	了解聚丙烯酰胺凝胶电泳的特点	4 分		
总计			100 分		
检查评价	班级		日　期		
	组别		组长签字		
	评语：				
	教师签字：				

附表 58 工作过程评价表

情境	评价指标	评价内容	标准分值	备注	得分
分子标记技术	分子标记技术	分子标记的定义	5 分		
		分子标记的优点	5 分		
		分子标记的应用	5 分		
		各种分子标记技术的原理及特点	35 分		
	聚丙烯酰胺凝胶电泳	掌握聚丙烯酰胺凝胶电泳的原理	5 分		
		正确配制电泳所需各种溶液	5 分		
		玻璃板的清洗和预处理	3 分		
		正确组装玻璃板和电泳槽	3 分		
		电泳槽缝隙的密封	2 分		
		胶溶液的配制(各组分加入顺序)	5 分		
		灌胶动作迅速,凝胶均匀,无气泡	5 分		
		小心地插入、取出梳子	2 分		
		预电泳后,谨慎冲洗加样槽	2 分		
		上样动作规范	5 分		
		能够根据指示剂泳动位置判断电泳终止时间	3 分		
		银染操作规范	5 分		
		胶的保存、标记和条带信息记录	5 分		
合计:			100 分		

附表 59　综合评价表

学习情境四		基因操作相关应用							
子情境二		分子标记技术	学时			6			
评价类别		评价标准							
		A	B	C	D	A	B	C	D
工作态度(20%)		态度端正,积极认真,操作规范、细心,遵守纪律,记录真实、详细,注重安全、卫生	较好	一般	较差	20	16	12	8
工作过程(40%)		明确分子标记的定义、特点及应用范围。掌握各种分子标记技术的原理、特点。掌握聚丙烯酰胺凝胶电泳的原理。实验操作规范,正确使用各种实验仪器设备	较好	一般	较差	40	32	18	12
工作成果(40%)	专业知识成果(20%)	1. 能够根据实际工作选择合适的分子标记技术	较好	一般	较差	7	6	4	2
		2. 明确聚丙烯酰胺凝胶电泳原理,操作熟练	较好	一般	较差	6	4	3	2
		3. 在技能报告上对实验过程中存在的问题或异常现象进行分析并讨论	较好	一般	较差	7	5	4	2
	非专业知识成果(20%)	1. 积极参与试验项目的分工、制作与讨论	较好	一般	较差	5	4	3	2
		2. 具备创新精神,善于分析问题和解决问题	较好	一般	较差	5	4	3	2
		3. 具有良好的团队合作能力和组织协调能力	较好	一般	较差	5	4	3	2
		4. 展现出良好的语言组织与表达能力、对知识点的理解能力	较好	一般	较差	5	4	3	2
总计						100			

评价评语	班级		日　期	
	组别		组长签字	
	评语:			
	教师签字:			

参 考 文 献

[1] 高勤学.基因操作技术.北京:中国环境科学出版社,2007,5.

[2] 陶杰,田锦.分子生物学基础及应用技术,北京:化学工业出版社,2013,7.

[3] 刘祥林,聂刘旺.基因工程.北京:科学出版社,2005,9.

[4] 张惠展.基因工程.上海:华东理工大学出版社,2005,8.

[5] 陈德富,陈喜文.现代分子生物学实验原理与技术.北京:科学出版社,2006,2.

[6] 彭国平,田锦.基因操作技术.北京:化学工业出版社,2013,1.

[7] 臧晋.分子生物学基础.北京:化学工作出版社,2008.

[8] 赵亚华.基础分子生物学教程.北京:科学出版社,2011-07.

[9] 宝生物工程(大连)有限公司:http://www.takara.com.cn.

[10]博奥生物:http://cn.capitalbio.com/.